電機機械

胡阿火　編著

全華圖書股份有限公司

國家圖書館出版品預行編目資料

電機機械 / 胡阿火編著. -- 四版. -- 新北市：
全華圖書股份有限公司, 2021.04
面；公分
ISBN 978-986-503-666-9 (平裝)

1. 電機工程

448.2　　110004701

電機機械

作者 / 胡阿火
發行人 / 陳本源
執行編輯 / 呂詩雯
出版者 / 全華圖書股份有限公司
郵政帳號 / 0100836-1 號
印刷者 / 宏懋打字印刷股份有限公司
圖書編號 / 0577803
四版一刷 / 2021 年 04 月
定價 / 新台幣 480 元
ISBN / 978-986-503-666-9(平裝)
全華圖書 / www.chwa.com.tw
全華網路書店 Open Tech / www.opentech.com.tw
若您對本書有任何問題，歡迎來信指導 book@chwa.com.tw

臺北總公司(北區營業處)
地址：23671 新北市土城區忠義路 21 號
電話：(02) 2262-5666
傳真：(02) 6637-3695、6637-3696

南區營業處
地址：80769 高雄市三民區應安街 12 號
電話：(07) 381-1377
傳真：(07) 862-5562

中區營業處
地址：40256 臺中市南區樹義一巷 26 號
電話：(04) 2261-8485
傳真：(04) 3600-9806(高中職)
(04) 3601-8600(大專)

序言

1. 本書共分為 8 章，包含有：磁路與變壓器、旋轉電機之基本觀念、多相感應電動機、同步電機、直流電機、分數馬力交流電動機、同步變流機及整流器、維護及檢修等。
2. 本書之專有名詞，悉依照國家教育研究院所公布之“電機工程名詞”為準。
3. 本書內容以說明為主，實用為目標，並附插圖來敘述各類型電機之原理、特性、用途及維護試驗等，期使讀者能徹底瞭解。
4. 本書各章皆附有習題，俾利讀者複習之便。
5. 本書係利用課餘編撰，雖經多次校訂，然疏漏之處仍所難免，敬祈諸先進不吝指正。

編者　謹識

編輯部序

「系統編輯」是我們的編輯方針，我們所提供給您的，絕不只是一本書，而是關於這門學問的所有知識，它們由淺入深，循序漸進。

本書之編寫採原理與實用並重的方式來介紹電機之分類、構造、原理、運用與轉矩、效率特性等。

本書共分八章，包含有：磁路與變壓器、旋轉電機之基本觀念、多相感應電動機、同步電機、直流電機、分數馬力交流電動機、同步變流機及整流器、維護及檢修等。內容充實、深淺適中，每章皆附有習題，可供學後評量之用，是一本適合私立大學、科大電機系「電機機械」課程的最佳用書。

同時，爲了使您能有系統且循序漸進研習相關方面的叢書，我們以流程圖方式，列出各有關圖旳閱讀順序，以減少您研習此門學問的摸索時間，並能對這門學問有完整的知識。若您在這方面有任何問題，歡迎來函連繫，我們將竭誠爲您服務。

相關叢書介紹

書號：0294702
書名：電機機械(修訂二版)
編著：謝承達.蕭進松
16K/512 頁/450 元

書號：05280
書名：小型馬達技術
編譯：廖福奕
20K/224 頁/250 元

書號：0585102
書名：泛用伺服馬達應用技術(第三版)
編著：顏嘉男
20K/272 頁/320 元

書號：056430C7
書名：機電整合實習(含丙級學、術科解析)(2020 最新版)(附程式光碟)
編著：張世波.羅宸佑.施昀晴
16K/496 頁/530 元

書號：06085027
書名：可程式控制器 PLC 與機電整合實務(第三版)(附範例程式光碟)
編著：石文傑.林家名.江宗霖
16K/296 頁/380 元

書號：059240A7
書名：PLC 原理與應用實務(第十一版)(附範例光碟)
編著：宓哲民.王文義.陳文耀.陳文軒
16K/624 頁/620 元

◎上列書價若有變動，請以最新定價為準。

流程圖

書號：02482/02483
書名：基本電學(上)/(下)
編譯：余政光.黃國軒

書號：0319007
書名：基本電學(第八版)
編著：賴柏洲

書號：04F26116/04F27106
書名：電工機械上冊/下冊(附鍛練本)
編著：楊得明.陳伯爵

書號：0294702
書名：電機機械(修訂二版)
編著：謝承達.蕭進松

書號：0577803
書名：電機機械(第四版)
編著：胡阿火

書號：0250402
書名：電機機械(修訂二版)
編著：邱天基.陳國堂

書號：0301303
書名：自動控制(第四版)
編著：劉柄麟.蔡春益

書號：03754067
書名：自動控制(第七版)(附部分內容光碟)
編著：蔡瑞昌.陳維.林忠火

書號：03238077
書名：控制系統設計與模擬－使用 MATLAB/SIMULINK(第八版)(附範例光碟)
編著：李宜達

目　錄

第 2 章 旋轉電機之基本觀念 2-1

第 4 章　同步電機　4-1

第6章 分數馬力交流電動機 6-1

1 磁路與變壓器

學習綱要

1-1　磁　路
1-2　磁性材料之特性
1-3　電磁感應
1-4　變壓器之構造
1-5　變壓器無載狀況
1-6　變壓器負載狀況
1-7　變壓器之等效電路
1-8　變壓器之短路試驗
1-9　變壓器之開路試驗
1-10　標么系統
1-11　變壓器之電壓調整率及效率
1-12　變壓器極性
1-13　變壓器之並聯運轉
1-14　三相電路中之變壓器
1-15　相變換
1-16　特殊變壓器

1-1 磁　路

磁通(magnetic flux，又稱磁力線，以符號“ϕ”表示。)所經過的區域(即路徑)便稱爲磁路。任一鐵心上之線圈通以電流時，便有磁場產生，設J爲電流密度(current density)，H爲磁場強度(magnetic-field intensity)，其電流與磁場間的基本關係，依安培定律(Ampere's law)爲：

$$\int_s J \cdot dA = \oint H \cdot dt \tag{1-1}$$

式(1-1)的意義是“圍繞任一閉合路徑的磁場強度之線積分，必等於該閉合路徑內所包含之全部電流”。在 MKS 制中，電流密度(J)之單位爲安培／平方公尺(A/m^2)，磁場強度(H)之單位爲安-匝／公尺(A-T/m)。

簡單的鐵心磁路如圖 1-1 所示，H_c爲鐵心中之磁場強度，l_c爲磁路的平均長度，在鐵心上繞有N匝線圈，當電流(i)通過線圈時，該線圈之匝數與電流的乘積爲Ni，應用安培定律，即得：

$$Ni = H_c l_c \tag{1-2}$$

在圖 1-1 中，若電流(i)由正端流入，按照右手定則(right-hand rule)，其磁場強度(H_c)的方向如圖中箭頭所示。

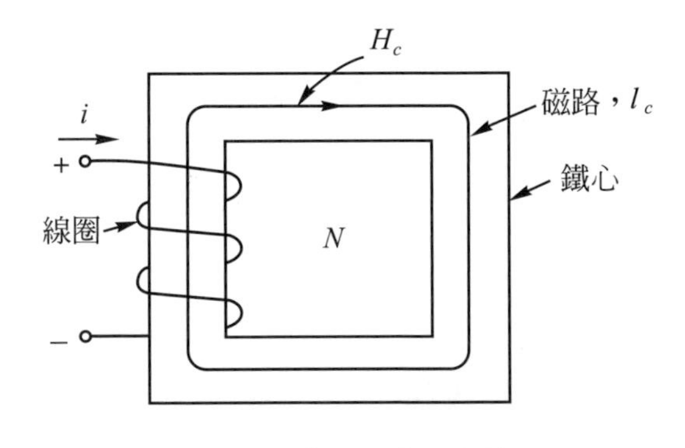

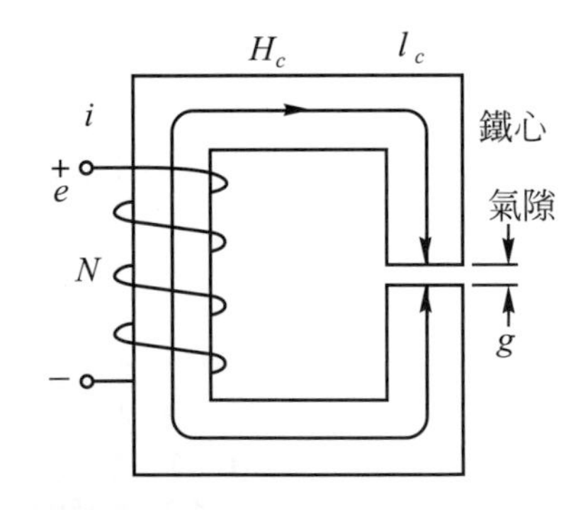

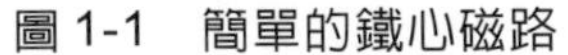

圖 1-1　簡單的鐵心磁路　　圖 1-2　含有氣隙之磁路

磁場強度(H_c)必使在同一區域內發生磁通密度(magnetic-flux density)，以符號“B”表示，它們兩者之關係爲：

$$B = \mu H_c \tag{1-3}$$

在 MKS 制中，磁通密度(B)之單位為韋伯／平方公尺(weber/m^2)。μ為導磁係數(permeability)，而鐵磁性材料的導磁係數是等於自由空間的導磁係數(μ_o)與該材料的相對導磁係數(μ_r)之乘積，即：

$$\mu = \mu_o \cdot \mu_r \tag{1-4}$$

式(1-4)，自由空間的導磁係數(μ_o)，在 MKS 制中，$\mu_o = 4\pi \times 10^{-7}$韋伯／安·匝-公尺(weber/A·T-m)。相對導磁係數(μ_r)，在自由空間其值為 1，而於鐵磁性材料，其值約 2000～80000，因此鐵心的導磁係數高出空氣甚多，故磁通幾乎全部被限制在鐵心內。

圖 1-2 所示為含有氣隙(air gap)之磁路，H_g為氣隙中之磁場強度，g為氣隙長度，應用式(1-1)安培定律，即得：

$$Ni = H_c l_c + H_g \cdot g \tag{1-5}$$

將式(1-3)代入式(1-5)中，得：

$$Ni = \frac{B_c}{\mu_c} \cdot l_c + \frac{B_g}{\mu_o} \cdot g \tag{1-6}$$

在圖 1-2 中，通過鐵心和氣隙之磁通量為ϕ，且是連續的。若鐵心之截面積為A_c，氣隙的截面積為A_g，鐵心與氣隙中的磁通密度分別為B_c與B_g，且設為均勻分佈者，則得：

$$\phi = B_c A_c = B_g A_g \tag{1-7}$$

將式(1-7)代入式(1-6)中，即：

$$\begin{aligned} Ni &= \frac{l_c}{\mu_c A_c} \cdot \phi + \frac{g}{\mu_o A_g} \cdot \phi = \mathcal{R}_c \cdot \phi + \mathcal{R}_g \cdot \phi \\ &= (\mathcal{R}_c + \mathcal{R}_g) \cdot \phi \end{aligned} \tag{1-8}$$

式(1-8)中 ，$\mathcal{R}_c$和$\mathcal{R}_g$分別為鐵心與氣隙磁路中的磁阻(reluctance)。又$F = Ni$稱為磁動勢(magneto-motive force，縮寫為mmf)，其單位為安-匝(ampere-turns)。並且假設在鐵心磁路中無漏磁發生，即：

$$F = (\mathcal{R}_c + \mathcal{R}_g) \cdot \phi$$

故，

$$\begin{aligned} \phi &= \frac{F}{\mathcal{R}_c + \mathcal{R}_g} = \frac{F/\mathcal{R}_g}{1 + \mathcal{R}_c/\mathcal{R}_g} = \frac{F/\mathcal{R}_g}{1 + \dfrac{l_c}{\mu_c A_c} \Big/ \dfrac{g}{\mu_o A_g}} \\ &= \frac{F/\mathcal{R}_g}{1 + \left(\dfrac{\mu_o}{\mu_c}\right) \cdot \left(\dfrac{l_c}{g}\right) \cdot \left(\dfrac{A_g}{A_c}\right)} \end{aligned} \tag{1-9}$$

若：$\left(\frac{\mu_o}{\mu_c}\right)\cdot\left(\frac{l_c}{g}\right)\cdot\left(\frac{A_g}{A_c}\right) \ll 1$時，則式(1-9)可表示爲：

$$\phi = \frac{F}{\mathcal{R}_g} \tag{1-10}$$

故含有氣隙之磁路中，由於鐵心的相對導磁係數(μ_r)甚大，使得μ_o/μ_c之比值非常的小，因此其鐵心與氣隙串聯磁路之總磁阻，可僅以氣隙之磁阻來表之，即鐵心的磁阻可忽略不計。

例 1-1

設有一磁路如圖 1-2 所示，已知A_c＝9 平方公分，A_g＝9 平方公分，g＝0.05 公分，l_c＝56 公分，N＝500 匝。若鐵心的相對導磁係數μ_r＝7000，B_c＝1 韋伯／平方公尺。設如圖 1-3 所示的氣隙中之邊緣效應(fringing effect)不考慮時，試求：⑴線圈中電流(i)爲多少？⑵磁路中之磁通(ϕ)與磁通鏈(flux linkage)，$\lambda = N\phi$各多少？

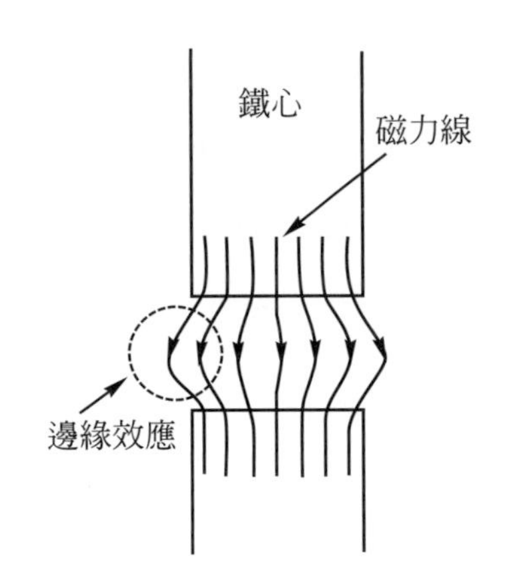

圖 1-3　氣隙中之邊緣效應

解

⑴由式(1-6)：

$$Ni = \frac{B_c}{\mu_c}\cdot l_c + \frac{B_g}{\mu_o}\cdot g$$

因　$\phi = B_c A_c = B_g A_g$，

而　$A_c = A_g$　(氣隙中之邊緣效應忽略不計)

則　$B_c = B_g$

故電流(i)為：

$$i = \frac{B_c}{\mu_o N}\cdot\left(\frac{l_c}{\mu_r} + g\right) = \frac{1}{4\pi\times 10^{-7}\times 500}\times\left(\frac{0.56}{7000} + 0.0005\right)$$

$$= \frac{(0.8 + 5)\times 10^{-4}}{4\pi\times 10^{-7}\times 500} = 0.923 \text{ [安]}$$

⑵由式(1-7)，得

$$\phi = B_c A_c = 1\times 9\times 10^{-4} = 9\times 10^{-4} \text{ [韋伯]}$$

$$\lambda = N\phi = 500\times 9\times 10^{-4} = 0.45 \text{ [韋伯-匝]}$$

1-2 磁性材料之特性

變壓器與旋轉電機所用之磁性材料的形狀不一定是同樣大小，並且在製造、加工等處理過程中，將使材料之磁性發生變化，而鐵磁性材料之磁化性能是非直線性變化的，通常以磁化曲線(magnetization curve，又稱B-H curve)或磁滯迴線(hysteresis loop)來代表該磁性材料的特性。

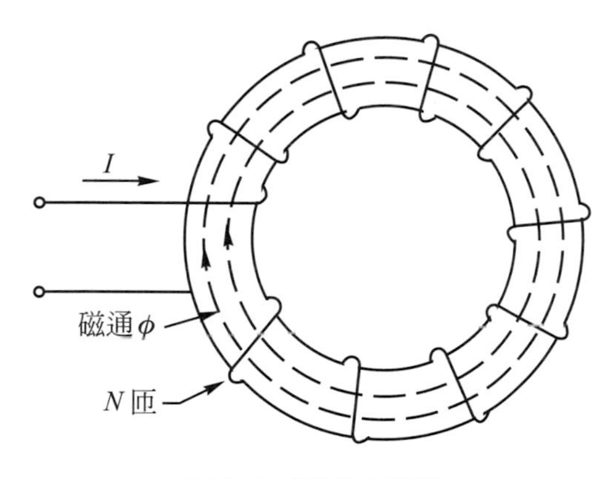

圖 1-4 環形之磁路

如圖 1-4 所示是爲一環形之磁路，線圈產生磁通的能力係與匝數(N)及電流(I)成正比例，通常用磁動勢(mmf)量度之，以公式表示爲：

$$F = N \cdot I \text{ [安-匝]} \quad (1\text{-}11)$$

圖 1-4 所示，圓環上之磁動勢自 $+F_1$ 變至 $-F_1$ 時，磁路內任一處的磁化力自 $+H_1$ 對變自 $-H_1$；如此循環變化時，則磁通密度同樣自 $+B_1$ 迴旋變至 $-B_1$，但並非依循 H 之單值函數方式變化，而是 B 隨 H 沿 $a_1\ b\ c\ d\ e\ f\ a_1$ 迴線變動的，此 $a_1\ b\ c\ d\ e\ f\ a_1$ 迴線，便稱爲磁滯迴線(hysteresis loop)，如圖 1-5 所示。若磁勢之變動較小時，即磁化力亦較小(即 H_2)，則磁滯迴線亦較小。連接每一磁滯迴線的尖點(即最高點)，如圖 1-5 中之 $0a_3\ a_2\ a_1$ 連線，即爲正規磁化曲線(normal magnetization curve)，或稱磁化曲線。

一般鋼、鐵及其合金的磁化曲線如圖 1-6 所示，在密度低時，磁通密度(B)隨磁化力(H)增加甚快，但密度高時，磁通密度(B)隨磁化力(H)增加很慢；接近飽和時，其磁通密度(B)之增加率不因磁化力(H)之增加而成比例增加，有彎曲與飽和現象。所有磁性材料都有飽和現象，所以磁化曲線又稱飽和曲線。

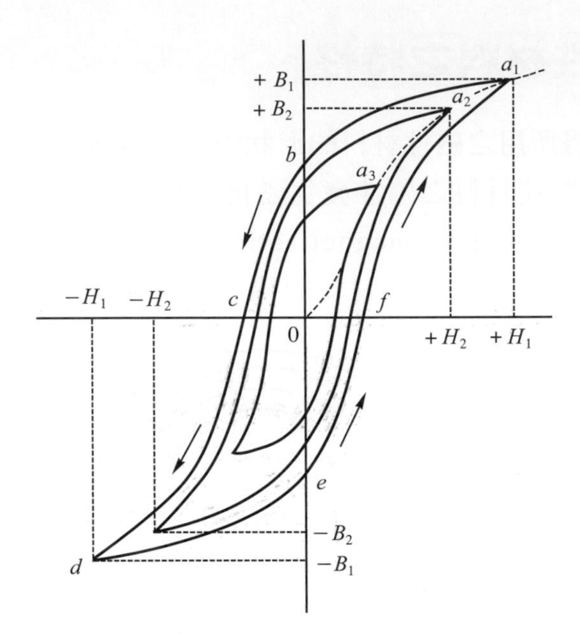

圖 1-5　磁滯迴線與磁化曲線

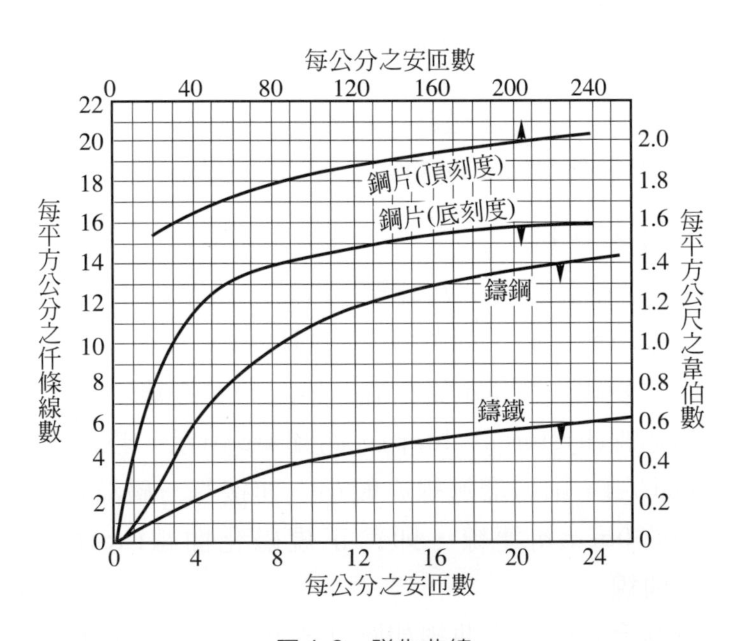

圖 1-6　磁化曲線

電機之鐵心係使用磁性材料製成的，當鐵心磁路內的磁場發生交變時，則產生兩種鐵心損失：一爲磁滯損失(hysteresis loss)，另一爲渦流損失(eddy current loss)。

磁滯損失係因鐵心中的磁滯現象所產生，每單位體積在每一磁化週期內之能量損耗是等於磁滯迴線之面積。此迴線的面積將視材料性質與最大磁通密度(B_m)值而定，依司坦麥茲(Steinmetz)所發現的實驗關係，其磁滯損失(P_h)為：

$$P_h = K_h \cdot B_m^x \cdot f \text{ [瓦／立方公尺]} \tag{1-12}$$

式中　K_h　：比例常數，視磁性材料而異
　　　B_m　：最大磁通密度，[韋伯／平方公尺]
　　　f　：頻率，[赫茲]
　　　x　：司坦麥茲(Steinmetz)常數，$x = 1.5 \sim 2.5$

渦流損失係由於磁路內之磁通發生交變時，在鐵心中產生感應渦流的結果，每單位體積中之渦流損失(P_e)為：

$$P_e = \frac{\pi^2 B_m{}^2 f^2 t^2}{6\rho} \text{ [瓦／立方公尺]} \tag{1-13}$$

式中　B_m　：最大磁密度，[韋伯／平方公尺]
　　　f　：頻率，[赫茲]
　　　t　：鐵心厚度，或疊片之厚度，[公尺]
　　　ρ　：磁性材料之電阻係數，[歐姆-平方公尺／公尺]

式(1-13)中，若令$K_e = \pi^2/6\rho$，則可改變為：

$$P_e = K_e \cdot t^2 \cdot B_m{}^2 \cdot f^2 \text{ [瓦／立方公尺]} \tag{1-14}$$

由式中得知，當鐵心厚度縮減K 倍時，則渦流損失被縮減K^2倍，因此電機鐵心皆使用疊片製成。而損失與電阻係數(ρ)成反比，故往往加入3～4%之矽到鐵心中，使電阻係數增大，以減少損失。

例 1-2

使用鑄鋼製成的環狀鐵心，其磁路平均長度為 50 [公分]，截面積為 3 [平方公分]，若欲獲得磁通密度$B = 12000$ [線／平方公分]時，試求所需的安-匝數為多少？

解

由圖 1-6 查知，當鑄鋼$B = 12000$ [線／平方公分]時，磁場強度為：

$H_c = 12.5$ [安-匝／公分]

故磁勢(mmf)F為：

$$F = H_c l_c = 12.5 \times 50 = 625 \text{ [安-匝]}$$

關於mmf值，可由1 [安]電流通過625匝，或5 [安]通過125匝，或取任何電流與匝數的乘積等於625者。

例 1-3

使用鋼製成的鐵心磁路，如圖1-2所示(請參閱P.1-2)，設$A_c = A_g = 9$ [平方公分]；$g = 0.05$ [公分]；$l_c = 30$ [公分]：$N = 500$ [匝]，當$B_c = 1$ [韋伯／平方公尺]時，其磁場強度$H_c = 12$ [安-匝／公尺]，試求通過線圈之電流(i)爲多少？

解

鐵心路徑中之mmf為：

$$F_c = H_c l_c = 12 \times 0.3 = 3.6 \text{ [安-匝]}$$

氣隙磁路中之mmf為：

$$F_g = H_g \cdot g = \frac{B_g \cdot g}{\mu} = \frac{5 \times 10^{-4}}{4\pi \times 10^{-7}} = 396 \text{ [安-匝]}$$

故得電流為：

$$i = \frac{F_c + F_g}{N} = \frac{3.6 + 396}{500} = 0.8 \text{ [安]}$$

1-3 電磁感應

由於磁場之變化而感應電勢的現象，便稱爲電磁感應。如圖1-7所示，當磁鐵或線圈移動時，檢流計(G)向一側偏轉，此即表示該線圈已感應一電勢。若磁鐵與線圈間無相對運動時，即線圈中之磁通量沒有發生變化，檢流計(G)的指針不動，則表示線圈中沒有感應電勢。又如圖 1-8 所示，當開關(S)接通或打開瞬間，同樣檢流計會偏轉，也就是線圈N 內之磁場發生變動，令使線圈發生感應電勢。

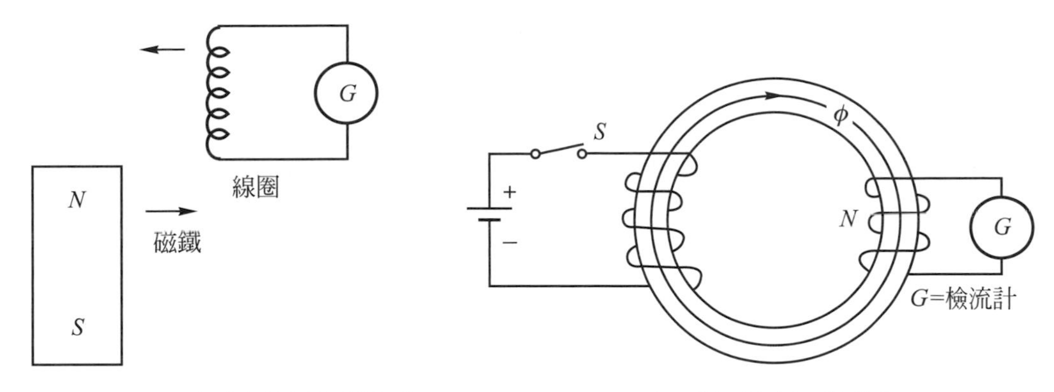

圖 1-7　磁鐵與線圈相對運動之電磁感應

圖 1-8　磁通鏈之電磁感應

總之，只要線圈內之磁通量發生變化時，將使該線圈產生感應電勢。

1-3.1 法拉第與楞次定律

在公元 1831 年，法拉第(Faraday)從上述的兩個實驗而獲得一個結論，即當磁鐵與線圈有一相對運動；或線圈周圍之磁場發生變化時，均會使線圈中感應一電勢。也就是當與線圈交鏈的磁通(一般稱爲磁通鏈 flux linkage)發生變化時，則線圈中必感應電勢，此電勢是與磁通的變化率及線圈的匝數成正比，故稱爲法拉第定律(Faraday's law)即

$$e=\frac{d(N\phi)}{dt}=N\frac{d\phi}{dt}\ [\text{伏特}] \tag{1-15}$$

式中　N：線圈之匝數；[匝；turn]

　　　ϕ：與線圈交鏈之磁通量；[韋伯；weber]

公元 1834 年，楞次(Lenz)提出感應電勢極性的看法，補充了法拉第感應定律之不足。即當線圈電路接通時，該電勢所生的電流將產生一磁場以反抗磁通鏈之變化，若線圈之磁通鏈正在增加時，線圈之電流就產生反向之磁場以反抗磁通鏈之增加；反之，當磁通鏈正在減少時，線圈之電流便產生同方向之磁場以阻止磁鏈之減小；此即爲楞次定律(Lenz's law)。因此式(1-15)$e=N\frac{d\phi}{dt}$可改寫爲：

$$e=-N\frac{d\phi}{dt}\ [\text{伏特}] \tag{1-16}$$

式中負號表示感應電勢的方向係反對磁通鏈之變化，使淨磁場維持固定不變，式(1-16)便稱爲法拉第-楞次定律(Faraday-Lenz's law)。

例 1-4

在一螺線管表面上，均勻地捲繞500 [匝]線圈，管內原有磁通爲20 [韋伯]，若在2秒鐘內其磁通增爲30 [韋伯]，試問該線圈之感應電勢爲多少？

解

由式(1-16)，得

$$e=-N\frac{d\phi}{dt}=-500\times\frac{(30-20)}{2}=-2500\ [伏特]$$

負號係反對磁通的增加。

1-3.2 感應電勢與電磁力

任一閉合路徑內，當磁場隨時間而變動時，則其電場亦發生變動，此情況依法拉第之感應定律能以馬克斯威方程式(Maxwell's equation)來表示之，即

$$\oint E\cdot dl=-\int\frac{\partial B}{\partial t}\cdot ds \tag{1-17}$$

式中線積分係取繞著B 通過之表面者。應用於具有N 匝線圈的磁路結構中，若其磁場發生變動，則在線圈內將感應電勢(e)，依法拉第-楞次定律爲：

$$e=-N\frac{d\phi}{dt}=-\frac{d\lambda}{dt} \tag{1-18}$$

式中$\lambda=N\phi$，是爲磁通鏈(flux linkage)，負號表示感應電勢(emf)的方向係反對磁通鏈之變化，依楞次定律來決定之。

在一般電機作用中，其磁通鏈之變化有下述三種情形：

1. 線圈維持靜止不動，與其所交鏈的磁通隨間而發生變動時，在線圈內便有感應電勢發生，此感應電勢是爲"靜止感應電勢(statically induced emf)"，或稱爲"變壓器電勢"。
2. 磁通密度保持不變，當線圈移動時，同樣於線圈內亦有感應電勢產生，此感應電勢則稱爲"運動電勢(motional emf)"，或稱爲"速率電勢"。
3. 上述磁通量和線圈的位置二者皆同時發生變動時，在線圈內便同時有"變壓器電勢"與"速率電勢"產生。

設一長l [公尺]的導體以恒定速率v [公尺／秒]在均勻磁通密度B [韋伯／平方公尺]中移動，若導體之運動方向與磁場方向互相垂直，如圖1-9所示。當導體於

dt 秒內移動dx [公尺]時，則該導體的“速率電勢”爲：

$$e = \frac{d\lambda}{dt} = B \cdot l \cdot \frac{dx}{dt} = B \cdot l \cdot v \text{ [伏特]} \tag{1-19}$$

式(1-19)感應電勢的方向，可由佛來明右手定則(Fleming's right hand rule)來決定；即將右手之大拇指、食指與中指伸直且互相垂直，以食指表磁場方向，大拇指表導體運動之方向，則中指表感應電勢(或電流)之方向。

1820 年安培(Ampere)發現二根並排的導體，當通過電流時，便有相吸或相斥的作用力發生，此作用力便稱爲電磁力。如圖 1-10 所示，在一均勻磁場中，放置一導體AB，電流自A 端流向B 端，則該導體便受到電磁力之作用而向左移動。設導體在磁場中之有效長度爲l，磁場之磁通密度爲B，通過導體之電流爲i，則其電磁力爲：

$$f = B \cdot i \cdot l \text{ [牛頓]} \tag{1-20}$$

式(1-20)電磁力的方向，可由佛來明左手定則(Fleming's left hand rule)來決定；即將左手的大拇指、食指與中指伸直且互相垂直，以食指表磁場之方向，中指表電流之方向，則拇指表導體之運動方向。

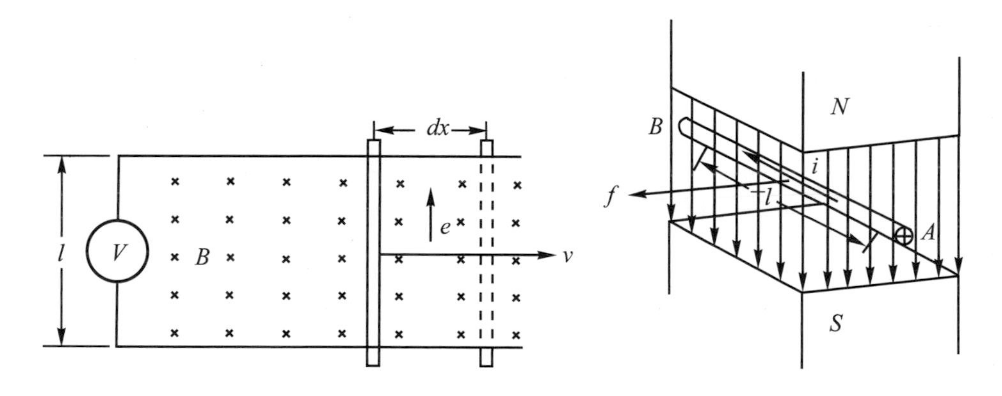

圖 1-9 導體在磁場中移動時，產生速率電勢的情形

圖 1-10 電磁力之產生

例 1-5

如圖 1-9 所示，導線在磁場中之有效長度$l = 4$ [公尺]，以$v = 20$ [公尺／秒]的速度在磁通密度$B = 0.5$ [韋伯／平方公尺]之均勻磁場中移動，並且該導體之移動方向與磁場方向相互垂直的，試問該導線所感應之電勢多少？

解

由式(1-19)，得

$e = B \cdot l \cdot v = 0.5 \times 4 \times 20 = 40$ [伏特]

1-3.3 電感與能量

如圖 1-11 所示，當電流(i)通過線圈(N)時，其磁通鏈($N\phi$)是隨著電流之變化而變動的，則在線圈內產生一感應電勢，依法拉第定律得：

$$e = N\frac{d\phi}{dt} = N \cdot \frac{d\phi}{di} \cdot \frac{di}{dt} = L\frac{di}{dt} \text{ [伏特]} \tag{1-21}$$

則

$$L = N\frac{d\phi}{di} = \frac{d\lambda}{di} \text{ [亨利]} \tag{1-22}$$

式中，L為電感(inductance)，又稱為自感(self-inductance)。若其磁路中之磁通密度B與磁場強度H的關係是為線性時，即導磁係數為一常數，式(1-22)之電感(L)可表示為：

$$L = \frac{N\phi}{i} = \frac{\lambda}{i} \tag{1-23}$$

因在一磁路中，$\phi = B \cdot A$，$Ni = H \cdot l$，則電感亦可用磁場的量來表示，即：

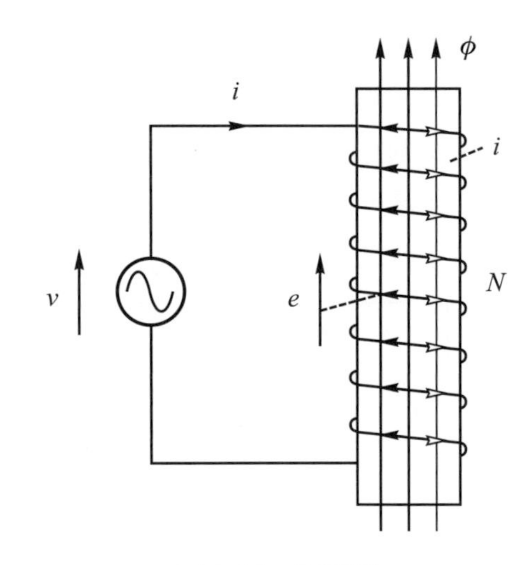

圖 1-11 自感應

$$L = \frac{N^2 B \cdot A}{H \cdot l} = N^2 \cdot \mu \cdot \frac{A}{l} = N^2 \wp \tag{1-24}$$

式中，$\wp$為磁導(permeance)，若維持不變時，則電感與線圈匝數的平方(即N^2)成正比。電感的單位，在 MKS 制中為亨利[H]或[韋伯-匝／安培]。

在一磁路中，其線圈兩端之功率可由進入該線圈之電功率得之，即

$$P = i \cdot e = i \cdot \frac{d\lambda}{dt} \text{ [瓦特]} \tag{1-25}$$

式中P爲電功率，其單位爲瓦特[W]或焦耳／秒[J/S]。在某一段時間內，即t_1至t_2內，磁路中的能量改變爲：

$$\Delta W=\int_{t_1}^{t_2}pdt=\int_{\lambda_1}^{\lambda_2}id\lambda \tag{1-26}$$

式中，能量(W)的單位爲焦耳[J]。若磁路爲單繞組，電感爲常數，且若$\lambda_1=0$，則該磁路中全部所儲存之能量爲：

$$W=\int_0^{\lambda}id\lambda=\int_0^{\lambda}\frac{\lambda}{L}d\lambda=\frac{1}{2L}\lambda^2=\frac{L}{2}i^2 \tag{1-27}$$

1-4 變壓器之構造

變壓器(transformer)是一種靜止的電氣機器，它正以各種不同之目的而被使用在電力及電信系統上。隨著科技的發展，公元1882年開始有變壓器以來，不論在其形狀、構造、用途、容量及特性上均有極顯著的改進，但其基本原理仍沒有變，它係利用電磁感應之原理，將某一交流電壓值變換爲同一頻率的另一電壓值。在日本電氣學會的標準規格 JEC-168 有如下的定義：「所謂變壓器，是具有鐵心及兩個或三個以上之繞組，同時在其相互間的不變位置，由一或兩個以上之線路承受交流電力，利用電磁感應作用使電流和電壓變化，以供給另一個或兩個以上線路同一頻率之交流電力者。」

電氣能量之所以能廣泛地使用交流方式來輸配，乃完全得力於具有獨特能力的裝置——變壓器；由於它具有下列之特性：

1. 一次電壓及二次電壓能由匝數比來任意變更。
2. 可將負載側線路與電源側線路完全隔離。
3. 可在同一變壓器之鐵心上捲繞數個二次繞組，藉以得到所需的各種不同電壓。

變壓器係由兩個不同的電路和一個共通的磁路所構成，如圖 1-12 所示。普通變壓器構成電路的繞組(winding)大多數是互相獨立的，接於電源側的繞組稱爲一次繞組(primary winding)，接於負載側的繞組稱爲二次繞組(secondary winding)；前者亦可叫原線圈(primary coil)，而後者亦可叫副線圈(secondary coil)；亦有以電壓之高、低而稱繞組爲高壓繞組(high tension winding)及低壓繞組(low tension winding)。

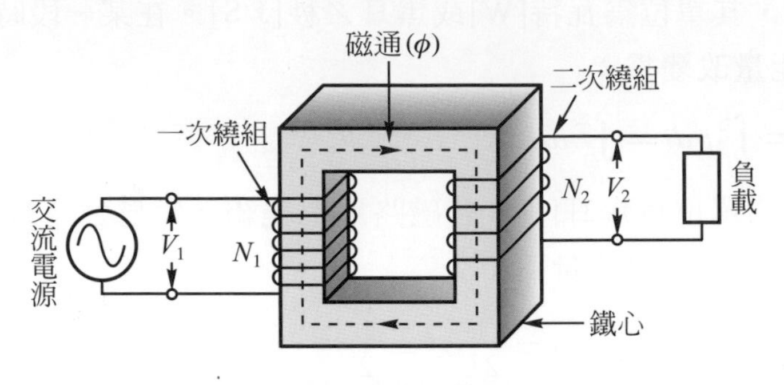

圖 1-12　變壓器構造簡圖

電力系統上所使用的變壓器構造如圖 1-13 所示；圖(a)為配電用變壓器的心體，圖(b)為單相變壓器之剖面圖，圖(c)為大型變壓器的構造及其配件。

(a) 配電用變壓器的心體

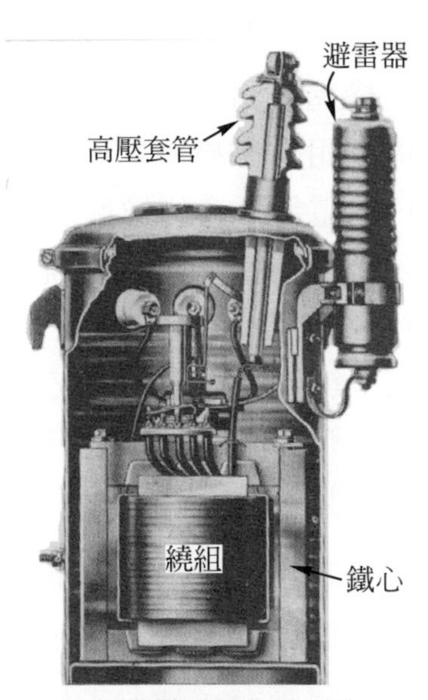

(b) 單相變壓器之剖面圖

圖 1-13　電力用變壓器之構造

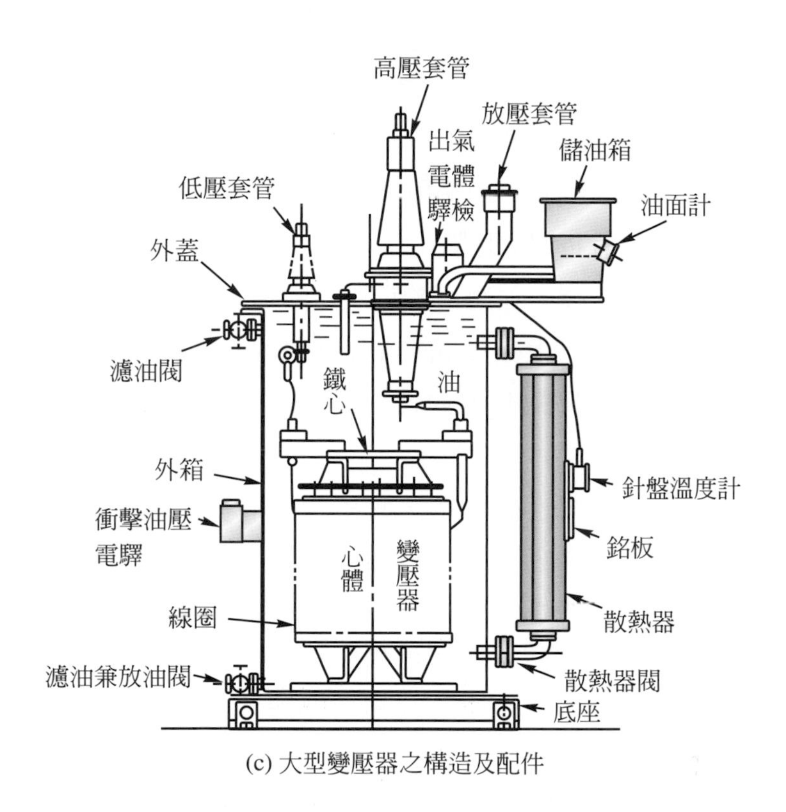

(c) 大型變壓器之構造及配件

圖 1-13 電力用變壓器之構造(續)

1. 變壓器的鐵心

變壓器的鐵心(core)是供給磁通一低磁阻之路徑用的，一般要求以最少的激磁電流產生所需的磁通，故鐵心材料應具備下列特性：

(1) 高導磁率(使小型化、減低激磁功率損耗)。
(2) 鐵損小。
(3) 機械強度佳。
(4) 加工容易。
(5) 經濟。

鐵心本身如同一短路匝，故不能使用一整塊鐵心，係用厚度約 0.3～0.35mm 的薄矽鋼片疊積而成，且每一矽鋼片表面塗以絕緣漆或經熱處理過程中使形成氧化膜而彼此絕緣，這樣可減少渦流損失。使用含矽 3～4%的矽鋼片，可減低磁滯損失，且能增加其電阻係數而減少渦流損失。

⑴ 鐵心材料：依製造方法與方向性，可分爲三類：

① 熱軋延矽鋼片(無方向性)：熱軋延矽鋼片是在 950°～1150℃的高溫下軋延而成，約於公元 1903 年開始採用的矽鋼片。因磁性較差，已被冷軋延矽鋼片或矽鋼帶所取代。

② 冷軋延矽鋼片(或矽鋼帶)：冷軋延方向性矽鋼片(或矽鋼帶)於公元 1935 年開始生產，並應用於變壓器的鐵心。由於具有良好的磁特性，變壓器鐵心得以大幅度縮小體積和減輕重量。冷軋延矽鋼帶又可分爲：冷軋延矽鋼帶(無方向性)、單方向性矽鋼帶與雙方向性矽鋼帶等種。

冷軋延方向性矽鋼帶，當磁通方向與軋延方向一致時，其導磁係數甚高，才能夠發揮它的優良特性，故使用時應注意避免磁通方向與軋延方向不一致，而導致磁性降低，鐵損增大。又其對機械應力非常敏感，若受到彎曲或衝擊等機械應力時，亦會使鐵損增高，磁特性劣化；因此，鐵心在切剪或鑿孔等加工時，應特別小心，避免受到強烈的機械應力。

③ 非結晶質磁性材料：非結晶質(amorphous)磁性材料是由熔融的材料經超速冷卻後一次軋延製成的。變壓器用非結晶質磁性材料係由約 80%的鐵(Fe)，20%的(B)，及少許碳、磷及矽等之合金。

⑵ 鐵心的組立：積鐵心的接續方法如圖 1-14 所示，有銜頭(對接)接續(butt joint)法與搭接(lap joint)法兩種。前者在組合、分解時較方便省時，但磁路之氣隙較大，易使激磁電流增大，且作用於接續處之磁力，將引起較大的振動及噪音。後者之組合或分解，必須一片一片疊積或折除，工作費時，但上、下層之片與片間接縫不在同一地方，對於整個磁路而言，較前者爲優，故普遍被採用。

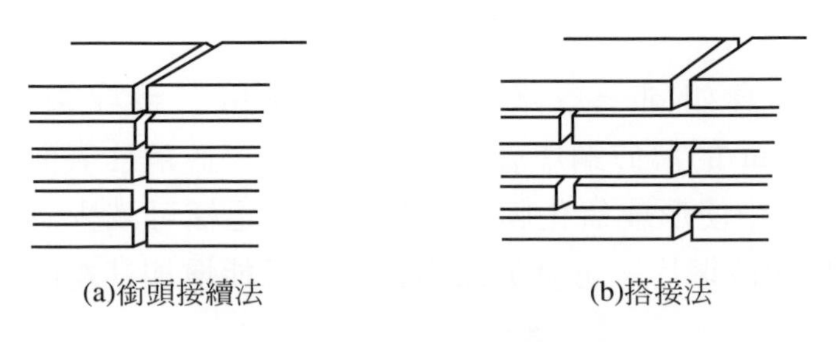

圖 1-14　積鐵心的接續方法

2. 變壓器的繞組

變壓器的繞組通常皆以絕緣材料包裹之銅線繞製而成；小型的變壓器係採用圓銅線來捲繞，而中型與大型變壓器則多用平角銅線或長方形銅條捲繞。繞組之導體應具備下列特性：

⑴ 導電率高。
⑵ 熱傳導率大。
⑶ 耐蝕性良好。
⑷ 軋延等加工性好。
⑸ 具有適當的機械強度。
⑹ 價格低廉。

變壓器繞組之導體過去均採用銅線，自第二次世界大戰以來，由於銅之產量不敷需求，銅價昂貴，且關於鋁導體在製造上的接續等問題逐次獲得解決，所以，目前中、小型變壓器已經大量使用鋁導體。

變壓器的繞組有直捲與型捲等方式；直捲是將絕緣導線直接纏捲在鐵心上，具有佔積率小漏磁小等特性，適用於小容量之變壓器。型捲是把導線纏捲在絕緣筒上，然後施以絕緣處理組立的方式，普通變壓器均採用此法來繞製。

3. 變壓器的附屬配件

變壓器是否能夠充分發揮其性能、安全運轉及防範故障擴大等。除具有良好的鐵心和繞組外，還必須有配備各種配件，分述如下：

⑴ 外箱(casing)：變壓器之外箱又稱爲外殼或叫油櫃(oil tank)，係以鑄鐵鑄造或鋼板焊接製成。它的外型頗多，有平直者、有波紋者、有四周附設散熱管或散熱器者，亦有僅兩旁附設散熱器者等等。

油箱的高度約爲鐵心和線圈之兩倍，是爲了預防變壓器在運轉時油面過份低落，而影響絕緣體冷卻。

⑵ 套管(bushing)：變壓器之套管需具備“連接”和“絕緣”兩種目的。常用之絕緣套管有下列四種：

① 單一型套管(solid type bushing)：此型套管是中空圓筒瓷管，如圖1-15所示，構造簡單、價格便宜，但耐壓低，適用於33kV以下之變壓器。圖(a)爲低壓繞組用，圖(b)爲高壓繞組用。

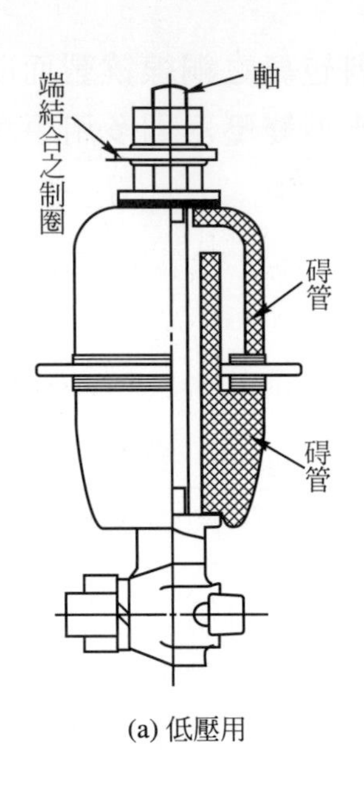

(a) 低壓用

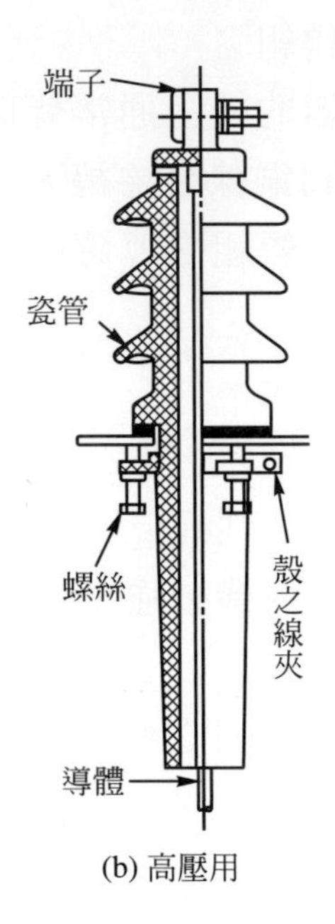

(b) 高壓用

圖 1-15　單一型套管

② 填充劑型套管(compound-filled bushing)：此型套管係導體纏紮絕緣物後置於在套管中，而其與瓷管間的空隙再用絕緣的混合物填滿，如圖 1-16 所示。於充填混合物時必須除去氣泡，以增高絕緣耐力，此型適用於 70kV 以下之變壓器。

③ 充油型套管(oil-filled bushing)：此型套管是導體與瓷管間插入同心狀之絕緣筒，並且在其所餘空間注滿絕緣油，如圖 1-17 所示。適用於 33kV～161kV 之變壓器。

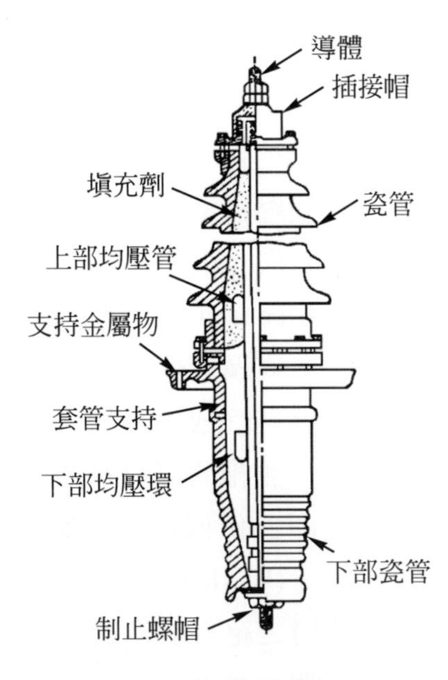

圖 1-16　填充劑型套管

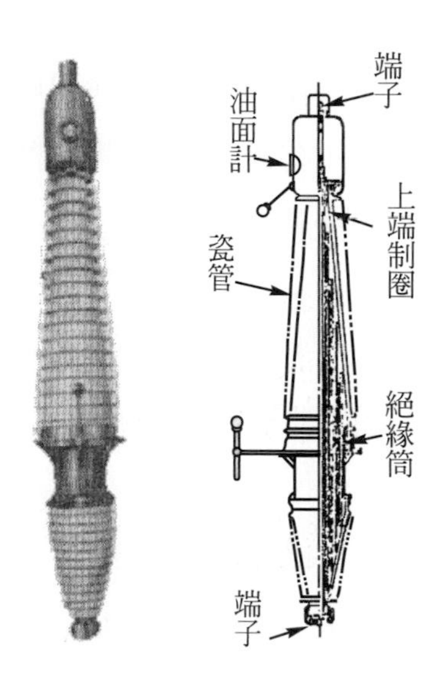

圖 1-17　充油型套管

④ 電容器型套管(condenser-type bushing)：此型套管係用絕緣紙和金屬箔膜交互紮捲在導體上，使形成圓筒形電容器，如圖 1-18 所示。使在絕緣套管中形成很多串聯之電容器，且會自導體表面至油箱間之電場分佈均勻，以避免局部電場強度過大而產生電暈。適用於 66kV 以上之變壓器。

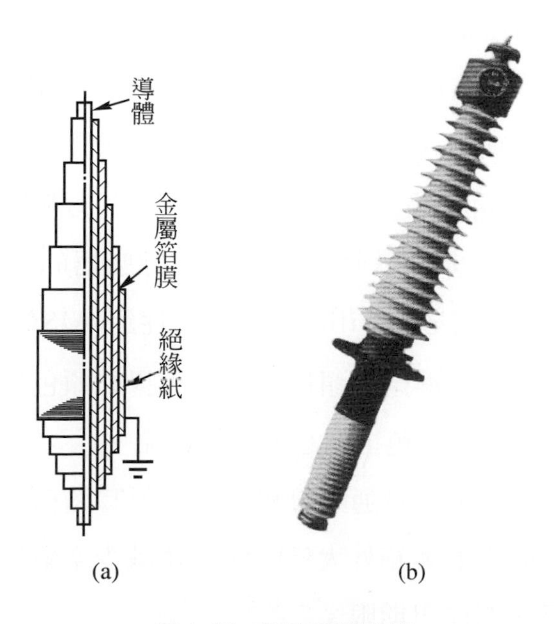

圖 1-18　電容器型套管

(3) 絕緣油及其劣化防止

變壓器使用絕緣油有兩個目的：一為輔助絕緣，另一為幫助散熱(即冷卻作用)。而絕緣油有礦油、難燃性油及不燃性油等，不論那一種絕緣油，應具備下列諸特性：

① 絕緣耐力大。

② 引火點高。

③ 蒸發量少。

④ 凝固點低。

⑤ 化學特性穩定，於高溫時不產生污物。

⑥ 不含酸性，對於金屬不產生腐蝕作用。

⑦ 熱之傳導度與比熱膨脹率大。

變壓器在運轉時，若絕緣油與大氣直接碰觸，則吸收空氣中的水份，促使油之絕緣強度降低，進而水份經由絕緣油浸入固體絕緣物內，使繞組的絕緣物加速劣化，以致破壞。又絕緣油與空氣中的氧氣作用，將產生泥狀殘渣，附著在鐵心或繞組上，阻礙冷卻作用，同時亦會引起化學反應而產生有機酸，會使絕緣強度降低。所以，應針對絕緣油劣化的原因作適當的對策，其劣化防止法有：

① 呼吸器：變壓器運轉時，因負載及周圍氣溫變動，使變壓器的油溫升高或降底，當絕緣油熱脹冷縮，促使油面升降，變壓器內的空氣遂發生排出或吸入的呼吸作用，如於通氣孔上製置一呼吸器，如圖 1-19 所示。這種呼吸器內裝有吸濕劑，用以吸收進入變壓器內之空氣中的水份，以防止絕緣油的劣化。呼吸器的構造如圖 1-20 所示，在玻璃筒內盛有矽膠(silica gel)或活性鋁($AlSO_3$)等吸濕劑。吸收水份的程度可由吸濕劑之顏色判別；矽膠的顏色為藍紫色，當吸收水份後即變成淺粉紅色，則必須更換新品。

呼吸器的下端是通氣口和油杯，平時藉由杯中的絕緣油，使變壓器箱內的空氣與箱外大氣隔離，並減少空氣與吸濕劑直接碰觸，以增長吸濕劑使用期限。

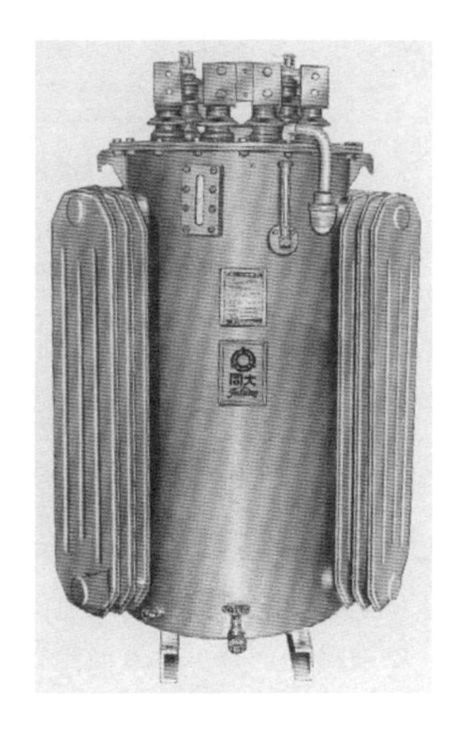

圖 1-19　裝設有呼吸器的變壓器

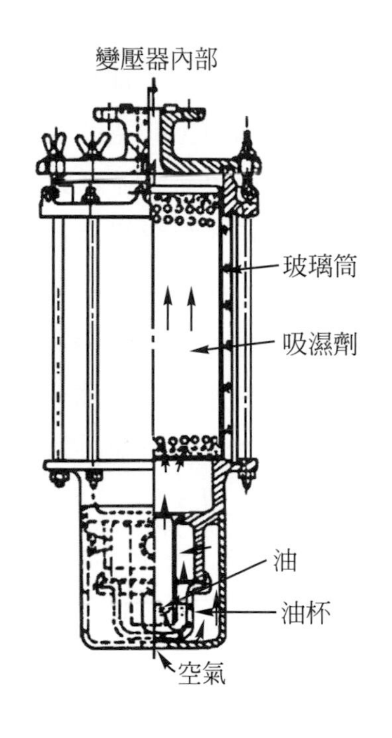

圖 1-20　呼吸器的構造

② 儲油箱：如圖 1-21 所示，在變壓器外箱上方設置儲存箱(conservator)，使絕緣油和空氣接觸之面積儘量縮小，且對變壓器本體的熱油不致接觸空氣，對吸濕裝置有呼吸器，此種方式稱為開放型儲油箱。這種使用儲油呼吸器來防止絕緣油劣化，運轉維護容易，但因儲油箱中之油乃與空氣接觸，未必是盡善盡美。所以，在儲油箱內上方設有氣袋，如圖 1-22 所示，使油與空氣完全隔斷，以防止油的劣化。

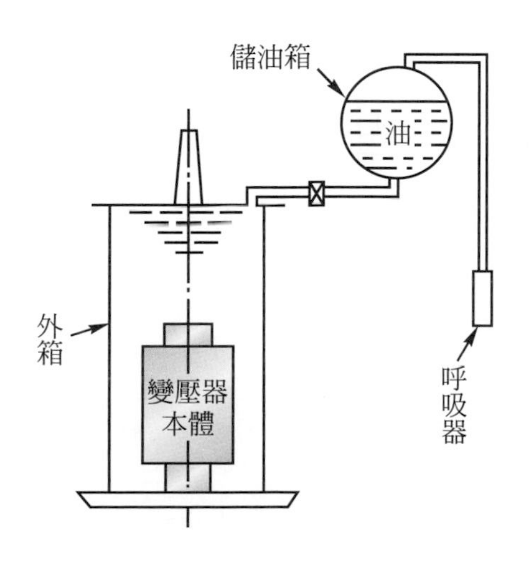

圖 1-21　開放型儲油箱

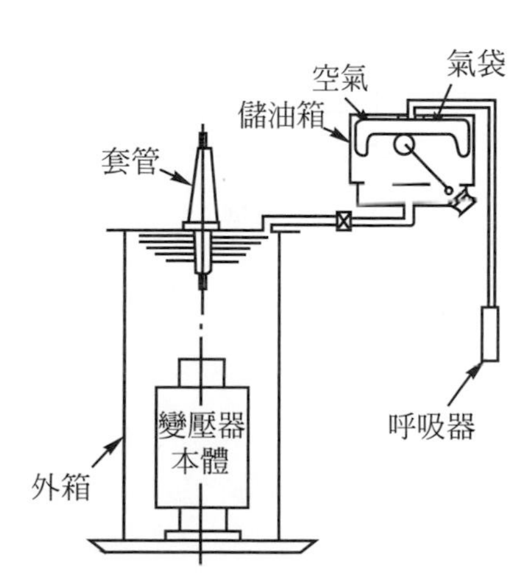

圖 1-22　附設氣袋儲油箱

③ 氮封式：氮氣為惰性氣體，不與絕緣油發生化學作用。氮封式變壓器有：

❶ 氮密封式：此種氮密封變壓器之油面上的空間及氮氣膨脹箱內充以氮氣並密封，如圖 1-23 所示。故絕緣油與大氣完全隔離，而能夠保持數十年而不致劣化。氮氣膨脹箱是提供變壓器在運轉時，油容積變化的緩衝用，以避免外箱因壓力太大而破裂。

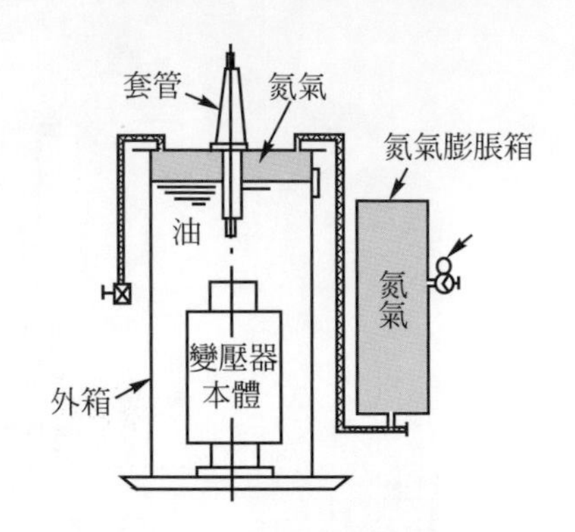

圖 1-23　氮密封型變壓器

❷ 氮封三室型：此型構造如圖 1-24 所示，分為橫三室與縱三室型兩種。係將儲油箱分隔為三室，一室與二室之間，充以氮氣，二室與三室之間採用絕緣油密封。當油溫變化時，氮氣油箱較大，封密用油量較多。

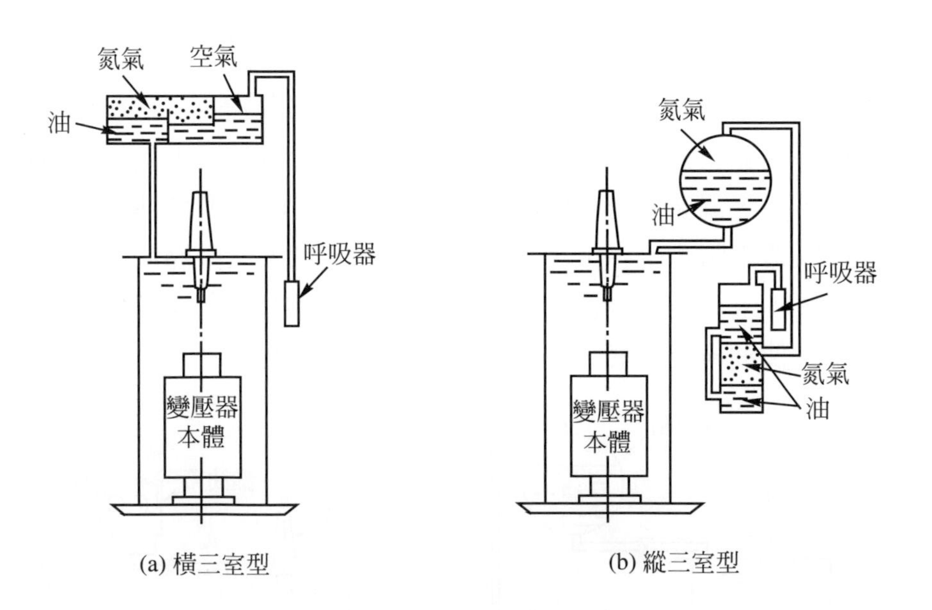

圖 1-24　氮封三室型變壓器

❸ 自動充氮、減壓型：此型構造如圖1-25所示，變壓器的油面上空間(即充氮空間)，經減壓閥與氮氣瓶連接。變壓器內氮氣保持一定壓力，約0.05kg/cm²，當氮氣壓力高於0.05kg/cm²時，會自動將氮氣放出；當氮氣壓力低於0.05kg/cm²時，自動由氮氣瓶補充氮氣，這樣使變壓器的氮氣壓力保持恒定。運轉時，應注意減壓閥的動作是否正常，各連接的管子不要漏氣。

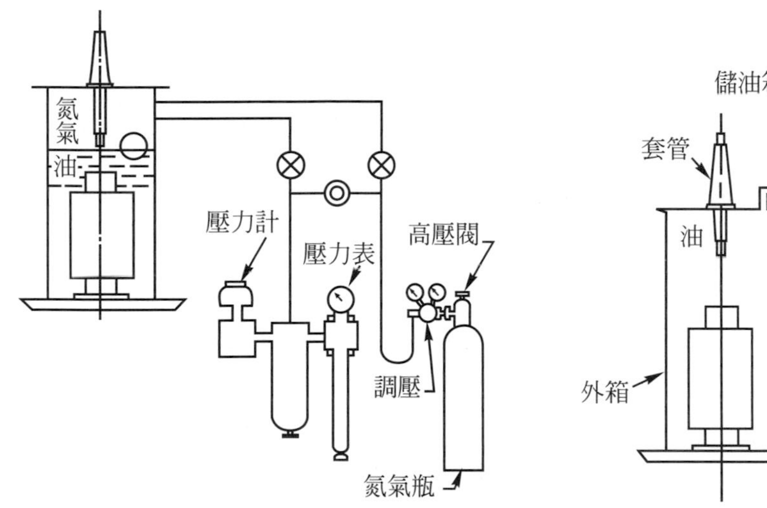

圖1-25 自動充氮、減壓型變壓器

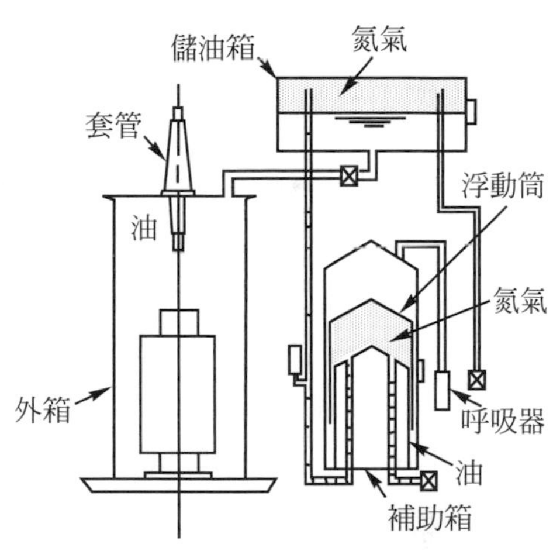

圖1-26 氮氣油密封型變壓器

❹ 氮氣油密封型：此型構造如圖1-26所示，輔助箱(auxiliary tank)與主變壓器外箱分離，且由浮動筒(floating cylinder)分成上、下兩部份；上部開一小孔與呼吸器連接，下部份由連接管與儲油箱的上部連接。當儲油箱內絕緣油的溫度上昇，產生膨脹而將儲油箱上部的乾氮氣壓進補助箱，使浮動筒向上移動。反之，溫度下降時，儲油箱內的油面降低，儲油箱內的氮氣重新由輔助箱中的氮氣充滿，因此使浮動箱向下移動。由於儲油箱內氮氣的壓力高於大氣壓力，所以濕氣不會進入儲油箱內。

④ 吸附劑式：本方式是為化學的方法，在變壓器內投入活性鋁或止氧劑(Di-Tertiary-Butyl-Para-Crcsol，簡稱DBPC)等化學劑，以便吸附油中的水份或有機酸等不純物，並且減緩絕緣油的氧化作用。

⑷ 溫度計：變壓器運轉中，應經常測變壓器絕緣油和繞組之溫度，以確保是否正常運轉。變壓器因異常現象，促使溫度增加時，可應用溫度計的裝置發出警報，及控制冷卻風扇或電動油泵的運轉。

⑸ 油面計：油面的測定裝置有棒狀油面計、板狀油面計與針盤油面計等。以棒狀或板狀玻璃，設在變壓器側板或儲油箱側面，直接透視油面高低者。

⑹ 放壓裝置：變壓器內部故障時，電弧使絕緣油等分解，產生大量氣體，使變壓器內部有異狀壓力，可能引起變壓器外箱破裂或變形，通常變壓器裝有放壓裝置，當變壓器內部發生異狀壓力時，自動釋放壓力。

⑺ 銘牌：變壓器的銘牌是表示其規格及特性，為附屬部品不可缺少的。在銘牌上記載：製造日期、製造號碼、型式、相數、極性、額定輸出、額定電壓、額定電流、頻率及接線圖等項目。

⑻ 分接頭切換器：變壓器的二次側電壓也隨著電源電壓及負載的變動而變化，為了保持恒定輸出電壓，必須變換其匝數比，因此需裝設分接頭。由於高壓側電流較小，繞組的分接頭抽頭較容易，分接頭切換器亦較小，故分接頭通常皆裝設於高壓側。又分接頭的切換，通常是在變壓器切離電路的無電壓狀態下進行，如要避免停電以切換分接頭，可使用負載時分接頭切換器在加有負載的情況下，施行分接頭的切換。

⑼ 保護電驛：為防止變壓器故障的發生或故障擴大及減輕故障的災害，除放壓裝置外，還設有保護電驛，常用的保護電驛有：保氏電驛(Buchholz's rely)、氣體檢出電驛(gas detector relay)與衝擊油壓電驛(sudden oil pressure relay)等。

⑽ 人孔及手孔：為了便於點檢變壓器內部及引接線的拆裝工作，在變壓器上蓋常設有人孔及手孔。

⑾ 耐震裝置：地震時變壓器發生移動，甚至顛倒。尤其在裝有車輪的變壓器多有此設置。

⑿ 移動用車輪：小型變壓器，使用滾柱或管類則可簡單移動，但大型變壓器則需使用移動車輪。

⒀ 接地端子：變壓器本體及鐵心應予以接地，因此每具變壓器都設有接地端子，其均設在外箱下部。

⒁ 吊耳：吊起本體鐵心等時，必須附有吊耳，以茲利用。裝設吊耳往往成為水份侵入的原因，應特別注意。

1-5 變壓器無載狀況

變壓器二次側未接負載成開路狀態，一交流電壓v_1加在一次繞組N_1的兩端，則一次繞組內有激磁電流i_ϕ流通，即產生磁動勢$i_\phi N_1$，令使鐵心磁路中建立一交變磁通ϕ，如圖 1-27 所示。若磁通與一、二次繞組彼此交鏈時，依據“法拉第-楞次定律”，則使繞組兩端產生感應電勢。

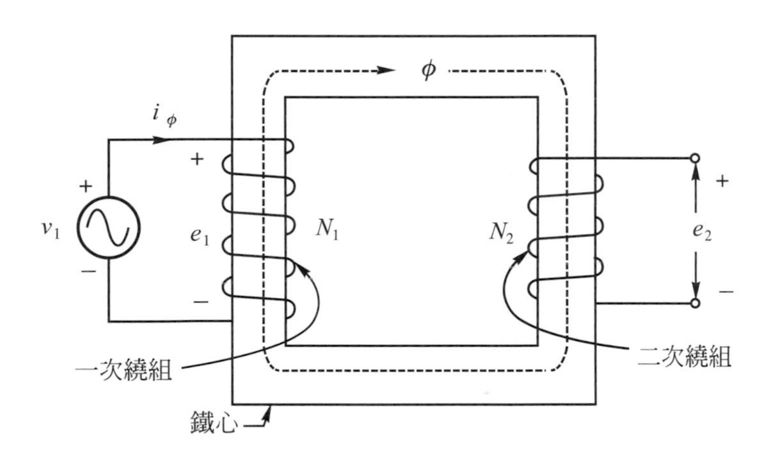

圖 1-27　變壓器二次側未接負載之狀態

1-5.1 變壓器之感應電勢

首先以“理想變壓器(ideal transformer)的開路狀態”來研討變壓器之感應電勢。假設理想變壓器具備有下列條件：

1. 一、二次繞組的電阻無窮小，可忽略不計，故其壓降和銅損幾乎等於零。
2. 變壓無漏磁現象；即耦合係數等於 1，所有磁通均存在於鐵心中。
3. 鐵心的相對導磁係數非常高，當磁通在鐵心中流通時，所消耗之磁勢忽略不計。
4. 磁路不致達到飽和狀態；即磁化曲線為一直線。
5. 鐵心中無任何損失；即當磁通通過鐵心時，所產生的磁滯損失和渦流損失不計。

由於上述之五個條件，所以理想變壓器之激磁電流(i_ϕ)所產生的磁通(ϕ)爲正弦波，即：

$$\phi = \phi_m \sin \omega t \tag{1-28}$$

當一次繞組(N_1)與磁通(ϕ)交鏈時，其磁通鏈(flux linkage)等於$N_1 \cdot \phi$，依法拉第-楞次定律，則其感應電勢(e_1)爲：

$$\begin{aligned} e_1 &= -\frac{d\lambda_1}{dt} = -N_1 \frac{d\phi}{dt} = -N_1 \frac{d(\phi_m \sin \omega t)}{dt} \\ &= -\omega N_1 \phi_m \cos \omega t = 2\pi f N_1 \phi_m \sin(\omega t - 90°) \\ &= E_{1\max} \sin(\omega t - 90°) \end{aligned} \tag{1-29}$$

式(1-29)中，f爲外加電壓之頻率，其單位爲“赫茲(Hz)”，ϕ_m爲最大磁通量。而感應電勢(e_1)較磁通(ϕ)滯後 90 度，是爲外加電壓(V_1)之反電動勢(counter emf)。且$E_{1\max} = 2\pi f N_1 \phi_m$，故一次側感應電勢的有效值($E_1$)爲：

$$E_1 = \frac{E_{1\max}}{\sqrt{2}} = \frac{2\pi}{\sqrt{2}} f N_1 \phi_m = 4.44 f N_1 \phi_m \text{ [伏特]} \tag{1-30}$$

若外加電壓之有效值以V_1表示，因爲理想變壓器不考慮磁滯和渦流等鐵心損失，且繞組電阻的壓降忽略不計，故一次側之感應電勢(E_1)等於外加電壓(V_1)，但相位相差 180 度。又由式(1-30)得：

$$N_1 = \frac{E_1}{4.44 f \phi_m} = \frac{V_1}{4.44 f B_m A_c} \text{ [匝]} \tag{1-31}$$

上式中，B_m爲鐵心中之最大磁通密度，A_c爲鐵心之截面積。所以，若外加電壓、頻率、鐵心的截面積及最大磁通密度已知時，便可求得繞組之匝數。

因理想變壓器無任何漏磁，其激磁電流所產生之磁通(ϕ)同時與二次繞組(N_2)相交鏈，其磁通鏈$\lambda_2 = N_2 \phi$，故二次繞組中亦感應一電勢(e_2)爲：

$$e_2 = -\frac{d\lambda_2}{dt} = -N_2 \cdot \frac{d\phi}{dt} = 2\pi f N_2 \phi_m \sin(\omega t - 90°) \tag{1-32}$$

二次繞組感應電勢的有效值(E_2)爲：

$$E_2 = \frac{2\pi}{\sqrt{2}} f N_2 \phi_m = 4.44 f N_2 \phi_m \text{ [伏特]} \tag{1-33}$$

由式(1-32)得知，二次繞組之感應電勢亦滯後磁通 90 度，即E_2與E_1同相。於是磁通(ϕ)，外加電壓(V_1)和感應電勢E_1、E_2之相位關係，如圖 1-28 所示。

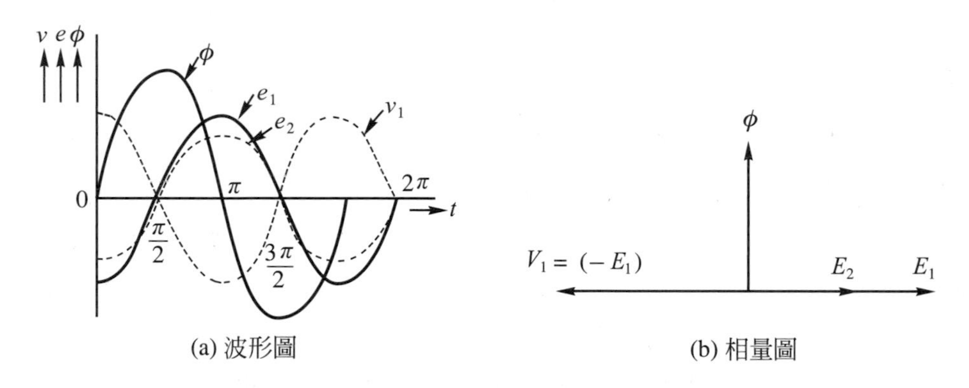

(a) 波形圖　　(b) 相量圖

圖 1-28　理想變壓器之磁通、電壓及感應電勢之相位關係

由式(1-30)與式(1-33)，得

$$\frac{E_1}{E_2}=\frac{4.44\,fN_1\phi_m}{4.44\,fN_2\phi_m}=\frac{N_1}{N_2}=a \tag{1-34}$$

式(1-34)中，“a”爲一次繞組匝數與二次繞組匝數之比值。而一、二次感應電勢E_1和E_2之比，即等於兩繞組匝數之比。

例 1-6

有一60Hz 變壓器，一次繞組匝數爲320匝，其一次繞組之感應電勢爲1200伏，而二次繞組爲80匝。試求：(1)最大磁通量ϕ_m？(2)二次繞組之感應電勢E_2各爲若干？

解

(1)由式(1-30)　$E_1 = 4.44\,fN_1\phi_m$

$$\therefore \phi_m=\frac{E_1}{4.44\,fN_1}=\frac{1200}{4.44\times 60\times 320}=0.014\ [\text{韋伯}]$$

(2)由式(1-34)得：

$$E_2 = E_1\times\frac{N_2}{N_1}=1200\times\frac{80}{320}=300\ [\text{伏}]$$

例 1-7

設有2400/240伏，60Hz變壓器，其鐵心之最大磁通密度爲1.126韋伯／平方公尺，鐵心截面積爲50平方公分。試求：⑴一次和二次繞組之匝數各爲多少？⑵頻率減半時，其繞組之匝數各爲多少？

解

⑴由式(1-31)得

$$N_1 = \frac{V_1}{4.44\,fB_mA_c} = \frac{2400}{4.44\times60\times1.126\times50\times10^{-4}} = 1600\ [\text{匝}]$$

$$N_2 = N_1\times\frac{V_2}{V_1} = 1600\times\frac{240}{2400} = 160\ [\text{匝}]$$

⑵因為繞組之匝數與頻率成反比，故得：

$$N_1 = 1600\times2 = 3200\ [\text{匝}]$$

$$N_2 = 160\times2 = 320\ [\text{匝}]$$

1-5.2 激磁電流

實際之鐵心變壓器無載時，流通於一次繞組中之電流，其所建立之磁通僅使一、二次側產生額定電勢，故該電流稱謂“激磁電流(exciting current)”，它的值甚小，約爲額定電流值的2%～5%。

在無載時，就變壓器之一次側電路而言，若忽略不計一次繞組之電阻和漏電抗的壓降，則端電壓與感應電勢相等，即$v_1 = -e_1$。因輸入之電源電壓係爲正弦波，則感應電勢亦必爲正弦波，故

$$v_1 = -e_1 = -E_m\sin\omega t = N_1\frac{d\phi}{dt} \tag{1-35}$$

由上式可求得總磁通ϕ，即

$$\phi = -\int\frac{e_1}{N_1}dt = \frac{E_m}{\omega N_1}\cos\omega t = \phi_m\cos\omega t \tag{1-36}$$

由式(1-36)得知，磁通ϕ亦是正弦波變化，那麼激磁電流便不可能是正弦波。假設先考慮沒有磁滯迴線之效應時，使用傅立葉級數(Fourier series)方法來分析激磁電流，得知它是含有第三級等奇次諧波之非正弦波，且其波形是時間的函數。若考慮含第三諧波成份時，則激磁電流I_ϕ變爲較尖銳之曲線，係爲非正弦波。

考慮有鐵心損失產生時，其激磁電流的波形仍是時間的函數，能夠用繪圖法求出，如圖1-29(a)和(b)所示。即在圖1-29(a)中之磁通波形上，取若干時間點，

則相對應於各點所需的激磁電流值，可在圖 1-29(b)中取得。例如，在時間t'時，磁通之瞬間值是ϕ'，此時之磁通係處於增加之情況；其所對應之磁勢(mmf)值爲F'，可由磁滯迴線中之磁通正在增加部份讀取；即得所對應之激磁電流值爲i_ϕ'，將i_ϕ'繪在圖 1-29(a)中之時間t'上。在時間爲t''時，磁通之瞬間值仍然是ϕ'，但是處於下降部份，其所對應之mmf值與激磁電流值分別爲F''與i_ϕ''，再將i_ϕ''繪在圖 1-29(a)中之時間t''上，如此便可繪出激磁電流之波形。

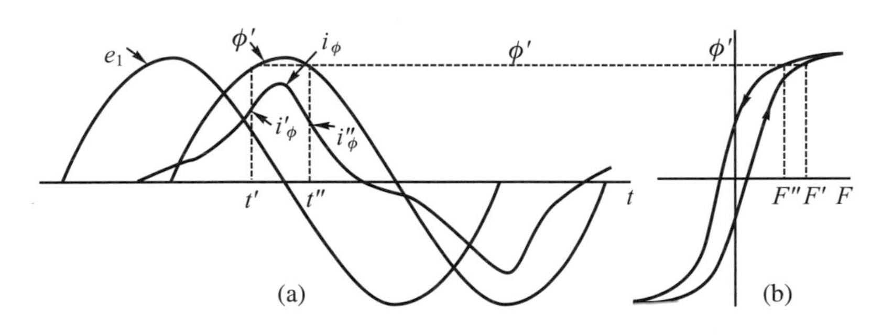

圖 1-29 激磁電流波形

激磁電流(I_ϕ)可分解爲兩個分量：一爲與磁通(ϕ)同相，用以產生磁通的電流，稱爲磁化電流(magnetizing current)，以符號I_m表示。另一爲與克服反電勢之外加電壓同相位，供給鐵心損失的電流，稱爲鐵損電流(core loss current)，以符號I_c表示；即$I_\phi = I_m + I_c$，如圖 1-30 所示爲激磁電流之相量圖。

變壓器無載時，激磁電流I_ϕ較外加電壓V_1落後θ_0度時，則磁化電流I_m與鐵損電流I_c分別爲：

$$I_m = I_\phi \sin\theta_0 \tag{1-37}$$

$$I_c = I_\phi \cos\theta_0 \tag{1-38}$$

鐵損電流I_c又分爲磁滯損失電流I_h與渦流損失電流I_e兩分量，其鐵心損失功率P_c爲：

$$P_c = E_1 \cdot I_c = E_1 I_\phi \cos\theta_0 \tag{1-39}$$

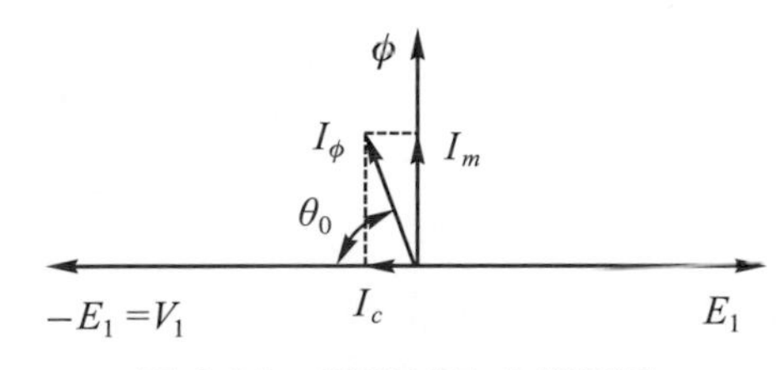

圖 1-30 激磁電流之相量圖

例 1-8

有一變壓器，一次繞組爲200匝，感應電勢E_1的有效值爲194伏，若鐵損$P_c = 46.5$瓦，功率因數爲0.088時，試求鐵損電流I_c與磁化電流I_m各爲若干？

解

由式(1-39)得：

激磁電流$I_\phi = \dfrac{P_c}{E_1 \cos\theta_0} = \dfrac{46.5}{194 \times 0.088} = 2.72$ [安]

鐵損電流$I_c = \dfrac{P_c}{E_1} = \dfrac{46.5}{194} = 0.24$ [安]

(或$I_c = I_\phi \cos\theta_0 = 2.72 \times 0.088 = 0.24$)

磁化電流$I_m = I_\phi \sin\theta_0 = 2.72 \times 0.996 = 2.7$ [安]

1-5.3 一次繞組電阻與漏磁電抗之影響

變壓器的二次繞組成開路，當一交流電壓(V_1)加在一次繞組之兩端時，若考慮繞組電阻R_1的影響，則外加電壓(V_1)與反電勢($-E_1$)之關係爲：

$$V_1 = (-E_1) + I_\phi R_1 \tag{1-40}$$

變壓器在無載時，流通於一次繞組的激磁電流所建立的磁通，大部份經由鐵心與二次繞組相交鏈，以產生感應電勢E_2；但有少部份經氣隙路徑返回，而不與二次繞組交鏈，僅與一次繞組交鏈者，這些磁通ϕ_{1l}，便稱爲漏磁通(leakage flux)，簡稱漏磁，如圖 1-31 所示。當漏磁(ϕ_{1l})與一次繞組(N_1)相交鏈時，便感應電勢爲$e_{1l} = -N_1 \dfrac{d\phi_{1l}}{dt}$，且因漏磁係經由氣隙而完成磁路，所以，$e_{1l}$滯後激磁電流$I_\phi$爲90度，其效應相當於一電抗電壓，若以有效值表示，即$E_{1l} = -j I_\phi X_1$，此“X_1”即稱爲“漏磁電抗(leakage reactance)”。若欲抵消E_{1l}，必須加一與E_{1l}大小相等，方向相反之電壓，這較激磁電流I_ϕ超前90度之電壓，稱爲電抗壓降。故一次漏磁電抗的作用是反抗電流進入一次繞組。應當考慮漏磁電抗之壓降，故外加電壓(V_1)爲：

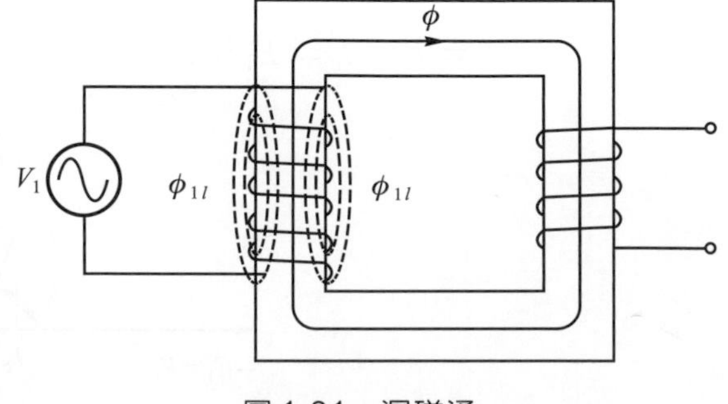

圖 1-31 漏磁通

$$V_1 = (-E_1) + I_\phi R_1 + jI_\phi X_1 \tag{1-41}$$

綜合上述，變壓器於無載時，若考慮一次繞組的電阻R_1與漏磁電抗X_1之影響，則外加電壓(V_1)與反電勢$(-E_1)$的關係，如圖 1-32 所示。

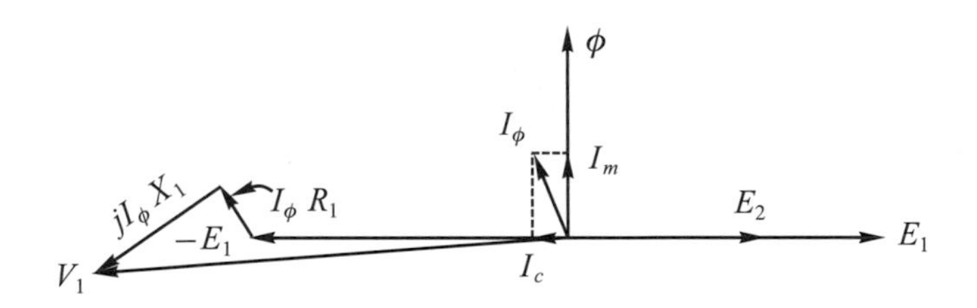

圖 1-32 變壓器無載時相量圖

1-6 變壓器負載狀況

變壓器二次側接上負載，如圖 1-33 所示，於是負載中便有電流I_2通過，而該電流I_2亦必流過二次繞組，產生一磁動勢I_2N_2，令使變壓器的特性發生變化；本節以理想變壓器之負載狀況與實際變壓器之負載狀況分別來研討。

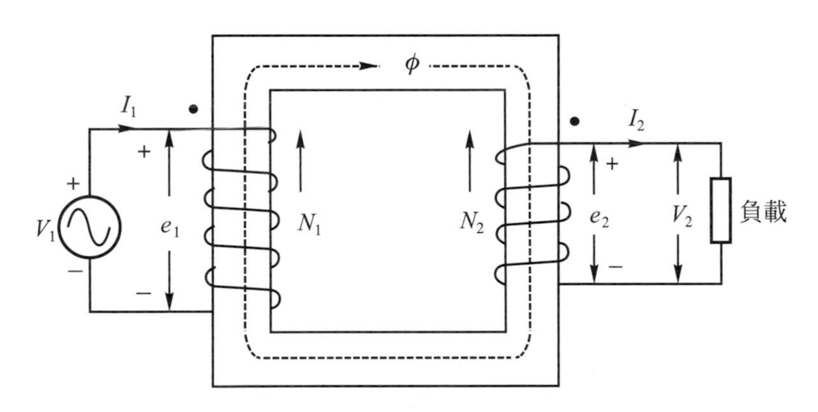

圖 1-33 變壓器接有負載之狀況

1-6.1 理想變壓器負載狀況

因為理想變壓器不考慮繞組之電阻與漏磁電抗所引起的電壓降，因此，變壓器二次側接上負載時，其二次側之端電壓(V_2)與感應電勢(E_2)相等，且由第 1-5 節中知，$V_1 = E_1$，即得：

$$\frac{V_1}{V_2}=\frac{E_1}{E_2}=\frac{N_1}{N_2}=a \tag{1-42}$$

由式(1-42)中知，一次側端電壓(V_1)與二次側端電壓(V_2)之比值等於兩繞組之匝數比；故“a”又可稱爲電壓比。又若$a<1$，即輸出端電壓(V_2)較輸入端電壓(V_1)爲高，這種變壓器稱爲昇壓變壓器(step-up transformer)；若$a>1$，輸入端電壓(V_1)較輸出端電壓(V_2)爲高，這種變壓器稱爲降壓變壓器(step-down transformer)。

當二次繞組有負載電流I_2通過時，必會產生磁動勢(即$F_2=N_2I_2$)，依據楞次定律(lenz's low)，由I_2N_2所產生的磁通必與原來產生感應電勢E_2之互磁通ϕ相反，致使原有鐵心中的磁通及一次繞組之反電勢減小，爲了維持原來的狀態，則須從一次側輸入電流I_1來補償，其關係式爲：

$$N_1I_1=N_2I_2$$

則

$$\frac{I_1}{I_2}=\frac{N_2}{N_1}=\frac{1}{N_1/N_2}=\frac{1}{a} \tag{1-43}$$

即一、二次側電流比值與兩繞組匝數成反比。又由式(1-42)與式(1-43)，可得：

$$V_1I_1=V_2I_2 \quad (\text{即}P_1=P_2) \tag{1-44}$$

很明顯能夠明瞭，因爲理想變壓器的所有損失都忽略不計，則輸入功率P_1等於輸出功率P_2。

例 1-9

有一理想變壓器爲60Hz，$V_1=2000$ [伏]，$I_1=5$ [安]，$N_1=200$ [匝]，$N_2=50$ [匝]，試求⑴二次側之端電壓和電流？⑵輸出功率多少？

解

⑴ $a=\dfrac{N_1}{N_2}=\dfrac{200}{50}=4$

由式(1-42)，得$V_2=V_1\cdot\dfrac{1}{a}=2000\times\dfrac{1}{4}=500$ [伏]

由式(1-43)，得$I_2=I_1\cdot a=5\times4=20$ [安]

⑵輸出功率$P_2=V_2I_2=500\times20=10000$ [伏安] $=10$ [仟伏安]

1-6.2 實際變壓器負載狀況

實際變壓器必須考慮繞組的電阻、漏磁及激磁電流等諸效應，而高頻變壓器甚至還要考慮其繞組之電容效應。對於一般60Hz的中、小型變壓器，其繞組的電容效應影響不大，因而忽略不計。

當二次側接有負載時，則負載電流I_2流過二次繞組，致使產生電阻壓降$I_2 R_2$與漏磁ϕ_{2l}。又漏磁遂引起漏磁電抗X_2，而產生漏磁電抗壓降$jI_2 X_2$，故二次側端電壓V_2爲：

$$V_2 = E_2 - I_2 R_2 - j\, I_2 X_2 \tag{1-45}$$

式(1-45)中，電阻壓降$I_2 R_2$與電流I_2同相，而漏磁電抗壓降$j\, I_2 X_2$較電流I_2越前90度。

若負載爲$Z_L = R_L + j\, X_L$，負載端電壓爲V_2時，則負載電流I_2爲：

$$I_2 = \frac{V_2}{Z_L} = \frac{V_2}{R_L + j\, X_L} \tag{1-46}$$

令$V_2 = I_2 \cdot (R_L + j\, X_L)$代入式(1-45)中，解得

$$I_2 = \frac{E_2}{(R_2 + R_L) + j\,(X_2 + X_L)} \tag{1-47}$$

而輸出端之電壓V_2與電流I_2間的角度爲：

$$\theta_2 = \tan^{-1} \frac{X_L}{R_L} \tag{1-48}$$

由上所敘述，變壓器一旦接有負載，二次側所產生的磁動勢$I_2 N_2$，必須自一次側電源端輸入電功率來補償之。換言之，從一次側輸入的電流I_1，除供給原來激磁電流I_ϕ外，還有電流$I_1{}'$，用以抵消新增加的磁動勢$I_2 N_2$，其關係爲：

$$I_1{}' N_1 + I_2 N_2 = 0$$

$$-\frac{I_1{}'}{I_2} = \frac{N_2}{N_1} \tag{1-49}$$

式(1-49)中，“$I_1{}'$”稱爲一次負載電流。負號表示一次負載電流$I_1{}'$與二次負載電流I_2的相位恰好相反，即它們的相位彼此相差180度。而一次側電流I_1，等於激磁電流I_ϕ和一次負載電流$I_1{}'$的相量和，即：

$$I_1 = I_\phi + I_1{}' \tag{1-50}$$

當有負載時，其一次繞組外加電壓V_1等於互磁通ϕ所產生之反電勢$(-E_1)$，一次繞組的電阻壓降(I_1R_1)及漏磁電抗壓降(I_1X_1)三者的相量和，即

$$V_1=(-E_1)+I_1R_1+jI_1X_1 \tag{1-51}$$

上式中，電阻壓降(I_1R_1)與一次側電流(I_1)同相，而漏磁電抗壓降(I_1X_1)則較一次電流(I_1)超前 90 度。

綜合以上所敘述，實際變壓器接有負載時，其電壓與電流等相互關係，如圖 1-34 所示，其係負載電流爲滯後的功率因數(lagging power factor)之變壓器相量圖。

變壓器之相量圖可依下述順序繪出：

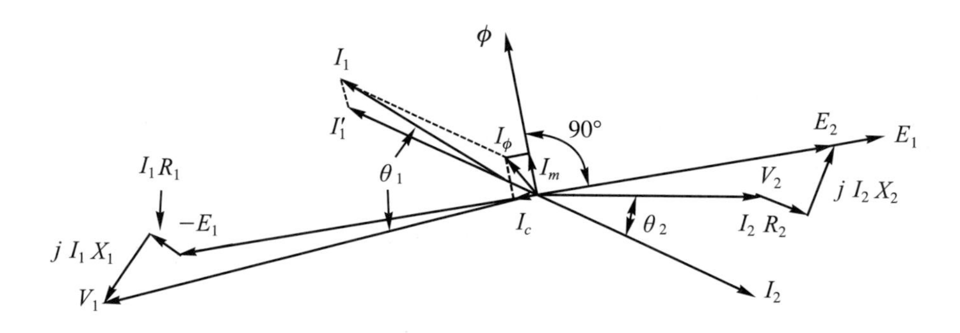

圖 1-34　滯後功因數之變壓器相量圖

1. 以二次側之端電壓V_2爲水平基準。
2. 畫I_2；$\theta_2=\tan^{-1}\dfrac{X_L}{R_L}$，$I_2$滯後$V_2$爲$\theta_2$。
3. 畫E_2及E_1；$E_2=V_2+I_2R_2+jI_2X_2$，又$E_1=N_1/N_2\cdot E_2$，且I_2R_2與I_2平行，jI_2X_2較I_2超前 90 度，而E_1與E_2同相。
4. 畫互磁通ϕ；ϕ比E_1(或E_2)超前 90 度。
5. 畫I_ϕ；$I_\phi=I_c+I_m$。
6. 畫I_1'；$-I_1'=N_2/N_1\cdot I_2$，且I_1'與I_2相差 180 度。
7. 畫I_1；$I_1=I_1'+I_\phi$。
8. 畫V_1；$V_1=(-E_1)+I_1R_1+jI_1X_1$，$I_1R_1$與$I_1$平行，$jI_1X_1$與$I_1$相垂直(即超前 90 度)，並得$I_1$與$V_1$相差之時相角爲$\theta_1$。

例 1-10

有一配電變壓器爲2000/200伏，500仟伏安，60Hz，其一、二次繞組的電阻及漏電抗爲：$R_1 = 0.1$ 歐姆，$X_1 = 0.3$ 歐姆，$R_2 = 0.001$ 歐姆，$X_2 = 0.003$ 歐姆，當該變壓器運轉於滿載，且PF = 1.0時，試求⑴一、二次側之電流各爲多少？⑵一、二次側之感應電勢各爲多少？

解

⑴$I_1 = \dfrac{\text{kVA} \times 10^3 \times 1.0}{V_1} = \dfrac{500 \times 10^3 \times 1.0}{2000} = 250$ [安]

$I_2 = a \cdot I_1 = \left(\dfrac{2000}{200}\right) \cdot 250 = 2500$ [安]

⑵$E_1 = V_1 - I_1 R_1 - j I_1 X_1 = 2000 - (250 \times 0.1 + j250 \times 0.3)$

$= 2000 - (25 + j75) = 1973.6$ [伏]

$E_2 = V_2 + I_2 R_2 + j I_2 X_2 = 200 + (2500 \times 0.001 + j2500 \times 0.003)$

$= 200 + (2.5 + j7.5) = 202.6$ [伏]

1-7 變壓器之等效電路

等效電路(equivalent circuit)是將變壓器輸入與輸出之電壓、電流、功率及損失等錯綜複雜的關係，使用一傳導式之串、並聯阻抗來表達的一種電路圖。等效電路有助於變壓器特性的分析，並能夠使其計算更簡單。通常，等效電路可由一次側和二次側之電壓方程式獲得。

在第 1-5 節及第 1-6 節中已述及，實際變壓器輸入端之電壓(V_1)是等於一次繞組之反電勢($-E_1$)與$I_1(R_1 + jX_1)$電壓降的相量和，且輸入之電流(I_1)等於激磁電流(I_ϕ)與一次負載電流(I_1')的相量和，而激磁電流又分爲鐵損電流(I_c)和磁化電流(I_m)兩量。由於I_c和I_m的大小是與感應電勢(E_1)成比例，它們的比例常數分別以gc電導(conductance)和b_m電納(susceptance)來表示，故變壓器一次側之等效電路，如圖 1-35 所示。

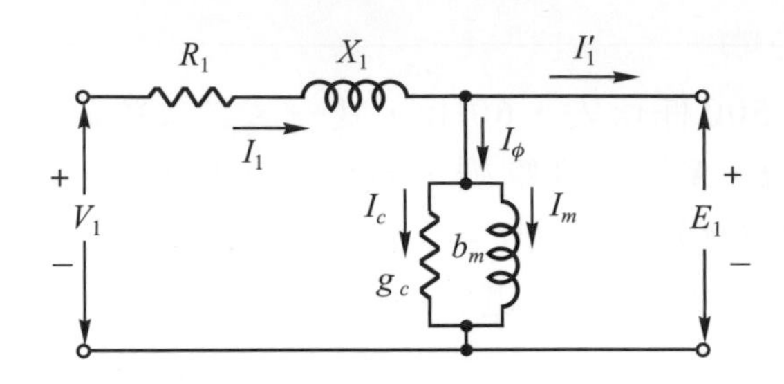

圖 1-35 變壓器一次側之等效電路

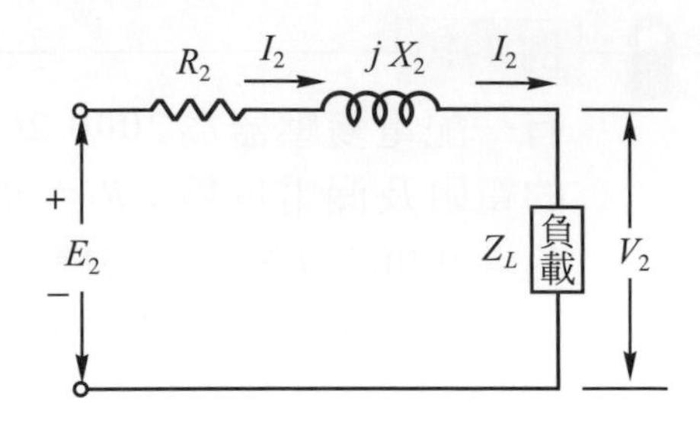

圖 1-36 變壓器二次側之等效電路

又自第 1-6 節，式(1-45)，可得

$$E_2 = V_2 + I_2R_2 + j\,I_2X_2 = I_2Z_L + I_2R_2 + j\,I_2X_2 \tag{1-52}$$

按照式(1-52)能夠繪出變壓器二次側之等效電路，如圖 1-36 所示。

1-7.1 匝數比值等於 1 時，變壓器之等效電路

當變壓器一、二次側繞組的匝數比值等於 1，即

$\dfrac{N_1}{N_2} = 1$ (或$N_1 = N_2$)時，則

$$\frac{E_1}{E_2} = \frac{N_1}{N_2} = 1\;;\; E_1 = E_2 \tag{1-53}$$

若不考慮電流I_1'與I_2的相位，只探討其大小比值時，則

$$\frac{I_1'}{I_2} = \frac{N_2}{N_1} = 1\;;\; I_1' = I_2 \tag{1-54}$$

由上所述，係說明於圖 1-35 和圖 1-36 中，輸出端電壓(E_1)與輸入端電壓(E_2)相等，輸出之電流(I_1')與輸入電流(I_2)相等，因此，符合電路理論中等值電路之要求，所以能夠把圖 1-35 與圖 1-36 連結在一起，以成爲一完全變壓器之等效電路，如圖 1-37 所示。

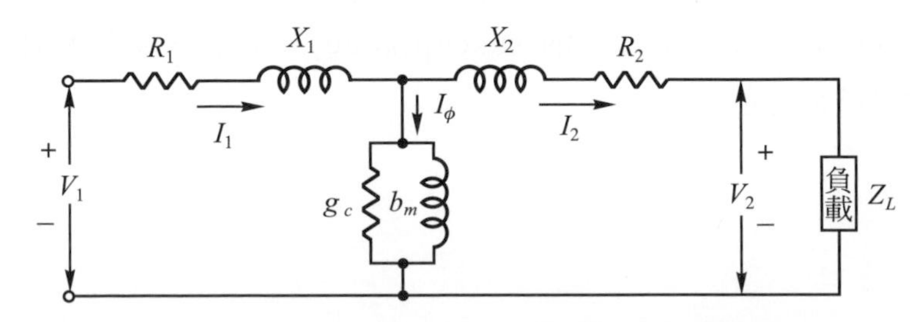

圖 1-37 匝數比等於 1 時，變壓器之等效電路

1-7.2 匝數比值不等於 1 時，變壓器之等效電路

實際上，變壓器一、二次繞組之匝數比值均不等於 1，若$N_1 \neq N_2$時，變壓器等效電路的求得，可令$N_2'=N_1$，將新的二次繞組N_2'替換原來的二次繞組N_2，但其磁動勢必須維持不變，換而言之，二次側之匝數與電流若發生變動，如其匝數和電流的乘積保持不變，則一次側就不受影響，如此，變壓器的特性仍維持不變。

如圖 1-38 所示，係用新的二次繞組N_2'，置換後之變壓器，因此，二次側之電勢變爲E_2'，電流變爲I_2'，電阻變爲R_2'，漏電抗變爲X_2'，負載變爲Z_L'，端電壓變爲V_2'等，則

$$I_2'N_2' = I_2N_2$$

$$\therefore I_2' = \frac{N_2}{N_2'} \cdot I_2 = \frac{N_2}{N_1} \cdot I_2 \tag{1-55}$$

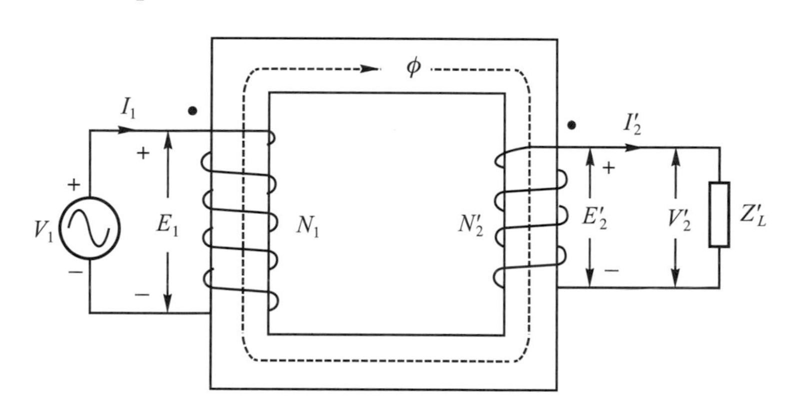

圖 1-38　用 N_2'置換後之變壓器

又　$$\frac{E_1}{E_2'} = \frac{N_1}{N_2'} = 1\text{，即}E_2' = E_1$$

由式(1-34)，可得

$$E_1 = \frac{N_1}{N_2} \cdot E_2$$

$$\therefore E_2' = E_1 = \frac{N_1}{N_2} \cdot E_2 \tag{1-56}$$

二次側之電勢E_2'，電流I_2'，端電壓V_2'，電阻R_2'及漏電抗X_2'等與原來之E_2、I_2、V_2、R_2及X_2的相互關係：

原來之二次側	置換後之二次側
I_2, E_2, R_{2L}, X_{2L} $R_{2L}=R_2+R_L$ $X_{2L}=X_2+X_L$ $Z_{2L}=R_{2L}+jX_{2L}$ $Z_{2L}=\dfrac{E_2}{I_2}$	I_2', E_2', R_{2L}', X_{2L}' $R_{2L}'=R_2'+R_L'$ $X_{2L}'=X_2'+X_L'$ $Z_{2L}'=R_{2L}'+jX_{2L}'$ $Z_{2L}'=\dfrac{E_2'}{I_2'}$

$$\therefore Z_{2L}'=\frac{E_2'}{I_2'}=\frac{\dfrac{N_1}{N_2}\cdot E_2}{\dfrac{N_2}{N_1}\cdot I_2}=\left(\frac{N_1}{N_2}\right)^2\cdot\frac{E_2}{I_2}$$

$$=\left(\frac{N_1}{N_2}\right)^2\cdot Z_{2L}=a^2\cdot Z_{2L} \tag{1-57}$$

故

$$\left.\begin{aligned}
R_2'&=\left(\frac{N_1}{N_2}\right)^2\cdot R_2=a^2R_2\\
X_2'&=\left(\frac{N_1}{N_2}\right)^2\cdot X_2=a^2X_2\\
Z_L'&=\left(\frac{N_1}{N_2}\right)^2\cdot Z_L=a^2Z_L\\
V_2'&=I_2'\cdot Z_L'=\left(\frac{N_2}{N_1}\cdot I_2\right)\left[\left(\frac{N_1}{N_2}\right)^2\cdot Z_L\right]\\
&=\left(\frac{N_1}{N_2}\right)\cdot V_2=a\cdot V_2
\end{aligned}\right\} \tag{1-58}$$

吾人已知，因二次繞組以N_2'置換，且$N_2'=N_1$，故一、二次繞組之匝數比值不等於1(即$N_1\neq N_2$)時，變壓器之等效電路如圖1-39所示。

圖1-39所示，係以一次繞組爲參考匝數，所求得變壓器之等效電路，這便是所謂將二次側換算爲一次側之等效電路。同理，也可將一次側變換爲二次側之等效電路，仍設$a=N_1/N_2$，則V_1乘以$1/a$，I_1乘以a，R_1乘以$1/a^2$，X_1乘以$1/a^2$，gc乘以a^2，b_m乘以a^2及I_ϕ乘以a等，如圖1-40所示。

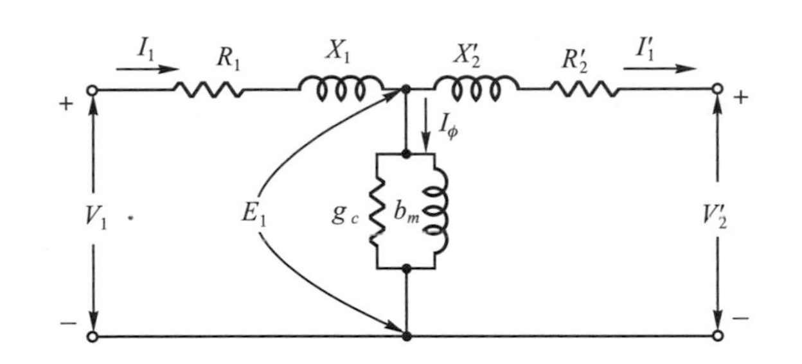

圖 1-39　$N_1 \neq N_2$時，變壓器之等效電路

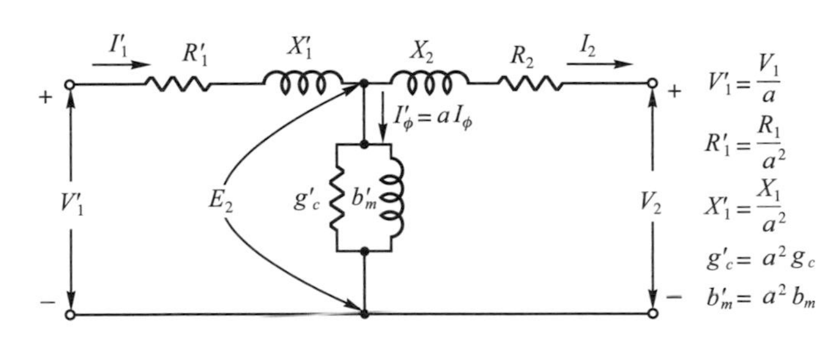

圖 1-40　換算為二次側之等效電路

1-7.3 近似等效電路

輸入到變壓器的電源，其電壓和頻率通常是固定值，則該變壓器之鐵損爲不變，並且激磁電流僅爲額定電流值之 2～5%，因此，在它的等效電路中，可以將I_ϕ之磁化支路(magnetizing branch)移至一次側之電源端，如圖 1-41 所示，即爲所謂"近似等效電路"(approximate equivalent circuit)。如此移動，僅省略激磁電流I_ϕ對一次阻抗所產生的電壓降，如此並不致使計算結果發生嚴重的誤差，但能夠使計算更爲簡單容易；就是變壓器之一次側阻抗與換算後的二次側阻抗可直接相加，其結果如下：

$$\left.\begin{aligned} R_{eq1} &= R_1 + \left(\frac{N_1}{N_2}\right)^2 \cdot R_2 = R_1 + a^2 R_2 \\ X_{eq1} &= X_1 + \left(\frac{N_1}{N_2}\right)^2 \cdot X_2 = X_1 + a^2 X_2 \end{aligned}\right\} \quad (1\text{-}59)$$

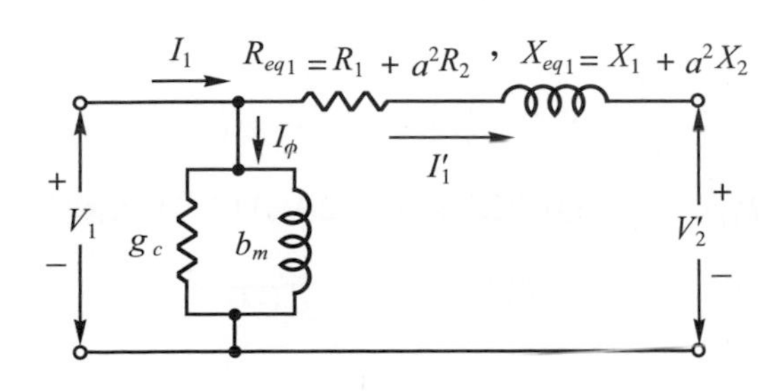

圖 1-41　近似等效電路

式(1-59)中，R_{eq1}及X_{eq1}稱爲換算至一次側之等效電阻(equivalent resistance)及等效電抗(equivalent reactance)。

大型變壓器中鐵損所佔的比例甚小，予以省略磁化支路作進一步簡化，則變壓器本身相當一串聯之阻抗，如圖 1-42(a)所示。又變壓器之容量爲數仟伏安或更大時，其$X_{eq1} \gg R_{eq1}$，於是，等效電阻R_{eq1}往往忽略不計，如圖 1-42(b)所示。

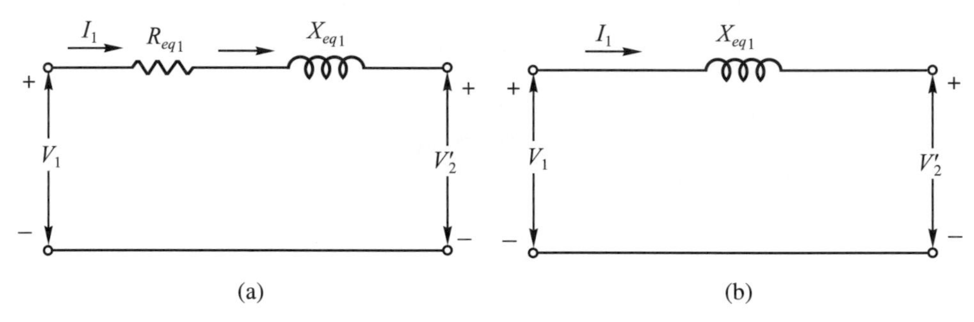

圖 1-42　簡化之等效電路

例 1-11

有一配電變壓器爲 50 仟伏安，2400/240 伏，60Hz，其一、二次繞組的電阻及漏電抗爲：$R_1 = 0.72$ 歐姆，$X_1 = 0.92$ 歐姆，$R_2 = 0.007$ 歐姆，$X_2 = 0.009$ 歐姆。又在額定電壓及頻率時，自低壓側所測得的電導$g_c' =$ 0.00324 姆歐，電納$b_m' = 0.0224$ 姆歐。試求：⑴將二次換算爲一次側之等效電路？

⑵將一次換算爲二次側之等效電路？

⑶換算爲一次側之近似等效電路？

解

$$a = \frac{N_1}{N_2} \doteqdot \frac{V_1}{V_2} = \frac{2400}{240} = 10$$

⑴換算為一次側之等效電路，一次側的各常數不變動，僅二次側的常數須加以換算。

$$R_2' = a^2 \cdot R_2 = 10^2 \times 0.007 = 0.7 \text{ [歐姆]}$$

$$X_2' = a^2 \cdot X_2 = 10^2 \times 0.009 = 0.9 \text{ [歐姆]}$$

$$g_c = \frac{1}{a^2} \cdot g_c' = \frac{1}{10^2} \times 0.00324 = 0.324 \times 10^{-4} \text{ [姆歐]}$$

$$b_m = \frac{1}{a^2} \cdot b_m' = \frac{1}{10^2} \times 0.0224 = 2.24 \times 10^{-4} \text{ [姆歐]}$$

換算為一次側之等效電路如圖 1-43 所示。

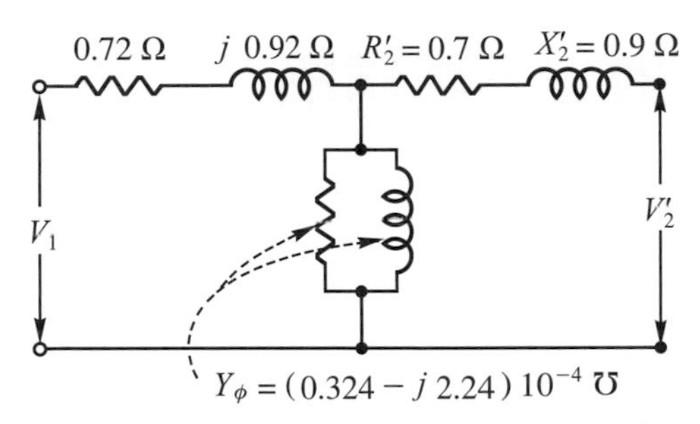

圖 1-43　例 1-11 換算為一次側所求得之等效電路

(2)換算為二次側之等效電路，二次側的各常數不變動，僅一次側的常數須加以換算。

$R_1{}' = \frac{1}{a^2} \cdot R_1 = \frac{1}{10^2} \times 0.72 = 0.0072$ [歐姆]

$X_1{}' = \frac{1}{a^2} \cdot X_1 = \frac{1}{10^2} \times 0.92 = 0.0092$ [歐姆]

換算為二次側之等效電路如圖 1-44 所示。

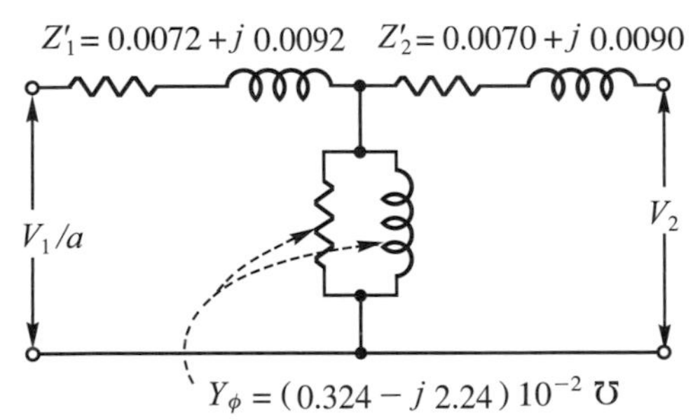

圖 1-44　例 1-11 換算為二次側之等效電路

(3)換算為一次側之近似等效電路，將磁化支路移至一次側，於是，一、二次側之阻抗合併，為：

$R_{eq1} = R_1 + a^2R_2 = 0.72 + 0.7 = 1.42$ [歐姆]

$X_{eq1} = X_1 + a^2X_2 = 0.92 + 0.9 = 1.82$ [歐姆]

換算為一次側之近似等效電路如圖 1-45 所示。

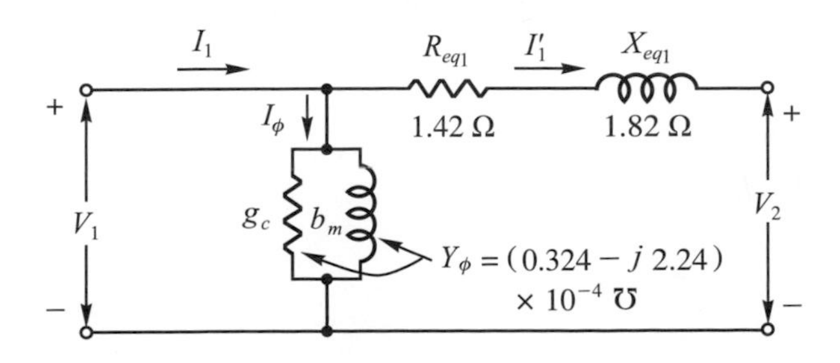

圖 1-45　例 1-11 換算為一次側之近似等效電路

1-8 變壓器之短路試驗

變壓器短路試驗(short-circuit test)之目的是求：⑴銅損，⑵等效電阻及等效電抗等。

變壓器短路試驗接線，如圖 1-46 所示，將變壓器二次側予以短接，自一次側輸入額定電流，並以伏特表，安培表及瓦特表等來量測有關的數據。

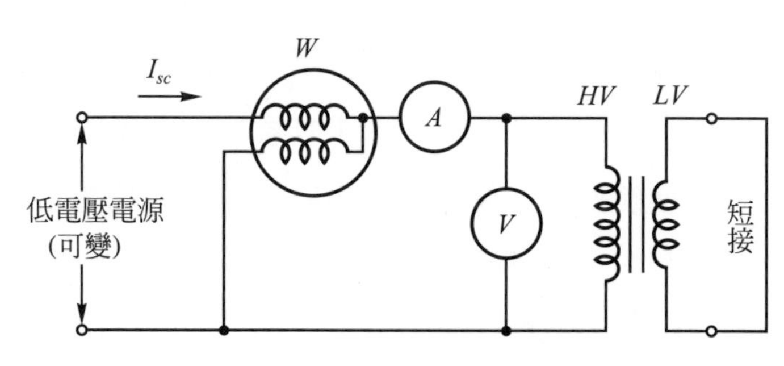

圖 1-46　短路試驗接線圖

短路試驗所輸入的電功率是供給一次繞組銅損$I_1{}^2R_1$，二次繞組銅損$I_2{}^2R_2$及鐵心損失等所消耗之功率。於試驗時，輸入額定電流所需之電壓僅爲額定電壓之2～12%，且鐵損與外加電壓平方成正比，故其鐵心損耗可以忽略，即短路試驗之等效電路如圖 1-47 所示，因此，瓦特表之指示值P_{sc}，可視爲該變壓器的全部銅損，即

$$P_{sc}=I_1{}^2R_1+I_2{}^2R_2=I_{sc}{}^2R_{eq}=\text{銅損} \tag{1-60}$$

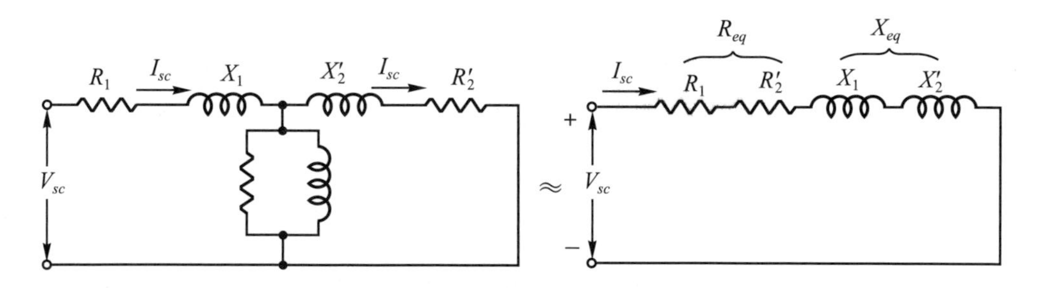

圖 1-47　短路試驗之等效電路

設伏特表之指示值爲V_{sc}，安培表之指示值爲I_{sc}，則等效電阻R_{eq}與等效電抗X_{eq}爲：

$$\cos\theta_{sc}=\frac{P_{sc}}{V_{sc}I_{sc}} \tag{1-61}$$

$$Z_{eq}=\frac{V_{sc}}{I_{sc}} \tag{1-62}$$

$$R_{eq}=Z_{sc}\cos\theta_{sc}=\frac{P_{sc}}{I_{sc}^{2}} \quad (1\text{-}63)$$

$$X_{eq}=\sqrt{Z_{eq}^{2}-R_{eq}^{2}} \quad (1\text{-}64)$$

例 1-12

50 仟伏安，2400/240 伏，60Hz 的單相變壓器，如圖 1-46 所示接線，作短路試驗，各儀表之指示值為：$P_{sc}=617$ [瓦]，$V_{sc}=48$ [伏]，$I_{sc}=20.8$ [安]，試問：⑴銅損為多少？⑵等效電阻及電抗各為多少？

解

⑴銅損 $=P_{sc}=617$ [瓦]

⑵ $Z_{eq}=\dfrac{V_{sc}}{I_{sc}}=\dfrac{48}{20.8}=2.31$ [歐姆]

$R_{eq}=\dfrac{P_{sc}}{I_{sc}^{2}}=\dfrac{617}{(20.8)^{2}}=1.42$ [歐姆]

$X_{eq}=\sqrt{(Z_{eq})^{2}-(R_{eq})^{2}}=\sqrt{(2.31)^{2}-(1.42)^{2}}=1.82$ [歐姆]

1-9 變壓器之開路試驗

變壓器開路試驗(open-circuit test)之目的是求：⑴鐵損，⑵磁化支路之電導及電納，⑶無載時功率因數等。

變壓器開路試驗之接線，如圖 1-48 所示，通常為了取得電源的方便起見，係自二次側輸入額定電壓，令一次側開路，並以伏特表、安培表及瓦特表等來量測有關的數據。

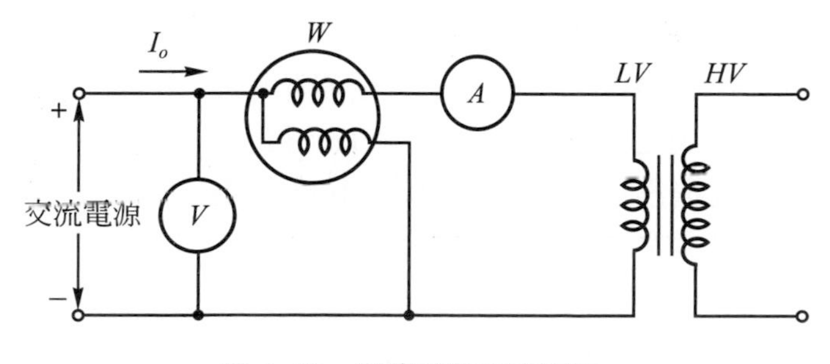

圖 1-48　開路試驗之接線圖

在開路試驗，當二次側加額定交流電壓時，則全部輸入電流是爲激磁電流，其值甚小，因此，激磁電流在二次繞組內所產生的銅損很小，其值與鐵損相比，所佔比例甚微，故可忽略不考慮；則瓦特表之指示值P_o，可視爲變壓器的全部鐵損，即

$$\text{鐵損} \doteqdot P_o \tag{1-65}$$

設伏特表之指示值爲V_o，安培表之指示值I_o，則圖 1-49 中變壓器磁化支路之導納$Y_\phi{}'=g_c{}'-jb_m{}'$，可視爲其開路時導納$Y_{o2}=g_{o2}-jb_{o2}$，由圖 1-49 所示，則

$$Y_\phi{}'=Y_{o2}=\frac{I_o}{V_o} \tag{1-66}$$

$$g_c{}'=g_{o2}=\frac{P_o}{V_o{}^2} \tag{1-67}$$

$$b_m{}'=b_{o2}=\sqrt{(Y_{o2})^2-(g_{o2})^2} \tag{1-68}$$

無載時功率因數 PF 爲：

$$\text{PF}=\cos\theta_o=\frac{P_o}{V_oI_o} \tag{1-69}$$

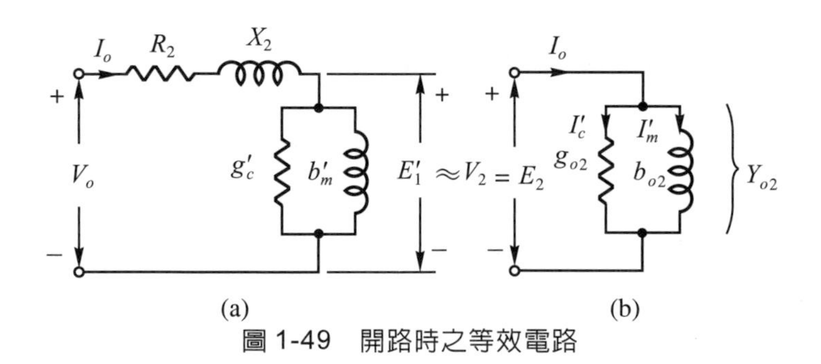

圖 1-49　開路時之等效電路

例 1-13

50 仟伏安，2400/240 伏，60Hz 單相變壓器，如圖 1-48 所示接線，作開路試驗，各儀表之指示值爲：$P_o=186$ [瓦]，$V_o=240$ [伏]，$I_o=5.41$ [安]，試問⑴鐵損爲多少？⑵電導及電納各爲多少？(二次側)⑶換算爲一次側之電導及電納各爲多少？

解

⑴由式(1-65)，得

鐵損$=P_o=186$ [瓦]

⑵由式(1-66)，式(1-67)及式(1-68)，得

$$Y_{o2}=\frac{I_o}{V_o}=\frac{5.41}{240}=0.0225\ [姆歐]$$

$$g_{o2}=\frac{P_o}{V_o^{\,2}}=\frac{186}{(240)^2}=0.00324\ [姆歐]$$

$$b_{o2}=\sqrt{Y_{o2}^{\,2}-(g_{o2})^2}=\sqrt{(0.0225)^2-(0.00324)^2}$$

$$=0.0224\ [姆歐]$$

(3) $a=\dfrac{N_1}{N_2}=\dfrac{V_1}{V_2}=\dfrac{2400}{240}=10$

換算為一次側之電導g_c及電納b_m為：

$$g_c=\frac{1}{a^2}\cdot g_{o2}=\frac{1}{100}\times 0.00324=3.24\times 10^{-5}\ [姆歐]$$

$$b_m=\frac{1}{a^2}\cdot b_{o2}=\frac{1}{100}\times 0.0224=22.4\times 10^{-5}\ [姆歐]$$

例 1-14

有一單相變壓器爲 20 仟伏安，8000/240 伏，60Hz，其短路試驗及開路試驗之電源均自一次側輸入，獲得數據如下：

短路試驗：$P_{sc}=240$ 瓦，$V_{sc}=489$ 伏，$I_{sc}=2.5$ 安

開路試驗：$P_o=400$ 瓦，$V_o=8000$ 伏，$I_o=0.214$ 安

試求換算爲一次側之近似等效電路？

解

[方法一]

短路試驗：

$$Z_{eq}=\frac{V_{sc}}{I_{sc}}=\frac{489}{2.5}=195.6\ [歐姆]$$

$$R_{eq}=\frac{P_{sc}}{I_{sc}^{\,2}}=\frac{240}{(2.5)^2}=38.4\ [歐姆]$$

$$X_{eq}=\sqrt{(Z_{eq})^2-(R_{eq})^2}=\sqrt{(195.6)^2-(38.4)^2}=192\ [歐姆]$$

開路試驗：

$$Y_\phi=\frac{I_o}{V_o}=\frac{0.214}{8000}=0.00002675=2.675\times 10^{-5}\ [姆歐]$$

$$g_c=\frac{P_o}{V_o^{\,2}}=\frac{400}{(8000)^2}=0.0000062=0.62\times 10^{-5}\ [姆歐]$$

$$b_m=\sqrt{Y_\phi^{\,2}-g_c^{\,2}}=\sqrt{(2.675\times 10^{-5})^2-(0.62\times 10^{-5})^2}$$

$$=2.6\times 10^{-5}\ [姆歐]$$

[方法二]

短路試驗：

$$\cos\theta_{sc}=\frac{P_{sc}}{V_{sc}I_{sc}}=\frac{240}{489\times2.5}=0.196$$

$$Z_{eq}=R_{eq}+jX_{eq}=\frac{V_{sc}}{I_{sc}}\angle\theta_{sc}=\frac{489}{2.5}\angle\cos^{-1}0.196$$

$$=195.6\angle78.7^\circ=38.4+j192\ [\text{歐姆}]$$

開路試驗：

$$\text{PF}=\cos\theta_o=\frac{P_o}{V_o\cdot I_o}=\frac{400}{8000\times0.214}=0.234$$

$$Y_\phi=g_c-j\,b_m=\frac{I_o}{V_o}\angle-\theta_o=\frac{0.214}{8000}\angle-\cos^{-1}0.234$$

$$=0.00002675\angle-76.5^\circ$$

$$=0.0000062-j0.000026\ [\text{姆歐}]$$

$$=0.62\times10^{-5}-2.6\times10^{-5}\ [\text{姆歐}]$$

換算為一次側之近似等效電路如圖 1-50 所示。

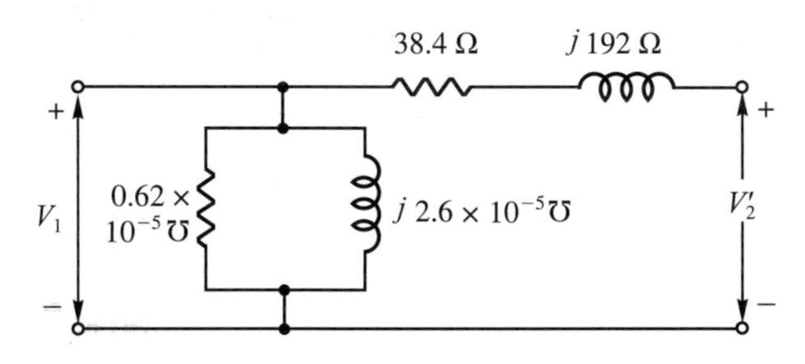

圖 1-50 換算為一次側之近似等效電路

例 1-15

600 仟伏安，11000/660 伏，60Hz，Y-△接線，三相變壓器，其短路與開路試驗之數據如下：

短路試驗：$P_{3,sc}=8.2$ [仟瓦]，$V_{l,sc}=500$ [伏]，$I_{l,sc}=30$ [安]

開路試驗：$P_{3,o}=4.8$ [仟瓦]，$V_{l,o}=660$ [伏]，$I_{l,o}=16$ [安]

試求：

⑴每相一次側之等效電阻及電抗各爲多少？

⑵每相換算至一次側之電導及電納各爲多少？

解

⑴由式(1-62)、式(1-63)及式(1-64)，得

$$Z_{eq}=\frac{V_{sc}}{I_{sc}}=\frac{V_{l,sc}/\sqrt{3}}{I_{l,sc}}=\frac{500/\sqrt{3}}{30}=9.62\ [\text{歐姆}]$$

$$R_{eq}=\frac{P_{sc}}{(I_{sc})^2}=\frac{P_{3,sc}/3}{(I_{l,sc})^2}=\frac{8200/3}{(30)^2}=3.04\ [\text{歐姆}]$$

$$X_{eq}=\sqrt{(Z_{eq})^2-(R_{eq})^2}=\sqrt{(9.62)^2-(3.04)^2}$$

$$X_{eq}=9.127\ [\text{歐姆}]$$

⑵ $$a=\frac{N_1}{N_2}=\frac{E_1}{E_2}=\frac{11000/\sqrt{3}}{660}=\frac{635}{66}$$

將I_ϕ、I_c及I_m換算至一次側之值為：

$$I_\phi=\frac{1}{a}\cdot\frac{I_{l,o}}{\sqrt{3}}=\frac{66}{635}\cdot\frac{16}{\sqrt{3}}=0.96\ [\text{安}]$$

$$I_c=\frac{P_{3,o}/3}{V_1/\sqrt{3}}=\frac{4800}{3}\times\frac{\sqrt{3}}{11000}=0.25\ [\text{安}]$$

$$I_m=\sqrt{I_\phi{}^2-I_c{}^2}=\sqrt{(0.96)^2-(0.25)^2}=0.927\ [\text{安}]$$

$$g_c=\frac{I_c}{V_1/\sqrt{3}}=\frac{0.25}{6351}=3.93\times10^{-5}\ [\text{姆歐}]$$

$$b_m=\frac{I_m}{V_1/\sqrt{3}}=\frac{0.927}{6351}=14.6\times10^{-5}\ [\text{姆歐}]$$

1-10 標么系統

標么型(per unit form)的應用，在電力、電機及變壓器等系統之運算，甚爲便利，它是將全部有關連的量以某一基準值所求得之標么值(per-unit value，簡稱PU值)來表示。如此表示具有三大優點：⑴電機或變壓器等常數之PU值，係選定額定值作爲基準值所求得的，其值必在某一範圍內，故能立即判別它的正確性。⑵標么值與變壓器的匝數比無關，不用擔心線路常數換算爲變壓器之那一側。⑶標么值相乘，其結果還是標么值；不像百分法相乘，須再除以100才是百分值。

標么值被定義爲實際與基準值之比，單位爲[PU]，即

$$\text{標么值[PU]}=\frac{\text{實際值}}{\text{基準值}} \tag{1-70}$$

諸如：伏安VA、功率P、虛功率Q、電壓V、電流I、電阻R、電抗X、阻抗Z、電導G、電納B及導納Y等這些量，皆可用式(1-70)變換爲標么値表示，即

$$\left.\begin{aligned} \mathrm{VA}_b\text{，}P_b\text{，}Q_b &= V_b \cdot I_b \\ Z_b\text{，}R_b\text{，}X_b &= \frac{V_b}{I_b} \\ Y_b\text{，}G_b\text{，}B_b &= \frac{I_b}{V_b} \end{aligned}\right\} \tag{1-71}$$

式(1-71)中的註標b代表基準(base)。在運算時通常先選擇VA_b與V_b兩個基準値，其餘之基準値可以用VA_b和V_b而導出，爲

$$\left.\begin{aligned} I_b &= \frac{\mathrm{VA}_b}{V_b} \\ Z_b &= \frac{V_b}{I_b} = \frac{V_b}{\mathrm{VA}_b/V_b} = \frac{(V_b)^2}{\mathrm{VA}_b} \\ Y_b &= \frac{\mathrm{VA}_b}{(V_b)^2} \end{aligned}\right\} \tag{1-72}$$

在單相系統中，VA_b與V_b常選定系統中最大的一個量作爲基準値，若碰到變壓器時，則作爲兩側之電壓基準値是不同的，一般係選擇變壓器之高、低側額定電壓作爲電壓的基準値，即兩側線路之電壓基準値之比應與變壓器繞組之匝數比相等。亦可以將線路常數之實際値，換算至變壓器某一側，然後再計算變換成標么値。

應用於單獨電機或變壓器時，均選擇銘牌上之額定容量與額定電壓作爲VA_b與V_b之值。

於三相系統中，常選擇三相總電功率及線電壓作爲基準値，設三相總伏安爲$\mathrm{VA}_{3\phi,b}$，線電壓爲$V_{l,b}$時，則

$$\left.\begin{aligned} I_b &= \frac{\mathrm{VA}_{3\phi,b}}{\sqrt{3}V_{l,b}} \\ Z_b &= \frac{V_{l,b}/\sqrt{3}}{I_b} = \frac{(V_{l,b})^2}{\mathrm{VA}_{3\phi,b}} \\ Y_b &= \frac{I_b}{V_{l,b}/\sqrt{3}} = \frac{\mathrm{VA}_{3\phi,b}}{(V_{l,b})^2} \end{aligned}\right\} \tag{1-73}$$

例 1-16

50 仟伏安，2400/240 伏，60Hz 單相變壓器，在一次側之激磁電流為 0.54 [安]，又換算至一次側之等效電阻及電抗分別為：$R_{eq1} = 1.42$ [歐姆]，$X_{eq1} = 1.82$ [歐姆]。試求：

(1)一次側激磁電流之標么值？

(2)一次側等效阻抗之標么值？

(3)二次側等效阻抗之標么值？

解

選定：$VA_b = 50$ [仟伏安]

$V_{H,b} = 2400$ [伏]

$V_{L,b} = 240$ [伏]

由式(1-72)，得

(1)$I_b = \dfrac{VA_b}{V_b} = \dfrac{50kVA}{2400V} = 20.8$ [安]

$I_{\phi,PU} = \dfrac{I_\phi}{I_b} = \dfrac{0.54}{20.8} = 0.026$ [PU]

(2)$Z_{H,b} = \dfrac{(V_{H,b})^2}{VA_b} = \dfrac{(2400)^2}{50000} = 115.2$ [歐姆]

$Z_{eq1} = R_{eq1} + jX_{eq1} = 1.42 + j1.82$

$Z_{H,PU} = R_{H,PU} + jX_{H,PU}$

$Z_{H,PU} = \dfrac{Z_{eq1}}{Z_{H,b}} = \dfrac{1.42 + j1.82}{115.2} = 0.0123 + j0.0158$ [PU]

(3)$a = \dfrac{N_1}{N_2} = \dfrac{V_1}{V_2} = \dfrac{2400}{240} = 10$

$Z_{eq2} = \dfrac{1}{a^2} \cdot Z_{eq1} = \dfrac{1}{100} \times 1.42 + \dfrac{1}{100} \times j1.82$

$= 0.0142 + j0.0182$

$Z_{L,b} = \dfrac{(V_{L,b})^2}{VA_b} = \dfrac{(240)^2}{50000} = 1.152$ [歐姆]

$Z_{L,PU} = R_{L,PU} + jX_{L,PU}$

$= \dfrac{Z_{eq2}}{Z_{L,b}} = \dfrac{0.0142 + j0.0182}{1.152}$

$= 0.0123 + j0.0158$ [PU]

從計算所得的結果，不論換算至任何一側，其阻抗之標么值相同。

1-11 變壓器之電壓調整率及效率

1-11.1 變壓器之電壓調整率

變壓器一、二次繞組的電阻及漏電抗所產生之電壓降，係隨負載變動而增減，當負載電流增加時，則壓降愈嚴重，結果導致負載端電壓大幅度降低，令用電設備之效率低落與性能不佳，因此，若要負載端的電壓必須維持不變，就得瞭解變壓器所引起的降壓，現以"電壓調整(voltage regulation，縮寫爲VR)"作比較，然後採取有效方法補救。

電壓調整率被定義爲：變壓器在無載(no load)時與額定負載(rated load)時，二次側端電壓之差，以額定負載時的二次側端電壓除得之百分數表示。設$V_{2,\mathrm{NL}}$爲無載時二次側端電壓，$V_{2,\mathrm{FL}}$爲滿載(full load)即額定負載時的二次側端電壓，則電壓調整率(VR)爲：

$$\mathrm{VR}[\%]=\frac{V_{2,\mathrm{NL}}-V_{2,\mathrm{FL}}}{V_{2,\mathrm{FL}}}\times 100\% \tag{1-74}$$

式(1-74)中，無載時二次側端電壓$V_{2,\mathrm{NL}}$，可用變壓器在滿載時之一次側端電壓V_1來表示，其關係爲$V_{2,\mathrm{NL}}=V_1/a$，所以，電壓調整率亦可表示爲：

$$\mathrm{VR}[\%]=\frac{V_1/a-V_{2,\mathrm{FL}}}{V_{2,\mathrm{FL}}}\times 100\% \tag{1-75}$$

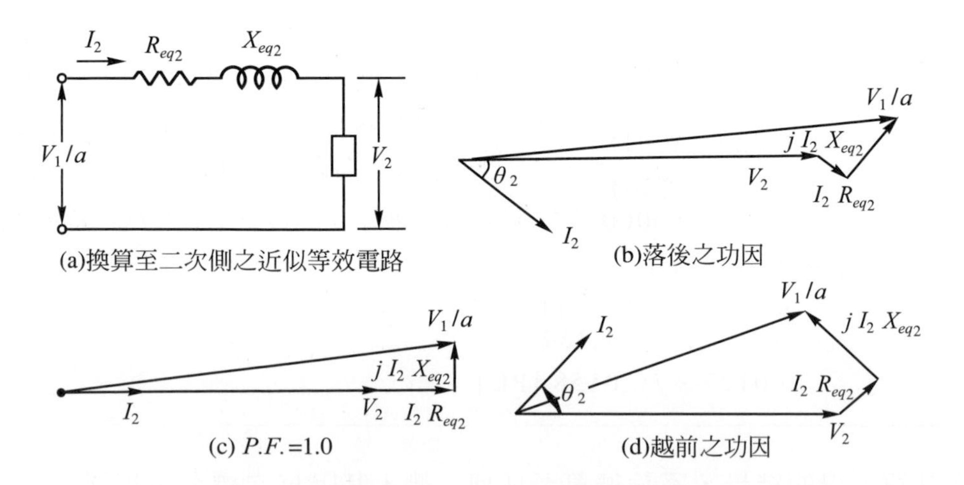

圖 1-51 變壓器在各種不同功因運作之相量圖

上式中各電壓皆爲絕對值，而計算電壓調整率時，必須先獲知V_1/a值，可由圖 1-51(a)由二次側視之近似等效電路，並且依據克希荷夫定律(Kirchhoff's voltage law)所得V_1/a的方程式，爲：

$$\frac{V_1}{a}=V_2+I_2R_{eq2}+jI_2X_{eq2} \tag{1-76}$$

若知道功率因數時，由圖 1-51(b)、(c)及(d)之相量圖可以導出V_1/a值，另表示爲：

$$V_1/a=(V_2\cos\theta_2+I_2R_{eq2})+j(V_2\sin\theta_2\pm I_2X_{eq2}) \tag{1-77}$$

在式(1-77)的第二項中$\pm I_2X_{eq2}$，其正、負號是視負載之性質而定，若負載爲純電阻或電感性時，取正號，而負載爲電容性時，則取負號。

當變壓器之等效電路採用標么值表示時，以$V_{2NL,PU}$及$V_{2FL,PU}$分別表示二次側無載及滿載時端電壓的標么值，電壓調整率又可表示爲：

$$VR[PU]=\frac{V_{2NL,PU}-V_{2FL,PU}}{V_{2FL,PU}} \tag{1-78}$$

電壓調整率仍是表示負載端電壓受變壓器內的阻抗所影響，故電壓調整率越小越好。在配電系統(distribution system)中，各種用電設備的電壓調整率不得超過某百分比率，一般規定照明爲±5%，電力爲±10%。變壓器的繞組常設計有許多分接頭，使得其匝數比能夠改變，以使二次側電壓保持不變。

例 1-17

50仟伏安，2400/240伏，60Hz單相配電變壓器，其換算至二次側之等效電阻及電抗爲：$R_{eq2}=0.0142$ [歐姆]，$X_{eq2}=0.0182$ [歐姆]，當滿載時，二次側端電壓爲 240V，功率因數爲 0.8 遲相，若不考慮磁化支路之效應，試求：⑴百分電壓調整率多少？⑵電壓調整率之標么值多少？⑶一次側端電壓多少？

解

⑴ $a=\frac{N_1}{N_2}=\frac{2400}{240}=10$

$I_2=\frac{50\text{kVA}}{240\text{V}}=208$ [安]

設$V_{2,FL}=240\angle 0°$

PF = 0.8 遲相時，I_2為：

$I_2=208\angle -36.9°$

由式(1-76)，得

$$\frac{V_1}{a} = V_2 + I_2(R_{eq2} + jX_{eq2})$$
$$= 240\angle 0° + (208\angle -36.9°)(0.0142 + j0.0182)$$
$$= 240\angle 0° + (208\angle -36.9°)(0.0142) + j(208\angle -36.9°)(0.0182)$$
$$= 240\angle 0° + 2.95\angle -36.9 + 3.79\angle 53.1°$$
$$= 240 + 2.36 - j1.77 + 2.274 + j3.03$$
$$= 244.64\angle 0.295° \text{ [伏]}$$

$$VR = \frac{V_1/a - V_{2,FL}}{V_{2,FL}} \times 100\% = \frac{244.64 - 240}{240} \times 100\% = 1.39\%$$

(2)設 $V_b = 240$ [伏]

$$V_{2,NL,PU} = \frac{V_{2,NL}}{V_b} = \frac{244.64}{240} = 1.0193 \text{ [PU]}$$

$$V_{2,FL,PU} = \frac{V_{2,FL}}{V_b} = \frac{240}{240} = 1.0 \text{ [PU]}$$

$$VR = \frac{V_{2,NL,PU} - V_{2,FL,PU}}{V_{2,FL,PU}} = \frac{1.0193 - 1.0}{1.0} = 0.0193 \text{ [PU]}$$

(3) $V_1 = 244.64 \times 10 = 2446.4$ [伏]

1-11.2 變壓器之效率

變壓器如同旋轉電機一樣，其效率(efficiency)係爲輸出功率P_{out}與輸入功率P_{in}之比值，即

$$\eta = \frac{P_{out}[kW]}{P_{in}[kW]} \times 100\% = \frac{P_{out}[kW]}{P_{out}[kW] + P_{loss}[kW]} \times 100\% \quad (1\text{-}79)$$

上式中，P_{loss}爲變壓器的損失，其損失如表 1-1 所示。變壓器的主要損失爲鐵損(P_c)與銅損(P_k)，故

$$P_{loss} = \text{銅損}(P_k) + \text{鐵損}(P_c) \quad (1\text{-}80)$$

當變壓器二次側輸出的電壓爲V_2，電流爲I_2，且電流落後電壓θ_2相位時，即$P_{out} = V_2 I_2 \cos\theta_2$，則變壓器的效率亦可表示爲：

$$\eta = \frac{V_2 I_2 \cos\theta_2}{V_2 I_2 \cos\theta_2 + P_k + P_c} \times 100\% \quad (1\text{-}81)$$

表 1-1　變壓器的損失

損失類別	項目	發生場所或物體	備註
無載損 (no-load loss)	鐵損	鐵心	若外加電源之電壓與頻率一定時，則鐵損可視為一定值。鐵損(P_c)＝磁滯損＋渦流損
	激磁電流所引起的銅損	一次繞組	於近似等效電路中，可忽略不計。
	介質損(dielectric loss)	絕緣物	高電壓變壓器以外，可忽略不計。
負載損 (load loss)	銅損(P_k)	一次與二次繞組	與負載電流之平方成正比。$P_k = I_1^2 R_{eq1} = I_2^2 R_{eq2}$
	雜散負載損(stray load loss)	變壓器外箱、鐵心及繞組的夾件與固定螺栓等。	很難估算，中、小型變壓器可忽略不計。

在供電系統中，常要求負載端的電壓維持不變，即變壓器輸出之電壓與頻率為一定值，所以變壓器所產生的鐵損為一定值，其值與負載的變動無關；但銅損係與負載電流之平方成正比。在式(1-81)中，若V_2與θ_2為定值，當$d\eta/dI_2 = 0$時，則變壓器的效率為最大。

$$\begin{aligned}\frac{d\eta}{dI_2} &= \frac{d}{dI_2}\left(\frac{V_2 I_2 \cos\theta_2}{V_2 I_2 \cos\theta_2 + I_2^2 R_{eq2} + P_c}\right)\\ &= \frac{(V_2 I_2 \cos\theta_2 + I_2^2 R_{eq2} + P_c)(V_2 \cos\theta_2)}{(V_2 I_2 \cos\theta_2 + I_2^2 R_{eq2} + P_c)^2}\\ &\quad - \frac{(V_2 I_2 \cos\theta_2)(V_2 \cos\theta_2 + 2I_2 R_{eq2})}{(V_2 I_2 \cos\theta_2 + I_2^2 R_{eq2} + P_c)^2}\\ &= \frac{(V_2 \cos\theta_2)(P_c - I_2^2 R_{eq2})}{(V_2 I_2 \cos\theta_2 + I_2^2 R_{eq2} + P_c)^2} \qquad (1\text{-}82)\end{aligned}$$

式(1-82)中，令$P_c - I_2^2 R_{eq2} = 0$，當$P_c = I_2^2 R_{eq2}$(即鐵損＝銅損)時，則效率為最大效率(maximum efficiency)如圖 1-52 所示之e點為最大效率。設變壓器在電流I_2值時，其效率為最大值，則

$$\begin{aligned}P_c = I_2^2 R_{eq2} &= \frac{I_2^2}{(I_{2,\text{FL}})^2} \cdot (I_{2,\text{FL}})^2 \cdot R_{eq2}\\ &= (I_{2,\text{PU}})^2 \cdot (I_{2,\text{FL}})^2 \cdot R_{eq2}\end{aligned}$$

$$\therefore I_{2,\mathrm{PU}}=\sqrt{\frac{P_c}{I_{2,\mathrm{FL}}^2\cdot R_{eq2}}}$$

$$=\sqrt{\frac{\text{鐵損}}{\text{滿載銅損}}} \tag{1-83}$$

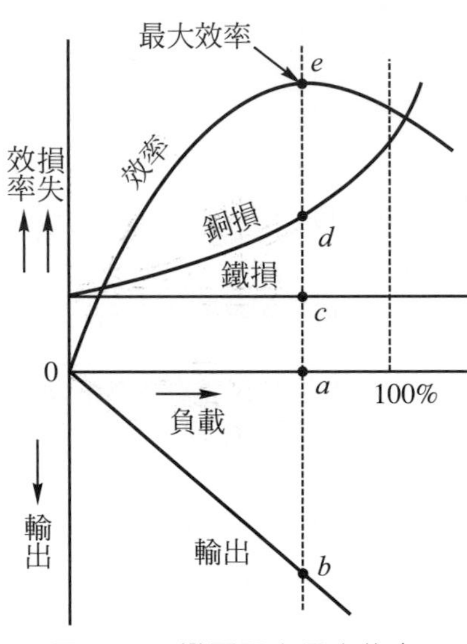

圖 1-52 變壓器之最大效率

又 $$P_{\mathrm{out}}=V_2I_2\cos\theta_2=\frac{I_2}{I_{2,\mathrm{FL}}}\cdot I_{2,\mathrm{FL}}\cdot V_2\cos\theta_2$$

$$=I_{2,\mathrm{PU}}\cdot \mathrm{kVA}\cdot\cos\theta_2\ [\text{仟瓦}] \tag{1-84}$$

所以，變壓器之最大功率($\eta_{\max}$)爲：

$$\eta_{\max}=\frac{I_{2,\mathrm{PU}}\cdot \mathrm{kVA}\cdot\cos\theta_2}{I_{2,\mathrm{PU}}\cdot \mathrm{kVA}\cdot\cos\theta_2+2P_c}\times 100\% \tag{1-85}$$

變壓器因爲使用的場所不同，其負載特性亦有所差別，如發電機升壓用的變壓器，幾乎每天二十四小時滿載運轉；變電所的主變壓器，白天負載甚大，深夜負載甚小；配電變壓器，其負載變動更大，白天及深夜爲輕載或無載，但變壓器是全日使用的，爲了瞭解變壓器之運轉特性，應以全日效率(all day efficiency)判斷之，所謂全日效率是全日二十四小時內的輸出電能與輸入電能之比值，即

$$\text{全日效率}(\eta_d)=\frac{\text{全日輸出電能[kW-H]}}{\text{全日輸入電能[kW-H]}}\times 100\%$$

$$=\frac{\Sigma\text{輸出功率}\times\text{小時}}{\Sigma\text{輸出功率}\times\text{小時}+\Sigma\text{銅損}\times\text{小時}+\text{鐵損}\times 24\text{小時}}\times 100\% \tag{1-86}$$

由上所述，變壓器不會全天二十四小時皆滿載，爲使其有效的運轉，必須將變壓器的鐵損與銅損作適當之分配，設計變壓器時，鐵損比全載銅損爲低，使變壓器的最大效率在其半載與滿載之間。

例 1-18

50 仟伏安，2400/240 伏，60Hz 單相配電變壓器，若$R_{eq2}=0.0142$ 歐姆，鐵損爲 186 瓦時，試求：(1)PF＝1.0，滿載及半載之效率各多少？(2)PF＝0.8，滿載及半載之效率各多少？(3)PF＝1.0，最大效率多少？

解

$$I_{2,\,\mathrm{FL}}=\frac{50\mathrm{kVA}}{240}=208.3\ [安]$$

滿載銅損$=(I_{2,\,\mathrm{FL}})^2\cdot R_{eq2}=(208.3)^2\times 0.0142=616\ [瓦]$

(1) PF ＝ 1.0 時

滿載時之效率為：

$$\eta_{\mathrm{FL}}=\frac{\mathrm{kVA}\cdot\cos\theta_2}{\mathrm{kVA}\cdot\cos\theta_2+(I_{2,\,\mathrm{FL}})^2\cdot R_{eq2}+P_c}\times 100\%$$

$$=\frac{50[\mathrm{kW}]}{50[\mathrm{kW}]+0.616[\mathrm{kW}]+0.186[\mathrm{kW}]}\times 100\%$$

$$=98.42\%$$

半載時銅損$=\left(\frac{I_{2,\,\mathrm{FL}}}{2}\right)^2\cdot R_{eq2}=\frac{1}{4}\times 616=154\ [瓦]$

半載時之效率為：

$$\eta_{\mathrm{HL}}=\frac{\frac{1}{2}\cdot\mathrm{kVA}\cdot\cos\theta_2}{\frac{1}{2}\cdot\mathrm{kVA}\cdot\cos\theta_2+\left(\frac{I_{2,\,\mathrm{FL}}}{2}\right)^2\cdot R_{eq2}+P_c}\times 100\%$$

$$=\frac{25[\mathrm{kW}]}{25[\mathrm{kW}]+0.154[\mathrm{kW}]+0.186[\mathrm{kW}]}\times 100\%$$

$$=98.658\%$$

(2) PF ＝ 0.8 時

滿載時之效率為：

$$\eta_{\mathrm{FL}}=\frac{\mathrm{kVA}\cdot\cos\theta_2}{\mathrm{kVA}\cdot\cos\theta_2+(I_{2,\,\mathrm{FL}})^2\cdot R_{eq2}+P_c}\times 100\%$$

$$=\frac{50\times 0.8[\mathrm{kW}]}{40[\mathrm{kW}]+0.616[\mathrm{kW}]+0.186[\mathrm{kW}]}\times 100\%$$

$$=98.03\%$$

半載時之效率為：

$$\eta_{HL}=\frac{\frac{1}{2}\cdot kVA\cdot\cos\theta_2}{\frac{1}{2}\cdot kVA\cdot\cos\theta_2+\left(\frac{I_{2,FL}}{2}\right)^2\cdot R_{eq2}+P_c}\times100\%$$

$$=\frac{20[kW]}{20[kW]+0.154[kW]+0.186[kW]}\times100\%$$

$$=98.328\%$$

(3) PF ＝ 1.0 時之最大效率為：

$$I_{2,PU}=\sqrt{\frac{P_c}{I_{2,FL}^2\cdot R_{eq2}}}=\sqrt{\frac{186}{616}}=0.55$$

$$\eta_{max}=\frac{I_{2,PU}\cdot kVA\cdot\cos\theta_2}{I_{2,PU}\cdot kVA\cdot\cos\theta_2+2P_c}\times100\%$$

$$=\frac{0.55\times50\times1.0}{0.55\times50\times1.0+2\times0.186}\times100\%$$

$$=98.67\%$$

例 1-19

5 仟伏安的桿上變壓器，其滿載銅損爲 150 瓦，鐵損爲 80 瓦，在一整天運轉中，3 小時爲滿載，2 小時爲 3/4 負載，1 小時爲半載，6 小時爲 1/4 負載，且功率因數均是 1.0，而其餘 12 小時爲無載狀態，試求全日效率多少？

解

$$\eta_d=\frac{\Sigma\text{輸出功率}\times\text{小時}}{\Sigma\text{輸出功率}\times\text{小時}+\Sigma\text{銅損}\times\text{小時}+\text{鐵損}\times24\text{小時}}\times100\%$$

$$\eta_d=\frac{5\times3+\frac{3}{4}\times5\times2+\frac{1}{2}\times5\times1+\frac{1}{4}\times5\times6}{32.5+\left[0.15\times3+\left(\frac{3}{4}\right)^2\times0.15\times2+\left(\frac{1}{2}\right)^2\times0.15\times1+\left(\frac{1}{4}\right)^2\times0.15\times6\right]+0.08\times24}\times100\%$$

$$\eta_d=92.5\%$$

1-12 變壓器極性

變壓器之極性(polarity)是指其一次與二次繞組在某一瞬間所感應電勢之相對的極性；換而言之，係其兩繞組之鄰近兩端彼此間的感應電勢是同相或相差180度。其極性有加極性(additive polarity)與減極性(subtractive polarity)兩種，如圖1-53所示。

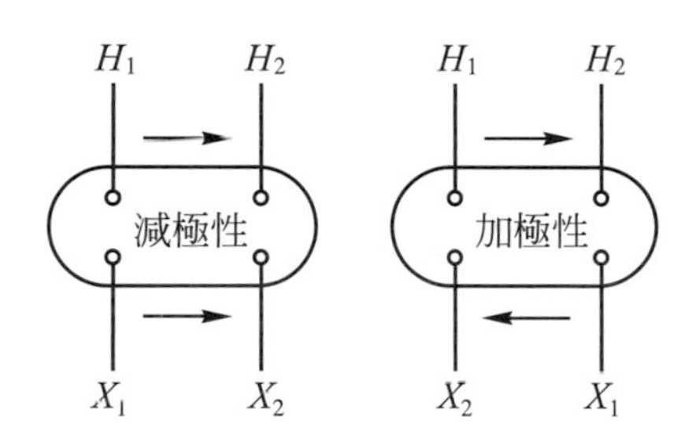

圖1-53　變壓器之極性表示法

變壓器爲什麼有加極性或減極性呢？這是由於兩繞組捲繞的方向或出線端之位置有關，如圖1-54所示，一次繞組的極性是由外加電壓來決定，而二次繞組感應電勢之極性，係依據楞次定律來決定的；圖(a)之H_1端與X_1端具有相同的極性，均爲“＋”，H_2端與X_2端亦是同極性，均爲“－”，這便是減極變壓器。圖(b)及圖(c)具有相同極性之H_1和X_1或H_2和X_2不在同側，這種變壓器是爲加極性。

變壓器之極性表示方法，各國對製造廠商均有規定，爲使用者方便，如表1-2所示，列舉我國等四個國家對變壓器之極性表示法。

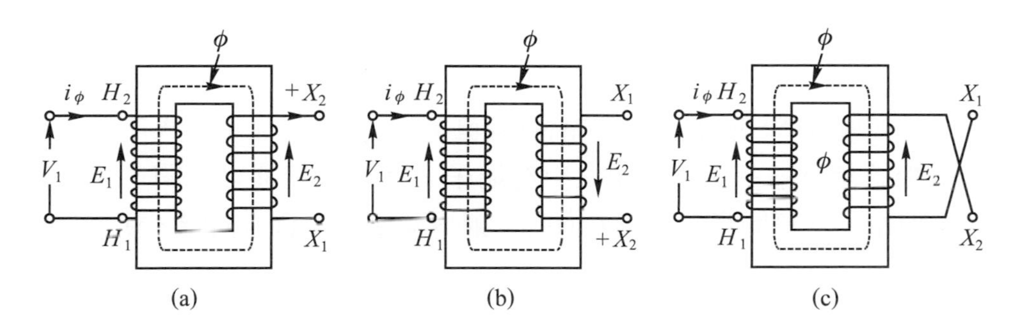

圖1-54　變壓器之極性說明

表 1-2　變壓器之極性表示方法

相數	繞組 ＼ 端子之符號及圖例 ＼ 各國之標準	中國 (CNS-598)	美國 (ANSI-C57.12)	日本 (JEC-168)	英國 (BC-171)
單相變壓器	高壓繞組 低壓繞組	H_1 H_2 X_1 X_2	H_1 H_2 X_1 X_2	U V u v	A_1 A_2 a_1 a_2
	圖例	H_1 H_2 X_1 X_2	H_1 H_2 ○ ○ ○ ○ X_1 X_2	U V ○ ○ ○ ○ u v	A_1 A_2 ○ ○ ○ ○ a_1 a_2
三相變壓器	高壓繞組 低壓繞組 三次繞組	H_1 H_2 H_3 X_1 X_2 X_3	H_1 H_2 H_3 (H_0) X_1 X_2 X_3 (X_0) Y_1 Y_2 Y_3 (Y_0)	U V W (0) u v w (0) a b c (n)	A_2 B_2 C_2 (Y_N) a_2 b_2 c_2 (Y_n) $3A_2$ $3B_2$ $3C_2$ (Y_m)
	圖例	H_1 H_2 H_3 X_1 X_2 X_3	H_0 H_1 H_2 H_3 ○ ○ ○ ○ ○ ○ ○ ○ X_0 X_1 X_2 X_3	U V W 0 ○ ○ ○ ○ ○ ○ ○ ○ u v w 0	C_2 B_2 A_2 Y_N ○ ○ ○ ○ ○ ○ ○ ○ c_2 b_2 a_2 y_n

變壓器單獨使用時，其極性並不重要，但使用於三相電路連接或並聯接線時，其極性絕對不容許接錯，否則可能將機器或繞組燒毀。因此，對於變壓器極性的確認，實爲重要課題。

變壓器的極性之試驗方法有：

1. 直流法

如圖 1-55 所示，將乾電池(或直流電源)及直流電壓表之“＋”端，各接於變壓器高、低繞組之對應端子，當開關接通之瞬間，若某感應電壓使電表之瞬間指示爲正方向時，則爲減極性；負方向時，便是加極性。

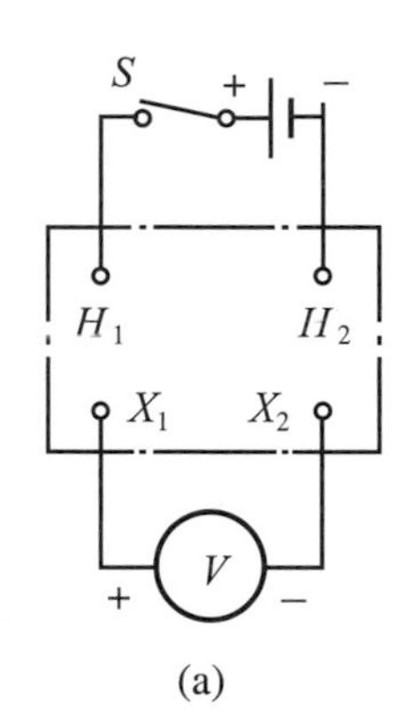

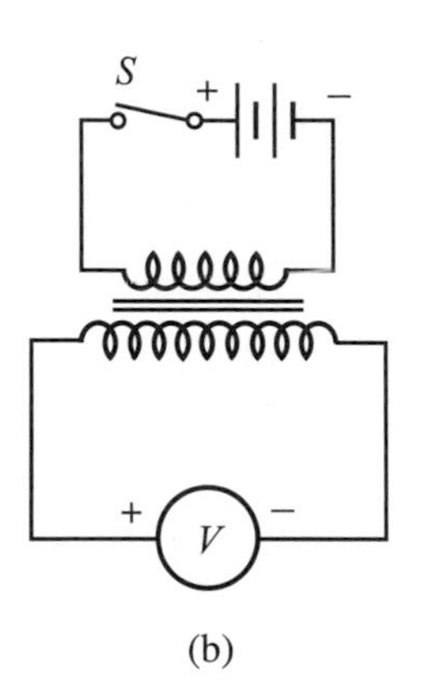

圖 1-55　直流法

2. 交流法

變壓器兩繞組的匝數比在 30 以下時，可用交流法測定極性，如圖 1-56 所示連接，自高壓側加一適當交流電壓，於圖(b)設當開關S投向"1"時，電壓表之指示爲V_1，而開關S投向"2"時，電壓表之指示爲V；若$V_1 > V$則爲減極性；而$V_1 < V$時，就是加極性。(而圖(a)當加電源，便可由V_1和V之值來判斷其極性。)

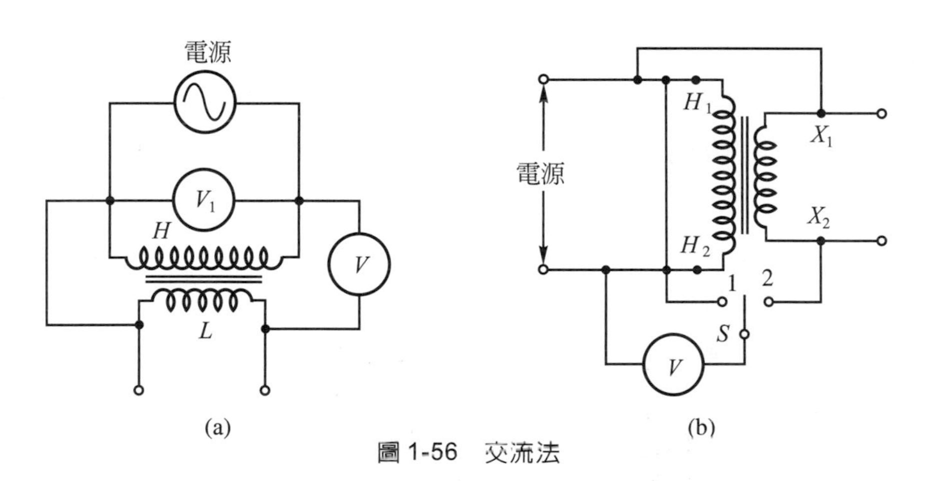

圖 1-56　交流法

3. 比較法

當有一已知極性之標準變壓器，其匝數比與待測之變壓器相同，則極性可用比較法測定。如圖1-57所示接線，自電源加一適當交流電壓，若電壓表之讀值，等於兩變壓器低壓繞組的感應電壓之差時(約等於零)，則此兩變壓器之極性相同；又電壓表讀值爲兩低壓繞組的感應電壓之和時，其極性爲不同。

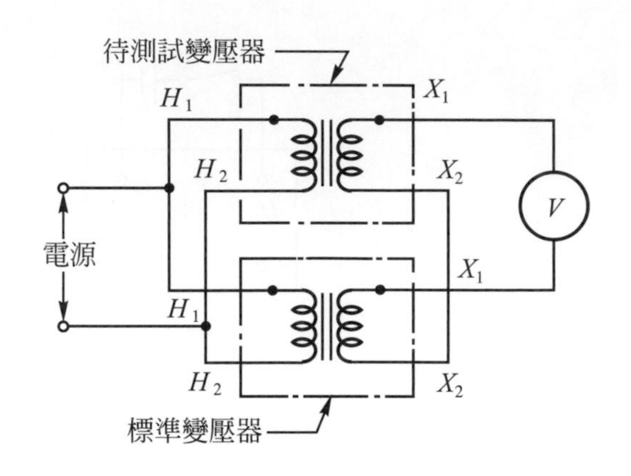

圖1-57 比較法

1-13 變壓器之並聯運轉

當用電之容量不斷增加，爲了能夠供應負載的需求，在經濟原則上變壓器的增設以採用“並聯運轉(parallel operation)”爲宜。所謂並聯運轉是將二具或二具以上之變壓器之一次側並接於同一電源，而二次側亦接於同一匯流排，以共同分擔所有的負擔。

爲使兩具或兩具以上之變壓器能夠成功的並聯運轉，在理想的情況下，各變壓器所承擔的負載須與其額定容量成比例，輸出至負載的總電流係爲各變壓器電流之和，而各變壓器間應沒有環流發生，因此，並聯運轉必須具備之條件如下：

1. 單相變壓器於並聯運轉時，必須具備之條件：
   (1) 感應電勢須相等(即匝數比相同)。
   (2) 極性必須正確的連接。
   (3) 阻抗之標么値大小須相同。
   (4) 等效電抗與等效電阻之比値應相同。
2. 三相變壓器之並聯運轉時，必須具備的條件：

   三相變壓器或三相連接之單相變壓器作並聯運轉時，除上述單相變壓器所具備之條件外，還要具備下列兩個條件：
   (1) 相序須相同。
   (2) 位移角須一樣。

兩變壓器之並聯運轉如圖1-58(a)所示，若感應電勢大小不相等，即$E_A \neq E_B$時，由圖1-58(b)之等値電路，依克希荷夫定律，得

$$E_A - I_A Z_A - (I_A + I_B)Z = 0 \tag{1-87}$$

$$E_B - I_B Z_B - (I_A + I_B)Z = 0 \tag{1-88}$$

由式(1-87)減式(1-88)，解得

$$I_B = \frac{(E_B - E_A) + I_A Z_A}{Z_B} \tag{1-89}$$

將式(1-89)代入式(1-87)，可獲得I_A爲：

$$I_A = \frac{E_A Z_B + (E_A - E_B)Z}{Z(Z_A + Z_B) + Z_A Z_B}$$

$$= \frac{E_A}{Z_A + Z + ZZ_A/Z_B} + \frac{E_A - E_B}{Z_A + Z_B + Z_A Z_B/Z} \tag{1-90}$$

同理

$$I_B = \frac{E_B}{Z_B + Z + ZZ_B/Z_A} + \frac{E_B - E_A}{Z_A + Z_B + Z_A Z_B/Z} \tag{1-91}$$

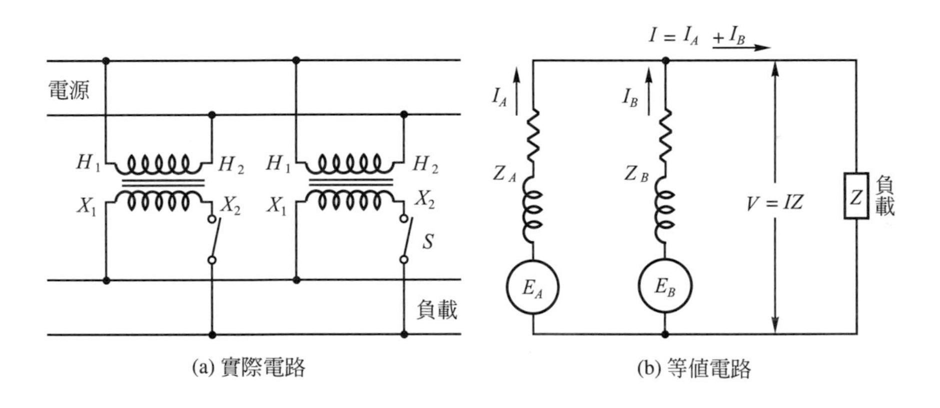

圖 1-58　單相變壓器之並聯運轉

式(1-90)與式(1-91)中，若電勢和阻抗爲已知，則可求得I_A與I_B兩電流值。又第二項乃表示當$(E_A - E_B)$或$(E_B - E_A)$兩電勢差，即電勢不同時，會有環流產生，此環流將消耗一部份能量，結果使效率降低，運轉特性不佳；若環流太大時，則會使繞組燒毀。

設兩變壓器的電勢相等，即$E_A = E_B$時，由式(1-87)與式(1-88)，可得

$$I_A Z_A = I_B Z_B$$

則

$$I_B = \frac{I_A Z_A}{Z_B}$$

$$I_L = I_A + I_B = I_A \cdot \left(1 + \frac{Z_A}{Z_B}\right)$$

$$I_A = I_L \cdot \frac{Z_B}{Z_A + Z_B} \tag{1-92}$$

$$I_B = I_L \cdot \frac{Z_A}{Z_A + Z_B} \tag{1-93}$$

又因端電壓相同，故各變壓器所分擔的負載容量可如其電流一樣，由負載的總容量乘以$Z_B/(Z_A+Z_B)$或$Z_A/(Z_A+Z_B)$而求得。設負載的總容量為P_L，A、B兩變壓器所分擔的容量分別為P_A與P_B，則

$$P_A = P_L \cdot \frac{Z_B}{Z_A + Z_B} \tag{1-94}$$

$$P_B = P_L \cdot \frac{Z_A}{Z_A + Z_B} \tag{1-95}$$

如圖 1-59 所示為阻抗之標么值相同，而X_A/R_A不等於X_B/R_B之兩變壓器並聯運轉的相量圖。因為$Z_{A,\mathrm{PU}} = Z_{B,\mathrm{PU}}$，則

$$\frac{Z_A \cdot I_{A,\mathrm{FL}}}{E_A} = \frac{Z_B \cdot I_{B,\mathrm{FL}}}{E_B}$$

$$\because E_A = E_B$$

故 $$\frac{I_{A,\mathrm{FL}}}{I_{B,\mathrm{FL}}} = \frac{Z_B}{Z_A} \tag{1-96}$$

且 $$I_A Z_A = I_B Z_B$$

即 $$\frac{I_A}{I_B} = \frac{Z_B}{Z_A} \tag{1-97}$$

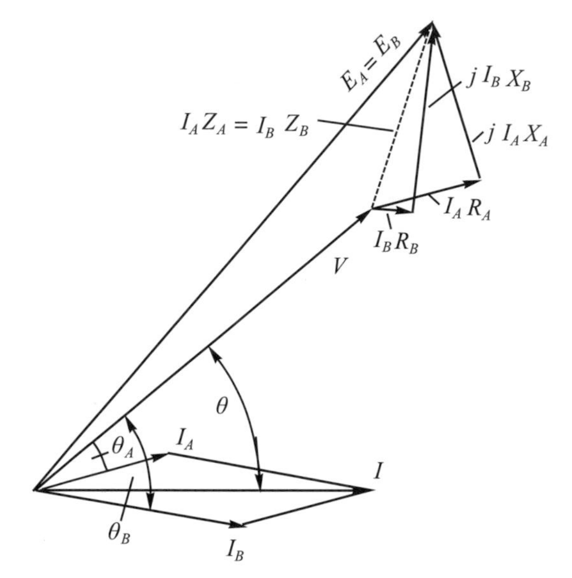

圖 1-59 並聯運轉；$Z_{A,\mathrm{PU}} = Z_{B,\mathrm{PU}}$；而$\frac{X_A}{R_A} \neq \frac{X_B}{R_B}$

由式(1-96)與式(1-97)，得

$$\frac{I_A}{I_B} = \frac{Z_B}{Z_A} = \frac{I_{A,\mathrm{FL}}}{I_{B,\mathrm{FL}}} = \frac{I_{A,\mathrm{FL}} \cdot E_A}{I_{B,\mathrm{FL}} \cdot E_B} = \frac{\mathrm{kVA}_A}{\mathrm{kVA}_B} \tag{1-98}$$

因此，變壓器之阻抗標么值相同時，即表示其阻抗電壓降相等，則各變壓器所分擔之負載電流之比值與其容量的比值成正比，與阻抗之比值成反比例；也就是對負載能作合理的分配。

變壓器之並聯運轉時，另要求其等效電抗與等效電阻之比值應相同，這是為了避免各變壓器所分擔之電流不同相，而發生相位差，就如同感應電勢不相等或極性錯接等情形一樣，將產生環流，引起嚴重的不良後果。

三相變壓器或三相連接之單相變壓器作並聯運轉時，還要考慮一次和二次側線電壓之相序(phase sequence)與位移角(angular displacement)必須相同，否則一定會有循環電流產生，將使變壓器的繞組燒毀。

綜合上述，以位移角的觀點視之，兩組變壓器可並聯者為：

1. 一次和二次側接法完全相同者，有
   (1) $Yy0$與$Yy0$或$Yy6$與$Yy6$。 (2) $Dd0$與$Dd0$或$Dd6$與$Dd6$。
   (3) $Dy1$與$Dd1$或$Dy11$與$Dy11$。 (4) $Yd1$與$Yd1$或$Yy11$與$Yy11$。
   (5) $Dz0$與$Dz0$。 (6) $Zd0$與$Zd0$。
2. 雖接法不同，但時相完全相同者，有
   (1) $Yy0$與$Dd0$。 (2) $Yy6$與$Dd6$。
3. 接法及相位雖不同，但經適當改變接線後，亦可並聯者，有
   (1) $Yd1$與$Yd11$。 (2) $Dy1$與$Dy11$。

例 1-20

有A、B兩變壓器，A變壓器之容量為 30 仟伏安，B變壓器之容為 50 仟伏安，設兩變壓器之二次側額定電壓為200伏，阻抗之標么值皆為0.03，且漏電抗對電阻之比值亦相同，兩變壓器並聯共同供給 72 仟瓦之負載，試求各變壓器所分擔之負載多少？

解

$E_A = E_B = 200$ [伏]

$Z_{A,\text{PU}} = Z_{B,\text{PU}} = 0.03$

$\text{kVA}_A = 30$ [仟伏安]；$\text{kVA}_B = 50$ [仟伏安]

$P_L = 72$ [仟瓦]

$$Z_A = Z_{A,\text{PU}} \times \frac{(E_A)^2}{\text{kVA}_A \times 10^3} = 0.03 \times \frac{(200)^2}{30 \times 10^3} = 0.04 \text{ [歐姆]}$$

$$Z_B = Z_{B,\text{PU}} \times \frac{(E_B)^2}{\text{kVA}_B \times 10^3} = 0.03 \times \frac{(200)^2}{50 \times 10^3} = 0.024 \text{ [歐姆]}$$

由公式(1-94)與(1-95)，得

$$P_A = P_L \times \frac{Z_B}{Z_A + Z_B} = 72 \times \frac{0.024}{0.04 + 0.024} = 27 \text{ [仟瓦]}$$

$$P_B = P_L \times \frac{Z_A}{Z_A + Z_B} = 72 \times \frac{0.04}{0.04 + 0.024} = 45 \text{ [仟瓦]}$$

自計算結果得知，兩變壓器所分擔的負載容量與其額定容量成比例。

1-14 三相電路中之變壓器

現今電力系統多採用三相交流，必須藉一具三相變壓器或三具(亦可使用二具)單相變壓器作適當的連接，以達成電力傳輸和分配的任務。

1-14.1 三相系統中變壓器之連接方法

三具單相變壓器或一具三相變壓器之一次側或二次側各可接成星形(Y)或三角形(△)，故能夠組合如下的四種接線法。

項次	一次繞組	二次繞組	表示法
1	星形	星形	Y-Y
2	星形	三角形	Y-△
3	三角形	星形	△-Y
4	三角形	三角形	△-△

除上述常用四種接法外，還可使用二具單相變壓器作三相電力轉換，其接線法爲：⑴ V-V 接法(或稱開△)；⑵ U-V 接法(或稱開 Y-開△接法)；⑶ T-T 接法。

1. Y-Y 接線法

如圖 1-60 所示係爲 Y-Y 連接，其一次側相電壓$E_A = V_{AB}/\sqrt{3}$，二次側相電壓$E_a = V_{ab}/\sqrt{3}$，若$E_A/E_a = N_1/N_2 = a$，且電源及負載都是三相平衡時，則變壓器組一次側與二次側線電壓之關係爲：

$$\frac{V_{AB}}{V_{ab}} = \frac{\sqrt{3}E_A}{\sqrt{3}E_a} = a$$

則 $$V_{ab} = \frac{1}{a}V_{AB} \tag{1-99}$$

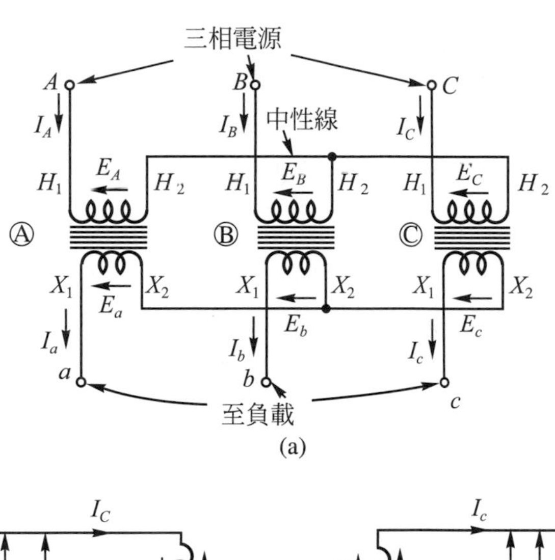

(a)

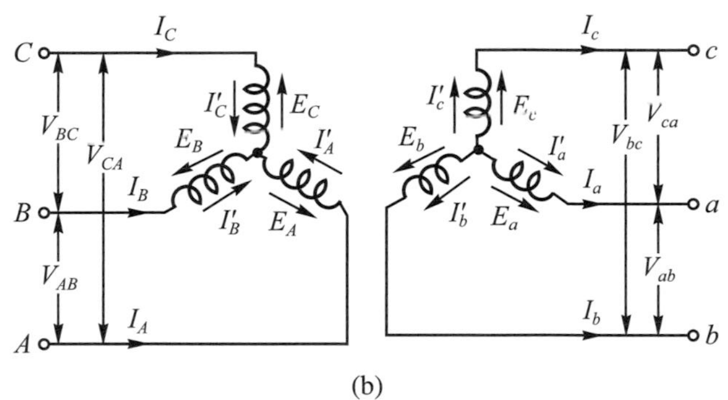
(b)

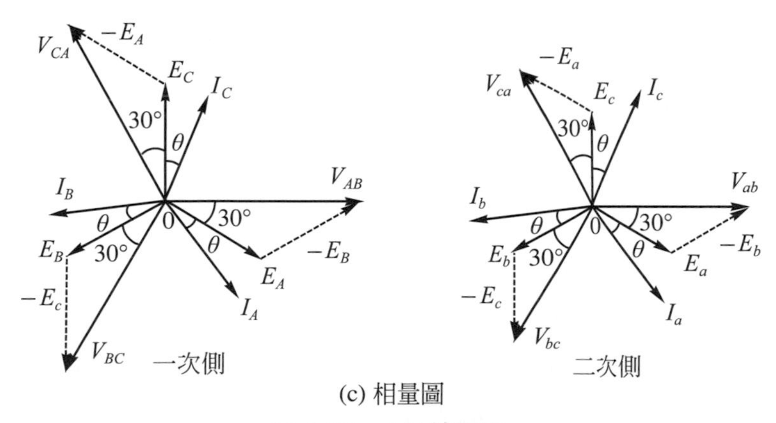

(c) 相量圖

圖 1-60　Y-Y 接線法

因為一、二次均為 Y 接，故線電流等於相電流，其一次側與二次側電流關係為：

$$\frac{I_A}{I_a}=\frac{I_A{}'}{I_a{}'}=\frac{1}{a} \tag{1-100}$$

即　$I_a = a \cdot I_A$

這種接線法的優點是同樣之變壓器，因線電壓爲相電壓的$\sqrt{3}$倍，故能夠減少輸送線路的I^2R損失。且當中性點接地時，可降低繞組絕緣等級，如此可減少製造費用。但是如中性點不接地，將產生二個嚴重問題：

(1) 當二次側所接之負載不平衡時，會使相電壓變得異常不平衡；如圖 1-61 (a)所示，二次側只有單相負載，如此，一次側之B 相和C 相因$I_A/2$ 負載電流通過，將都轉變爲磁化電流，而產生非常大之電勢，使中性點浮動，如圖 1-61(b)所示，甚而導致負載那相之電壓崩潰。

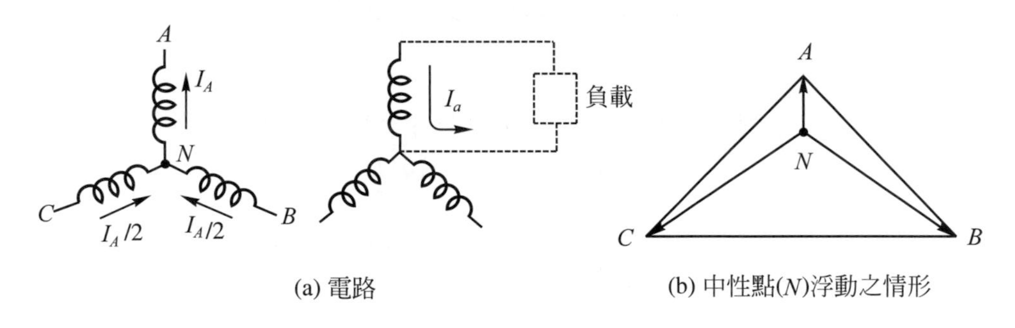

圖 1-61　二次側只接單相負載之情形

(2) 第三諧波沒有通路，令使電壓之正弦波形發生畸變。

解決上述二個問題之方法爲：一是變壓器中性點接地；當一次側中性點接地，會使第三諧波自中性點流入大地，提供負載中任何不平衡電流之回路，因此相電壓就能夠保持平衡，中性點能夠穩定。又如用在長距離輸電，且發電機的中性點亦接地時，則經由大地流回發電機之不平衡電流，將干擾鄰近的電信線路。

另一方法是增加一個△接第三繞組(tertiary winding)，將變壓器接成 Y-Y-△，通常一次變電所之 161/69/11kV 的主變器，就是採用這種接線。如圖 1-62 所示，係 Y-Y 接變壓器加裝第三繞組之情形，設其磁性獨立，則在一次側之安-匝數爲：

$$\left.\begin{aligned} &\frac{-2I_a'}{3}N_1 + \frac{I_a'}{3}N_1 + \frac{I_a'}{3}N_1 = 0 \\ &\text{或}\frac{-2I_a'}{3} + \frac{I_a}{3} + \frac{I_a'}{3} = 0 \end{aligned}\right\} \tag{1-101}$$

上式表示一次側的安-匝數合計爲零，其負載電流之效應能夠彼此抵消，不會使磁化電流增大，因而一次側之相電壓就可保持平衡。又電壓的第三諧波成份在第三繞組內產生環流，如同變壓器中性點接地一樣，能夠抑制電壓的第三諧波，使其不出現在線路上，因此線電壓之正弦波形便不會發生畸變。

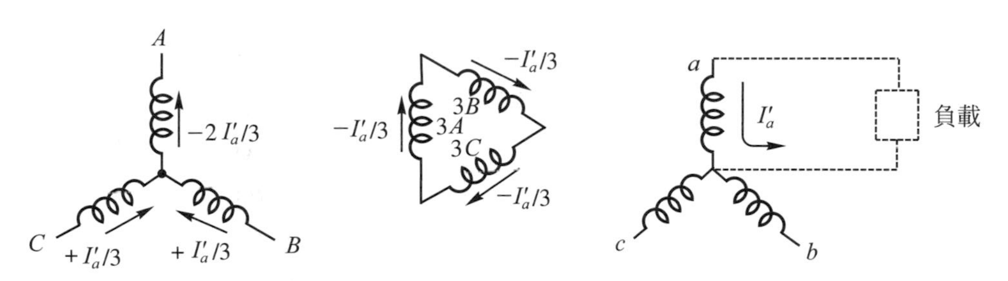

圖 1-62　設置有△接第三繞組之情形

2. Y-△接線法

如圖 1-63 所示，一次側爲 Y 連接，而二次側爲△連接。此種接法中，一次線電壓等於一次相電壓的$\sqrt{3}$倍，即$V_{AB}=\sqrt{3}E_A$，而二次線電壓等於二次相電壓，即$V_{ab}=E_a$，故變壓器組一次側與二次側線電壓的關係爲：

$$\left.\begin{aligned}&\frac{V_{AB}}{V_{ab}}=\frac{\sqrt{3}E_A}{E_a}=\sqrt{3}a\\&\text{則 } V_{ab}=\frac{1}{\sqrt{3}a}\cdot V_{AB}\end{aligned}\right\} \tag{1-102}$$

一次線電流等於一次相電流，$I_A=I_A'$；二次線電流等於二次相電流之$\sqrt{3}$倍，即$I_a=\sqrt{3}I_a'$，故一次側與二次側線電流的關係爲：

$$\frac{I_A}{I_a}=\frac{I_A'}{\sqrt{3}I_a'}=\frac{1}{\sqrt{3}a} \tag{1-103}$$

$$\therefore I_a=\sqrt{3}aI_A$$

由式(1-102)得知，當二次側輸出相同線電壓時，這種接法較 Y-Y 接線法，其一次側可輸入高$\sqrt{3}$倍之線電壓，以減少線路之損失。

Y-△接線法不受第三諧波電壓波形畸變的困擾，因其都在△側成爲環流而消耗掉。又一次側中性點接地時，如線路發生接地故障，立即可藉電驛檢出信號，而迅速將電源切斷，以達保護之目的。但這種接法會產生 30 度的角位移，也就是一次側和二次側的線電壓相位差爲 30 度，因此當兩組變壓器並聯時，必須注意之。

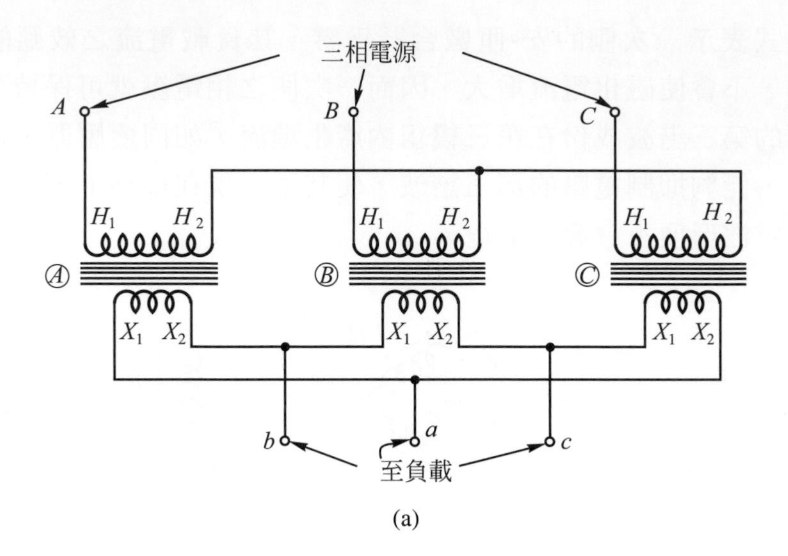

(a)

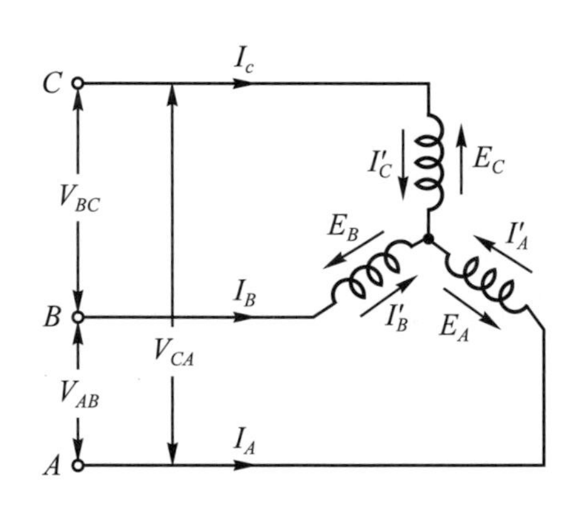

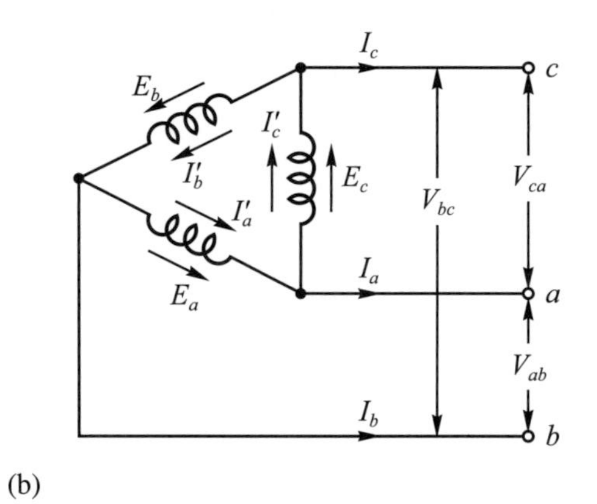

(b)

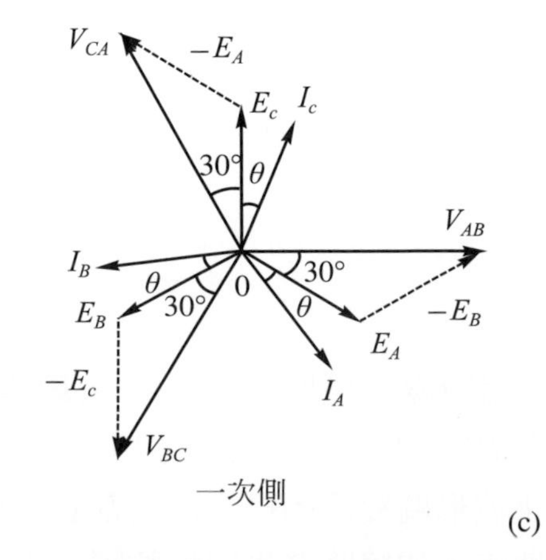

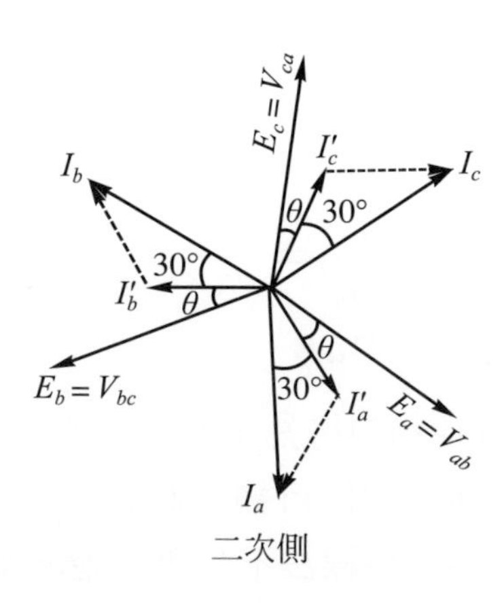

(c)

圖 1-63 Y-△接線法

3. △-Y 接線法

如圖 1-64 所示，一次側爲△連接，而二次側爲 Y 連接，該變壓器組之一次側和二次側的線電壓及線電流關係爲：

$$\left.\begin{aligned} V_{ab} &= \sqrt{3}E_a = \frac{\sqrt{3}E_A}{a} = \frac{\sqrt{3}}{a}V_{AB} \\ I_a &= I_a{}' = a \cdot I_A{}' = \frac{a}{\sqrt{3}}I_A \end{aligned}\right\} \tag{1-104}$$

這種接法具有Y-△接變壓器組相同的優點和角位移。且其二次側爲Y接，可獲得 120 伏及 208 伏三相四線式配電系統，以供給電燈及電力兩不同電壓之負載用，一般 11.4kV 配電系統，均採用這種接線。

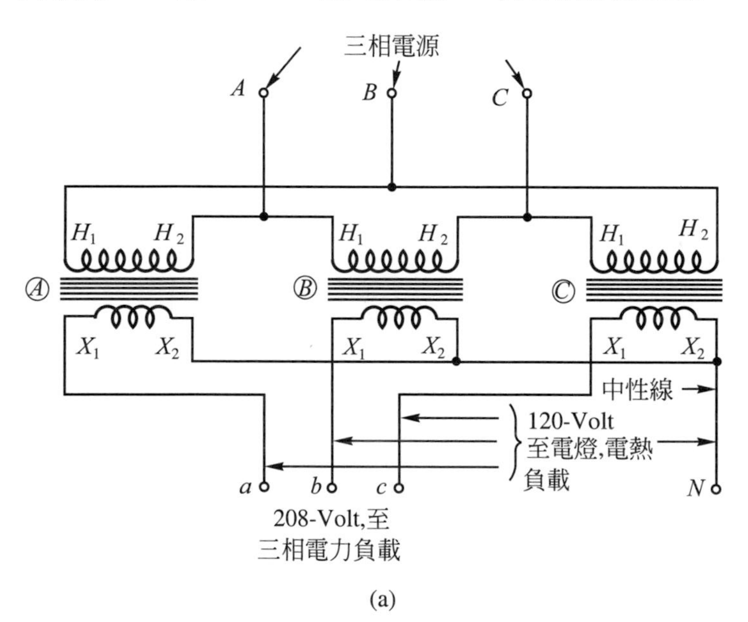

(a)

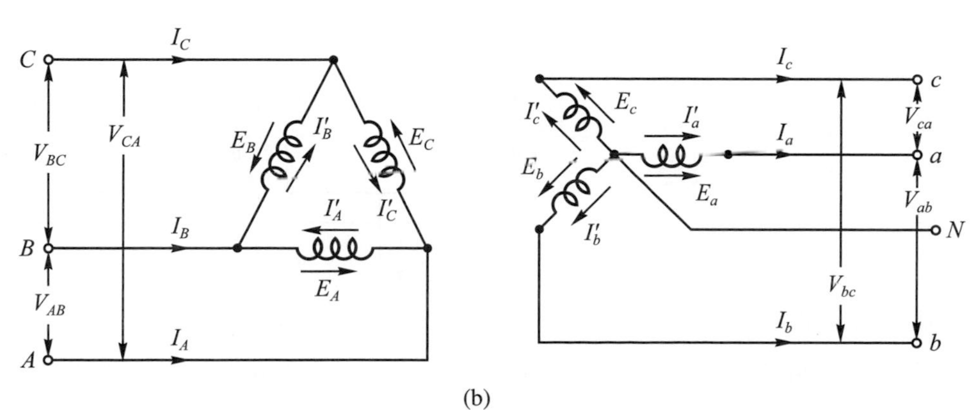

(b)

圖 1-64 △-Y 接線法

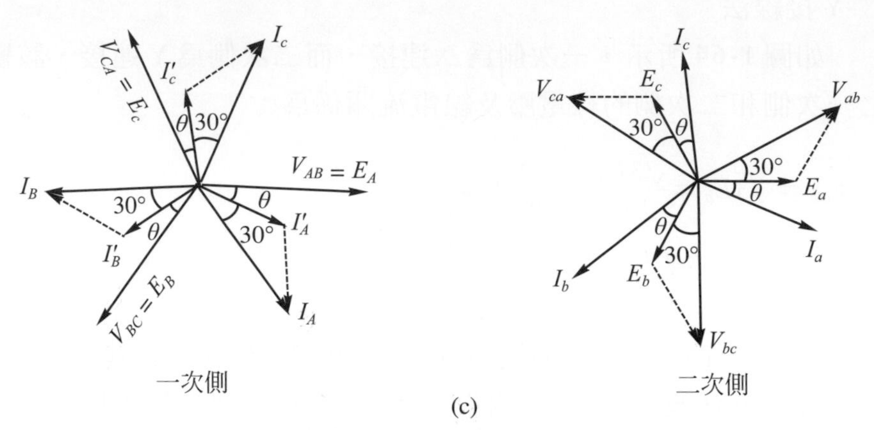

(c)

圖 1-64　△-Y 接線法(續)

4. △-△接線法

如圖 1-65 所示，一次和二次側均為△連接，其一次側與二次側線電壓及線電流之關係為：

$$\left.\begin{aligned} V_{ab} &= E_a = \frac{1}{a} E_A = \frac{1}{a} V_{AB} \\ I_a &= \sqrt{3} I_a' = \sqrt{3} \cdot a \cdot I_A' = \sqrt{3} \cdot a \cdot \frac{I_A}{\sqrt{3}} = a \cdot I_A \end{aligned}\right\} \tag{1-105}$$

由式(1-105)得知，這接法與 Y-Y 接變壓器，具有相同的輸入及輸出線電壓和線電流。

△-△接線法，沒有不平衡負載與第三諧波等問題困擾，一般 3.3kV 配電系統多採用這接法。又當其中之一變壓器故障或損毀時，所餘二具變壓器作 V-V 連接，仍可繼續供應三相電力，雖然容量減小，但可免停電之虞。

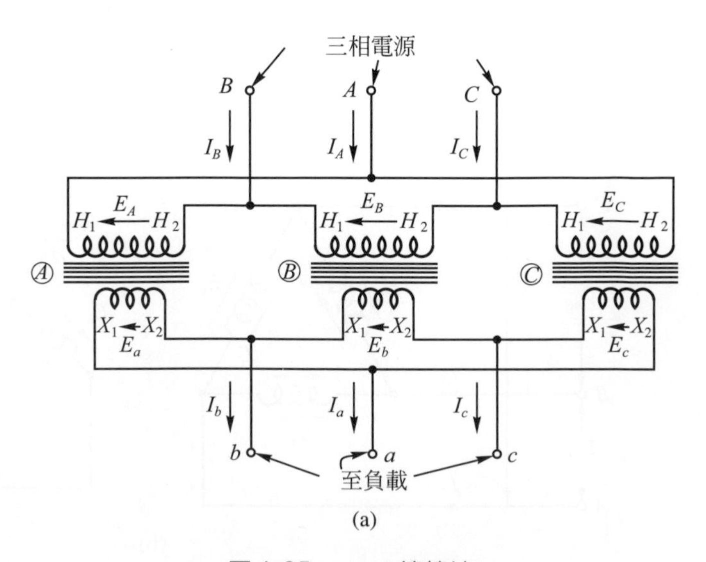

(a)

圖 1-65　△-△接線法

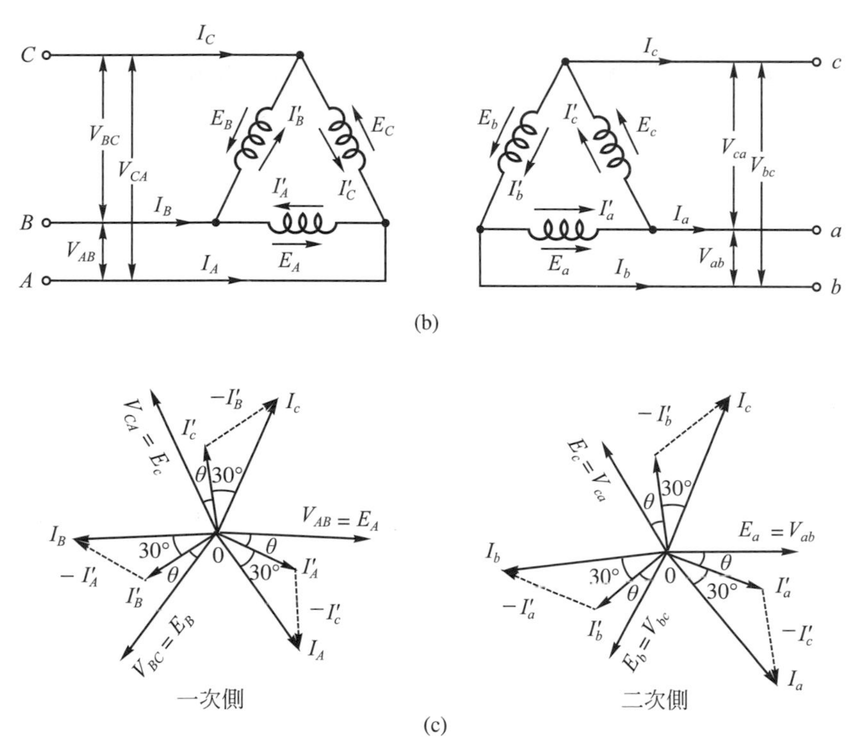

圖 1-65 △-△接線法(續)

5. V-V 接線法

當△-△接變壓器組中之一變壓器發生故障，必須拆去檢修，餘下兩具單相變壓器，如圖 1-66(a)所示，作V-V接線以繼續運轉，這接法係△接法去掉一相者，所以亦稱爲“開口三角形連接(open delta connection)”。

這種接法於一次側輸入三相平衡電源，而二次側加三相平衡負載時，其電壓、電流關係與相量圖，如圖 1-66(b)及(c)所示；當一次側加對稱三相電壓V_{AB}、V_{BC}及V_{CA}時，A和B兩變壓器之一次側感應電勢E_A和E_B之方向，應以電流I_A及I_C的逆方向爲正方向，如圖 1-66(b)所示。設一、二次匝數比爲a，於是二次側感應電勢爲：$E_a=\dfrac{1}{a}E_A$，$E_b=\dfrac{1}{a}E_B$，則二次側線電壓爲：

$$\left.\begin{aligned} V_{ab} &= E_a \\ V_{bc} &= (-E_b) \\ V_{ca} &= E_b - E_a \end{aligned}\right\} \qquad (1\text{-}106)$$

由式(1-106)得知，二次側亦爲對稱三相電壓，並且A和B兩變壓器之相電壓與所對應的線電壓值相等。

當二次側加三相平衡負載，且有一滯相功因角θ時，則輸出之線電流I_a、I_b及I_c分別較其輸出端之電壓V_{ab}、V_{bc}及V_{ca}滯相$(\pi/6+\theta)$度。同理，一次線電流亦較其線電壓滯相$\left(\frac{\pi}{6}+\theta\right)$度。

設變壓器二次側相電流為I_a'和I_c'，由圖 1-66(b)中知，其與線電流I_a、I_b及I_c的關係為：

$$\left.\begin{aligned} I_a &= I_a' \\ I_c &= I_c' \\ I_b &= -(I_a' + I_c') \end{aligned}\right\} \quad (1\text{-}107)$$

式(1-107)式表示，A、B兩變壓器之相電流等於線電流。並從 1-66(c)相量圖中知，A變壓器的電壓和電流間有$\left[\left(\frac{\pi}{6}\right)+\theta\right]$的相位差，$B$變壓器則有$\left[\left(\frac{\pi}{6}\right)-\theta\right]$的相位差，設二次側之額定電壓為$V$，額定電流為$I$，則 V-V 接線法之輸出功率$P_V$為

$$\begin{aligned} P_V &= E_a \cdot I_a \cdot \cos\left(\frac{\pi}{6}+\theta\right) + E_b \cdot I_c \cdot \cos\left(\frac{\pi}{6}-\theta\right) \\ &= V \cdot I\cos\left(\frac{\pi}{6}+\theta\right) + V \cdot I \cdot \cos\left(\frac{\pi}{6}-\theta\right) \\ &= \sqrt{3}\,VI\cos\theta\ [\text{瓦}] \end{aligned} \quad (1\text{-}108)$$

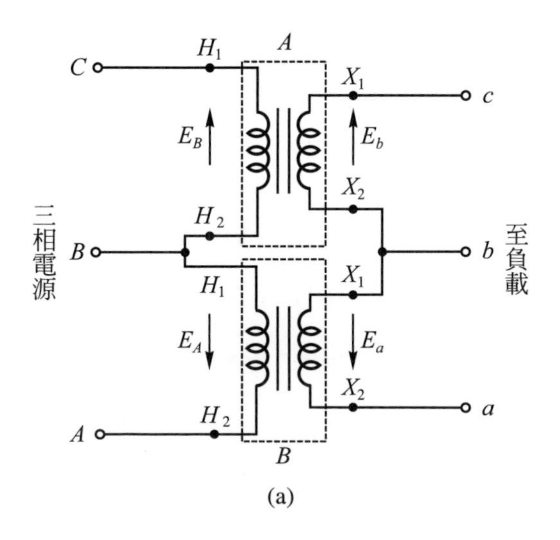

圖 1-66　V-V 接線法

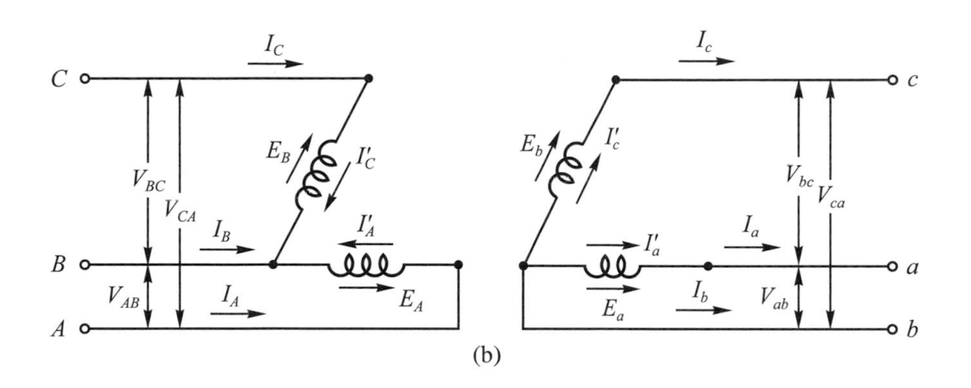

(b)

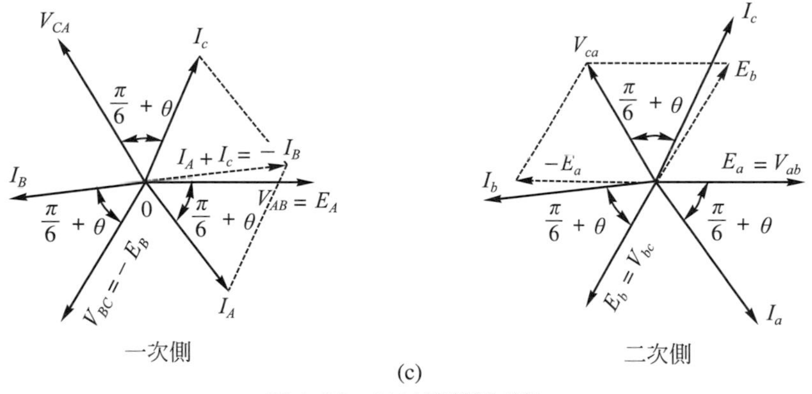

(c)

圖 1-66　V-V 接線法(續)

式(1-108)中，$V \cdot I$乘積爲單獨一具變壓器的容量，若在功率因數等於 1，即$\cos\theta = 1$ 時，則變壓器輸出功率等於其容量的$\sqrt{3}$倍，即$P_V = \sqrt{3}VI$。而兩具變壓器的容量之和爲$2VI$，故V接變壓器組的利用率(utilization factor)爲：

$$V\text{ 接變壓器組的利用率} = \frac{\sqrt{3}VI}{2VI} = \frac{\sqrt{3}}{2} = 0.866 \tag{1-109}$$

又在功率因數等於 1 時，△-△接變壓器組的輸出功率等於$3VI$，即$P_\triangle = 3VI$，因此，V連接的輸出功率與△連接者之比爲：

$$\frac{P_V}{P_\triangle} = \frac{\sqrt{3}VI}{3VI} = \frac{1}{\sqrt{3}} = 0.577 \tag{1-110}$$

式(1-110)說明，V-V 接線法之變壓器組輸出功率被限制在 57.7%，而不是預期的 66.7%。

6. U-V 接線法

如圖 1-67 所示係爲 U-V 連接，其一次側是開 Y 連接，而二次側爲開△連接，故又稱"開Y-開△連接(open wye-open delta connection)"。這種接法係當 Y-△接之變壓器組中，若有一變壓器發生故障時，所採取繼續供電之特別接法；或被用來供電僅有二相電源之鄉間地區。該接法與 V-V 連接很類似，利用率爲 0.866。

如圖 1-68 所示爲三相四線式燈力供系統，係採用U-V接法。11.4kV 交流電源，自 A、B 兩配電線經由熔絲鏈開關(FCS)，而分別加於一次側之 H_1 端，並將 H_2 端接至中性線(N)上，則二次側能夠獲得單相 110 伏和三相 220 伏兩種電源，以供應電燈與電力負載使用。

這接法主要缺點是一次側利用中性線作爲回路，因而有很大電流在中性線上通過，故中性線的粗細應予考慮，更不可斷線，否則二次側電壓將發生很大變化，而影響供電。

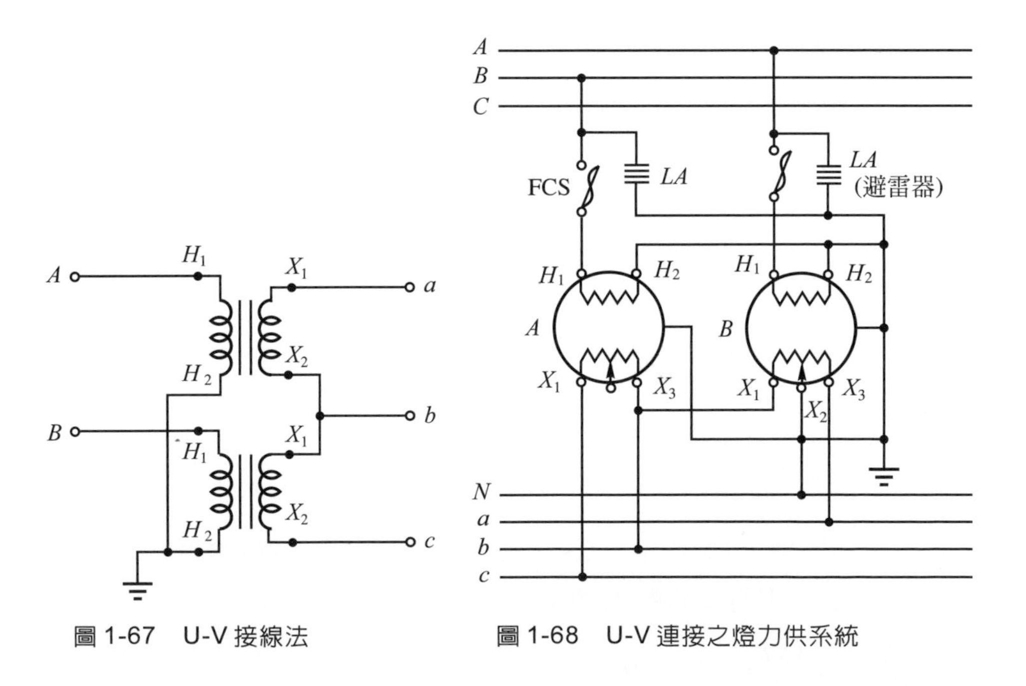

圖 1-67　U-V 接線法

圖 1-68　U-V 連接之燈力供系統

7. T-T 接線法

T-T 接法係由史考特連接(Scott connection)演變而成的，仍使用兩具單相變壓器，如圖 1-69 所示連接；T_1為主變壓器(main transformer)，它的一次和二次繞組設有中點抽頭M_P和M_S，而T_2為T座變壓器(teaser transformer)，其一次和二次繞組在 86.6%處設為抽頭，並分別與T_1的M_P及M_S兩抽頭連接，以獲得三相電力變換之任務。

這種接法之一、二次電壓關係，如圖 1-70 所示；當一次端輸入三相平衡電壓V_{AB}、V_{BC}及V_{CA}時，則T_1和T_2之一次側所產生的電勢為$E_M = V_{BC} = V\angle 0°$和$E_T = \sqrt{3}/2\,V\angle 90°$，如匝數比為“$a$”，因此，二次側之電勢為$E_m = V/a\angle 0°$和$E_t = \dfrac{\sqrt{3}}{2a}V\angle 90°$，故二次側的線電壓為：

$$\left.\begin{aligned} V_{ab} &= E_t - \frac{1}{2}E_m = \frac{V}{a}\angle 120° \\ V_{bc} &= E_m = \frac{V}{a}\angle 0° \\ V_{ca} &= -\left(E_t + \frac{1}{2}E_m\right) = \frac{V}{a}\angle -120° \end{aligned}\right\} \qquad (1\text{-}111)$$

式(1-111)表示V_{ab}、V_{bc}及V_{ca}為三相平衡電壓。

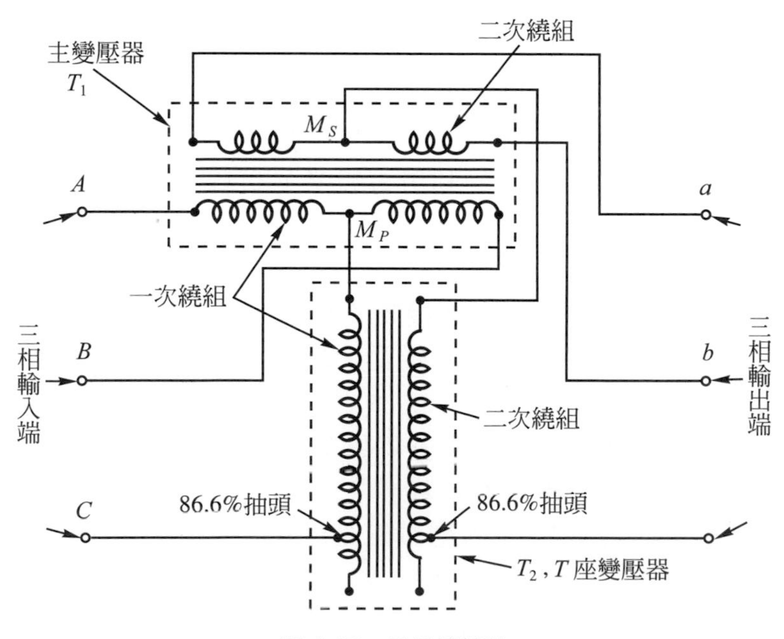

圖 1-69 T-T 接線法

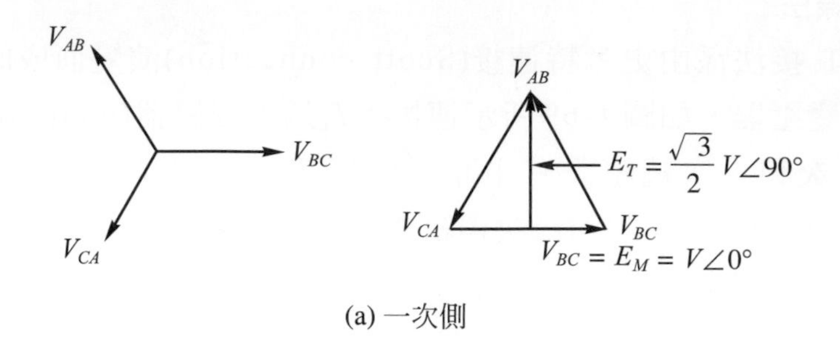

(a) 一次側

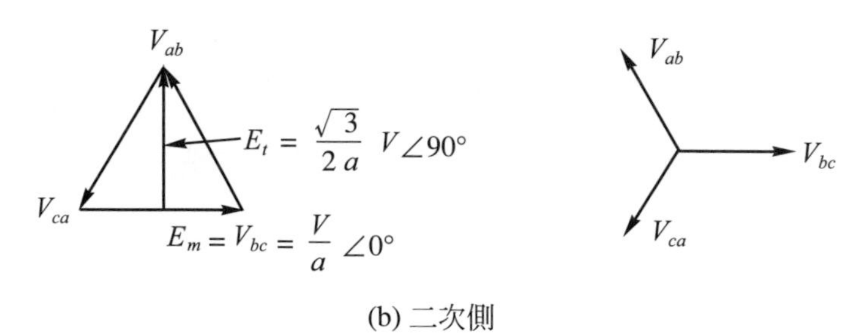

(b) 二次側

圖 1-70　T-T 接線法之一、二次側電壓相量圖

設二次側電壓$V_{ab}=V_{bc}=V_{ca}=V_2$，且電流爲I_2，則T-T連接的輸出功率爲$P_T=\sqrt{3}V_2I_2$，然而主變壓器之容量爲V_2I_2，T座變壓器之容量爲0.866 V_2I_2，即其總容量爲1.866V_2I_2，故T-T連接之變壓器組的利用率爲：

$$\text{T-T 連接之變壓器組的利用率} = \frac{\sqrt{3}V_2I_2}{1.866V_2I_2} = 0.926 \tag{1-112}$$

由上所述，得知這種接法的利用率較V-V接線爲佳。

例 1-21

三具30:1降壓單相變壓器，連接成Y-Y，由一次側外加11.43仟伏三相平衡電源，若二次側供給 180 仟瓦，功率因數爲 0.8 的平衡三相負載時。試計算：

⑴每具變壓器之額定容量爲多少kVA？

⑵二次側之線電壓及線電流各若干？

⑶一次側線電流若干？(不考慮激磁電流)

解

(1)每具變壓器之額定容量 $=\dfrac{180\text{kW}}{3\times0.8}=75$ [仟伏安]

(2)二次側線電壓 $V_{ab}=\dfrac{V_{AB}}{a}=\dfrac{11430}{30}=381$ [伏]

二次側線電流 $I_a=\dfrac{180\times10^3}{\sqrt{3}\times381\times0.8}=341$ [安]

(3)一次側線電流 $I_A=\dfrac{I_a}{a}=\dfrac{341}{30}=11.37$ [安]

或 $I_A=\dfrac{180\times10^3}{\sqrt{3}\times11430\times0.8}=11.37$ [安]

例 1-22

同上題，即例題 1-21，若改為 Y-△連接，試計算：

(1)每具變壓器之額定容量為多少 kVA？

(2)二次側之線電壓及線電流各多少？

(3)二次側之相電流多少？

解

(1)每具變壓器之額定容量 $=\dfrac{180\text{kW}}{3\times0.8}=75$ [仟伏安]

(2)二次側線電壓 $V_{ab}=\dfrac{V_{AB}}{\sqrt{3}a}=\dfrac{11430}{\sqrt{3}\times30}=220$ [伏]

二次側線電流 $I_a=\dfrac{180\times10^3}{\sqrt{3}\times220\times0.8}=590.5$ [安]

(3)二次側相電流 $I_a'=\dfrac{I_a}{\sqrt{3}}=\dfrac{590.5}{\sqrt{3}}=341$ [安]

或 $I_a'=\dfrac{75\text{kVA}}{381/\sqrt{3}}=341$ [安]

例 1-23

有三具各爲 10 仟伏安，2200/220 伏，60Hz單相變壓器，連接爲△-△，供給 6 仟瓦之三相電熱器與 16.8 仟瓦，功率因數爲 0.8 之三相電動機，假定在理想情況下，不考慮變壓器之激磁電流時，試問該變壓器組從電源輸入到一次側的電流爲若干？

解

變壓器輸出之有效功率P為

$$P = 6 + 16.8 = 22.8 \text{ [仟瓦]}$$

變壓器輸出之無效功率Q為

$$Q = \sqrt{\left(\frac{16.8}{0.8}\right)^2 - (16.8)^2} = 12.6 \text{ [仟乏]}$$

變壓器輸出之總 kVA 為：

$$\text{kVA} = \sqrt{P^2 + Q^2} = \sqrt{(22.8)^2 + (12.6)^2} = 26 \text{ [仟伏安]}$$

因為變壓器組是△-△連接，故一次線電壓V_{AB}為

$$V_{AB} = 2200 \text{ [伏]}$$

故，一次輸入之電流為：

$$I_A = \frac{\text{kVA}}{\sqrt{3}V_{AB}} = \frac{26 \times 10^3}{\sqrt{3} \times 2200} = 6.83 \text{ [安]}$$

例 1-24

兩具單相變壓器連接成 V-V 結線，當二次側供給 43.5kVA 之三相平衡負載時，試問：⑴每具變壓器之額定容量多少？⑵若增加一具變壓器，連接成△-△時，其最大輸出功率多少？

解

⑴每具變壓器之額定容量$= \dfrac{43.5}{2 \times 0.866} = 25$ [仟伏安]

⑵接成△-△之最大輸出功率$= \dfrac{43.5}{1/\sqrt{3}} = 75$ [仟伏安]

例 1-25

三具降壓單相變壓器，其匝數比均爲 12，連接成△-Y 結線，自一次側輸入之線電壓爲 6600 伏，線電流爲 10 安，若不計耗損時，試求：
⑴二次側輸出之線電壓與線電流各多少？
⑵輸出功率爲多少？

解

⑴由式(1-104)，二次側線電壓(V_{ab})與線電流(I_a)為：

$$V_{ab}=\frac{\sqrt{3}}{a}V_{AB}=\frac{\sqrt{3}}{12}\times 6600=925.6\ [伏]$$

$$I_a=\frac{a}{\sqrt{3}}I_A=\frac{12}{\sqrt{3}}I_A=\frac{12}{\sqrt{3}}\times 10=69.28\ [安]$$

⑵輸出功率 $=\sqrt{3}\cdot I_a\cdot V_{ab}=\sqrt{3}\times\frac{120}{\sqrt{3}}\times\frac{\sqrt{3}\times 6600}{12}$

$$=114.3\ [仟伏安]$$

例 1-26

兩具相同容量之單相變壓器連接成 V-V 結線，供給一部 150HP，220 伏，效率爲 0.94，功率因數爲 0.8 的三相感應電動機，試問每具變壓器之容量爲多少？

解

方法一：

負載之輸入功率，即等於變壓器組的輸出功率(P_V)為：

$$P_V=\frac{150\times 0.746}{0.94}=119.04\ [仟瓦]$$

由式(1-108)，得

每具變壓器的容量 $=\frac{P_V}{\sqrt{3}\cdot\cos\phi}=\frac{119.04\times 10^3}{\sqrt{3}\times 0.8}$

$$=85912\ 伏安 \fallingdotseq 86\ [仟伏安]$$

方法二：

二次側之負載電流(I)為：

$$I=\frac{150\times 746}{\sqrt{3}\times 0.94\times 220\times 0.8}=390.5\ [安]$$

每具變壓器的容量 $=V\cdot I=220\times 390.5=85910$ 伏安

$$\fallingdotseq 86\ [仟伏安]$$

1-14.2 三相變壓器

三相變壓器(three-phase transformer)是由三組高、低線圈捲繞在一共同之三相磁鐵心上而製成，與單相變壓器一樣有內鐵式(core type)和外鐵式(shell type)之分。

內鐵式三相變壓器之開發，如圖 1-71(a)所示，將三個線圈分別纏捲在三只鐵心之一腳上，當輸入三相互差 120 度之對稱交流電流，即在鐵心中產生三相平衡之磁通ϕ_A、ϕ_B及ϕ_C，此三相磁通不論任何瞬間於共同鐵心部份之總磁通量爲零，即$\phi_A+\phi_B+\phi_C=0$，因而能夠省去中央之共同鐵心，如圖 1-71(b)所示，又爲了鐵心製作之疊積工作便利，通常將圖(b)放射狀鐵心改成直線排列，如圖 1-71(c)所示，如此，中間B相磁路較短，會使三相不能完全對稱，但因激磁電流非常小，故對變壓器的運轉特性沒有太大影響。

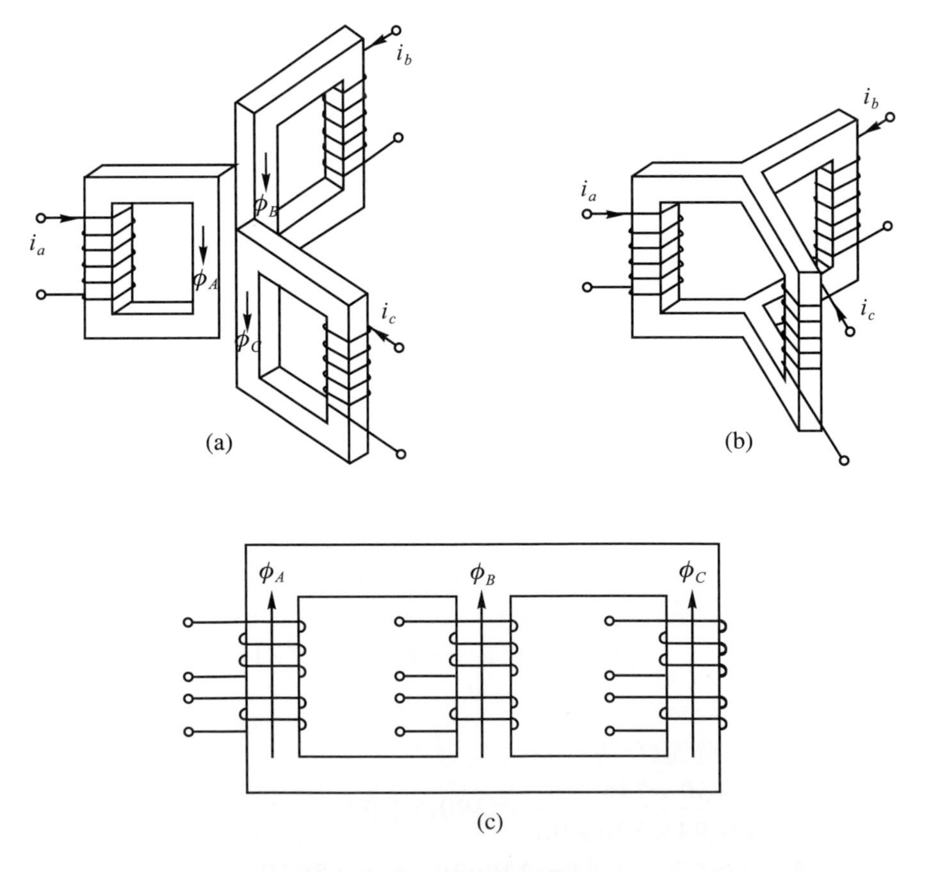

圖 1-71 三相內鐵式變壓器

外鐵式三相變壓器是由三具單相外鐵式變壓器疊合而成，如圖 1-72(a)所示，並將B相線圈反向捲繞，令使所產生之三相磁通為：$\phi_A\angle 120°$、$\phi_B\angle 0°$及$\phi_C\angle -120°$，如圖 1-72(b)所示，而在A和B線圈間相鄰軛鐵部份之磁通為：

$$\frac{\phi_A}{2}+\frac{\phi_B}{2}=\frac{1}{2}(\phi_A+\phi_B)=\frac{1}{2}\phi_B\angle 60° \tag{1-113}$$

同理，在B和C線圈間相鄰軛鐵部份之磁通為：

$$\frac{\phi_B}{2}+\frac{\phi_C}{2}=\frac{1}{2}(\phi_B+\phi_C)=\frac{\phi_B}{2}\angle -60° \tag{1-114}$$

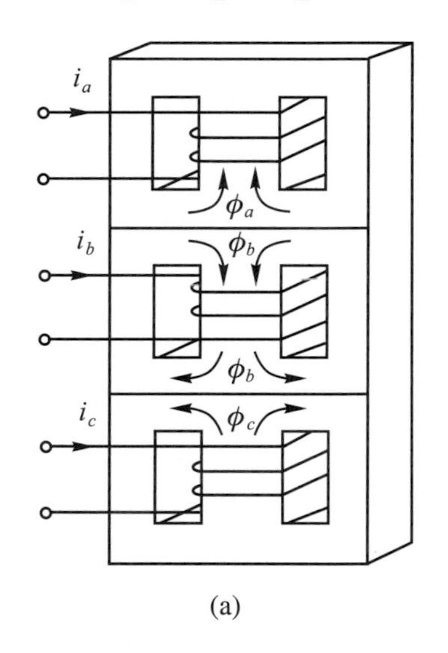

(a)

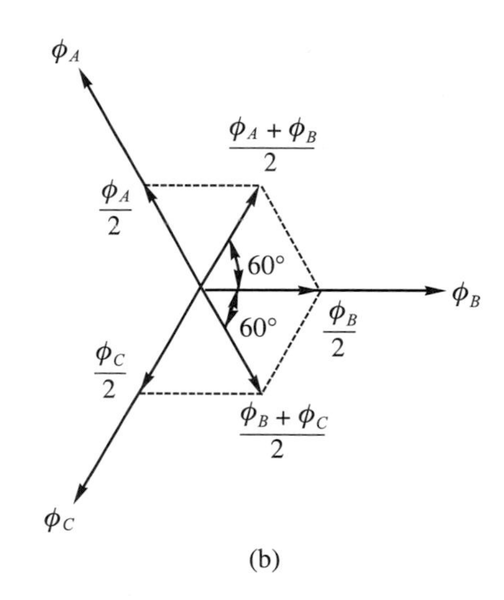

(b)

圖 1-72　三相外鐵式變壓器

式(1-113)與式(1-114)是表示$\phi_A/2$和$\phi_B/2$或$\phi_B/2$和$\phi_C/2$的向量和之絕對值都與$\frac{\phi_B}{2}$值相同，即$|1/2(\phi_A+\phi_B)|=\left|\frac{\phi_B}{2}\right|$，$|1/2(\phi_B+\phi_C)|=\left|\frac{\phi_B}{2}\right|$，故其軛鐵之截面積可以採與頂端軛鐵者相同；換而言之，在兩單相變壓器疊合處，只要使用其兩軛鐵之一就可。

綜合上述，在三相電路中採用三相變壓器較用三具單相變壓器組，具有下列的優缺點：

1. 優點
   (1) 鐵心材料使用量較少，並且套管、外箱體積及絕緣油均為減少，故製造費用較低。
   (2) 鐵損較小，效率增高。
   (3) 佔地空間較小。
   (4) 現場接線較便利。

2. 缺點

(1) 三相變壓器之體積及重量較一具單相變壓器爲大且重，故搬運不便。

(2) 備用變壓器費用較高。

(3) 更換或修理之工作較費時及麻煩。

三相變壓器若爲△-△接時，當其中某一相繞組發生故障，同樣可改爲 V-V 連接，或將故障之繞組短路，使其不發生作用，仍能繼續供電，但須注意其最大之輸出功率不可超過限制。

近年來，變壓器之鐵心材料及絕緣材料等都有重大的改進，故使其體積大大的縮小。並且對大型變壓器的搬運和安裝，在技術上亦有所突破，所以目前三相系統之輸電或高壓配電均採用三相變壓器。

1-15 相變換

三相變換爲二相之最常用接法是“史考特連接(Scott connection)”，如圖 1-73(a)所示，係用兩具單相變壓器所組成的。T_1爲主變壓器(main transformer)，其一次繞組之匝數爲N_1。T_2爲T座變壓器(tenser transformer)，其一次繞組之匝數爲$\sqrt{3}/2N_1$，係爲主變壓器的$\sqrt{3}/2$倍；而兩變壓器的二次繞組之匝數均爲N_2。然此變壓器組之一次側接法與第 1-14 節中所述之 T-T 接法相同，也就是T_1變壓器之中心點抽頭M_P和T_2變壓器的一端相連接，於是當一次側輸入三相平衡電力時，二次即獲得兩相平衡電力。

當一次外加三相平衡電源，若不考慮繞組的阻抗壓降時，則兩具變壓器之一次側感應電勢E_M與E_T爲：

設
$$\left.\begin{aligned} V_{BC} &= V\angle 0° \\ V_{AB} &= V\angle 120° \\ V_{CA} &= V\angle -120° \end{aligned}\right\} \tag{1-115}$$

則
$$E_M = V_{BC} = V\angle 0° \tag{1-116}$$

$$\begin{aligned} E_T &= V_{AB} + \left(\frac{1}{2}E_M\right) = V\angle 120° + \frac{1}{2}V\angle 0° \\ &= \left(-\frac{1}{2} + j\frac{\sqrt{3}}{2}\right)V + \frac{1}{2}V \\ &= j\frac{\sqrt{3}}{2}V = j\frac{\sqrt{3}}{2}E_M \end{aligned} \tag{1-117}$$

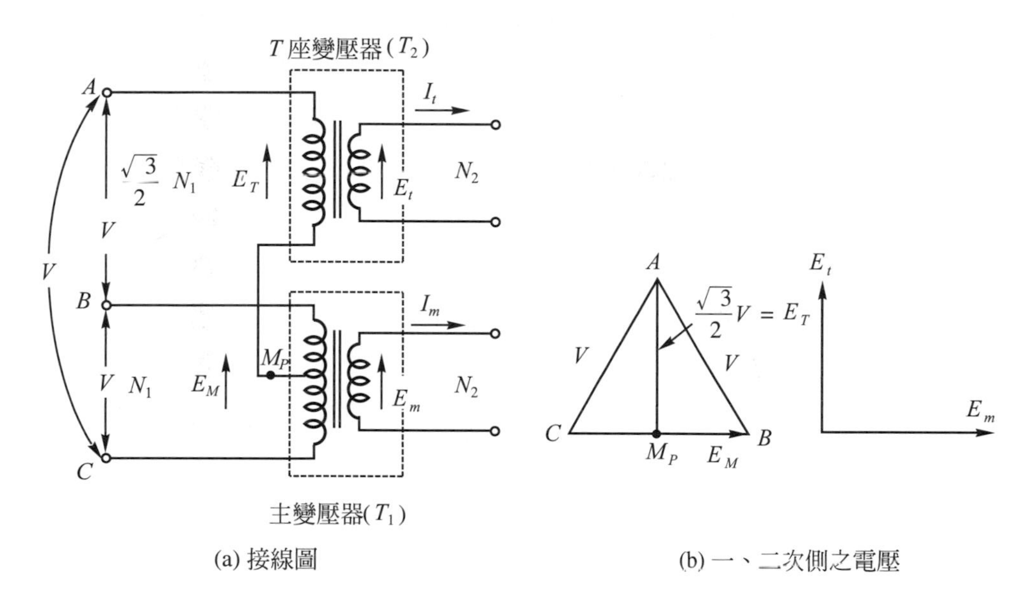

圖 1-73　史考特連接未接負載之情形

由式(1-117)得知，T_2變壓器的一次側感應電勢(E_T)爲T_1變壓器之感應電勢(E_M)的$\sqrt{3}/2$倍，且越前 90 度如圖 1-73(b)所示。若T_1之匝數比爲a_M，T_2之匝數比爲a_T，則該變壓器組之二次側感應電勢爲：

$$\left.\begin{aligned} &\because a_M = \frac{N_1}{N_2} \\ &a_T = \frac{\frac{\sqrt{3}}{2}N_1}{N_2} = \frac{\sqrt{3}}{2}a_M \end{aligned}\right\} \tag{1-118}$$

$$\therefore E_m = \frac{1}{a_M} \cdot E_M \tag{1-119}$$

$$|E_t| = \frac{1}{a_T} \cdot |E_T| = \frac{\frac{\sqrt{3}}{2}E_M}{\frac{\sqrt{3}}{2}a_M} = \frac{E_M}{a_M} = E_m \tag{1-120}$$

由式(1-120)得知，E_m和E_t兩電勢值相同，但E_t較E_m越前 90 度，故二次側之輸出爲二相平衡電壓。

如圖 1-74(a)所示，當各連接相同的負載，設二次側之負載電流I_m和I_t兩值相等，並且分別較其電勢E_m和E_t滯後θ度之相位差。因激磁電流甚小，忽略不計，則輸入與輸出的電流關係爲：

T座變壓器(T_2)：

$$I_A \cdot \frac{\sqrt{3}}{2} N_1 - I_t N_2 = 0$$

即

$$I_t = \frac{\sqrt{3}}{2} \cdot \frac{N_1}{N_2} \cdot I_A \tag{1-121}$$

主變壓器(T_1)：

$$I_B \cdot \frac{N_1}{2} - I_C \cdot \frac{N_1}{2} - I_m N_2 = 0 \tag{1-122}$$

$$I_m = \frac{N_1}{N_2} \cdot \frac{I_B - I_C}{2} \tag{1-123}$$

然於三相平衡系統中，$I_C = -I_A - I_B$，將此I_C值代入式(1-122)中，得：

$$I_B \cdot \frac{N_1}{2} + (I_A + I_B) \cdot \frac{N_1}{2} - I_m N_2 = 0$$

$$I_B = -\frac{I_A}{2} + \frac{N_2}{N_1} I_m \tag{1-124}$$

同理，可得

$$I_C = -\frac{I_A}{2} - \frac{N_2}{N_1} \cdot I_m \tag{1-125}$$

而由式(1-121)得

$$I_A = \frac{2}{\sqrt{3}} \cdot \frac{N_2}{N_1} \cdot I_t \tag{1-126}$$

由上所述，當已知輸入之三相電流時，自式(1-121)和式(1-123)能夠求得二相電流；又已知二相電流時，從式(1-124)、式(1-125)及式(1-126)能解出三相電流。

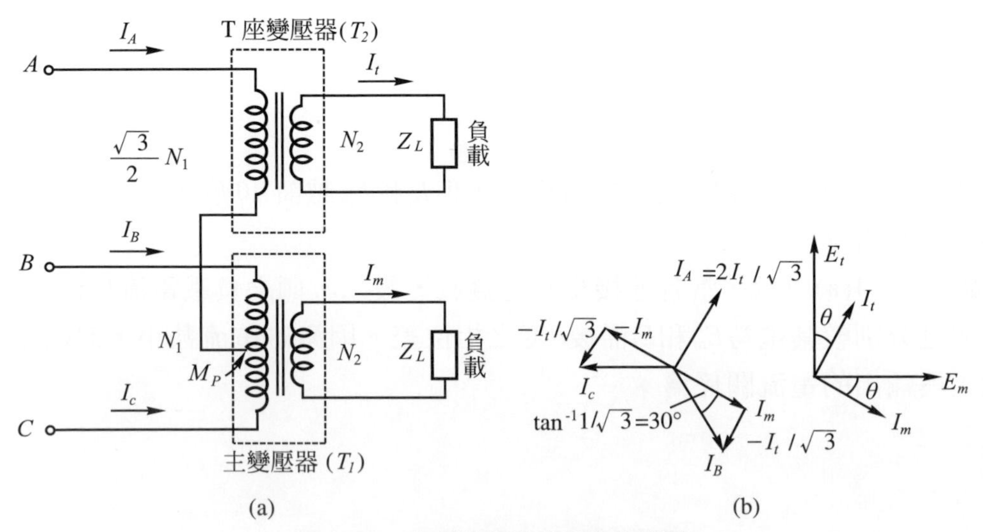

圖 1-74 史考特連接接負載的情形

設$N_1 = N_2$，$|I_m| = |I_t|$時，該變壓器組的一、二次側電流之相量圖，如圖 1-74(b)所示。並且由式(1-126)得：

$$I_A = \frac{2}{\sqrt{3}} \cdot I_t \tag{1-127}$$

由式(1-124)、式(1-125)及式(1-127)，得

$$|I_B| = |I_C| = \sqrt{\left(\frac{I_t}{\sqrt{3}}\right)^2 + I_m{}^2} = \frac{2}{\sqrt{3}} I_t \tag{1-128}$$

目前這種接法之變壓器組是使用於供給兩部單相電氣爐之運轉或鐵路電氣之單相交流用電或在控制裝置上需用二相電源等。

例 1-27

有一史考特連接之變壓組，供給A和B兩個單相電氣爐，A電氣爐爲 100 伏，400 瓩，PF = 0.707；B電氣爐爲 100 伏，800 瓩，PF = 1.0，且A爐之電壓較B爐超前 90 度。若該變壓器組的一次側輸入電壓爲 6600 伏，且激磁電流忽略不計時，試求一次側輸入之三相電流各多少？

解

由題意知A電氣爐係是T座變壓器所供給，而B電氣爐是主變壓器所供給，則二次側負載電流I_t與I_m為：

$$I_t = \frac{400 \times 10^3}{100 \times 0.707} = 5658 \text{ [安]；} \phi_a = 45°$$

$$I_m = \frac{800 \times 10^3}{100 \times 1.0} = 8000 \text{ [安]；} \phi_b = 0°$$

電氣爐之端電壓與電流之相量圖，如圖 1-75(b)所示：

匝數比：$\dfrac{N_1}{N_2} = \dfrac{6600}{100} = 66$

由式(1-124)，式(1-125)及式(1-126)，可求得在一次側之電流：

$$I_A = \frac{2}{\sqrt{3}} \cdot \frac{N_2}{N_1} \cdot I_t = \frac{1}{\sqrt{3}} \times \frac{1}{66} \times 5658\angle 45° = 99\angle 45°$$

$$I_B = -\frac{I_A}{2} + \frac{N_2}{N_1} \cdot I_m = -\frac{99}{2} \times (0.707 + j0.707) + \frac{1}{66} \times 8000$$

$$= 86.2 - j35$$

$$I_C = -\frac{I_A}{2} - \frac{N_2}{N_1} I_m = -\frac{99}{2} \times (0.707 + j0.707) - \frac{1}{66} \times 8000$$

$$= 156.2 - j35$$

故一次側輸入之三相電流值為：$I_A = 99$ [安]，$I_B = 93$ [安]，$I_C = 160$ [安]，如圖 1-75(a)所示。

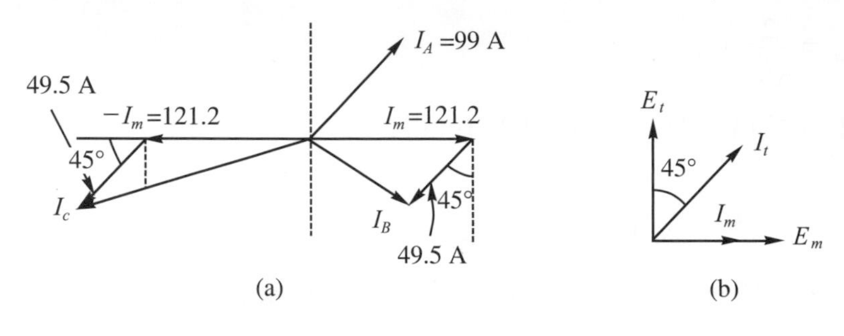

圖 1-75 例 1-27 之相量圖

1-16 特殊變壓器

1-16.1 自耦變壓器

將普通變壓器之一、二次繞組串聯成爲一個繞組，來作電力的輸入和輸出之用，亦就是，使用一連續之繞組以作爲電壓的變換，這種變壓器便稱謂“自耦變壓器(auto-transformer)”，或稱爲“單繞組變壓器(single-winding transformer)”，如圖 1-76 所示爲可變自耦變壓器。

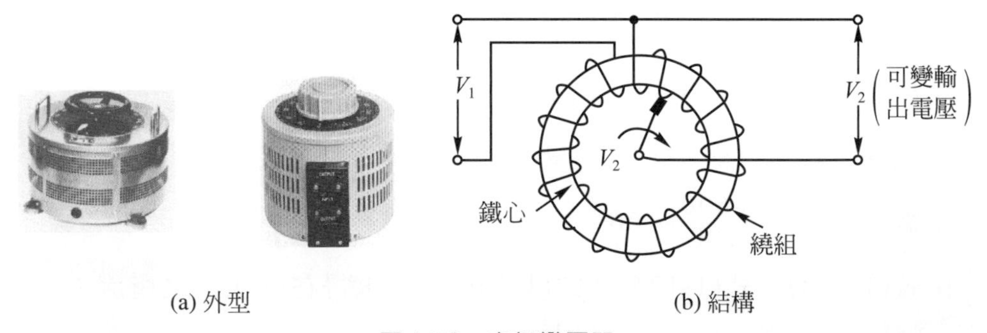

圖 1-76 自耦變壓器

自耦變壓器依連接方式的不同，可分爲降壓自耦變壓器(step-down auto-transformer)與昇壓自耦變壓器(step-up auto-transformer)兩種。如圖 1-77(a)所示爲單相降壓自耦變壓器，其N_2(或N_{BC})是爲一、二次共用的繞組，稱爲“共用繞組(common winding)”，而N_{AB}係爲非共同之繞組，稱爲“串聯繞組(series winding)”，此兩繞組之電勢E_{BA}與E_{CB}是由同一磁通所產生，且同相，因此電勢之比值爲：

$$\frac{E_{BA}}{E_{CB}} = \frac{N_{AB}}{N_{BC}} = a' \tag{1-129}$$

於無載時，若電阻及漏電抗之壓降忽略不計，即$V_1 = E_{CA}$，$V_2 = E_{CB}$，則其輸入與輸出之端電壓的比值為：

$$\frac{V_1}{V_2} = \frac{N_1}{N_2} = \frac{E_{CA}}{E_{CB}} = \frac{E_{CB} + E_{BA}}{E_{CB}} = 1 + a' = a \tag{1-130}$$

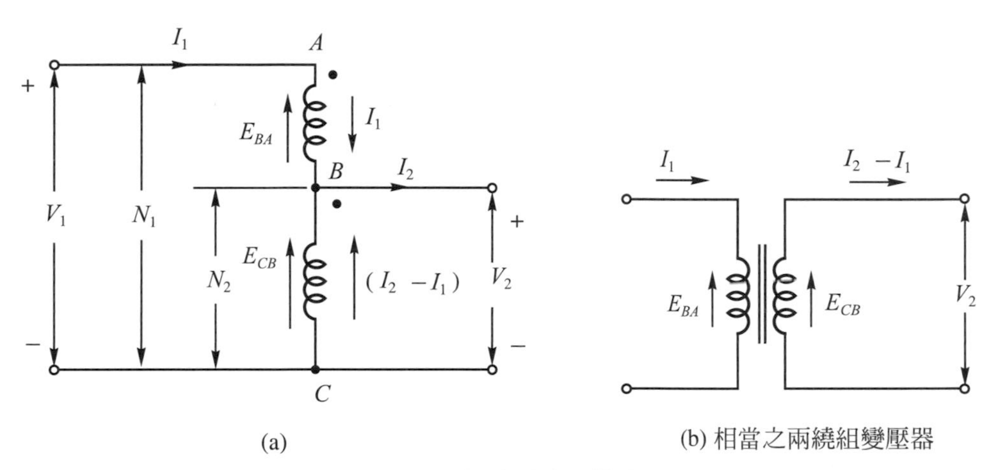

圖 1-77　單相降壓自耦變壓器

將式(1-130)代入式(1-129)中，得

$$\frac{E_{BA}}{E_{CB}} = a - 1 \tag{1-131}$$

當二次側接有負載，其負載電流為I_2，又一次輸入電流為I_1時，根據普通兩繞組變壓器之原理，其一次安匝等於二次安匝，即

$$I_1 N_1 = I_2 N_2$$

則

$$\frac{I_2}{I_1} = \frac{N_1}{N_2} = a \tag{1-132}$$

由圖 1-77(a)知，通過共同繞組N_{BC}的電流為$(I_2 - I_1)$，而通過串聯繞組N_{AB}的電流為I_1，於是兩電流之比為：

$$\frac{I_2 - I_1}{I_1} = \frac{I_2}{I_1} - 1 = a - 1 \tag{1-133}$$

由式(1-131)與式(1-133)，得

$$E_{BA} \cdot I_1 = E_{CB} \cdot (I_2 - I_1) \tag{1-134}$$

從上式得知，該自耦變壓器之AB與BC兩繞組，相當於匝數比爲$(a-1)$之普通變壓器的一次側和二次側，如圖 1-77(b)所示。

自耦變壓器之輸出容量$(\mathrm{VA})_{\mathrm{Auto}}$爲：

$$\mathrm{VA}_{\mathrm{Auto}}=V_2I_2=E_{CB}[I_1+(I_2-I_1)]$$
$$=E_{CB}I_1+E_{CB}(I_2-I_1)=V_2I_1+V_2(I_2-I_1) \tag{1-135}$$

式(1-135)中，$V_2\cdot(I_2-I_1)$係爲經由變壓作用而變換之功率，稱之爲“感應功率(power transferred)”。而$V_2\cdot I_1$是爲自一次側直接傳導到二次側之功率，稱之爲“傳導功率(power conducted)”，所以自耦變壓器能夠輸出較大的功率，並且具有下列之優點：

1. 輸出容量較大，損失較少，故效率較高。
2. 可節省鐵心與繞組材料之使用量，即能降低成本。
3. 漏磁電抗較小，其壓降亦小，因而電壓調整率小。

通常自耦變壓器的一次與二次兩繞組間沒有隔離，且有一部份繞組共用，因此其缺點有二：

1. 低壓繞組必須施以和高壓側同樣的絕緣。
2. 因繞組的阻抗較小，對限制系統之短路電流的效果較差，所以高壓大容量者很少採用這種型式。

例 1-28

將一 2000/200 伏，20 仟伏安兩繞組變壓器連接成昇壓自耦變壓器，如圖 1-78 所示，其AB是 200 伏繞組，而BC是 2000 伏，而且 200 伏繞組之絕緣能夠承擔 2200 伏的高電壓。試求該自耦變壓器之：

(1)一、二次側端電壓多少？
(2)輸出額定容量多少？

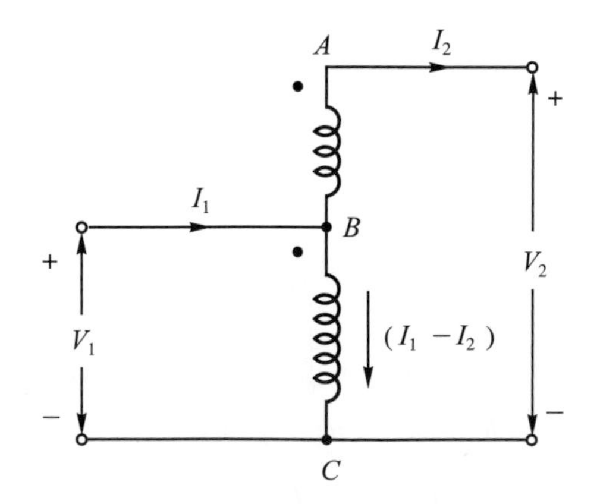

圖 1-78 例 1-28 昇壓自耦變壓器

解

(1) $V_1=2000$ [伏]

$V_2=2000+200=2200$ [伏]

(2)$I_2=\dfrac{20\times 1000}{200}=100$ [安]

故該自耦變壓器之輸出額定容量為：

$(\mathrm{VA})_{\mathrm{Auto}}=V_2 I_2$

$=2200\times 100=220000$ [伏安] $=220$ [仟伏安]

1-16.2 感應電壓調整器

感應電壓調整器(induction voltage regulator)是一種利用類似自耦變壓器連接以調節電壓大小與時相的電器，它的構造頗似感應電動機，而其原理則與普通變壓器完全一樣。它的類型有：

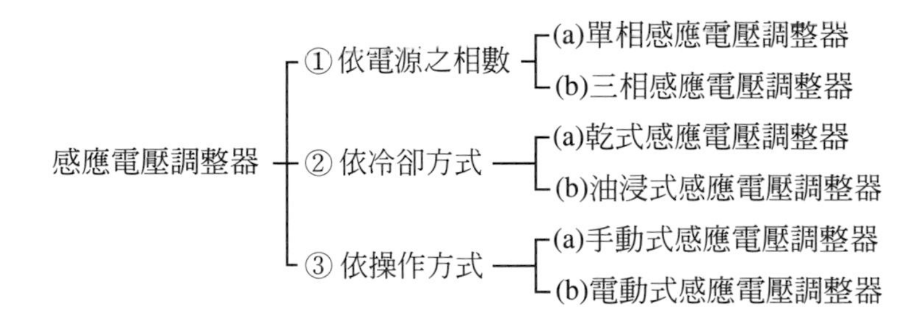

單相感應電壓調整器的構造如圖 1-79 所示，係由定子和轉子兩主要部份組成。因二次S繞組之導線較粗，故置放在定子的槽中，而一次P繞組和短路C繞組則放置在轉子的槽中。

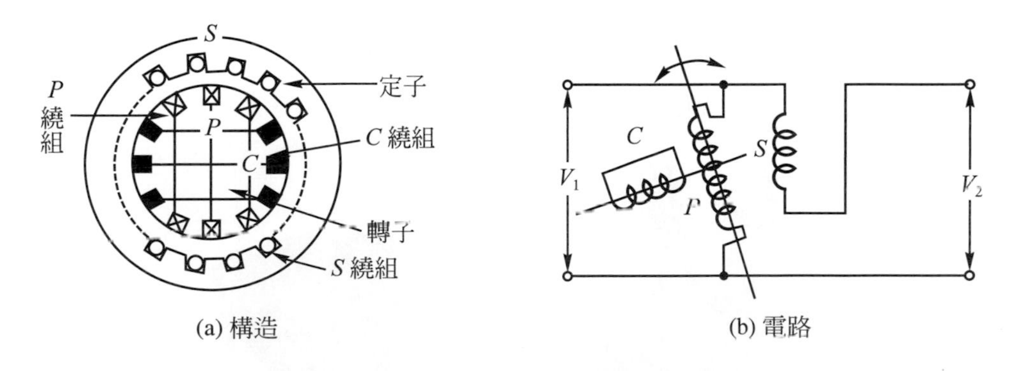

圖 1-79　單相感應電壓調整器之構造及電路

C繞組係為一自成捷路之線圈，並且與P繞組相差 90 度，它對於電源及負載的電壓沒有直接關係，其功能是以所產生之磁通去抵消S繞組之漏磁通。

如圖 1-80 所示，當負載電流通過S繞組時，便產生與S軸同方向之磁通ϕ_S，設ϕ_S與P繞組之磁軸相差θ角度，於是ϕ_S可分為$\phi_S \cos\theta$和$\phi_S \sin\theta$兩分量。其中"$\phi_S \cos\theta$"分量將被P繞組之負載電流所產生的磁通抵消，另一分量"$\phi_S \sin\theta$"，則是漏磁通，必須由C繞組所產生的磁通來消除，以防止鐵損的增大。

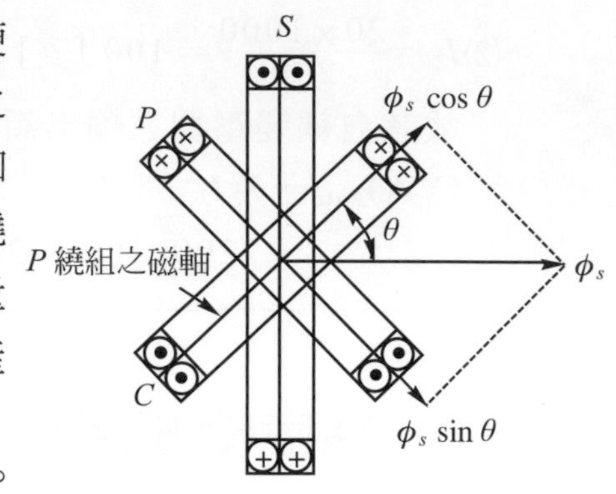

通常感應電壓調整器之轉子設計成在0～180°間能任意調動，故其輸出電壓是視定、轉部之位置而決定，即當轉子位置轉動時，則二次側之輸出電壓亦隨著改變。設$N_1/N_2 = a$，及不考慮電阻及漏電抗之壓降時，若P軸與S軸之角度為θ時，則輸出端電壓V_2為：

$$V_2 = V_1 \pm E_2 \cos\theta = V_1 \pm \frac{V_1}{a}\cos\theta$$

$$= V_1\left(1 \pm \frac{\cos\theta}{a}\right) \tag{1-136}$$

由上式得知，當$\theta = 0°$時，$V_2 = \left(1 + \frac{1}{a}\right)V_1$，其輸出之端電壓為最大；$\theta = 90°$時，$V_2 = V_1$，輸出之端電壓與輸入端電壓相同；然$\theta = 180°$時，$V_2 = \left(1 - \frac{1}{a}\right)V_1$，輸出之端電壓為最小。

1-16.3 比壓／比流變壓器

1. 比壓計

比壓計(potential transformer)，又叫電壓互感器，簡稱P.T.或V.T.。其構造及原理與普通兩繞組變壓器並無差別，僅其二次側之電壓設計為110伏或120伏。如圖 1-81 所示為比壓器的外型。

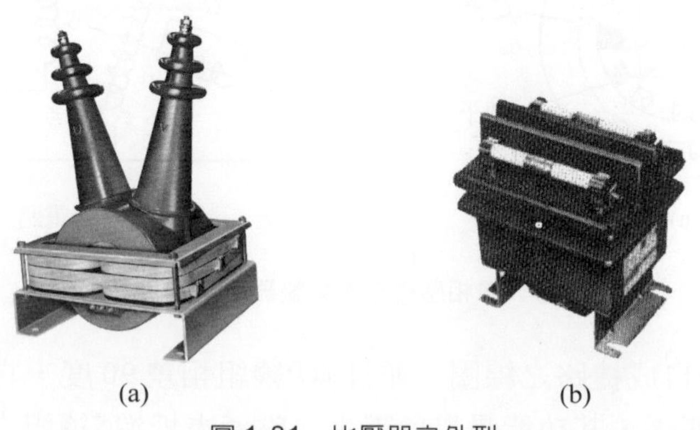

(a) (b)

圖 1-81 比壓器之外型

比壓器的極性表示方法與普通變壓器一樣，如圖 1-82 所示，以H_1，H_2和X_1，X_2表示之。而日本的比壓器，分別以 U、V 和 u、v 的符號表示。

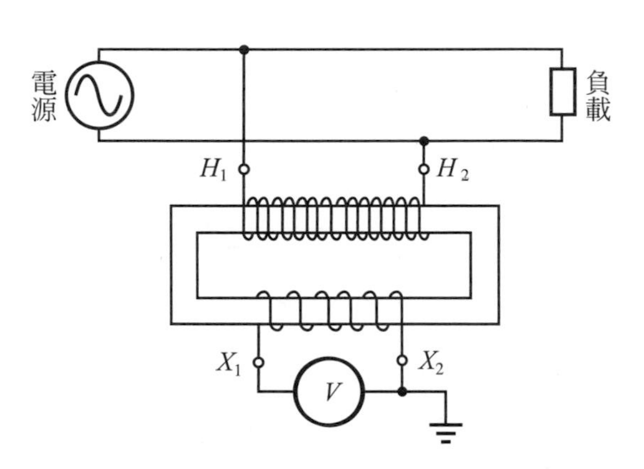

圖 1-82　比壓器的極性表示方法

比壓器的連接是將一次側與電路接成並聯，二次側與電表或電驛的線圈連接，如圖 1-83(a)所示爲單相電路之接法，而圖 1-83(b)、(c)及(d)所示爲三相電路之接法。一般三相平衡電路均採用 V 接線。

比壓器的容量是以“VA”爲單位，自 12.5VA 至 500VA 有多種不同之容量，使用時應視負擔的大小而選用適當的比壓器。

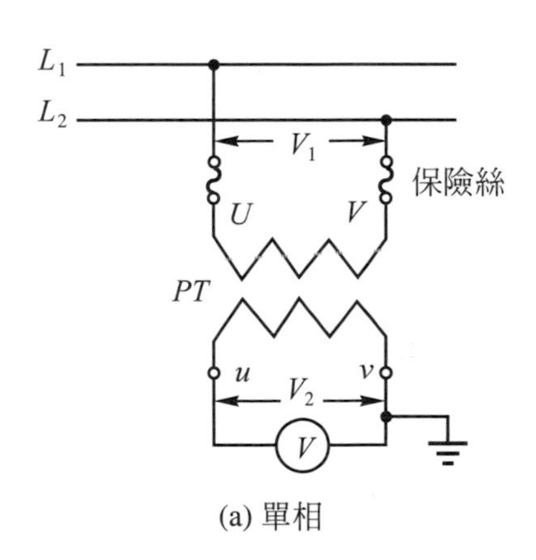

(a) 單相

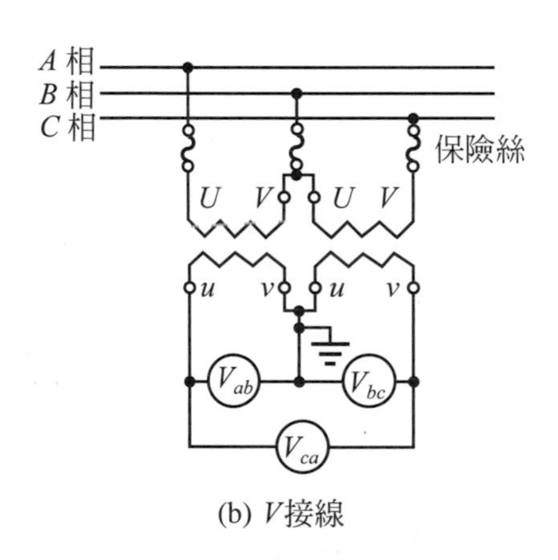

(b) V接線

圖 1-83　比壓器之接法

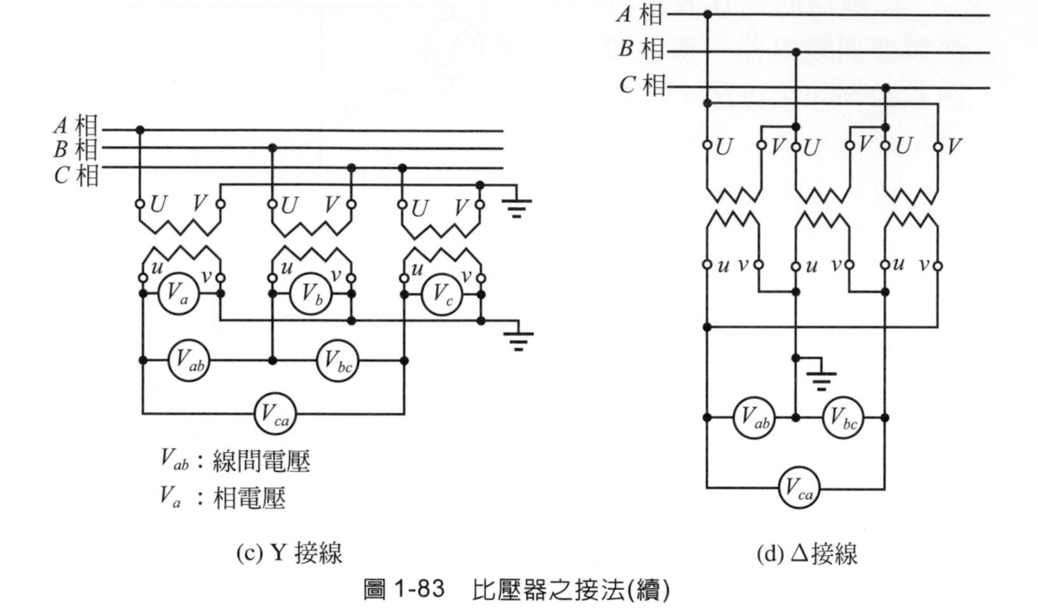

(c) Y 接線　　(d) Δ接線

圖 1-83　比壓器之接法(續)

欲使變壓比之精度高，繞組的漏阻抗小及最小的相角差，比壓器的鐵心須採用高導磁係數的磁性材料。

使用比壓器應注意下列事項：

(1) 一次側需經由保險絲保護。

(2) 低壓側之一端必須接地，以避免靜電作用，防止感電之危險。

(3) 二次側不可短接。

2. 比流器

比流器(current transformer)，又稱爲電流互感器，簡稱 CT，如圖 1-84 所示爲比流器之外型。

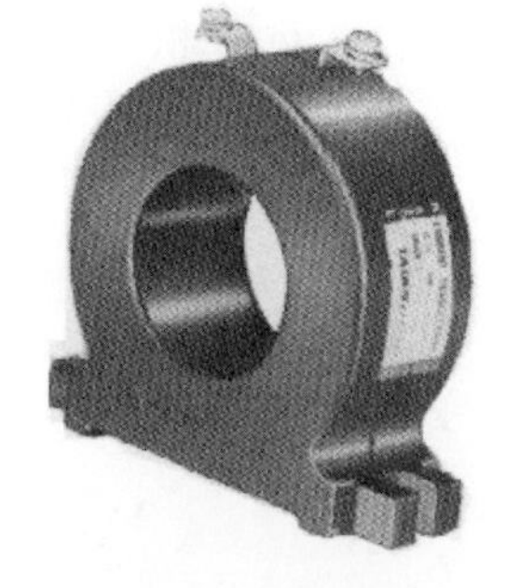

圖 1-84　比流器之外型

比流器均設計爲減極性，其極性表示方法，如圖 1-85 所示，仍以H_1，H_2和X_1，X_2表示之。日本的比流器分別以K、L與k、l代表一次側和二次側的極性。比流器的一次側，K爲電源側，L爲負載側，並且二次側l端須接地，以策安全。

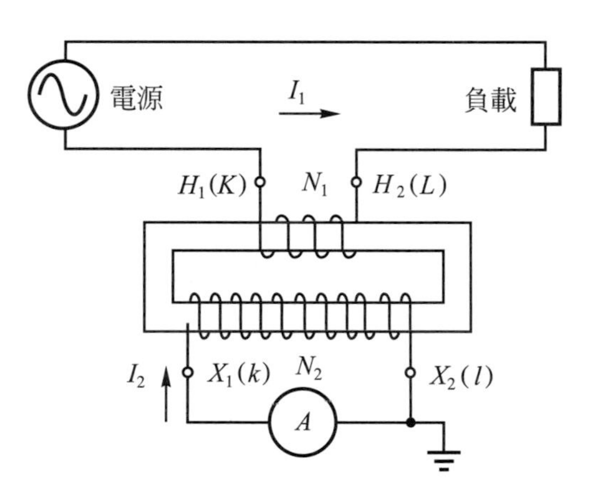

圖 1-85　比流器之極性表示方法

比流器爲配合系統運轉需要，一次側額定電流高達數千安培，而二次側額定電流爲 5 安培。它因構造不同，可分爲⑴繞線式比流器、⑵貫穿式比流器、⑶套管式比流器等。

比流器的接法，一次側與電路接成串聯，如圖 1-86 所示爲單相與三相電路之結線。

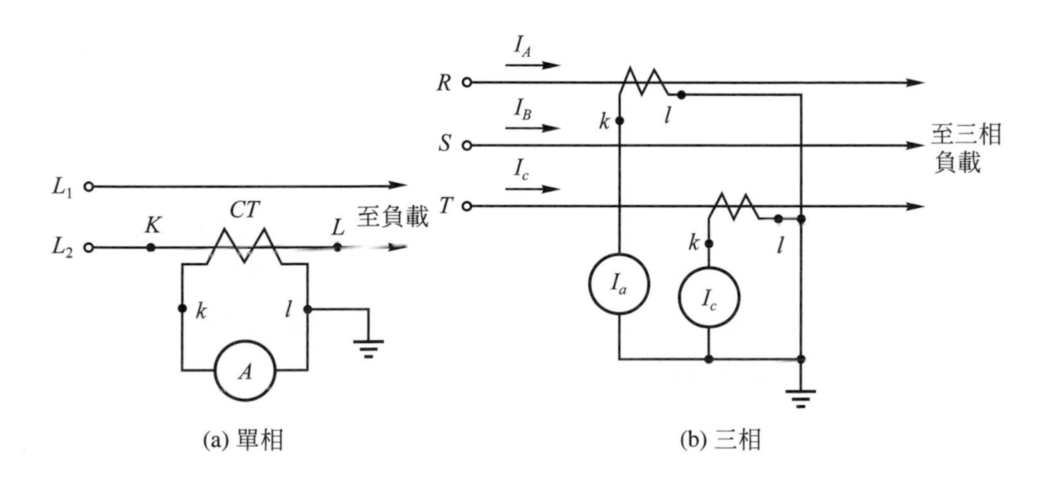

圖 1-86　比流器之接法

比流器使用時應注意下列事項：

(1) 一次側與電路接成串聯。

(2) 二次側之l端需接地，以避免感電之危險。

(3) 二次側不可開路，在檢修或換裝電流表時，應將二次側短接，以防比流器燒毀。

比流器二次側不可開路的原因有二：①若二次側開路，對於二次側磁通沒有抑制作用，則一次側電流全部變爲激磁電流，將使鐵心內的磁通大增，致引起很大的鐵損，而產生高溫燒毀掉。②由於二次繞組的匝數很多，若開路時，其端電壓必昇高，而將絕緣破壞。

1-16.4 多繞組變壓器

變壓器設計有三個或三個以上的繞組者，便稱爲多路或多繞組變壓器(multicircuit，或multiwinding transformers)，它可供應多種不同電壓之負載。在電力系統中，通常係使用三繞組變壓器，其具有下列特點：

1. 可供給兩不同電壓之負載。
2. 當變壓器 Y-Y 接法時，若第三繞組作△連接，可消除第三次諧波，而供給負載正常的正弦波。
3. 可將此變壓器的兩繞組作爲一次，接受兩不同電壓系統之電力，其餘之一繞組作爲電力輸出用。
4. 可提高及改善一次側之功率因數。即將第三繞組連接於同步進相機或接電容器，以提供一越前電流，抵制電感性的落後電流。

三繞組變壓器如圖 1-87(a)所示，按照普通變壓器原理，得一等效電路如圖 1-87(b)所示，圖中Z_1，Z_2和Z_3是爲以某一共同基準作爲參考，所獲得之三繞組間的漏磁阻抗。

若欲求圖 1-87(b)中的阻抗Z_1，Z_2和Z_3之值，可利用短路試驗求取。設Z_{12}爲N_3繞組開路，由N_1和N_2兩繞組短路試驗所測得之阻抗；Z_{13}爲N_2繞組開路，由N_1和N_3兩繞組短路試驗所測得之阻抗；Z_{23}爲N_1繞組開路，由N_2和N_3兩繞組短路試驗所測得之阻抗。則依短路試驗的原理即得：

$$Z_{12} = Z_1 + Z_2 \tag{1-137}$$

$$Z_{13} = Z_1 + Z_3 \tag{1-138}$$

$$Z_{23} = Z_2 + Z_3 \tag{1-139}$$

式中Z_{12}，Z_{13}及Z_{23}皆爲以共同的容量作爲基準所求得的等效標么阻抗。聯立式(1-137)、(1-138)及式(1-139)，並解得：

$$Z_1 = \frac{1}{2}(Z_{12} + Z_{13} - Z_{23}) \tag{1-140}$$

$$Z_2 = \frac{1}{2}(Z_{23} + Z_{12} - Z_{13}) \tag{1-141}$$

$$Z_3 = \frac{1}{2}(Z_{13} + Z_{23} - Z_{12}) \tag{1-142}$$

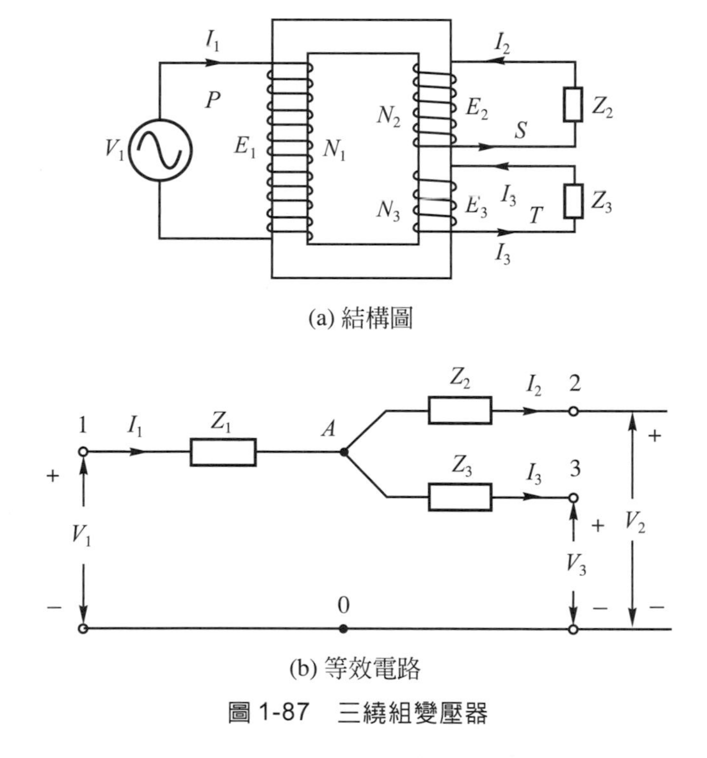

圖 1-87　三繞組變壓器

1-16.5 脈波變壓器

脈波變壓器(pulse transformer)係設計以脈波來激磁的變壓器，是使用於電子上或控制方面等。它和一般變壓器的不同特性爲：具有寬頻帶、低衰減與低相位失眞的能力等。爲達成這些要求，最重要的是變壓器是否能將輸入信號盡可能而忠實的重現於二次側。如圖 1-88(a)所示，係爲一輸入脈波，其波寬爲0.05 微秒至20 微妙左右。欲決定輸出之波形，必須分析其暫態響應，如圖 1-88(b)所示爲其典型的輸出波形。

脈波前緣之響應係由高等效電路(包括雜散電容)來決定。因有漏電感，則需要相當時間以建立到所規定的數值，此段時間稱為上升時間(rise time)。又由於有雜散電容，通常會產生具有阻尼之振盪，所以為了減短上升之時間，則必須盡量減少其漏電感。

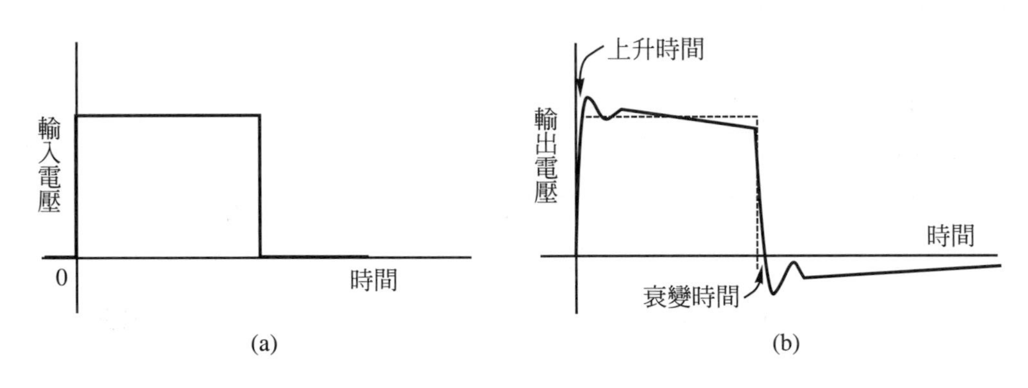

圖 1-88 脈波變壓器之輸入與輸出電壓波形

輸入脈波之平坦頂部的響應係由低頻等效電路來決定。因係藉變壓器傳輸穩定直流，故輸出電壓無法保持平坦，如圖 1-88(b)所示，其波形顯然向下傾斜，亦即電壓為下降。因此應選用高導磁係數之材料來改善脈波頂部之傾斜。

又當輸入電壓之脈波降為零時，而在二次電壓達到零之前，有一顯著的衰變時間(decay time)。此時也有一回擺(backswing)隨伴著阻尼振盪及長期間之負電壓超越。

脈波變壓器之體積均為小型，匝數亦較少以減低漏電感。而鐵心是使用肥粒鐵(ferrites)或高導磁係數之高磁矽鋼或高磁鎳鋼製成的。又因脈波時間之時間間距與脈波的期間相較，顯得很長，則所負擔之負載任務很輕，所以，很小之脈波變壓器就能夠處理驚人的脈波功率。

習題

一、選擇題

( ) 1. 根據法拉第-楞次定律$e=-N\dfrac{\Delta\phi}{\Delta t}$，式中負號表示

(A)感應電勢為負值 (B)感應電勢與外加電壓相反

(C)感應電勢反對磁交鏈之變化 (D)該負號不具任何意義。

( ) 2. 於兩極電機中，當線圈與磁場相垂直時，其線圈之感應電勢為

(A)最大 (B)最小 (C)零 (D)不一定。

( ) 3. 載有電流的導體在磁場中所受之力決定於
(A)磁通密度B (B)導體所載電流I (C)導體有效長度l (D)以上皆是。

( ) 4. 電機鐵心通常採用薄矽鋼片疊製而成，而主要目的在於減低
(A)渦流損 (B)磁滯損 (C)銅損 (D)雜散損。

( ) 5. 200V/100V 之變壓器改接於 100V 時之二次電壓為
(A)200V (B)100V (C)50V (D)400V。

( ) 6. 變壓器一次繞組匝數N_1，二次繞組匝數N_2，則二次側之電阻R_2，換算至一次側之等值電阻為
(A)$\left(\frac{N_2}{N_1}\right)^2 R_2$ (B)$\left(\frac{N_1}{N_2}\right)^2 R_2$ (C)$\frac{N_1}{N_2} R_2$ (D)$\frac{N_2}{N_1} R_2$。

( ) 7. 變壓器之外殼標示"7.2－50"表示
(A)電壓－電流 (B)電流－電壓 (C)容量－電壓 (D)電壓－容量。

( ) 8. 變壓器為理想鐵心，若設計一次側電壓 2000V，二次側電壓 200V，最大磁通 30×10^{-3}Wb，且頻率 60Hz，則一次側線圈應繞多少匝較合理？
(A)30 (B)50 (C)100 (D)250 匝。

( ) 9. 變壓器的頻率由 60Hz 換至同電壓但頻率 50Hz，則對變壓器影響如何？
(A)最大磁通密度減少 16.7% (B)銅損增加 20%
(C)最大磁通密度增加 16.7% (D)鐵損增加 20%。

( ) 10. 測量變壓器銅損及阻抗特性的方法是
(A)短路試驗 (B)開路試驗 (C)耐壓試驗 (D)溫升試驗。

( ) 11. 變壓器的銅損與負載電流
(A)無關 (B)成正比 (C)成反比 (D)平方成正比。

( ) 12. 變壓器效率最高時之條件為
(A)銅損等於鐵損時 (B)銅損等於 0 時
(C)鐵損等於 0 時 (D)銅損等於鐵損 4 倍。

( ) 13. 某配電用變壓器容量 10kVA，鐵損 180W，滿載銅損 320W，功因 0.8，試問其在$\frac{1}{4}$載時效率？
(A)81.5% (B)88.3% (C)90.9% (D)92.6%。

( ) 14. Y-△接法之變壓器，一、二次側線電壓相位差為
(A)0° (B)15° (C)30° (D)45°。

( ) 15. V-V 形連接之變壓器組，其輸出總容量為△-△連接之
(A)50% (B)57.7% (C)86.6% (D)100%。

( )16. 下列何者不是變壓器並聯條件？
(A)額定電壓應相等 (B)匝數比應相等
(C)容量相等 (D)位移角應相同。

( )17. 單相變壓器並聯運轉，其內部阻抗須與其 kVA 容量成
(A)正比 (B)反比 (C)相等 (D)平方成正比。

( )18. 下列有關比壓器及比流器的敘述何者錯誤？
(A)比流器二次側不可開路 (B)使用中更換電壓表時，比壓器應先短路
(C)比流器二次額定電流通常 5A (D)比壓器二次電壓通常 110V。

( )19. 並聯三相變壓器除了並聯單相時之條件外，應注意
(A)相序、電流 (B)電流、相位移
(C)相序、相位移 (D)電流、頻率 是否相同。

( )20. 有一單相感應電壓調整器，其二次繞組，一次繞組，短路繞組中放在定部爲
(A)一次繞組 (B)二次繞組 (C)短路繞組 (D)一次繞組與短路繞組。

( )21. 單相變壓器之額定爲 5kVA、2000V/200V、60Hz，進行短路試驗時，低壓側線圈的電流應爲多少？ (A)25A (B)5A (C)2.5A (D)0.5A。

( )22. 有一台 2200V/110V、50kVA的三相變壓器，銘牌上註明其電抗爲 10%，則換算至高壓側每相之實際電抗值應爲多少？
(A)193.6Ω (B)9.68Ω (C)0.484Ω (D)0.0242Ω。

( )23. 有一台 5kVA 的單相變壓器，滿載時，銅損爲 120W，鐵損爲 91W，效率爲 0.95，則負載之功率因數值約爲多少？
(A)0.65 (B)0.7 (C)0.75 (D)0.8。

( )24. 變壓器的二次側輸出爲 107 伏，二次側匝數爲 20 匝，頻率 60Hz，則其鐵心中之最大磁通約爲
(A)2 韋伯 (B)2×10^{2}韋伯 (C)2×10^{-2}韋伯 (D)2×10^{-3}韋伯。

( )25. 下列有關理想變壓器之特點，何者是錯誤？
(A)鐵心不會飽和 (B)導磁係數極小 (C)無漏磁 (D)各線圈的電阻爲零。

( )26. 變壓器一、二次繞組之感應電勢與互磁通的相位關係爲
(A)同相 (B)電勢滯後 90 度 (C)電勢超前 90 度 (D)電勢超前 180 度。

( )27. 單相變壓器的高壓側線圈有 800 匝，低壓側線圈有 40 匝，若有高壓側額定電壓爲 220 伏特，低壓側額定電流爲 4 安培，則此變壓器的額定容量約爲多少伏安？ (A)880 (B)440 (C)160 (D)44。

(　)28. 單相變壓器一次與二次繞組之匝數比爲 4：1，滿載時二次繞組的電壓爲 110 伏，已知電壓調整率爲 5%，試問一次繞組的電壓爲多少？
(A)330V　(B)418V　(C)440V　(D)462V。

(　)29. 一變壓器滿載時銅損爲 800 瓦，若不計其他因素，則在半載時，其銅損爲　(A)800 瓦　(B)400 瓦　(C)200 瓦　(D)100 瓦。

(　)30. 感應電壓調整器在電力系統中，可自動調整以維持線路之
(A)功率因數　(B)電功率　(C)電流　(D)電壓　爲定值。

二、計算題

1. 一 250 匝的線圈繞在一圓形截面積爲 1.75 平方吋的鐵心上，平均磁路長度爲 6 吋，磁路中同時含一長爲 0.05 吋的氣隙。
⑴若鐵心的 $\mu \to \infty$，試求磁路的磁阻？又繞組通以 5 安培電流時，試求其氣隙內之磁通密度？
⑵若經量測得知，電流 5 安時的磁通密度爲 0.95 [韋伯／平方公尺]，試求實際的磁路磁阻與鐵心導磁率各多少？
2. 有一理想變壓器，$N_1 = 800$ 匝，$N_2 = 50$ 匝，若 $V_1 = 2400$ 伏特時，試求：
⑴ V_2 爲多少？
⑵ $f = 60$Hz，互磁通爲多少？
⑶二次負載電流爲 160 安培時，則一次電流多少？
3. 有一 20 仟伏安，2000/200 伏，60Hz 配電變壓器，無載時之一次電流爲 0.5 安培，輸入功率爲 600 瓦，試計算其磁化電流與鐵損電流各多少？
4. 一具 10 仟伏安，60Hz，2300/230 伏變壓器，有下列電阻和電抗：
$R_1 = 4.4$ 歐姆　　$R_2 = 0.04$ 歐姆
$X_1 = 5.5$ 歐姆　　$X_2 = 0.06$ 歐姆
$g_c = 20.8 \times 10^{-6}$ 姆歐　　$b_m = 0.22 \times 10^{-3}$ 姆歐
激磁分路之電導和電納是爲換算到一次側的值。試求：
⑴換算到一次側之等效電路。
⑵換算到二次側之等效電路。
⑶換算到一次側之近似等效電路。

5. 一 10 仟伏安，60Hz，2400：240 伏配電變壓器，其一、二次側電阻與漏電抗為：

$R_1 = 4.2$ 歐姆　　　　$R_2 = 0.042$ 歐姆

$X_1 = 5.5$ 歐姆　　　　$X_2 = 0.055$ 歐姆

試求：

(1)換算到高壓側及低壓側的等效阻抗各多少？

(2)若於低壓端接一負載，其負載電流為額定值，功率因數 0.8 遲後，端電壓為 240 伏，計算其高壓側之電壓及電壓調整率各多少？

6. 有一單相變壓器為 150 仟伏安，二次側額定電壓為 210 伏，電壓調整率 2%，變壓比為 15.4 時，試求一次側電壓為多少？

7. 有一 25kVA 配電變壓器，其二次側額定電壓為 200 伏，額定電流為 125 安，其鐵損為 200 瓦，滿載銅損為 320 瓦，試求：

(1) PF ＝ 1.0 時，滿載效率為多少？

(2) PF ＝ 0.8 時，滿載效率為多少？

(3) PF ＝ 0.8 時，半載效率為多少？

(4) PF ＝ 1.0 時，該變壓器之最大效率為多少？

8. 有一 10 仟伏安之單相變壓器兩具，接成 V-V 連接供電至一平衡三相負載，試求此變壓器組的輸出容量多少？

9. 有一變壓器為 500 仟伏安，當 3/4 滿載時效率為最大，其最大效率為 98%，試求該變壓器之鐵損及滿載銅損各多少？

10. 設有一、二次側額定電壓相等之兩單變壓器 A 及 B，A 之容量為 10 仟伏安，阻抗電壓為 5%；B 之容量為 30 仟瓦，其阻抗電壓為 3%，且兩變壓器在功因 100%時之電壓調整率相等。若將兩變壓器並聯使用，當負載為 30 仟瓦時，試問此兩電壓器各分擔多少負載。

11. 三具單相變壓器作三相連接，其高壓端接在三相線電壓為 13800 伏的系統上，低壓端接於三相 1500 仟伏安，線電壓為 2300 伏的負載。對下列各種結線法，試求每一變壓器一次與二次側的電壓、電流各多少？

	高壓繞組	低壓繞組
(a)	Y	△
(b)	△	Y
(c)	Y	Y
(d)	△	△

旋轉電機之基本觀念

學習綱要

2-1　基本觀念
2-2　感應電勢
2-3　分佈繞組的磁勢
2-4　旋轉磁場
2-5　隱極機的轉矩

2-1 基本觀念

旋轉電機是「機械能 ⇄ 電能」轉換的一種裝置，此裝置包括三大部份：⑴電系統，⑵機械系統，⑶耦合場。在發電機是將機械能轉換爲電能；在電動機是將電能轉換爲機械能，而轉換過程中，有少部份能量變爲熱能而溢去，若不考慮輻射之能量，依據"能量不滅原理(principle of conservation of energy)"，則電動機作用之能量轉換可表示爲：

$$[\text{輸入之電能}]=[\text{輸出之機械能}]+\begin{bmatrix}\text{耦合場中增加}\\\text{之貯存能量}\end{bmatrix}+\begin{bmatrix}\text{轉換爲熱}\\\text{之能量}\end{bmatrix} \tag{2-1}$$

對於發電機作用之裝置，式(2-1)中的電能與機械能爲負值；也就是機械能變爲輸入，而電能則爲輸出，恰與電動機作用者相反。

在式(2-1)右邊之最後一項是轉換爲熱能，此項在系統中是爲一種損失，該損失主要成份有三：⑴電流通過電阻而引起之損失，⑵轉部之摩擦及風阻損，⑶耦合場中之鐵心損失及介質損失，即爲：

$$\begin{bmatrix}\text{轉換爲熱}\\\text{之能量}\end{bmatrix}=[\text{電阻損失}]+\begin{bmatrix}\text{摩擦及}\\\text{風阻損失}\end{bmatrix}+[\text{場損失}] \tag{2-2}$$

由式(2-1)與式(2-2)得知，典型機電能量轉換如圖 2-1 所示，在dt時間內，一微小能量自電系統送到耦合場中，此微小能量dW_e是輸出之能量減去電阻損失，即：

$$dW_e=v_t i dt-i^2 r dt=(v_t-ir) i dt=e i dt\ [\text{焦耳}] \tag{2-3}$$

由上式得知，當耦合場自電路吸收能量時，則必定在電路中亦產生一反作用，此反作用是爲感應電勢，如圖 2-1 中電勢e便是。

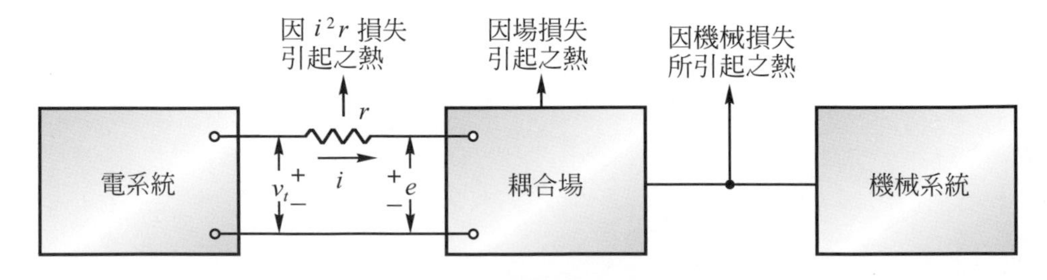

圖 2-1 典型機電能量轉換圖

耦合場成爲一能量儲藏之處所，接受電系統供給之能量；同時，能量又由此耦合場釋出而進入機械系統，但有少部份能量因場損失、摩擦及風阻損失變成熱之型態而消失。任何瞬間，自耦合場釋出之能量率並不等於進入耦合場之能量供給率，故貯存於耦合場之能量是時時刻刻在變動的；則依能量變換原理，其能量平衡可表示為：

$$[\text{輸入之電能}-\text{電阻損失}] = \left[\begin{pmatrix}\text{輸出之}\\\text{機械能}\end{pmatrix}+\begin{pmatrix}\text{摩擦及}\\\text{風阻損失}\end{pmatrix}\right]+\left[\begin{matrix}\text{耦合場所增}\\\text{加之貯能}\end{matrix}+\text{場損失}\right] \tag{2-4}$$

為了便利電機在運轉時之特性分析，式(2-4)通常寫成微分形式，即

$$dW_e = dW_m + dW_f \tag{2-5}$$

式(2-5)中：

dW_e是減去電阻損失後之輸入到耦合場的淨電能

dW_m是轉換為機械型態之微分能量

dW_f是耦合場所吸收之微分能量

2-1.1 單激系統中之能量

有一單激系統之線圈為N匝，將線圈中電阻r提出，使成為一無內阻的理想線圈，如圖 2-2 所示之電磁電驛，就電路方面而言，則

$$v_t = ir + e \tag{2-6}$$

式(2-6)中，"e"為線圈之感應電勢，其方向與電壓v_t恰好相反，若當磁通是增加時，設電勢e為正，即

$$e = \frac{d\lambda}{dt} = N\frac{d\phi}{dt} \tag{2-7}$$

將式(2-7)代入式(2-3)中，因此在dt時間內輸入到線圈中的淨電能微分能量為：

$$dW_e = id\lambda = Nid\phi = Fd\phi \tag{2-8}$$

就圖(2-2)單一激磁系統言，進入此系統之淨電能既無損失，並且電樞銜鐵亦沒有移動，故機械輸出等於零，即$dW_m = 0$，所以輸入之淨電能都儲存於磁場中，即耦合場所吸收之微分能量為：

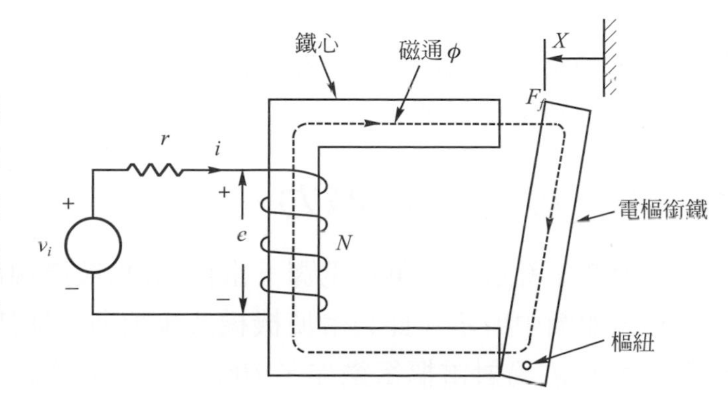

圖 2-2　單激磁系統(電磁電驛)

$$dW_f = dW_e = id\lambda = Nid\phi = Fd\phi \tag{2-9}$$

若當磁交鏈由λ_1增加到λ_2或磁通自ϕ_1增至ϕ_2時，磁場所增加之能量ΔW_f爲：

$$\Delta W_f = \int_{\lambda_1}^{\lambda_2} i(\lambda)d\lambda = \int_{\phi_1}^{\phi_2} F(\phi)d\phi \tag{2-10}$$

設磁場中最初的磁通等於零，則磁場所吸收之能W_f爲：

$$W_f = \int_0^{\lambda} i(\lambda)d\lambda = \int_0^{\phi} F(\phi)d\phi \tag{2-11}$$

上式中，$F = Ni = \phi\mathcal{R}$。假設磁化曲線是一直線，且不考慮磁滯現象，所以圖 2-2 中轉換爲磁場之能量由式(2-11)，得：

$$W_f = \frac{1}{2}i\lambda = \frac{1}{2}F\phi = \frac{1}{2}\mathcal{R}\phi^2 \tag{2-12}$$

對線性系統(linear system)言，線圈之電感(inductance)L是爲磁通鏈λ與電流i之比值，即$L = \lambda/i$。則式(2-12)可表示爲：

$$W_f = \frac{1}{2} \cdot \frac{\lambda^2}{L} \tag{2-13}$$

若所建立之磁場，其面積爲A [公尺]，長度爲l [公尺]，那麼每單位體積中之磁能，即能量密度(energy density)ω_f爲：

$$\omega_f = \frac{\text{總磁場能量}}{\text{磁場的體積}} = \frac{W_f}{A \cdot l} = \int_0^{\lambda} \frac{Ni}{l} d\left(\frac{\lambda}{NA}\right)$$
$$= \int_0^{B} HdB = \frac{1}{2}HB = \frac{1}{2}\frac{B^2}{\mu} \text{ [焦耳／立方公尺]} \tag{2-14}$$

式(2-14)中：

H爲磁場強度，[At/m]

B爲磁通密度，[Wb/m^2]

μ爲導磁係數

式(2-12)、式(2-13)及式(2-14)是三種不同表示磁場之能量的方法。於電機設計時，通常採用式(2-14)；在電機特性分析時，則使用式(2-13)；而式(2-12)兩者均可轉變來使用的。

2-1.2 能量與機械力

如圖 2-3 所示爲一電磁電驛，當線圈(N)被電源激磁時，由磁場所產生之機械力F_f，如圖中所示。此力令使機械系統驅動，即使電樞銜鐵依x方向移動了dx距離，所以磁場對電樞銜鐵作了dW_m之功，由於機械力的方向與電樞銜鐵之位移爲同方向，故

$$dW_m = F_f dx \tag{2-15}$$

於是，由式(2-15)、式(2-8)及式(2-5)得知圖 2-3 中輸入的淨電能dW_e爲：

$$dW_e = id\lambda = F_f dx + dW_f \tag{2-16}$$

式(2-16)爲研討一般電機之能量轉換與機械力關係的基本方程式。在單激無損耗裝置系統中，其磁場能量爲磁通鏈λ和位移x兩獨立變數的函數，因此式(2-16)可改寫爲：

$$dW_f(\lambda, x) = id\lambda - F_f dx \tag{2-17}$$

將$dW_f(\lambda, x)$以偏導數(partial derivative)之數學式表示，得

$$dW_f(\lambda, x) = \frac{\partial W_f(\lambda, x)}{\partial \lambda} d\lambda + \frac{\partial W_f(\lambda, x)}{\partial x} dx \tag{2-18}$$

因λ和x爲兩獨立變數，式(2-17)與式(2-18)兩式右邊各項的係數必相等。若令位移x保持不變，即$dx = 0$，得

$$i = \frac{\partial W_f(\lambda, x)}{\partial \lambda} \tag{2-19}$$

令磁通鏈λ保持不變，即$d\lambda = 0$，得

$$F_f = \frac{\partial W_f(\lambda, x)}{\partial x} \tag{2-20}$$

式(2-20)所求得之機械力爲磁交鏈λ的函數；也就是欲求一電機系統中之磁場作用力，可命磁能函數$W_f(\lambda, x)$中的λ保持不變，而對位移x微分之。又式中之負號，係表示位移x向正方向增加時，磁場能量W_f則爲減少。

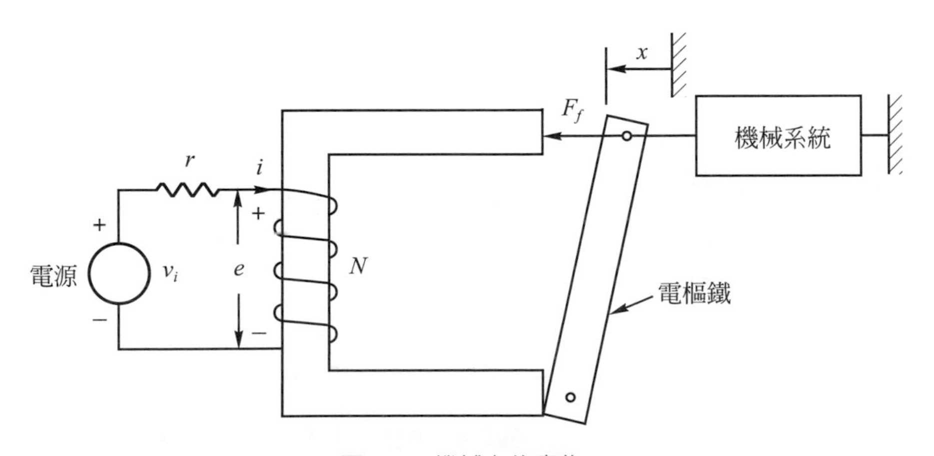

圖 2-3　機械力的產生

在線性系統中，$\lambda = Li$，$B = \mu H$，由於電感L和導磁係數μ均爲不變的常數，因此能量可改爲以電流i表示之函數即共能(coenergy)來表示，同樣力矩亦可改用電流i所表示的共能來求得。

磁場之共能(coenergy)係數電流i和位移x的函數，以符號W_f'表示之其定義：

$$W_f'(i, x) = i\lambda - W_f(\lambda, x) \tag{2-21}$$

依上述磁場共能之定義，其與磁能W_f的關係，如圖 2-4 所示。

將式(2-21)兩邊微分，得

$$\begin{aligned} dW_f'(i, x) &= d(i\lambda) - dW_f(\lambda, x) \\ &= id\lambda + \lambda di - dW_f(\lambda, x) \end{aligned} \tag{2-22}$$

將式(2-17)代入式(2-22)中，得

$$dW_f'(i, x) = \lambda di + F_f dx \tag{2-23}$$

共能$W_f'(i, x)$是i和x兩獨立變數之狀態函數，亦可用偏導數之數學式表示，爲：

$$dW_f'(i, x) = \frac{\partial W_f'(i, x)}{\partial i} di + \frac{\partial W_f'(i, x)}{\partial x} dx \tag{2-24}$$

由於i和x爲兩獨立變數，式(2-23)與式(2-24)兩式右邊各項的係數必相等。當x保持不變，即$dx = 0$，得

$$\lambda = \frac{\partial W_f'(i, x)}{\partial i} \tag{2-25}$$

令i保持不變，即$di = 0$，得

$$F_f = +\frac{\partial W_f'(i, x)}{\partial x} \tag{2-26}$$

式(2-26)所求得之機械力爲電流i的函數，式中正號表示當位移x如圖 2-3 所示正方增加時，則磁場共能W_f'亦增加。

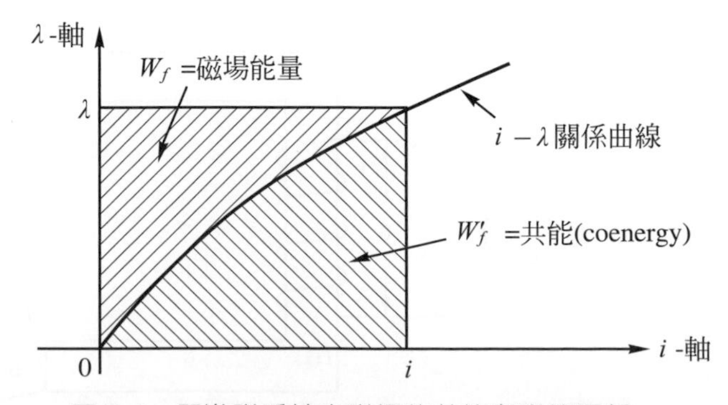

圖 2-4　單激磁系統之磁場的共能與磁能關係

藉式(2-26)求機械力時，須先獲知磁場共能W_f'，如圖 2-2 所示，其電樞銜鐵位置保持不動，即$dx=0$，則單激磁系統的磁場共能由式(2-23)，得

$$W_f'(i,x)=\int_0^i \lambda di \tag{2-27}$$

對線性系統而言，λ與i成正比，$\lambda=Li$，則式(2-27)爲：

$$W_f'(i,x)=\int_0^i Lidi=\frac{1}{2}Li^2=\frac{1}{2}\lambda i \tag{2-28}$$

或

$$W_f'=\frac{1}{2}\frac{\lambda^2}{L}=\frac{1}{2}F\phi=\frac{1}{2}\wp F^2 \tag{2-29}$$

式(2-29)中，$\wp=1/\mathcal{R}$，稱爲磁導(magnetic permeance)。

以共能密度形式表爲：

$$\omega_f'=\int_0^H BdH=\int_0^H \mu HdH=\frac{1}{2}\mu H^2=\frac{1}{2}\cdot\frac{B^2}{\mu} \tag{2-30}$$

例 2-1

一磁路的$\lambda-i$特性曲線如圖 2-5 所示，係數$0a$與ab兩直線段所構成，試求此磁路在a點及b點之磁能W_f與共能W_f'各多少？

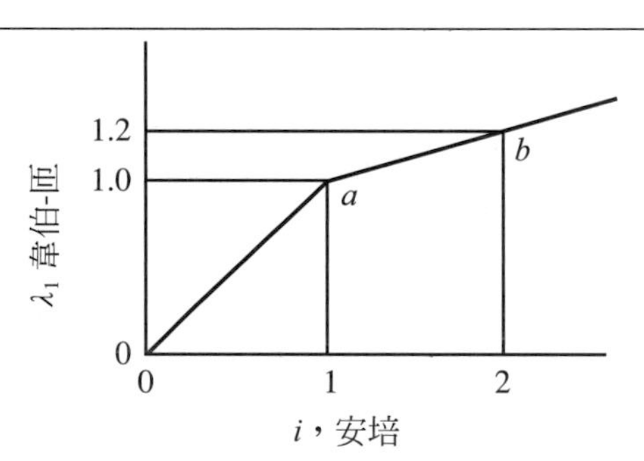

圖 2-5 λ-i特性線(例 2-1)

解

在a點之磁W_f為：

$$W_f=\int_0^\lambda id\lambda=\int_0^{1.0}\lambda d\lambda=\frac{1}{2}[\lambda^2]_0^1=0.5\ [焦耳]$$

自點a到點b，其ab線段之方程式為$i=5\lambda-4$，故所增加之磁能 ΔW_f為：

$$\Delta W_f=\int_{\lambda_1}^{\lambda_2} id\lambda=\int_{1.0}^{1.2}(5\lambda-4)d\lambda=0.3\ [焦耳]$$

在點b全部磁能為

$$W_f=0.5+0.3=0.8\ [焦耳]$$

在a點之共能W_f'為：

$$W_f'=\int_0^i \lambda di=\int_0^{1.0} idi=0.5\ [焦耳]$$

由點a到點b所增加之共能$\Delta W_f'$為：

$$\Delta W_f' = \int_{1.0}^{2.0}(0.2i + 0.8)di = 1.1 \text{ [焦耳]}$$

在點b全部共能為

$$W_f' = 0.5 + 1.1 = 1.6 \text{ [焦耳]}$$

例 2-2

如圖 2-6 所示係爲一旋轉電機，稱謂“磁阻電動機(reluctance motor)”。定部鐵心是用鑄鋼(cast steel)疊積製成。

⑴若不考慮邊緣效應，試導出作用於轉子上之轉矩(torque)公式。

⑵在圖中設：$g = 0.0025$ [公尺]，$l = r = 0.025$ [公尺]，$B = 1.6$ [韋伯／平方公尺]，試計算其轉矩爲若干？

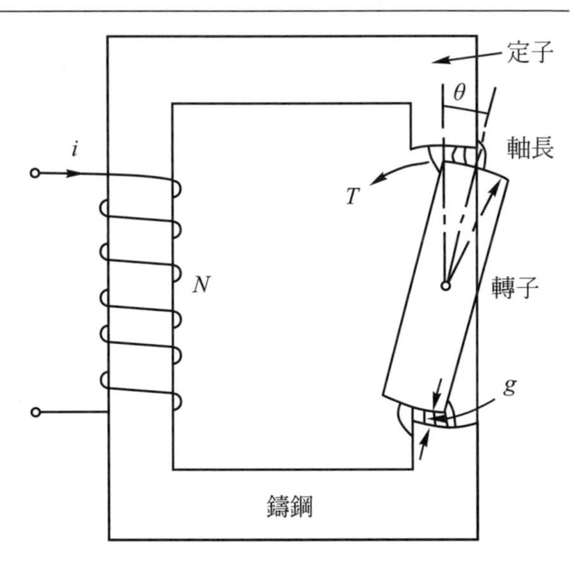

圖 2-6　磁阻電動機

解

⑴作用於轉子上之轉矩可由磁場的共能W_f'對角度θ之微分而求得，如式(2-26)之同樣關係。

從圖 2-6 所示，磁通所垂直之氣隙截面積A_g為：

$$A_g = \left(r + \frac{1}{2}g\right)\theta \cdot l \tag{2-31}$$

磁路之總氣隙長度，$L_g = 2g$ (2-32)

氣隙之磁阻，$\mathcal{R}_g = \dfrac{L_g}{\mu_o \cdot A_g} = \dfrac{2g}{\mu_o\left(r + \frac{1}{2}g\right) \cdot \theta \cdot l}$ (2-33)

在磁路中，因氣隙的磁阻$\mathcal{R}_g$較鐵心的磁阻$\mathcal{R}_c$大甚多，即$\mathcal{R}_g \gg \mathcal{R}_c$，故鐵心之磁阻可忽略不計，則所產生的磁通為：

$$\phi = \frac{F}{\mathcal{R}_g} = \frac{Ni\mu_o\left(r + \frac{1}{2}g\right)\theta \cdot l}{2g} \tag{2-34}$$

磁交鏈，$\lambda=\phi N=\dfrac{N^2 i\mu_o\left(r+\frac{1}{2}g\right)\theta\cdot l}{2g}$ (2-35)

磁場之共能，$W_f'(i,\theta)=\dfrac{1}{2}\lambda i$

$$=\frac{N^2 i^2\mu_o\left(r+\frac{1}{2}g\right)\theta\cdot l}{4g} \quad (2\text{-}36)$$

轉矩$T_f=\dfrac{\partial W_f'(i,\theta)}{\partial\theta}=\dfrac{N^2 i^2\mu_o\left(r+\frac{1}{2}g\right)\cdot l}{4g}$ (2-37)

$\because B=\dfrac{\phi}{A_g}=\dfrac{F}{\mathcal{R}_g A_g}=\dfrac{F}{L_g/\mu_o}=\dfrac{\mu_o N i}{2g}$

故$T_f=\dfrac{B^2\cdot g\cdot l\cdot\left(r+\frac{1}{2}g\right)}{\mu_o}$ (2-38)

(2) $T_f=\dfrac{B^2\cdot g\cdot l\cdot\left(r+\frac{1}{2}g\right)}{\mu_o}$

$$=\frac{(1.6)^2\times 0.0025\times 0.025\times\left(0.025+\frac{1}{2}\times 0.0025\right)}{4\pi\times 10^{-7}}$$

$=3.34$ [牛頓/公尺]

2-1.3 複激磁場系統

旋轉電機的轉子(rotor)和定子(stator)上各有一個或多個激磁線圈者，便稱爲複激磁場系統(multiply excited magnetic field system)。

如圖2-7所示爲轉子與定子上各有一個激磁線圈之複激磁系統，在這系統必須使用三個獨立變數來描述；就是機械角θ和磁通鏈λ_1、λ_2；或θ角和電流i_1、i_2；或是θ角和一電流值及一磁通鏈值之組合。

若選用磁通鏈做爲系統之變數時，相對應於單激磁系統中式(2-17)，其微分能量函數$dW_f(\lambda_1,\lambda_2,\theta)$爲：

$$dW_f(\lambda_1,\lambda_2,\theta)=i_1 d\lambda_1+i_2 d\lambda_2-T_f d\theta \quad (2\text{-}39)$$

同理，如式(2-19)與式(2-20)，得

$$i_1=\frac{\partial W_f(\lambda_1,\lambda_2,\theta)}{\partial\lambda_1} \quad (2\text{-}40)$$

$$i_2=\frac{\partial W_f(\lambda_1,\lambda_2,\theta)}{\partial\lambda_2} \quad (2\text{-}41)$$

$$T_f = -\frac{\partial W_f(\lambda_1, \lambda_2, \theta)}{\partial \theta} \tag{2-42}$$

磁場中能量$W_f(\lambda_1, \lambda_2, \theta)$爲：

$$W_f(\lambda_1, \lambda_2, \theta) = \int_0^{\lambda_1} i_1\, d\lambda_1 + \int_0^{\lambda_2} i_2\, d\lambda_2 \tag{2-43}$$

因系統之磁路中有兩激磁線圈，故各線圈內之磁通鏈必爲自感和互感兩種作用所產生的，設

L_{11}爲定子上激磁線圈之自感。

L_{22}爲轉子上激磁線圈之自感。

$M_{12} = M_{21}$爲兩激磁線圈之互感。

則各激磁線圈之磁通鏈爲：

$$\lambda_1 = L_{11} i_1 + M_{12} i_2 \tag{2-44}$$

$$\lambda_2 = M_{21} i_1 + L_{22} i_2 \tag{2-45}$$

聯立式(2-44)與式(2-45)，解得：

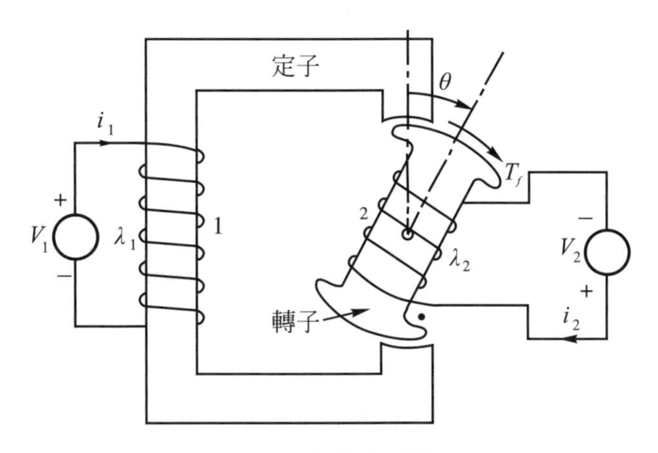

圖 2-7 複激磁系統

$$i_1 = \frac{\begin{vmatrix} \lambda_1 & M_{12} \\ \lambda_2 & L_{22} \end{vmatrix}}{\begin{vmatrix} L_{11} & M_{12} \\ M_{21} & L_{22} \end{vmatrix}} = \frac{L_{22}\lambda_1 - M_{12}\lambda_2}{L_{11}L_{22} - M_{12}M_{21}} = \beta_{11}\lambda_1 + \beta_{12}\lambda_2 \tag{2-46}$$

$$i_2 = \frac{\begin{vmatrix} L_{11} & \lambda_1 \\ M_{21} & \lambda_2 \end{vmatrix}}{\begin{vmatrix} L_{11} & M_{12} \\ M_{21} & L_{22} \end{vmatrix}} = \frac{L_{11}\lambda_2 - M_{21}\lambda_1}{L_{11}L_{22} - M_{12}M_{21}} = \beta_{21}\lambda_1 + \beta_{22}\lambda_2 \tag{2-47}$$

式中：

$$\beta_{11}=\frac{L_{22}}{L_{11}L_{22}-M_{12}{}^2} \quad (\because M_{12}=M_{21})$$

$$\beta_{22}=\frac{L_{11}}{L_{11}L_{22}-M_{12}{}^2}$$

$$\beta_{12}=\beta_{21}=-\frac{M_{12}}{L_{11}L_{22}-M_{12}{}^2}=-\frac{M_{21}}{L_{11}L_{22}-M_{12}{}^2}$$

將i_1和i_2的值代入式(2-43)中，得

$$\begin{aligned}&W_f(\lambda_1,\lambda_2,\theta)\\&=\int_0^{\lambda_1}(\beta_{11}\lambda_1+\beta_{12}\lambda_2)d\lambda_1+\int_0^{\lambda_2}(\beta_{12}\lambda_1+\beta_{22}\lambda_2)d\lambda_2\\&=\beta_{11}\int_0^{\lambda_1}\lambda_1 d\lambda_1+\beta_{12}\left[\int_0^{\lambda_1}\lambda_2 d\lambda_1+\int_0^{\lambda_2}\lambda_1 d\lambda_2\right]+\beta_{22}\int_0^{\lambda_2}\lambda_2 d\lambda_2\\&=\beta_{11}\int_0^{\lambda_1}\lambda_1 d\lambda_1+\beta_{12}\int_0^{\lambda_1,\lambda_2}d(\lambda_1,\lambda_2)+\beta_{22}\int_0^{\lambda_2}\lambda_2 d\lambda_2\\&=\frac{1}{2}\beta_{11}\lambda_1{}^2+\beta_{12}\lambda_1\lambda_2+\frac{1}{2}\beta_{22}\lambda_2{}^2\end{aligned} \tag{2-48}$$

將式(2-48)所求得的磁能W_f值代入式(2-42)中，便可獲得系統之轉矩T_f。

求轉矩T_f的另一方法，是選用電流做爲系統之變數，則共能之微分爲：

$$dW_f'(i_1,i_2,\theta)=\lambda_1 di_1+\lambda_2 di_2+T_f d\theta \tag{2-49}$$

同理，得：

$$\lambda_1=\frac{\partial W_f'(i_1,i_2,\theta)}{\partial i_1} \tag{2-50}$$

$$\lambda_2=\frac{\partial W_f'(i_1,i_2,\theta)}{\partial i_2} \tag{2-51}$$

$$T_f=\frac{\partial W_f'(i_1,i_2,\theta)}{\partial \theta} \tag{2-52}$$

又共能W_f'爲：

$$W_f'(i_1,i_2,\theta)=\int_0^{i_1}\lambda_1 di_1+\int_0^{i_2}\lambda_2 di_2 \tag{2-53}$$

將式(2-44)和式(2-45)代入式(2-53)中，即得在某一固定角度θ時，其線性系統中的磁場共能W_f'，爲：

$$\begin{aligned}&W_f'(i_1,i_2,\theta)\\&=\int_0^{i_1}(L_{11}i_1+M_{12}i_2)di_1+\int_0^{i_2}(M_{21}i_1+L_{22}i_2)di_2\\&=L_{ll}\int_0^{i_1}i_1 di_1+M_{12}\int_0^{i_1,i_2}d(i_1,i_2)+L_{22}\int_0^{i_2}i_2 di_2\\&=\frac{1}{2}L_{11}i_1{}^2+M_{12}i_1i_2+\frac{1}{2}L_{22}i_2{}^2\end{aligned} \tag{2-54}$$

式(2-54)中，電感通常爲角度θ的函數。

將式(2-54)代入式(2-52)中，則轉矩T_f爲：

$$T_f=\frac{1}{2}i_1^2\frac{dL_{11}}{d\theta}+\frac{1}{2}i_2^2\frac{dL_{22}}{d\theta}+i_1 i_2\frac{dM_{12}}{d\theta} \tag{2-55}$$

如果系統含有三個激磁線圈時，用同樣方法可導出其轉矩爲：

$$\begin{aligned}T_f=&\frac{1}{2}i_1^2\frac{dL_{11}}{d\theta}+\frac{1}{2}i_2^2\frac{dL_{22}}{d\theta}+\frac{1}{2}i_3^2\frac{dL_{33}}{d\theta}\\&+i_1 i_2\frac{dM_{12}}{d\theta}+i_2 i_3\frac{dM_{23}}{d\theta}+i_3 i_1\frac{dM_{31}}{d\theta}\end{aligned} \tag{2-56}$$

同理，系統有三個以上激磁線圈者可類推之。

例 2-3

如圖 2-7 所示之複激磁系統中，各電感：

$L_{11}=(4+\cos 2\theta)\times 10^{-3}$ [亨利]

$M_{12}=0.15\cos\theta$ [亨利]

$L_{22}=(20+5\cos 2\theta)$ [亨利]

若電流$i_1=1$ [安]，$i_2=0.02$ [安]時，試求轉矩T_f爲多少？

解

由式(2-54)，共能為：

$$\begin{aligned}W_f'(i_1, i_2, \theta)=&\frac{1}{2}(4+\cos 2\theta)\times 10^{-3}\times i_1^2\\&+(0.15\cos\theta)i_1 i_2+\frac{1}{2}(20+5\cos 2\theta)i_2^2\end{aligned}$$

$$\begin{aligned}\text{故 } T_f&=\frac{\partial W_f'(i_1, i_2, \theta)}{\partial\theta}\\&=(\sin 2\theta)\times 10^{-3}i_1^2-0.15(\sin\theta)i_1 i_2-5(\sin 2\theta)i_2^2\\&=-10^{-3}\sin 2\theta-3\times 10^{-3}\sin\theta\end{aligned}$$

轉矩T_f的第一項$-10^{-3}\sin 2\theta$係數2θ之函數，其轉矩是向電感增加的方向轉動，而與磁場的極性無關，故稱爲磁阻轉矩(reluctance torque)；假若自感L_{11}和L_{22}與角度θ無關時，則磁阻轉矩等於零。第二項$-3\times 10^{-3}\sin\theta$是爲互感所產生之轉矩，其負號表示轉矩作用於復原之方向。

2-2 感應電勢

本節將導出交流發電機與直流發電機的感應電勢之公式，爲便於導出，先由單一導體或N匝線圈開始，再擴展到一般交、直流發電機。

2-2.1 交流發電機之感應電勢

交流發電機通常係指同步發電機，典型兩極同步機如圖 2-8 所示，它是凸極式(salient-pole type)同步機。當轉子的磁場繞組受到激勵時，便產生一磁場，其磁力線自N極離開，穿過空氣隙而到達機殼上之軛鐵部份，並分成兩回路，再從S極進入轉子鐵心，如此構成兩磁路。爲獲得正弦波形之感應電勢，故一般電機之設計，皆使環繞空氣隙之磁通分佈爲一正弦波，如圖 2-9 所示；即沿著轉部外之空氣隙來看，愈接近磁極面的磁通愈密集且強；愈離開磁極面的磁通愈少且弱；在磁中性軸面處，其磁通等於零，於是當磁極之轉子被原動機驅動時，則空間磁場之分佈恰如正弦波磁場在空氣隙中旋轉一般，因而令使線圈aa'內產生感應電勢e。然每當轉子旋轉一圈時，每一線圈邊所感應之電勢是爲正弦波，恰好完成一次交變，即等於 360 度或2π弧度之變化，如圖 2-10 所示，又電勢之瞬間值(instantaneous value)e爲：

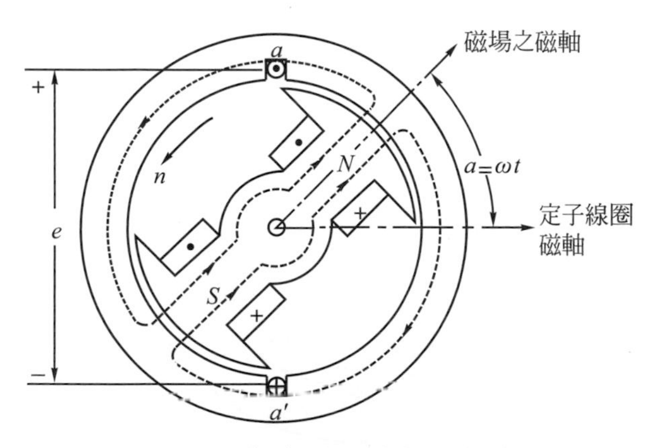

圖 2-8　典型兩極同步機(凸極式)

$$e = E_m \sin\theta \tag{2-57}$$

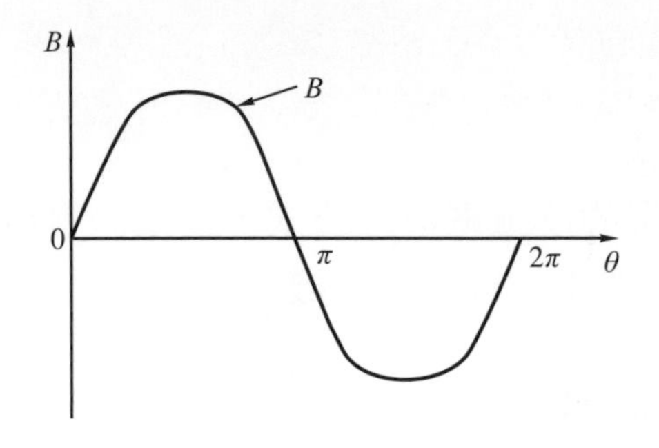

圖 2-9　氣隙中之磁通密度波形

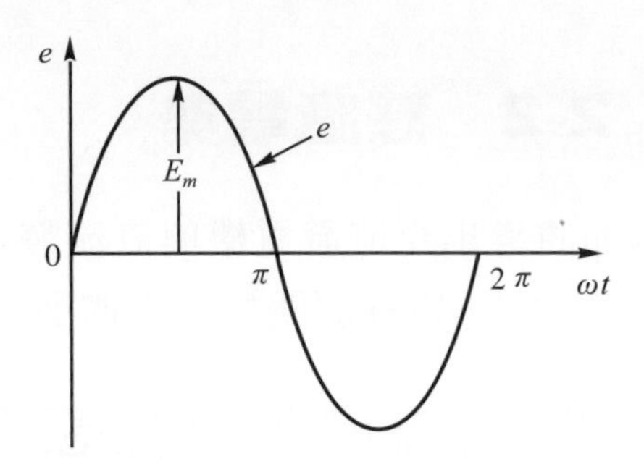

圖 2-10　感應電勢之波形

式中，E_m爲感應電勢之最大值。θ爲角度，以度數(degree)或弧度(radian；又稱弳度)計算之，其便稱爲電機角或電工角(electrical degree)。又此角度與極數有關，如圖 2-11 所示之四極同步發電機，其主磁極是按照N-S-N-S交互相間，因此轉子旋轉一圈，磁通分佈之波形就經歷了完整兩次交變，即等於4π弧度變化，如圖 2-12 所示。在定子上的電樞繞組a_1a_1'和a_2a_2'兩個線圈，每一線圈之跨距(span)是磁通密度波長之 1/2(或等於π弧度)。當轉子旋轉一圈時，每線圈邊之感應電勢便經歷兩次交變，故電勢的頻率(frequency)等於每秒轉數(revolution per second，簡稱 r.p.s)之速率的兩倍。

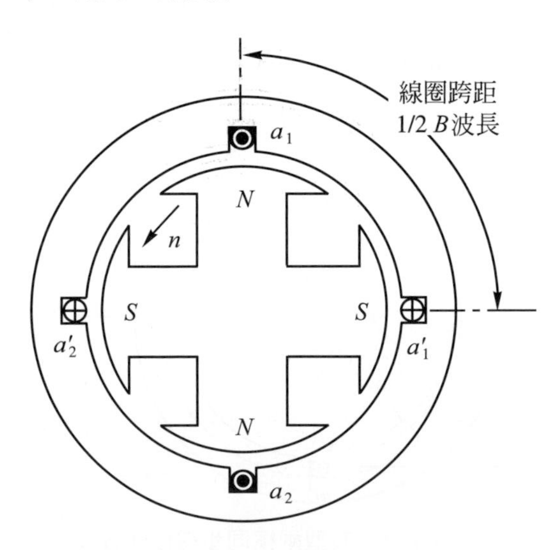

圖 2-11　四極同步發電機

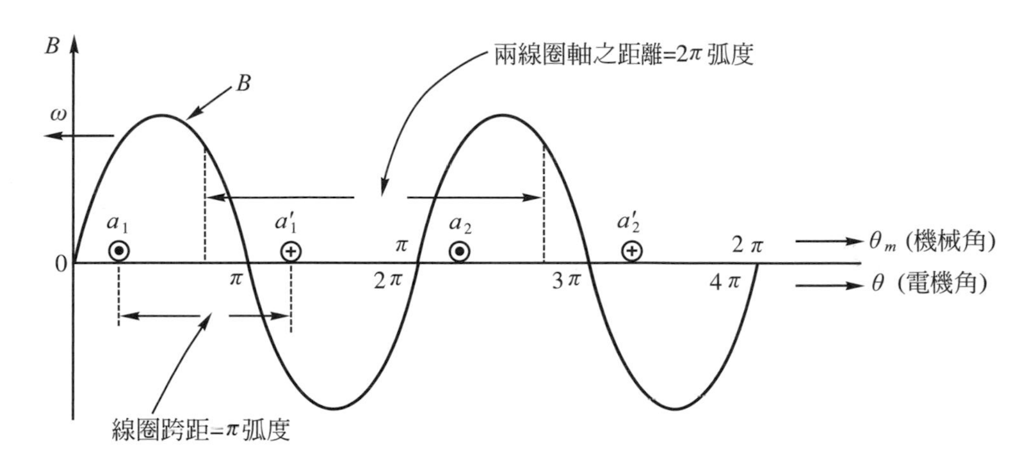

圖 2-12　四極同步發電機磁通密度之空間分佈情形

從上述之分析，若交流發電的極數爲P (P必須是偶數)，並且轉子每分鐘以n(revolution per minute，簡稱r.p.m.)之速率旋轉時，則感應電勢之頻率爲：

$$f=\frac{P}{2}\cdot\frac{n}{60}=\frac{Pn}{120}\ [\mathrm{Hz}] \tag{2-58}$$

式(2-58)爲頻率f、極數P與轉速n三者之基本關係式，若頻率和極數已知，則電動機的轉速n爲：

$$n=\frac{120f}{P}\ [\mathrm{rpm}] \tag{2-59}$$

所謂機械角，就是一般數學上、機械上定義一圓周爲360°或2π弧度，它與極數無關，以“θ_m”符號表示之，其單位與電機角θ相同。所以，電機角θ與機械角θ_m之關係爲：

$$\frac{\theta}{\theta_m}=\frac{2\pi\times\left(\frac{P}{2}\right)}{2\pi}=\frac{P}{2}$$

即
$$\theta=\frac{P}{2}\theta_m \tag{2-60}$$

再就電勢之角速度(angular velocity)或稱角頻率(angular frequency)ω與機械角速度ω_m之關係來看：

$$\omega=2\pi f=2\pi\left(\frac{P}{2}\cdot\frac{n}{60}\right)=\frac{P}{2}\omega_m\quad\left(\because\omega_m=\frac{2\pi n}{60}\right) \tag{2-61}$$

或
$$\omega_m=\frac{2}{P}\omega \tag{2-62}$$

式中：ω或ω_m之單位均爲弧度／秒(或rad/s)。

例 2-4

有一同步發電機爲12極，60Hz，試求該發電機(1)轉子每分鐘之轉速多少？(2)感應電勢之角速度多少？(3)轉子之機械角速度多少？

解

(1)由式(2-59)得：

$$n=\frac{120f}{P}=\frac{120\times60}{12}=600\ [\text{rpm}]$$

(2)由式(2-61)得：

$$\omega=2\pi f=2\times3.1416\times60=377\ [\text{rad/s}]$$

(3)由式(2-62)得：

$$\omega_m=\frac{2}{P}\omega=\frac{2}{12}\times377=62.8\ [\text{rad/s}]$$

1. 集中全節距線圈之感應電勢

如圖2-13所示爲一基本兩極三相交流發電機之截面圖，其定子的繞組爲三相集中全節距線圈(full pitch coil，或稱滿距線圈)，就以A相來說明，它的兩線圈邊a和a'之跨距恰好等於一個極距(pole pitch)，即其兩線圈邊放在相距180°電機角之兩槽中。設轉子磁場的磁通密度在空間上之分佈爲一正弦波，且於某瞬間兩線圈邊各位於α和$\pi+\alpha$處，如圖2-14所示。令以定子A相線圈磁軸爲基準，則磁通密度B的方程式爲：

$$B=B_{\text{peak}}\sin\theta \tag{2-63}$$

式中：B_{peak}爲磁通密度之頂值。

若線圈之有效長度(即軸向之定子長度)爲l，氣隙之半徑爲r，電機之極數爲P。在α與$\pi+\alpha$空氣隙內(即線圈內)之θ處取一$d\theta$值，則其微量磁通鏈(flux linkage)$d\lambda$爲：

$$\begin{aligned}d\lambda&=Nd\phi=NBdA=NB_{\text{peak}}\sin\theta\cdot lds\\&=NB_{\text{peak}}\sin\theta l\cdot(r\cdot d\theta_m)=NB_{\text{peak}}\sin\theta\cdot l\cdot r\cdot\left(\frac{2}{P}d\theta\right)\\&=\frac{2}{P}NB_{\text{peak}}\cdot l\cdot r\sin\theta d\theta\end{aligned} \tag{2-64}$$

式中：$dA=l\cdot ds$，又$ds=r\cdot d\theta_m=r\cdot\dfrac{2}{P}d\theta$，如圖 2-15 所示。因在$d\theta$處之磁通鏈係就空間而言，應以機械角表示之，但$\theta$是電機角，故$d\theta_m=\dfrac{2}{P}d\theta$。

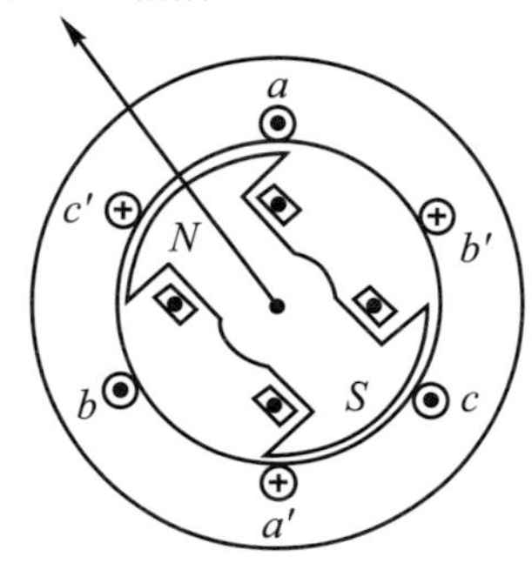

圖 2-13 基本兩極三相交流發電機

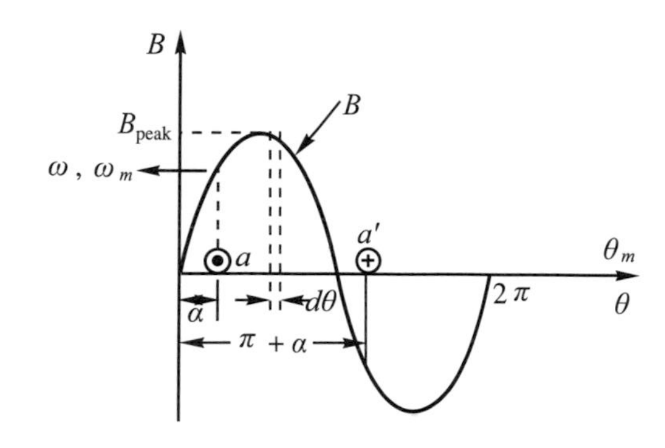

圖 2-14 在某瞬間aa'線圈所處之位置

線圈之全部磁通鏈λ爲：

$$\lambda=\int_{\alpha}^{\pi+\alpha}d\lambda=\frac{2}{P}N\cdot B_{peak}\cdot l\cdot r\cdot\int_{\alpha}^{\pi+\alpha}\sin\theta d\theta$$
$$=\frac{2}{P}N\cdot B_{peak}\cdot l\cdot r\cdot[\cos\theta]_{\alpha}^{\pi+\alpha}$$
$$=\frac{4}{P}N\cdot B_{peak}\cdot l\cdot r\cdot\cos\alpha \tag{2-65}$$

當轉子以恒定之角速度ω旋轉，即線圈與磁場之相對運動的速率爲ω，則

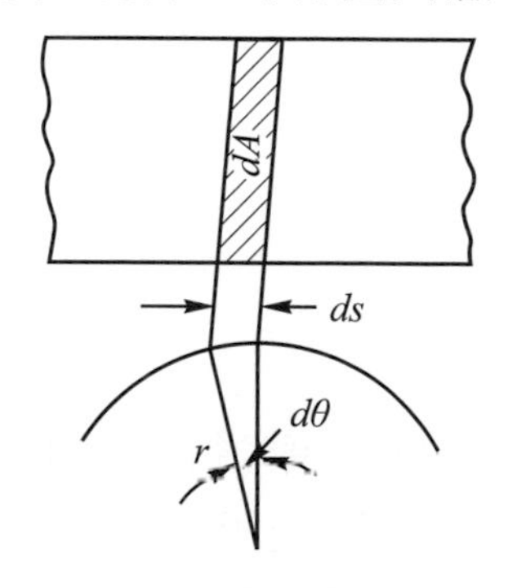

圖 2-15 電樞表面微量面積之計算

$$\alpha=\omega t \tag{2-66}$$

式(2-66)中，t 是時間以秒爲單位，如線圈邊a自零點開始計算時，式(2-65)可變換爲：

$$\lambda=\frac{4}{P}N\cdot B_{\text{peak}}\cdot l\cdot r\cdot\cos\omega t \tag{2-67}$$

依法拉第-楞次定律，則該線圈所感應之電勢爲：

$$\begin{aligned} e&=-\frac{d\lambda}{dt}=-\frac{d}{dt}\left(\frac{4}{P}N\cdot B_{\text{peak}}\cdot l\cdot r\cdot\cos\omega t\right)\\ &=\frac{4}{P}\omega NB_{\text{peak}}\cdot l\cdot r\sin\omega t \end{aligned} \tag{2-68}$$

由於每極磁通量爲：

$$\begin{aligned} \phi&=\int_s B\cdot dA=\int_0^{\pi}\frac{2}{P}B_{\text{peak}}\cdot\sin\theta\cdot l\cdot rd\theta\\ &=\frac{4}{P}\cdot l\cdot rB_{\text{peak}} \end{aligned} \tag{2-69}$$

將式(2-69)代入式(2-68)中，得

$$e=\omega N\phi\sin\omega t=2\pi fN\phi\sin\omega t=E_m\sin\omega t \tag{2-70}$$

由式(2-70)中，知感應電勢之時相(time phase)必較其對應之磁通鏈或磁通滯後 90°，其有效值E爲：

$$E=\frac{E_m}{\sqrt{2}}=\frac{2\pi}{\sqrt{2}}fN\phi=4.44fN\phi\ [\text{伏}] \tag{2-71}$$

式(2-71)感應電勢之有效值是由法拉第定理直接推導出來的，另亦可由導體與磁通之切割公式$e=B\cdot l\cdot v$導出；即$v=r\cdot\omega_m$，N 匝線圈所感應電勢之最大值E_m爲：

$$\begin{aligned} E_m&=B_{\text{peak}}\cdot(2Nl)\cdot(r\cdot\omega_m)\\ &=2B_{\text{peak}}\cdot N\cdot l\cdot r\cdot\left(\frac{2}{P}\omega\right)\\ &=\frac{4}{P}\cdot l\cdot r\cdot B_{\text{peak}}\cdot N\cdot\omega\\ &=\phi\cdot N\cdot\omega=2\pi fN\phi \end{aligned} \tag{2-72}$$

由式(2-72)所得之E_m值，同樣可求得感應電勢的有效值，即$E=4.44fN\phi$ [伏]，上述係爲單相交流發電機所產生的感應電勢。而三相發電機，其每相線圈串聯之匝數爲N_{ph}，則每相感應電勢之有效值E_p爲：

$$E_p=4.44fN_{ph}\phi\ [\text{伏特}] \tag{2-73}$$

若三相同步發電機的繞組是 Y 連接時，其輸出之端電壓$V_{l(y)}$爲：

$$V_{l(y)}=\sqrt{3}E_p=\sqrt{3}\cdot 4.44fN_{ph}\phi\ [\text{伏特}] \tag{2-74}$$

又三相同步發電機的繞組是△連接時，則其輸出之端電壓$V_{l(d)}$爲

$$V_{l(d)} = E_p = 4.44\, f N_{ph} \phi \text{ [伏特]} \tag{2-75}$$

2. 分佈繞組和短節距線圈之感應電勢

實際之電樞繞組係分佈於電樞表面的槽中，又同一線圈的兩線圈邊之跨距亦不一定等於一個極距，所以對於其繞組所感應的電勢必須加予修正。

(1) 繞組分佈因數

電樞繞組係將同相線圈分佈於不同之相鄰槽中，因此同相繞組中不同槽之線圈邊感應電勢的時相(time phase)便不會同相，故每相繞組的總電勢爲該相各線圈電勢之相量和，而該值較各線圈電勢之代數和爲低，於是其電勢之相量和與代數和之比定義爲繞組之分佈因數(distribution factor)，以“kd”符號表示之，即

$$k_d = \frac{\text{每相繞組電勢之相量和}}{\text{每相繞組電勢之代數和}} \tag{2-76}$$

設發電機之相數爲q，每相繞組在每極中所佔的槽數爲n，相鄰兩槽之間隔(即槽距)爲α電機角，則槽距(α)爲：

$$\alpha = \frac{180°}{\text{每極之總槽數}} = \frac{180°}{q \cdot n} \tag{2-77}$$

如圖 2-16(a)所示，A相繞組分佈在 1、2、3 與$1'$、$2'$、$3'$槽中，即$n=3$，且各線圈感應之電勢爲E_1、E_2及E_3，其值大小相等，但時相差爲α電機度，如圖 2-16(b)所示，設AB表E_1，BC表E_2，CD表E_3，而AD表示電勢之相量和。由幾何學知道AB、BC和CD係爲圓周上等長之弦，各所對應之圓心角是爲α度，而AD所對應之圓心角則爲$n\alpha$度，故

$$AB = OA \cdot 2\sin\frac{\alpha}{2} \tag{2-78}$$

$$AD = OA \cdot 2\sin\frac{n\alpha}{2} \tag{2-79}$$

則

$$k_d = \frac{OA \cdot 2\sin\frac{n\alpha}{2}}{n \cdot OA \cdot 2\sin\frac{\alpha}{2}} = \frac{\sin\frac{n\alpha}{2}}{n\sin\frac{\alpha}{2}} \tag{2-80}$$

式(2-80)所求之k_d值恒小於 1，如表 2-1 所示爲三相繞組之分佈因數，

將影響各相電勢略微減小，同樣諧波之電勢亦會減小，結果電壓波形能夠獲得改善。

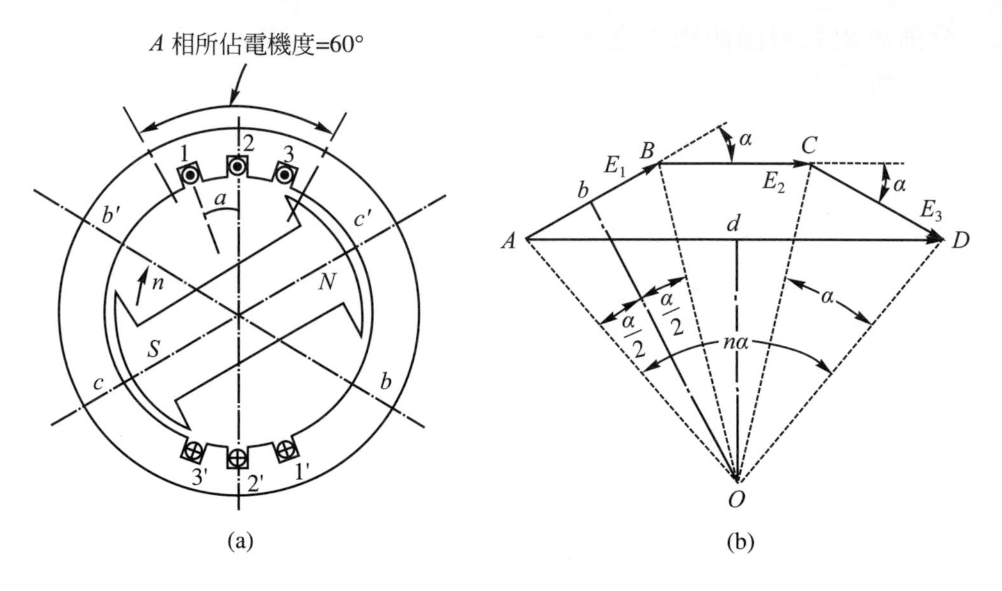

圖 2-16　分佈因數

表 2-1　三相繞組之分佈因數

每相每極之槽數(n)	2	3	4	5	6	7	8
分佈因數(k_d)	0.966	0.96	0.958	0.957	0.956	0.956	0.956

⑵　節距因數

交流電機為了改善電壓波形及節省線圈之導線，常採用短節距線圈(short pitch coil)，如圖 2-17(a)所示，兩線圈邊之跨距小於 180°電機角，則該線圈之磁通鏈量將減少，因而其感應電勢必較全節距線圈者略小；換而言之，其兩線圈邊不處於相鄰磁極下相對稱之位置，則在同一瞬間之感應電勢的相位差小於 180°電機角，所以兩線圈邊串聯之總電壓不是代數和，而是相量和，如圖 2-17(b)所示。故計算每相之總電勢時，必須乘一因數，此因數便稱為節距因數(pitch factor)，以 k_p 表示之。

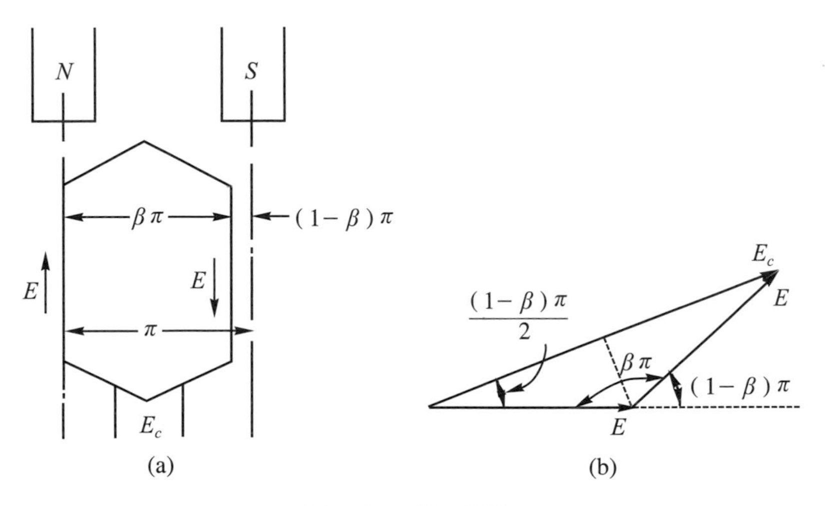

圖 2-17　節距因數

由圖 2-17(b)可得兩線圈邊感應電勢之相量和E_c為

$$E_c = 2E\cos\frac{(1-\beta)\pi}{2} \tag{2-81}$$

故節距因數k_p為

$$k_p = \frac{\text{每線圈感應電勢之相量和}}{\text{每線圈感應電勢之代數和}} = \frac{E_c}{2E}$$

$$= \frac{2E\cos\frac{(1-\beta)\pi}{2}}{2E}$$

$$= \cos\frac{(1-\beta)\pi}{2} = \sin\frac{\beta\pi}{2} \tag{2-82}$$

式(2-82)知k_p必小於 1，如表 2-2 所示為各種節距之節距因數。

分佈因數與節距因數之乘積，便稱為繞組因數(winding factor)，以k_w表示，即

$$k_w = k_d \cdot k_p \tag{2-83}$$

由上所敘述，如採用分佈繞組與短節距線圈之電機，其每相電勢E_p(即式 2-73)應修正為：

$$E_p = 4.44\,fN_{ph}k_d \cdot k_p\phi = 4.44\,fN_{ph}\,k_w\phi \text{ [伏特]} \tag{2-84}$$

表 2-2 各種節距之節距因數

節距	17/18	8/9	5/6	7/9	13/18	6/9
節距因數(k_p)	0.996	0.9848	0.9659	0.9397	0.9063	0.866

例 2-5

有一同步發電機爲三相，四極，定子總槽數爲 36 槽；採用 8/9 節距，試求：⑴分佈因數k_d？⑵節距因數？⑶繞組因數？

解

⑴每極每相之槽數$(n)=\dfrac{\text{總槽數}}{\text{極數}\times\text{相數}}=\dfrac{36}{4\times3}=3$ [槽]

$$\alpha=\frac{180^\circ}{n\cdot q}=\frac{180^\circ}{3\times3}=20^\circ$$

$$k_d=\frac{\sin\dfrac{n\alpha}{2}}{n\sin\dfrac{\alpha}{2}}=\frac{\sin\dfrac{3\times20^\circ}{2}}{3\times\sin\dfrac{20^\circ}{2}}=\frac{\sin30^\circ}{3\times\sin10^\circ}=\frac{0.5}{0.52}=0.96$$

⑵$\beta\pi=180^\circ\times\dfrac{8}{9}=160^\circ$

$$k_p=\sin\frac{\beta\pi}{2}=\sin\frac{160^\circ}{2}=0.9848$$

⑶$k_w=k_d\cdot k_p=0.96\times0.9848=0.9454$

例 2-6

一同步發電機爲三相、六極，Y 連接，定子有 72 槽，每槽有兩個線圈邊，每一線圈有 10 匝，採用 7/9 節距，每極磁通爲 2.6×10^{-2}韋伯，轉速爲 1000rpm，試求：⑴每相之感應電勢多少？⑵端電壓多少？

解

因該發電機定子有 72 槽，每槽有兩個線圈邊，所以定子繞組共有 72 個線圈。

每相之串聯線圈數$=\dfrac{\text{總線圈數}}{\text{相數}}=\dfrac{72}{3}=24$

每極每相之槽數$(n)=\dfrac{72}{6\times3}=4$ [槽]

槽距$(\alpha)=\dfrac{180^\circ}{3\times4}=15^\circ$

$$k_d = \frac{\sin\left(\frac{n\alpha}{2}\right)}{n\sin\left(\frac{\alpha}{2}\right)} = \frac{\sin\left(\frac{4\times 15^\circ}{2}\right)}{4\times\sin\left(\frac{15^\circ}{2}\right)} = 0.958$$

$$k_p = \sin\frac{\beta\pi}{2} = \sin\frac{\frac{7}{9}\times 180^\circ}{2} = 0.94$$

每相串聯之匝數$N_{ph} = 24\times 10 = 240$ [匝]

$$f = \frac{pn}{120} = \frac{6\times 1000}{120} = 50\ [\text{Hz}]$$

(1) $E_p = 4.44 f N_{ph}\cdot k_d k_p \phi$

$= 4.44\times 50\times 240\times 0.958\times 0.94\times 2.6\times 10^{-2}$

$= 1247.5$ [伏特]

(2) $V_l = \sqrt{3}E_p = \sqrt{3}\times 1247.5 = 2160.7$ [伏特]

2-2.2 直流機之感應電勢

如圖 2-18 所示爲簡單之兩極直流機，在定部裝置有磁極鐵心和激磁繞組，若輸入激磁電流後，便會產生磁場，其磁力線係自磁極以垂直於極面之角度發出，因此磁通在均勻等寬度之氣隙中的分佈，如圖 2-19(a)所示，使得電樞線圈內所感應之速率電勢是爲交變的電壓，必須以換向器(commutator)來改變其方向，以獲得直流電壓，即經由電刷之輸出電壓，如圖 2-19(b)所示。

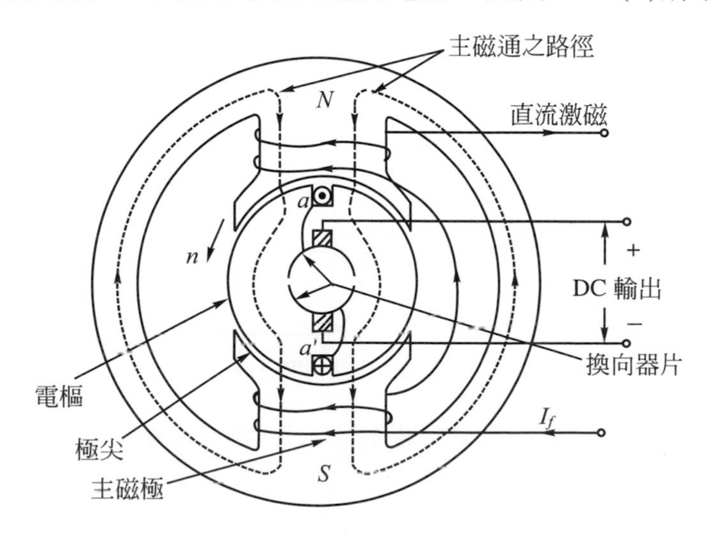

圖 2-18　簡單之兩極直流機

直流機之電樞藉原動機驅動時，繞於電樞上的導體便與磁場相割切，由式(1-19)，$e=Blv$能夠導出該直流機之輸出電壓。令設：

ϕ＝每極之磁通量，[韋伯]
l＝電樞表面有效之軸向長度，即為導體之有效長度，[公尺]
D＝電樞之直徑，[公尺]
Z＝電樞總導體數，[根]
n＝每分鐘轉速，[rpm]
a＝電樞繞組之並聯路徑數

則每一導體所感應電勢之平均值為：

$$E_{(\mathrm{cond})av}=B_{av}\cdot l\cdot v \text{ [伏特／導體]} \tag{2-85}$$

$$\because B_{av}=\frac{\text{每極磁通量}\times\text{極數}}{\text{電樞表面積}}=\frac{\phi P}{\pi Dl} \tag{2-86}$$

又

$$v=\frac{\pi Dn}{60} \tag{2-87}$$

將式(2-86)和(2-87)代入式(2-85)中，得

$$E_{(\mathrm{cond})av}=\frac{\phi P}{\pi Dl}\cdot l\cdot\frac{\pi Dn}{60}=\frac{P\phi n}{60} \text{ [伏特／導體]} \tag{2-88}$$

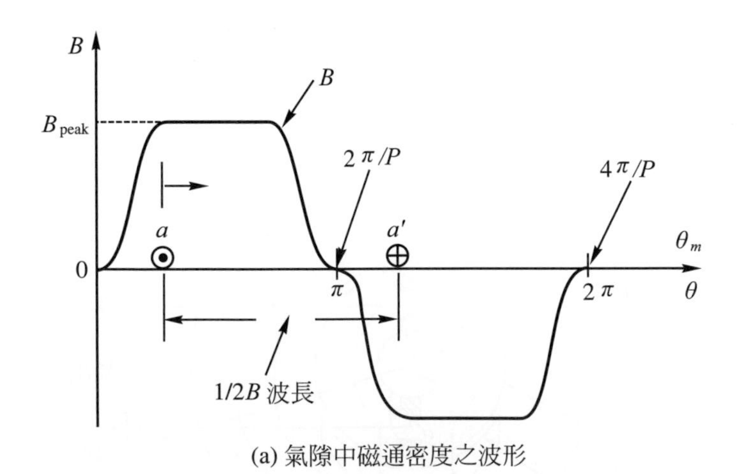

(a) 氣隙中磁通密度之波形

圖 2-19　氣隙中之磁通密度波形與輸出電壓波形

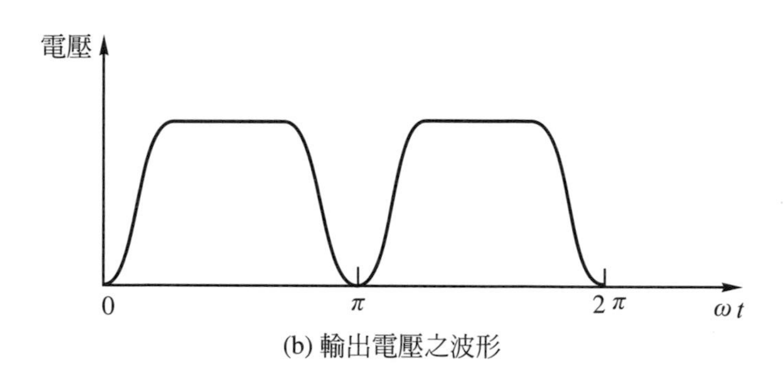

(b) 輸出電壓之波形

圖 2-19　氣隙中之磁通密度波形與輸出電壓波形(續)

又正、負電刷間每一路徑之串聯導體數(Z_c)為：

$$Z_c = \frac{\text{電樞總導體數}}{\text{電樞繞組之並聯路徑數}} = \frac{Z}{a} \tag{2-89}$$

將式(2-89)代入式(2-88)中，即得直流電機正、負兩電刷間之總電勢E為：

$$\begin{aligned} E &= E_{(\text{cond})av} \cdot Z_c \\ &= \frac{P\phi n}{60} \cdot \frac{Z}{a} = \frac{PZ}{60a} \cdot \phi \cdot n \\ &= K_e \cdot \phi \cdot n \ [\text{伏特}] \end{aligned} \tag{2-90}$$

式中$K_e = PZ/(60a)$，是為一常數。

式(2-90)中之轉速(n)改以機械角速率ω_m來表示則直流電機所感應之電勢為：

$$E = K_a \cdot \phi \cdot \omega_m \ [\text{伏特}] \tag{2-91}$$

式中$K_a = PZ/(2\pi a)$，因$\omega_m = 2\pi n/60$。

由式(2-90)及式(2-91)可獲得兩個結論：⑴若磁通ϕ保持不變，則所感應的電勢與轉速(或機械角速率)成正比。⑵當轉速(或機械角速率)維持不變時，則其電勢與主磁極之磁通ϕ成正比。

例 2-7

有一直流發電機為六極，50 槽，每槽有 12 根導體，該電樞繞組有 6 個並聯路徑，若每極之磁通為 2.5×10^{-2}韋伯，且每分鐘電樞之轉速為 1000rpm 時，試問該發電機之感應電勢多少？

解

電樞總導體數＝ 12×50 ＝ 600 [根]

$$E=\frac{PZ}{60a}\phi\cdot\cdot n=\frac{6\times600}{60\times6}\times2.5\times10^{-2}\times1000=250\ [\text{伏特}]$$

2-3 分佈繞組的磁勢

電樞繞組有電流通過時，在其周圍便產生一磁場與磁勢，這就是所謂“電樞磁場”與“電樞磁勢”。當電樞磁場與主磁極之磁場相互作用的結果，除對其感應電勢發生影響外，同時亦產生轉矩及電功率。本節所敘述的電樞磁勢，係以交流機和直流機分別來探討之。

2-3.1 交流電機的磁勢

在研究交流機分佈繞組的磁勢前，應先瞭解集中全節距線圈所產生的磁勢，如圖 2-20 所示係為單相線圈在空間所產生之磁勢波，設該線圈為N匝且兩線圈邊相距 180°電機角。因電樞(即定子)和轉子之鐵心材料的導磁係數遠大於氣隙者，即鐵心的磁阻甚小，故全部電樞磁勢可視為作用於兩邊氣隙之磁路中，即以氣隙中所產生的磁勢代表之。

當線圈通過電流i時，根據安培定律，在圖 2-20(a)中，任何一磁力線之閉合路徑的磁勢都為Ni。因同一線圈之兩線圈邊係分別置放在兩相鄰磁極下，故每極之電樞磁勢則為$Ni/2$ 每極安匝(安匝／極)。此磁勢是為一脈動之駐波(standing pulsating wave)其振幅(amplitude)係為$\pm\frac{Ni}{2}$的矩形波，如圖 2-20(b)所示之平面展開圖。這矩形磁勢波可用傅立葉級數(Fourier series)分解為一系列奇次諧波(harmonics)之級數，其基本波分量F_{a1}為

$$F_{a1}=\frac{4}{\pi}\cdot\frac{Ni}{2}\cos\theta \tag{2-92}$$

式中θ是以定子線圈磁軸為基準線。且基本波分量F_{a1}係為一正弦波，如圖 2-20 (b)中虛線正弦曲線；其正弦空間波(space wave)之振幅的峰值$F_{a1,\text{peak}}$為

$$F_{a1,\text{peak}}=\frac{4}{\pi}\cdot\frac{Ni}{2} \tag{2-93}$$

故其峰值恰與線圈之磁軸相對正。

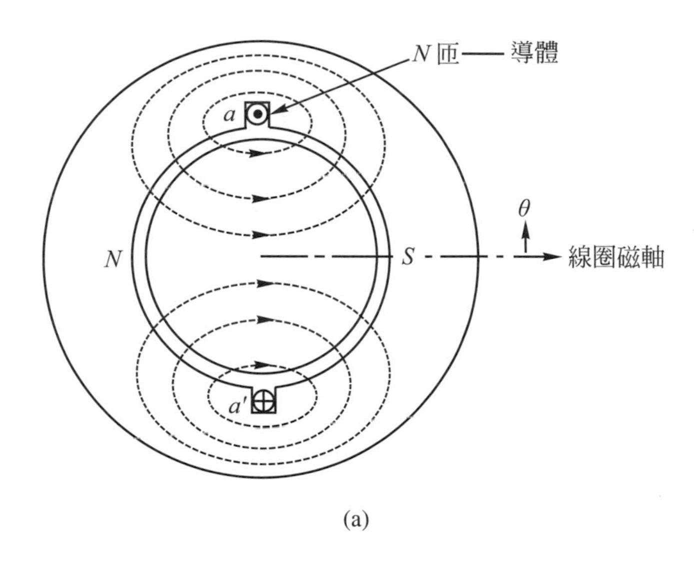

(a)

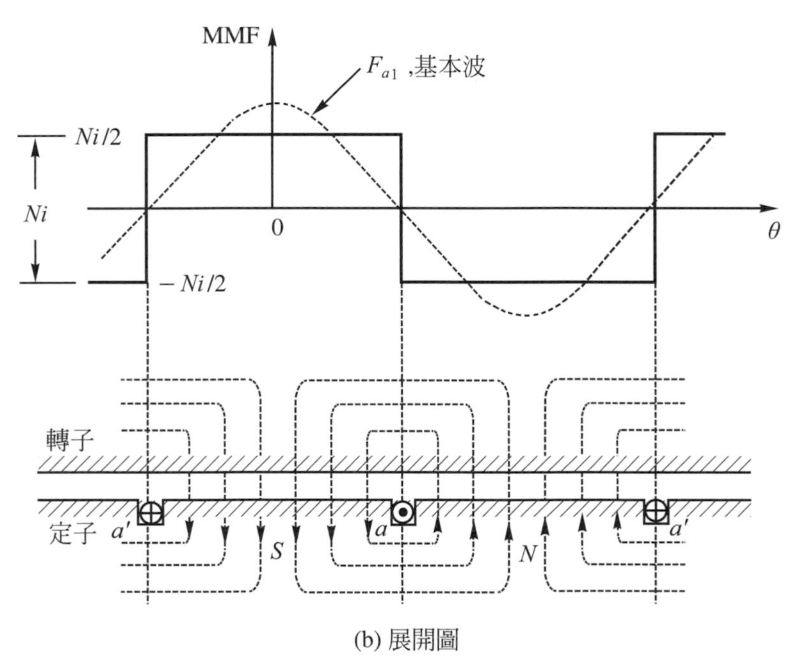

(b) 展開圖

圖 2-20 單相線圈在空間所產生的磁勢

實際上交流機之繞組多為分佈繞組，如圖 2-21 所示，為一部三相兩極雙層分佈繞組之交流機。其每相繞組在每極佔有 5 槽，每一線圈為N_c匝，當線圈中通過I_c電流時，其所產生的磁勢係為一系列之階梯波，每層高度為$2N_cI_c$，即等於每槽內之安培—導體數，如圖 2-22 該電機mmf波之展開圖所示，因此其波形更接近於正弦波形。它的空間基本分量仍以正弦波來表示。如圖 2-22 中之虛線正弦波形。

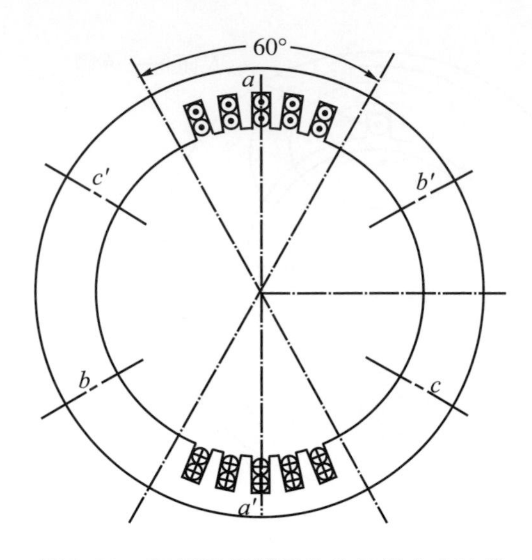

圖 2-21　三相兩極雙層分佈繞組之交流機

在分佈繞組中因大多數線圈之磁軸皆不與合成磁勢之磁軸在同一方向上，因此合成磁勢的基本波量較各個線圈的基本波分量之和為小。故P極電機，電樞每相分佈繞組之串聯線圈數為N_{ph}時，其基本波的一般公式，可將式(2-92)加以修正，即得

$$F_{a1}=\frac{4}{\pi}\cdot k_d\cdot k_p\cdot\frac{N_{ph}}{P}\cdot i_a\cdot\cos\theta$$
$$=\frac{4}{\pi}\cdot k_w\cdot\frac{N_{ph}}{P}\cdot i_a\cos\theta \tag{2-94}$$

式(2-94)中，i_a係為通過A相線圈之電流的瞬間值。F_{a1}為P極電機A相繞組所產生之磁勢的基本分量，而該磁勢在空間成正弦分佈，且最大波幅點恒位於A相線圈之磁軸上，它的振幅之頂值與電流瞬間值成正比，設電流$i_a=I_m\cos\omega t$時，則由式(2-94)得此空間基本波之時間最大值為：

$$F_{\max}=\frac{4}{\pi}k_w\frac{N_{ph}}{P}\cdot I_m \tag{2-95}$$

以上係以A相繞組作分析，對同一電機之B和C兩相，它們所產生之磁勢與A者相同，僅其磁軸差 120°電機度。

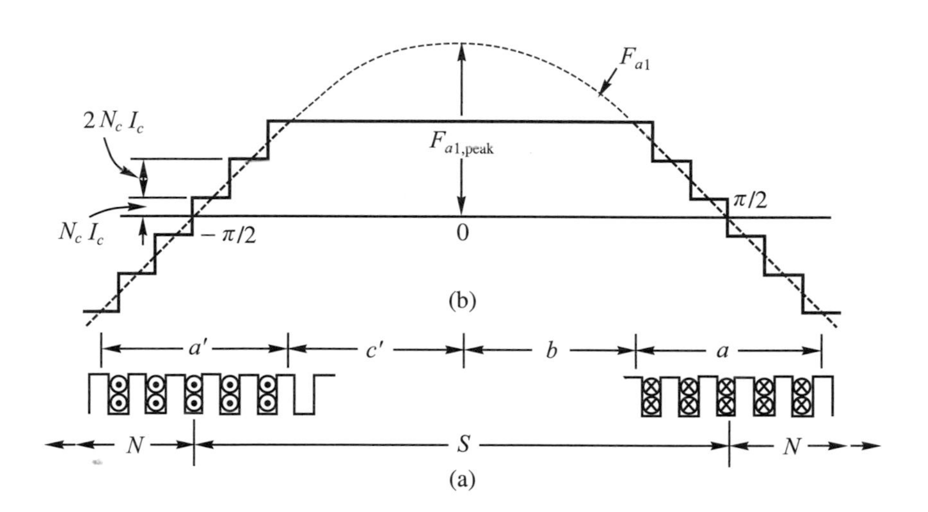

圖 2-22 三相分佈繞組之交流機的磁勢

2-3.2 直流電機的磁勢

如圖 2-23 所示爲兩極直流電機之截面圖，電樞共有 12 槽，同一線圈兩線圈邊相距 180°電機角，如線圈a_1放置在一磁極上端之槽中的底層，另一線圈邊a_1'則放於另一磁極下端之槽中的上層。當電樞繞組有電流通過時，即產生磁場，它的磁軸與主磁場之磁軸相互垂直的。

如圖 2-24(a)所示爲兩極繞組之展開圖。圖 2-24(b)所示爲電樞所產生之磁勢波形圖，設槽爲狹窄型，則磁勢爲一階梯狀，每一階波的高度等於每槽中的安匝數，即爲$2N_c i_c$ (N_c爲每一線圈邊的匝數，i_c爲通過線圈之電流)。磁勢之頂值是位於兩相鄰主磁極的中央(即在電流改變方向處爲最大)。而該閉合磁路之磁勢等於$12N_c i_c$安匝，由於構造是對稱的，故在每磁極內電樞勢的頂值是等於$6N_c i_c$安匝。倘若槽數不斷增多，則其階梯狀曲線幾乎成一直線，故電樞磁勢波可用三角形波來表示，如圖 2-24(b)中之三角形實線。

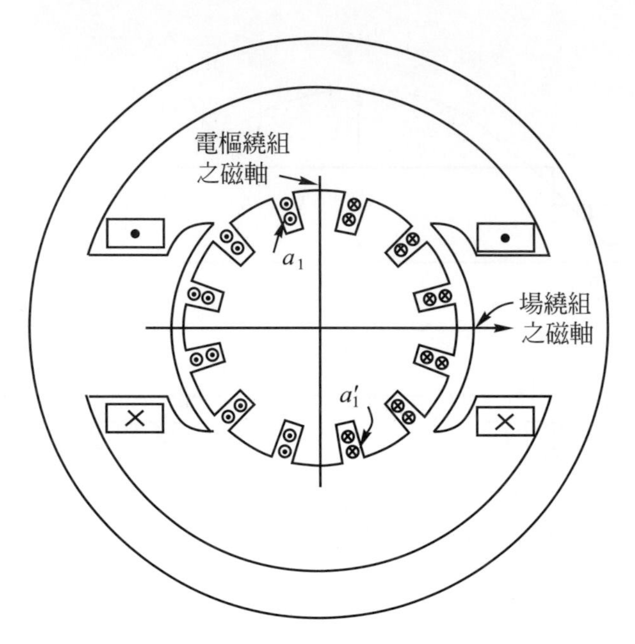

圖 2-23　兩極直流電機之截面圖

假設電樞槽無限制的一直增加，那麼齒部之鐵心部份，愈來愈微小，最後槽內的導體可視爲連成一片，即所謂電流片(current sheet)，如圖 2-24(c)中之矩形所示。若用電流片來表示電樞繞組的導體時，其所產生的電樞磁勢恰好是爲三角形波，正符合所述。而此三角形磁勢之基本分量，仍同交流機一樣，以正弦波來表示，則其峰值是爲三角波之高度的$8/\pi^2 = 0.81$倍。又磁勢之基本分量，乃是由矩形電流片之基本分量所產生的，故電流片的基本分量亦是正弦波分佈的，如圖 2-24(c)中之虛線所示。

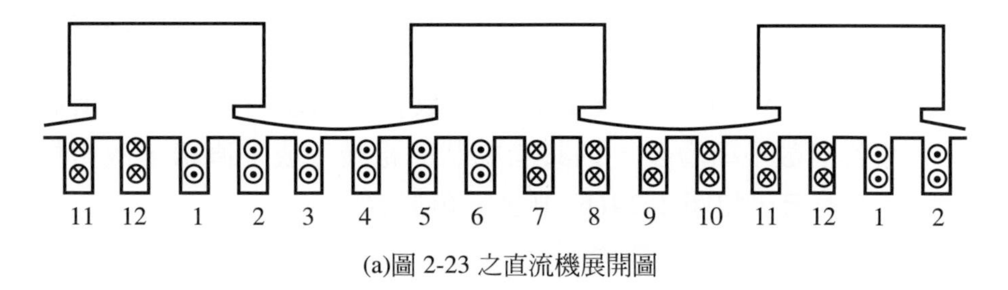

(a)圖 2-23 之直流機展開圖

圖 2-24　兩極直流電機之展開圖，mmf 波及電流片

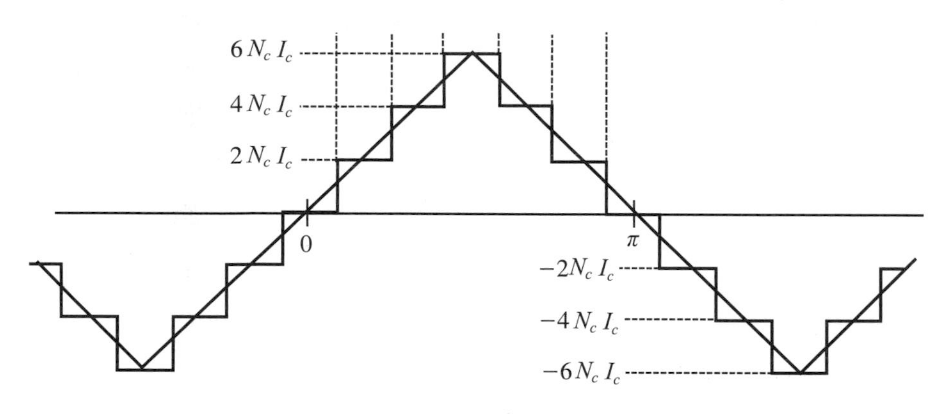

(b) mmf 波

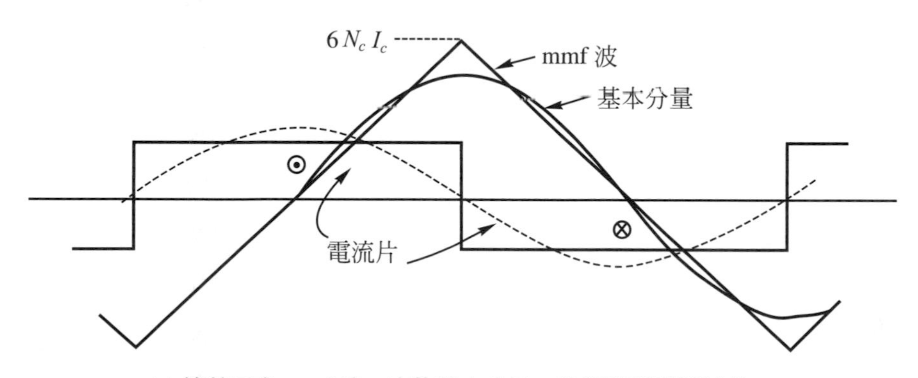

(c) 等效三角 mmf 波、它的基本分量，及等效矩形電流片

圖 2-24　兩極直流電機之展開圖，mmf 波及電流片(續)

如圖 2-25(a)所示爲四極直流機，其主磁極是按N-S-N-S的順序設置，則電樞繞組的導體可分爲四部份，所載的電流方向如圖中矩形電流片所示。如圖 2-25(b)所示係爲其平面展開圖，於圖中亦表示了所對應之三角形電樞磁勢波。

綜合上述，電流片數是與極數相同。設直流機的極數爲P，電樞繞組的總導體數爲Z，電樞之電流爲I_a，並聯路徑數爲a則每極三角形磁勢的峰值爲：

$$F=\frac{1}{2}\cdot\frac{Z}{P}\cdot\frac{I_a}{a}\ [\text{安-匝／極}] \tag{2-96}$$

假設極面弧長(pole arc length)與極距之比值爲ψ，則每磁極尖之磁勢爲：

$$每磁極尖之磁勢=\psi\cdot F$$
$$=\psi\cdot\frac{1}{2}\cdot\frac{Z}{P}\cdot\frac{I_a}{a}\ [安\text{-}匝/極] \quad (2\text{-}97)$$

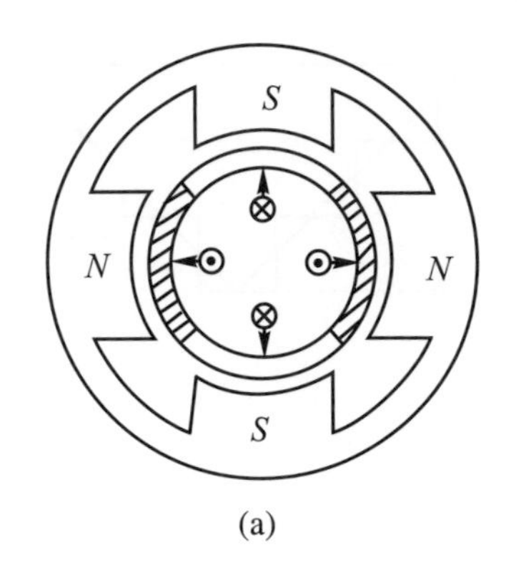

(a)

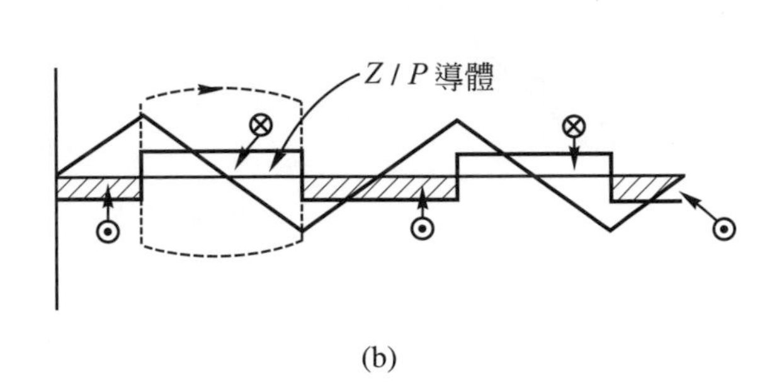

(b)

圖 2-25 四極直流機

例 2-8

有一部直流機爲 6 極，電樞總導體數爲 540 根，並聯路徑爲 6，而其極面弧長與其極距之比值爲 2/3，若電樞電流爲 50 安培時，試求：⑴每極三角形磁勢的頂值爲多少？⑵每磁極尖之磁勢多少？

解

⑴由式(2-96)，得

$$F=\frac{1}{2}\frac{Z}{P}\cdot\frac{I_a}{a}=\frac{1}{2}\cdot\frac{540}{6}\cdot\frac{50}{6}=375\ [安\text{-}匝/極]$$

⑵由式(2-97)，得

$$每磁極尖之磁勢=\psi\cdot F=\frac{2}{3}\times 375=250\ [安\text{-}匝/極]$$

2-4 旋轉磁場

欲瞭解多相交流電機之原理與運轉特性，必須對多相繞組所產生之磁場有所認識。本節以平衡三相電機所產生之三相旋轉磁場來研討。

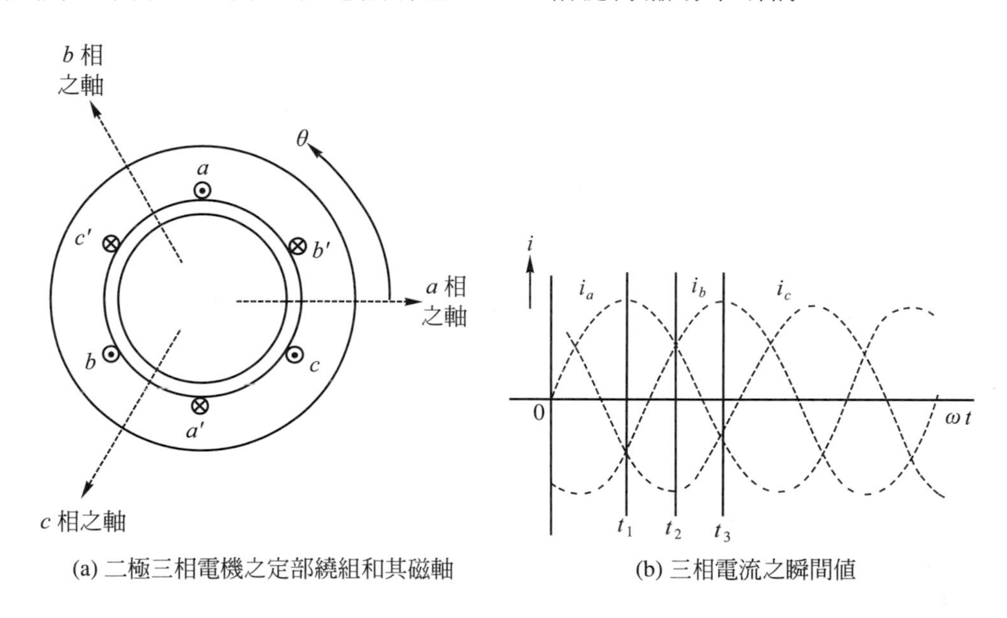

(a) 二極三相電機之定部繞組和其磁軸　　(b) 三相電流之瞬間值

圖 2-26　二極三相電機之定部繞組和其磁軸及輸入電流之情形

如圖 2-26(a)所示，係爲二極三相電機之定部繞組和其磁軸之情形。定子之每相線圈在空間上各相距 120°電機角，以a，a'；b，b'及c，c'分別代表A相，B相及C相。此集中全節距線圈可視爲分佈繞組產生之正弦磁勢波，其中心正位於各相的磁軸上。這三正弦磁勢波分量在空間上亦各距 120°電機角。而且每相必須以交流激磁，該激磁電流之大小係隨著時間而變化。在平衡情況下，設輸入到各相線圈的三相電流之瞬間值分別爲：

$$i_a = I_m \cos \omega t \tag{2-98}$$

$$i_b = I_m \cos (\omega t - 120°) \tag{2-99}$$

$$i_c = I_m \cos (\omega t - 240°) \tag{2-100}$$

式中，I_m爲電流之最大值，時間原點是選擇以A相爲基準，且設相序爲i_a，i_b，i_c的順序，如圖 2-26(b)所示。而三相旋轉磁場之產生，如下分別以圖解分析法和行波(travelling wave)分析法來探討之。

2-4.1 圖解分析法

當一平衡三相交流輸入到三相線圈時，其所產生合成磁場之空間位置必隨著時間而變動之，設三相電流爲i_a，i_b，i_c，…順序變化，如圖 2-26(b)所示，則所產生之磁場如圖 2-27 所示。

三相電流於t_1瞬間時，A相電流爲最大且是正值，故其磁勢(F_a)爲最大，即$F_a=F_{\max}$，係位於A相線圈之磁軸上；而B相與C相之電流僅A相的一半，即等於$I_m/2$，且是負值，因此磁勢F_b和F_c，其值均相同，但振幅減半，即$F_b=F_c=F_{\max}/2$，各分別位於該相線圈磁軸之負方向。於是磁勢F_a，F_b及F_c的向量和便爲合成磁場之磁勢F，如圖 2-27(a)和(b)所示，其合成磁勢是爲最大值之 3/2 倍，即$F=3/2F_{\max}$，且合成磁勢之磁軸是與A相磁勢(F_a)同軸。

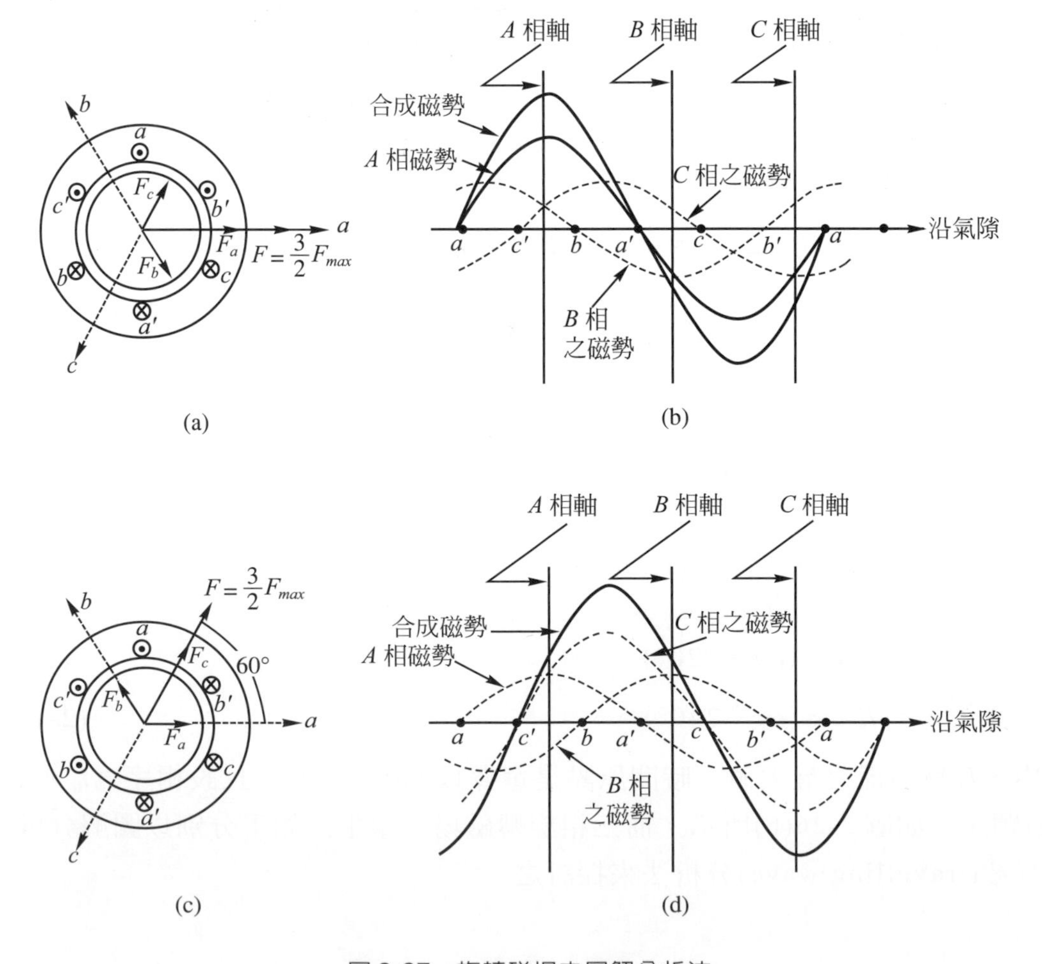

圖 2-27　旋轉磁場之圖解分析法

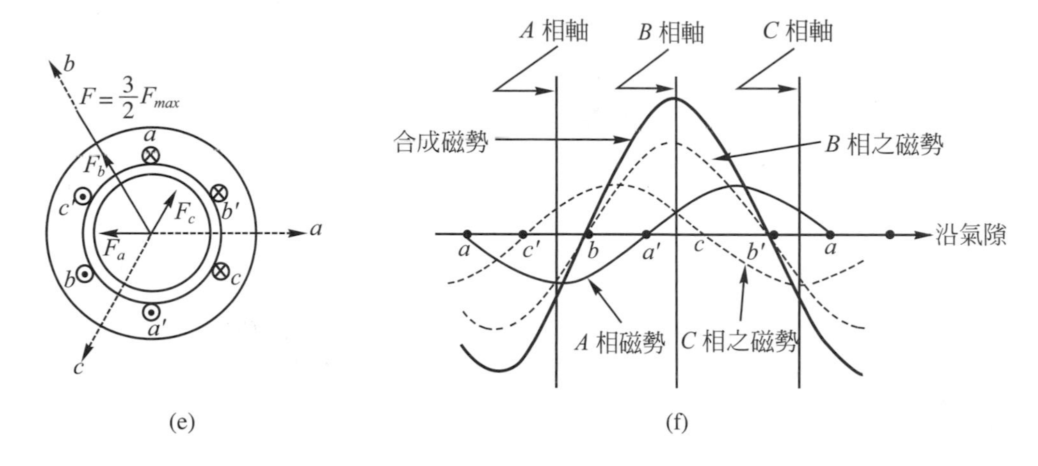

(e) (f)

圖 2-27 旋轉磁場之圖解分析法(續)

當三相電流變化為t_2時，在此瞬間，$i_a=i_b=I_m/2$，而$i_c=-I_m$，按上所述，同樣可得各相之磁勢分量及合成磁勢，如圖 2-27(c)和(d)所示。此時之合成磁勢之大小(即振幅)與t_1瞬間相同。但其磁軸已逆時針方向在空間轉動60°電機角。同理，電流變化為t_3時，$i_b=I_m$，$i_a=i_c=-I_m/2$，則各相之磁勢分量與合成磁勢，如圖2-27(e)和(f)所示，其成合磁勢之振幅仍不變，僅磁軸又逆時針轉動60°電勢角而與B相線圈之磁軸一致。如此，當電流隨時間又變動時，其合成之磁勢波保持相同之振幅和波形，亦必向前轉動。

在一週期後，合成磁勢必回到圖2-27(a)的位置，因此，兩極電機的磁勢波每週期旋轉一圈。而對P極電機，則磁勢波每週期旋轉$2/P$圈。

故定子之三相繞組接上平衡三相電源後便產生三相旋轉磁場，且旋轉方向與電流相序(phase sequence)有關；如上所述，電流相序為i_a，i_b，i_c時，其合成磁場的旋轉方向係按A，B，C三相繞組之位置順序旋轉之；若將三相中之任意兩相電源互調，則旋轉磁場必反向；即相序變換時，其旋轉磁場的轉動方向亦必改變。

2-4.2 行波分析法

旋轉磁場的另一種解析方法，是使用行波(travelling wave)來探討。此法係選擇A相磁軸為氣隙角度之零點，即以A相磁軸為基準，則在任一空間角θ和時間t之A相磁勢為：

$$F_a(\theta)=F_{a(\text{peak})}\cos\theta \tag{2-101}$$

式中$F_{a(\text{peak})}$爲時間 t 之駐波振幅的峰值。同理，B相與C相在同一空間角θ和同一時間 t 之磁勢爲：

$$F_b(\theta) = F_{b(\text{peak})} \cos(\theta - 120^\circ) \tag{2-102}$$

$$F_c(\theta) = F_{c(\text{peak})} \cos(\theta - 240^\circ) \tag{2-103}$$

式中 120°位移係因定子上各相繞組相距 120°電機角而引起的。而於θ角位置時之三相合成磁勢是爲$F_a(\theta)$、$F_b(\theta)$與$F_c(\theta)$的和，即

$$\begin{aligned} F(\theta) &= F_a(\theta) + F_b(\theta) + F_c(\theta) \\ &= F_{a(\text{peak})} \cos\theta + F_{b(\text{peak})} \cos(\theta - 120^\circ) \\ &\quad + F_{c(\text{peak})} \cos(\theta - 240^\circ) \end{aligned} \tag{2-104}$$

在 2-3 節已述，磁場駐波之振幅係隨電流之時間變化而變動的，故於同一時間 t時，各相磁勢之振幅爲：

$$F_{a(\text{peak})} = F_{a(\max)} \cos\omega t \tag{2-105}$$

$$F_{b(\text{peak})} = F_{b(\max)} \cos(\omega t - 120^\circ) \tag{2-106}$$

$$F_{c(\text{peak})} = F_{c(\max)} \cos(\omega t - 240^\circ) \tag{2-107}$$

式中$F_{a(\max)}$、$F_{b(\max)}$及$F_{c(\max)}$係爲各相磁勢於時間 t 時的最大值，由於三相電流是爲平衡，故各相振幅的最大值必相等，以$F_{\max}$表示之，即$F_{a(\max)} = F_{b(\max)} = F_{c(\max)} = F_{\max}$，將式(2-105)、式(2-106)及式(2-107)代入式(2-104)中，得

$$\begin{aligned} F(\theta, t) &= F_{\max} \cos\theta \cos\omega t + F_{\max} \cos(\theta - 120^\circ) \cos(\omega t - 120^\circ) \\ &\quad + F_{\max} \cos(\theta - 240^\circ) \cos(\omega t - 240^\circ) \end{aligned} \tag{2-108}$$

利用三角公式：

$$\cos\alpha \cos\beta = \frac{1}{2} \cos(\alpha - \beta) + \frac{1}{2} \cos(\alpha + \beta) \tag{2-109}$$

式(2-108)能夠表示爲：

$$\begin{aligned} F(\theta, t) &= \frac{1}{2} F_{\max} \cos(\theta - \omega t) + \frac{1}{2} F_{\max} \cos(\theta + \omega t) \\ &\quad + \frac{1}{2} F_{\max} \cos(\theta - \omega t) + \frac{1}{2} F_{\max} \cos(\theta + \omega t - 240^\circ) \\ &\quad + \frac{1}{2} F_{\max} \cos(\theta - \omega t) + \frac{1}{2} F_{\max} \cos(\theta + \omega t - 480^\circ) \\ &= \frac{3}{2} F_{\max} \cos(\theta - \omega t) + \frac{1}{2} F_{\max} [\cos(\theta + \omega t) \\ &\quad + \cos(\theta + \omega t - 240^\circ) + \cos(\theta + \omega t - 120^\circ)] \end{aligned}$$

$$=\frac{3}{2}F_{\max}\cos(\theta-\omega t)+\frac{1}{2}F_{\max}\cdot[0]$$
$$=\frac{3}{2}F_{\max}\cos(\theta-\omega t) \qquad (2\text{-}110)$$

式(2-110)即爲合成磁勢波之方程式，該行波是空間角θ的正弦函數，它有一固定的振幅及空間相角ωt促使合成磁勢波以ω的角速率繞著氣隙旋轉。因此，P極電機之旋轉磁場的機械速率爲：

$$\omega_m=\frac{2}{P}\omega=\frac{4\pi}{P}f\ [\text{弧度／秒}] \qquad (2\text{-}111)$$

故轉速n爲：

$$n=\frac{\omega_m}{2\pi}\times 60=\frac{120f}{P}\ [\text{rpm}] \qquad (2\text{-}112)$$

式中 f 爲定子繞組電流的頻率。

由式(2-110)所獲得之結果，可推廣到多相電機；設多相電機的定子繞組爲q相，並且由平衡q相電流激磁時，則合成磁勢波之一般方程式爲：

$$F(\theta,t)=\frac{q}{2}F_{\max}\cos(\theta-\omega t) \qquad (2\text{-}113)$$

綜合上述之圖解和行波的分析，對旋轉磁場可獲得下列三點結論：

1. 旋轉磁場之轉動方向，係與電流之相序有關。
2. 旋轉磁場之速率$n=120f/P$ [rpm]。
3. 合成磁勢波之最大峰值係爲每相磁勢最大值之$q/2$倍(若三相時，則是3/2倍，並且恒保持不變)。

例 2-9

有一交流電機爲三相，400 仟伏安，50Hz，Y 連接，在轉速 300rpm 時，所產生之端電壓爲3300伏，而其電樞共有180槽，若每槽放置一線圈邊，每線圈由8導體組成，而是全節距線圈時，試求該交流機在滿載時，其合成磁勢之最大峰值多少？

解

$$P=\frac{120f}{n}=\frac{120\times 50}{300}=20\ [\text{極}]$$
$$I_t=I_p=\frac{400\times 10^3}{\sqrt{3}\times 3300}=70\ [\text{安}]$$

電流的最大值I_m為：

$$I_m=\sqrt{2}\,I_t=\sqrt{2}\times70=99\ [\text{安}]$$

$$n=\frac{180}{q\times P}=\frac{180}{3\times20}=3\ [\text{槽}]$$

$$\text{槽距}\ \alpha=\frac{180^\circ}{n\cdot q}=\frac{180^\circ}{3\times3}=20^\circ$$

$$k_d=\frac{\sin\frac{n\alpha}{2}}{n\sin\frac{\alpha}{2}}=\frac{\sin\frac{3\times20^\circ}{2}}{3\sin\frac{20^\circ}{2}}=0.96$$

$$N_{ph}=\frac{180\times8}{2\times3}=240$$

$$F_{\max}=\frac{4}{\pi}\cdot k_d\cdot\left(\frac{N_{ph}}{P}\right)I_m$$

$$=\frac{4}{\pi}\times0.96\times\left(\frac{240}{20}\right)\times99=1452\ [\text{安-匝／極／每相}]$$

$$F_{\text{peak}}=\frac{3}{2}F_{\max}=\frac{3}{2}\times1452=2178\ [\text{安-匝／極}]$$

2-5 隱極機的轉矩

所謂隱極機，如圖 2-28 所示，係為隱極機的截面圖，它是將磁場繞組放置在轉子表面之均勻等距離的槽中，因此其磁極不像 2-2 節中，圖 2-8 所示之很明顯地由構造上而得知。

任何一電磁裝置作為機電系統中一分量時，其行為可用克希荷夫(Kirchhoff)定律的電壓方程式與其電磁轉矩來描述。本節主要目的是以“耦合電路之觀點”與“磁場觀念”來導出基本電機之電壓和轉矩方程式。

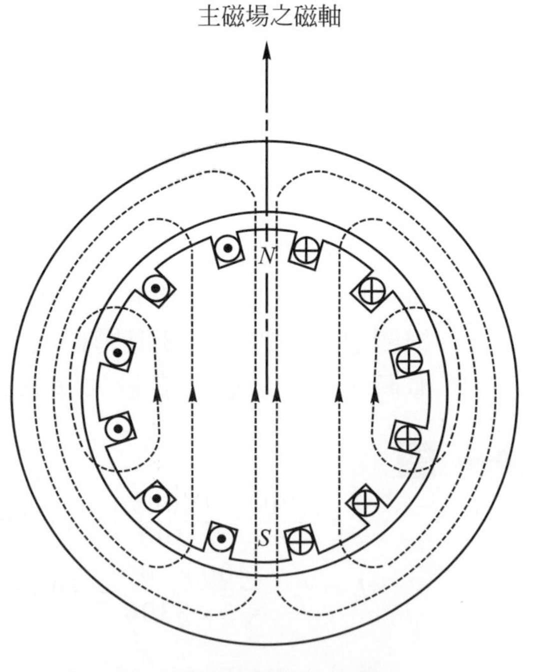

圖 2-28　兩極隱極機的截面圖

2-5.1 耦合電路之觀點

將機械視爲一電路元件，它的電感由轉子之角位置來決定。磁通鏈(λ)與磁場共能係以電流及電感來表示，因此轉矩可用磁場能量或磁場共能對角度之偏導數來求得。而端電壓能由電阻之壓降$R \cdot i$與法拉第定律之感應電勢(即$e = d\lambda/dt$)的和來表示。

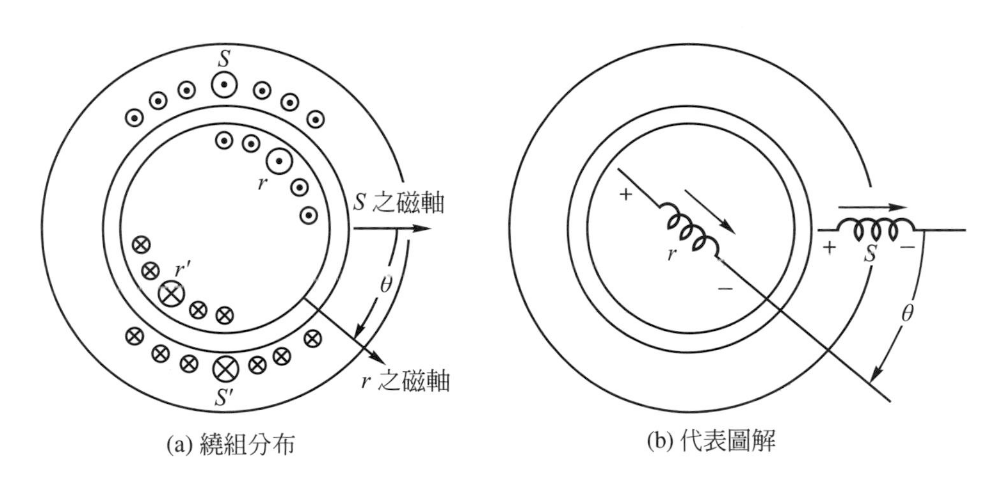

圖 2-29　基本之兩極機(其氣隙為均勻的)

如圖 2-29 所示之基本兩極電機，在其定子和轉子上各有一繞組，該繞組分佈於一群槽中，使得所產生的磁勢波在空間上之分佈近似一正弦波。如圖 2-29 (a)所示，係爲一般分佈繞組之截面圖，在定子和轉子上之繞組分別以S、S'和r，r'表示之，而S的磁軸及r的磁軸如箭頭表示。又繞組之另一種表示方法，如圖 2-29(b)所示，在線圈端的＋、－是表示電壓或電流之方向。箭頭係表示由電流所產生之磁場的方向。假設不考慮凸極效應及定子和轉子之磁阻時，則定子與轉子的自感L_{ss}與L_{rr}是爲常數，然定子和轉子之互感，係由兩磁軸間的夾角θ來決定。當$\theta = 0$ 或2π時，互感是爲正的最大値；當$\theta = \pm\pi/2$ 時，互感等於零；當$\theta = \pm\pi$時，互感是爲負的最大値。基於磁勢在均勻氣隙中爲正弦波分佈，則磁通波在氣隙中亦爲正弦波分佈，故互感爲：

$$\mathcal{L}_{sr}(\theta) = L_{sr} \cos\theta \tag{2-114}$$

式中，$\mathcal{L}_{sr}$係表示電感是電機角θ的函數。而L_{sr}是當定子與轉子之磁軸對正成一直線時的互感量，該値固定不變。設以電感量來表示磁通鏈時，則定子與轉子之磁通鏈λ_s和λ_r爲：

$$\lambda_s = L_{ss} i_s + \mathcal{L}_{sr}(\theta) i_r = L_{ss} i_s + L_{sr} i_r \cos\theta \tag{2-115}$$

$$\lambda_r = \mathcal{L}_{sr}(\theta) i_s + L_{rr} i_r = L_{sr} i_s \cos\theta + L_{rr} i_r \tag{2-116}$$

以矩陣方式表示為：

$$\begin{bmatrix} \lambda_s \\ \lambda_r \end{bmatrix} = \begin{bmatrix} L_{ss} & L_{sr}\cos\theta \\ L_{sr}\cos\theta & L_{rr} \end{bmatrix} \begin{bmatrix} i_s \\ i_r \end{bmatrix} \tag{2-117}$$

設定子繞組之電阻為R_s，轉子繞組之電阻為R_r時，則定子和轉子之端電壓v_s和v_r為：

$$v_s = R_s i_s + p\lambda_s \tag{2-118}$$

$$v_r = R_r i_r + p\lambda_r \tag{2-119}$$

式中，p為時間導數之運算子(operator)d/dt。當轉子旋轉時，θ必須視為一變數。將式(2-115)及式(2-116)微分後代入式(2-118)與式(2-119)中，得

$$v_s = R_s i_s + L_{ss} p i_s + L_{sr}\cos\theta (p i_r) - L_{sr} i_r \sin\theta (p\theta) \tag{2-120}$$

$$v_r = R_r i_r + L_{rr} p i_r + L_{sr}\cos\theta (p i_s) - L_{sr} i_s \sin\theta (p\theta) \tag{2-121}$$

式中，$p\theta$ 是瞬間速率ω，單位為每秒－電機角弧度。在一兩極機中，$\theta = \theta_m$，$\omega = \omega_m$；在一P極機中，則$\theta = P/2 \cdot \theta_m$，$\omega = P/2 \cdot \omega_m$，式(2-120)、(2-121)之右邊中第二項和第三項是$L \cdot di/dt$感應電壓，就如同變壓器之繞組所感應電壓一樣。而第四項是機械運動所引起的，並與瞬間速率成正比。它們是耦合項，敘述電與機械系統間功率之互變。

電磁轉矩可由氣隙磁場中之共能求得，由式(2-54)求得磁場共能為：

$$W_f' = \frac{1}{2} L_{ss} i_s^2 + \frac{1}{2} L_{rr} i_r^2 + L_{sr} i_s i_r \cos\theta \tag{2-122}$$

由式(2-52)，轉矩為

$$T = +\frac{\partial W_f'(\theta_m, i_s, i_r)}{\partial \theta_m} = +\frac{\partial W_f'(\theta, i_s, i_r)}{\partial \theta} \cdot \frac{d\theta}{d\theta_m} \tag{2-123}$$

式中，T是電磁轉矩，單位為牛頓-公尺(newton-meter)，係作用於θ_m之正方向，且因於此是處理機械變數，則導數必須取機械角θ_m。

將式(2-122)和式(2-60)代入式(2-123)中，得P極電機之轉矩為：

$$
\begin{aligned}
T &= \frac{\partial}{\partial\theta}\left(\frac{1}{2}L_{ss}i_s^2+\frac{1}{2}L_{rr}i_2^2+L_{sr}i_si_r\cos\theta\right)\cdot\frac{d}{d\theta_m}\left(\frac{P}{2}\theta_m\right) \\
&= -\frac{P}{2}L_{sr}i_si_r\sin\theta \\
&= -\frac{P}{2}L_{sr}i_si_r\sin\frac{P}{2}\theta_m \qquad (2\text{-}124)
\end{aligned}
$$

式中，負號是表示電磁轉矩之作用，係促使轉子轉動而令兩磁軸對正成一直線。

2-5.2 磁場觀念

磁場觀念係將電機視為兩群繞組，在氣隙處產生磁場。其兩群繞組，一群是在定子，另一群則在轉子。並對磁場作適當的假設，就可導出氣隙中所貯存的磁場共能(coenergy)，再用此磁場共能對兩磁軸間夾角的偏導數，便能求得它們所產生之轉矩。

當一電機之定子和轉子的繞組通以電流時，在氣隙中各產生一磁場，它們的磁通路徑均是經由定子和轉子鐵心而完成閉合迴路。因此，可將定子與轉子視作磁鐵，各都具有磁極。如圖 2-30(a)所示，係為一圓筒形轉子(cylindrical rotor)之兩極電機，由於定子和轉子的磁極之吸引力或排斥力，遂產生轉矩，該轉矩有使它們兩磁軸對正趨勢。故轉矩之大小與兩磁場的磁勢之乘積成正比，並且亦是兩磁軸間夾角δ_{sr}的函數。

假設定子與轉子之磁場具有下列特性：

1. 電機之繞組是為分佈繞組，則定子與轉子的磁勢在氣隙空間中是為正弦波，可在兩軸上用兩空間向量F_s和F_r分別代表之，如圖 2-30(b)所示，F_s與F_r兩者的向量和為F_{sr}，故F_{sr}為氣隙中之合成磁勢，它亦是正弦波。由三角餘弦定理，可得其關係式為：

$$F_{sr}^2 = F_s^2 + F_r^2 + 2F_sF_r\cos\delta_{sr} \qquad (2\text{-}125)$$

2. 電機之轉子為圓筒形，故全部的氣隙是均勻的。
3. 在磁路中，定子與轉子鐵心之磁阻較氣隙之磁阻小非常多，因此忽略不計，只考慮氣隙磁阻之效應。
4. 定子與轉子所產生之磁通，大部份穿過氣隙與兩繞組相鏈，此磁通稱為互磁通(mutual flux)，僅一小部份為漏磁通，可不考慮其效應，將電機視作“理想機器(ideal machine)”來研討。

5. 設互磁通都是筆直穿過氣隙，且轉子與定子的間隙為g。又它們的間隙與定子或轉子的半徑相較，非常小，因此沿任何徑向的磁場強度(H)皆為一定值，於是越過氣隙之磁場強度的線積分是為$H \cdot g$，並且等於定子與轉子繞組之合成磁勢(F)，即

$$H \cdot g = F \tag{2-126}$$

因磁勢係為正弦波，則磁場強度(H)亦是正弦波，其頂值為H_{peak}，則

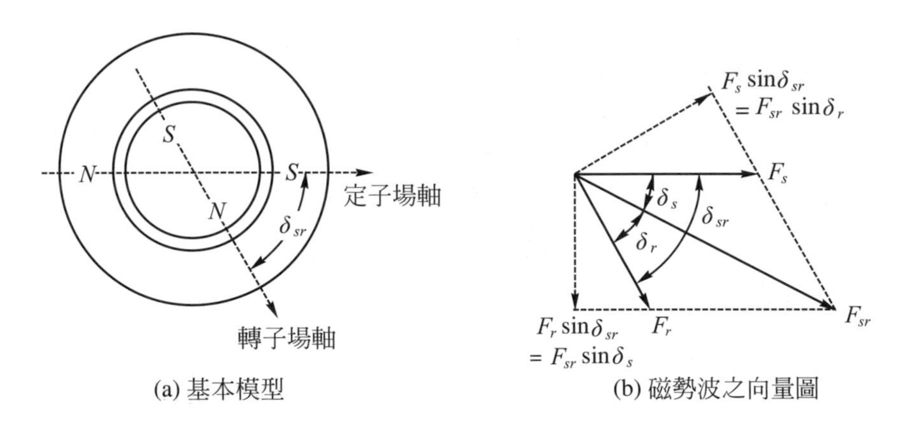

圖 2-30　簡化兩極交流機

$$H_{\text{peak}} = \frac{F_{sr}}{g} \tag{2-127}$$

現在來探討貯存於氣隙磁場之共能。由式(2-30)得知氣隙之磁場共能密度之平均值ω_f'為：

$$\begin{aligned}\omega_f' &= \frac{\mu_0}{2}\ (H^2\text{之平均值})\\&= \frac{1}{\pi}\int_0^{\pi}\frac{1}{2}\mu_0\,(H_{\text{peak}}\sin\theta)^2 d\theta\\&= \frac{\mu_0}{2}\cdot\frac{{H_{\text{peak}}}^2}{2} = \frac{\mu_0}{4}\left(\frac{F_{sr}}{g}\right)^2\end{aligned} \tag{2-128}$$

儲存於氣隙中之全部磁場共能W_f'為：

$$\begin{aligned}W_f' &= (\text{磁場共能密度之平均值})\cdot(\text{氣隙體積})\\&= \left[\frac{\mu_0}{4}\cdot\left(\frac{F_{sr}}{g}\right)^2\right]\cdot(\pi Dlg)\\&= \frac{\mu_0\pi Dl}{4g}\cdot {F_{sr}}^2\end{aligned} \tag{2-129}$$

式中：　D爲氣隙之平均直徑
l爲氣隙的軸向長度
g爲氣隙間隙
μ_0爲自由空間之導磁係數，在MKS制中$\mu_0 = 4\pi \times 10^{-7}$。

將式(2-125)代入式(2-129)中，得

$$W_f' = \frac{\mu_0 \pi D l}{4g}(F_s^2 + F_r^2 + 2F_s F_r \cos\delta_{sr}) \tag{2-130}$$

定子磁場與轉子磁場間之相互作用所產生之轉矩(T)，可用磁場共能對角度δ_{sr}之偏導數而求得，對一兩極機爲：

$$T = \frac{\partial W_f'}{\partial \delta_{sr}} = -\frac{\mu_0 \pi D l}{2g} F_s F_r \sin\delta_{sr} \tag{2-131}$$

式(2-131)乘以$P/2$，是爲P極電機之轉矩，即

$$T = -\frac{P}{2} \cdot \frac{\mu_0 \pi D l}{2g} F_s F_r \sin\delta_{sr} \tag{2-132}$$

由上式顯然說明，轉矩與定子兩磁勢之振幅F_s和F_r及其空間相位差角之正弦函數(即$\sin\delta_{sr}$)成正比。負號表示兩磁場的作用是要使其磁軸彼此對正，即表示轉矩的方向在使δ_{sr}減小。

由圖2-30(b)中應用三角之正弦定理可得：

$$\frac{F_{sr}}{\sin(180° - \delta_{sr})} = \frac{F_s}{\sin\delta_r} = \frac{F_r}{\sin\delta_s} \tag{2-133}$$

即得：

$$F_s \sin\delta_{sr} = F_{sr} \sin\delta_r \tag{2-134}$$

$$F_r \sin\delta_{sr} = F_{sr} \sin\delta_s \tag{2-135}$$

轉矩可用合成磁勢F_{sr}來表示，只要將式(2-134)或式(2-135)代入式(2-132)中，即得

$$T = -\frac{P}{2}\ \frac{\pi}{2}\ \frac{\mu_0 D l}{g} F_s F_{sr} \sin\delta_s \tag{2-136}$$

或

$$T = -\frac{P}{2}\ \frac{\pi}{2}\ \frac{\mu_0 D l}{g} F_r F_{sr} \sin\delta_r \tag{2-137}$$

在一圓筒形轉子電機中，若氣隙之磁勢爲正弦波，則氣隙中之磁通密度亦是正弦波，設磁通密度之峰值爲B_{sr}，則

$$B_{sr} = \mu_0 H_{\text{peak}} = \frac{\mu_0 F_{sr}}{g} \tag{2-138}$$

由合成磁勢所產生之每極合成磁通ϕ_{sr}為：

$$\phi_{sr} = (\text{每一極之平均磁通密度})\ (\text{極面積})$$
$$= \left(\frac{2}{\pi} \cdot B_{sr}\right) \cdot \left(\frac{\pi D l}{P}\right)$$
$$= \frac{2Dl}{P} \cdot B_{sr} = \frac{2Dl}{P} \cdot \frac{\mu_0 F_{sr}}{g} \tag{2-139}$$

將式(2-139)代入式(2-137)中，得

$$T = -\frac{\pi}{2}\left(\frac{P}{2}\right)^2 \cdot \phi_{sr} \cdot F_r \cdot \sin\delta_r \tag{2-140}$$

式(2-140)為一般電機之轉矩基本表示式，由此式能夠推論出感應機、同步機及直流機的轉矩公式，將於第三、四、五及六章中敘述之。

習題

一、選擇題

(　) 1. 某四極直流發電機，電樞轉$\frac{1}{4}$週時，則其電工角度，為
(A)2π　(B)π　(C)$\frac{\pi}{2}$　(D)$\frac{\pi}{4}$。

(　) 2. 在八極發電機中，感應電勢由最大值變換至零值，須至少轉
(A)$\frac{1}{8}$轉　(B)$\frac{1}{16}$轉　(C)$\frac{1}{4}$轉　(D)$\frac{1}{2}$轉。

(　) 3. 100 匝線圈中，若磁力線在 0.1 秒內由 1 韋伯增至 4 韋伯，則此線圈的感應電勢為　(A)30V　(B)3000V　(C)300V　(D)3V。

(　) 4. 四極交流機一週的機械角度等多少電機角度？
(A)360°　(B)720°　(C)1080°　(D)1440°。

(　) 5. 三相交流發電機定子上有三組繞組互成
(A)90°　(B)120°　(C)60°　(D)180°　電機角。

(　) 6. 交流發電機之繞組其線圈兩邊跨 180°電機角；對 6 極機而言，其機械角度為　(A)60°　(B)90°　(C)120°　(D)150°。

(　) 7. 設每極總磁通量ϕ韋伯，電勢頻率為 f，則每一匝線圈所產生之平均感應電勢為　(A)$2\phi f$　(B)$4\phi f$　(C)$2.22\phi f$　(D)$4.44\phi f$伏特。

( )8. 某三相四極交流發電機有36槽，則其每極每相的槽數爲
(A)12槽 (B)9槽 (C)6槽 (D)3槽。

( )9. 有一同步發電機其極數爲12，感應電壓之頻率爲60Hz，則其同步轉速之角速度ω＝？(rad/sec) (A)600 (B)314 (C)62.8 (D)31.4。

( )10. 下列何者非採用短節繞的理由？
(A)減少線圈末端連線 (B)增加感應電勢
(C)改善電壓波形 (D)減少線圈之自感電勢。

( )11. 短節距繞組線圈跨距爲
(A)小於180°機械角 (B)小於180°電機角
(C)小於360°機械角 (D)小於360°電機角。

( )12. 有一60Hz的交流同步發電機，有40極，問其每分鐘轉速？
(A)45rpm (B)60rpm (C)180rpm (D)360rpm。

( )13. 有關同步發電機繞組方式，下列敘述何者錯誤？
(A)分佈繞可減少繞組的電感量
(B)分佈繞可改善感應電勢的波形
(C)短節繞可減少繞組的長度，節省材料
(D)短節繞可增加感應電勢的增加。

( )14. 一多相交流發電機，其線圈繞成8/9的線圈節距，則其節距因數(K_P)爲
(A)sin 80° (B)cos 80° (C)sin 160° (D)cos 160°。

( )15. 某三相四極交流發電機，其電樞槽數共有96槽，今以$\frac{8}{9}$節距繞組，則分佈因數K_d爲 (A)$\frac{\sin 60°}{4\sin 7.5°}$ (B)$\frac{\sin 30°}{8\sin 3.75°}$ (C)$\frac{\sin 30°}{8\sin 60°}$ (D)$\frac{4\sin 30°}{\sin 120°}$。

( )16. 某三相同步發電機，每相有128匝線圈Y連接，若繞組因數K_W＝0.949，頻率爲50Hz，轉速爲375rpm，若欲產生6.6kV的額定電壓，則其所須之磁通應爲 (A)0.141 (B)0.245 (C)0.008 (D)0.262 韋伯。

二、計算題

1. 有一同步發電機爲8極，60Hz，試求該發電機 ⑴轉子每分鐘之轉速多少？⑵感應電勢之角速度多少？ ⑶轉子之機械角速多少？
2. 有一同步發電機4極，若轉速爲1500rpm時，試問其感應電勢的頻率多少？
3. 有一交流發電機爲三相4極，60Hz，定子有48槽，其線圈跨距是1至10，試求繞組的分佈因數與節距因數？

4. 一 6 極，三相，50Hz 同步發電機之定子有 54 槽。每一槽有兩個線圈邊，每一線圈邊有 12 匝，它的線圈跨距是 1～7，若每一極之磁通量(ϕ)為 2.5×10^{-2} 韋伯，試計算 (1)每相之感應電壓多少？ (2)若 Y 連接時，則端電壓為多少？
5. 有三相，8 極，Y連接，全節距線圈之同步發電機，其每相每極有 4 槽，每槽有兩線圈邊，每一線圈有 5 匝，各相線圈接成串聯，每極磁通為 0.25 韋伯，當電機轉速為 750rpm時，試計算 (1)每相之感應電壓多少？ (2)端電壓多大？ (3)設以A、B、C為相序，在時間$t=0$時，A相之磁通鏈為最大，試寫出A、B、C三相電壓之瞬時值方程式？
6. 一 4 極直流發電機，其電樞有 60 槽，每槽放置有 12 導體，電樞繞組並聯路徑為 4，若每極的磁通為 0.024 韋伯，且以 1500rpm旋轉時，試計算該發電機之感應電勢多少？
7. 一部三相Y連接，60Hz，6 極，36 槽，雙層繞組之同步發電機，每線圈有 60 匝，線圈節距為 5/6，若端電壓為 6kV，試問每極之磁通多少？
8. 一部三相 8 極，72 槽，雙層繞組之交流發電機，線圈節距為 8/9。試求 (1)線圈節距的電機角度多少？ (2)該電機之繞組因數多少？
9. 一部 12 極直流發電機，並聯路徑數為 2，電樞繞組總導體數為 560 根，且每鐘以 200rpm之速率旋轉，其產生之電勢為 224 伏特，試問該發電機每極之磁通多少？
10. 一部 6 極直流發電機，並聯路徑數為 6，電樞繞組之總導數為 800 根，每極的磁通為 0.24 韋伯，若要產生 120 伏之電勢，試問該發電機之轉速多少？

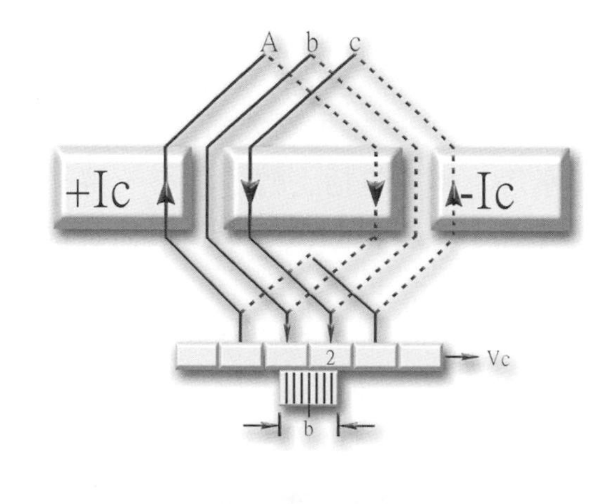

3 多相感應電動機

學習綱要

3-1 構 造

感應電動機主要可分爲定子與轉子兩大部份；定子包括：框架、定子鐵心、定子繞組、端蓋及軸承等。轉子包括：轉子鐵心、轉子繞組、轉軸及風扇等。如圖 3-1 所示爲鼠籠型轉子感應電動機之構造。而繞線型轉子感應電動機之構造如圖 3-2 所示。

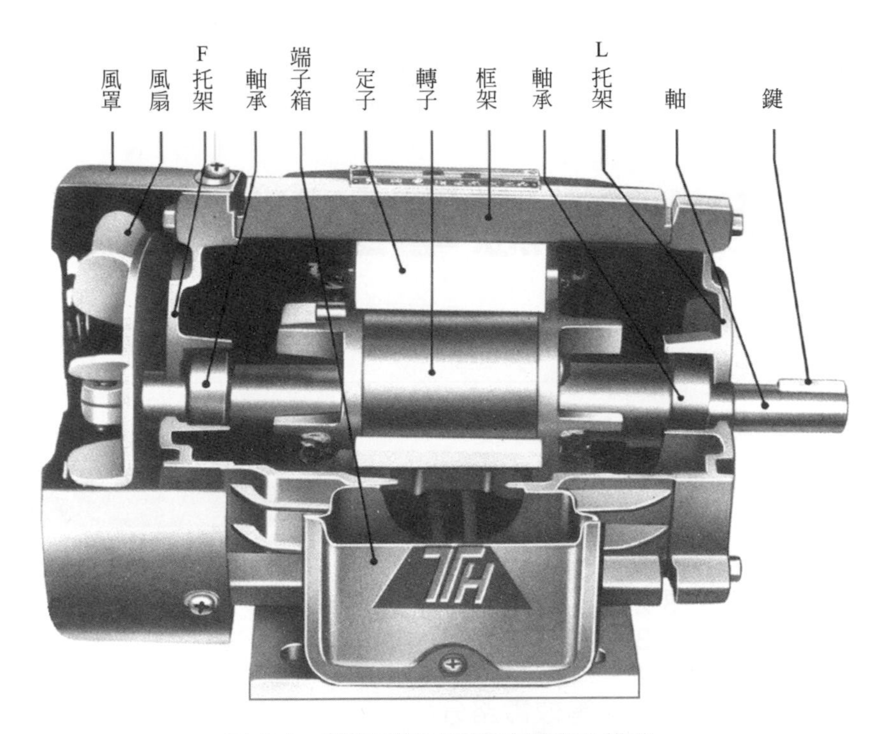

圖 3-1　鼠籠型轉子感應電動機的構造

(a) 剖視圖

圖 3-2　繞線型轉子感應電動機的構造

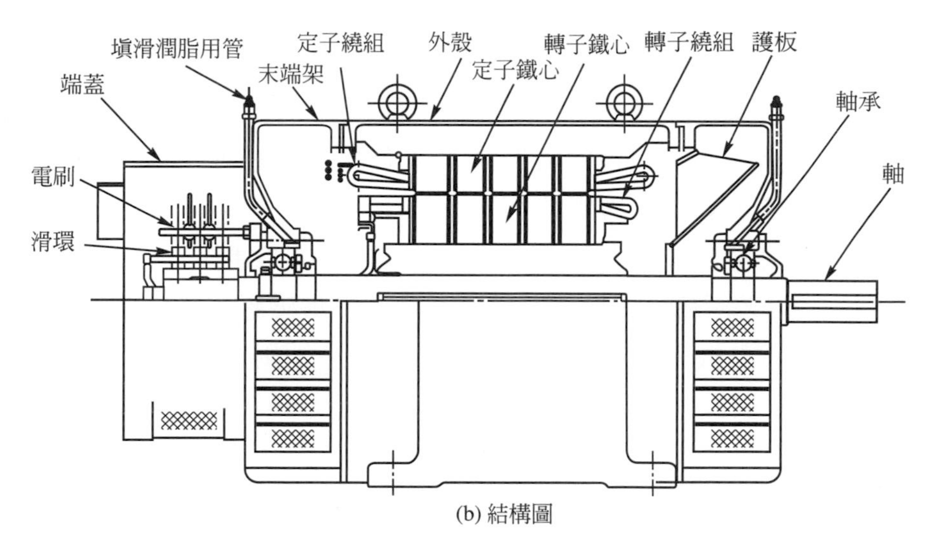

(b) 結構圖

圖 3-2　繞線型轉子感應電動機的構造(續)

1. 定子

(1) 框架：以鑄鐵或鋼板熔接製成，它的功用有三：①支持定子鐵心及繞組，②保護內部機件，③幫助散熱。

(2) 定子鐵心：是採用 0.35mm 或 0.5mm 厚的矽鋼片疊積製成。因矽鋼片寬度最大為 914mm，所以小型電機的疊片可整張沖成；大型電機則用扇形沖片。為了獲得良好的散熱，鐵心每疊積 7～10 公分應加設通風道(ventiating ducts)，通風道之寬度，在小型電機為 10mm，而大型電機為 13mm 左右。又槽之形式，中、小型者均為半閉口槽(semiclosed slot)，以減少氣隙之磁阻與齒部之損失。高壓大型者採用開口槽(open slot)。

(3) 定子繞組：定子繞組係放置在鐵心槽內，如圖 3-3 所示為已完成之三相感應電動機的定子繞組照片圖。感應機之定子繞組有單層繞與雙層繞兩種型式。前者每槽內只放置一線圈邊，其線圈的數目是槽數之半；後者每槽內具有兩個線圈邊，因此線圈的數目與槽數相同。

圖 3-3　已完成之三相感應電動機的定子繞組照片圖

如圖 3-4 所示為 4 極，24 槽，線圈距 1～6，雙層疊繞之定子繞組展開圖，其槽絕緣如圖 3-5 所示。

上述雙層疊繞組，每極每相分佈為 2 槽，且採用短節距繞製，如此可使諧波的繞組因數大為減少，令氣隙之磁通分佈接近正弦波，以改善感應電動機之轉矩特性。

三相感應電動機定子繞組之結線有：星形連接(Y 連接)與三角形連接(△連接)兩種，如圖 3-6 所示。通常高壓感應電動機使用 Y 連接，低壓感應電動機則 Y 連接或△連接均可任一採用。

(4) 端蓋：係裝置在框架的兩端，用來保護定子繞組，並且在其中央部位裝有軸承，用以支持轉軸和轉子。

(5) 軸承：中、小型感應電動機都採用球軸承(ball bearing)或滾球軸承(roller bearing)，因其比較不易磨損，且可以設計較小的氣隙；大型感應電動機則用套管軸承(sleeve bearing)。

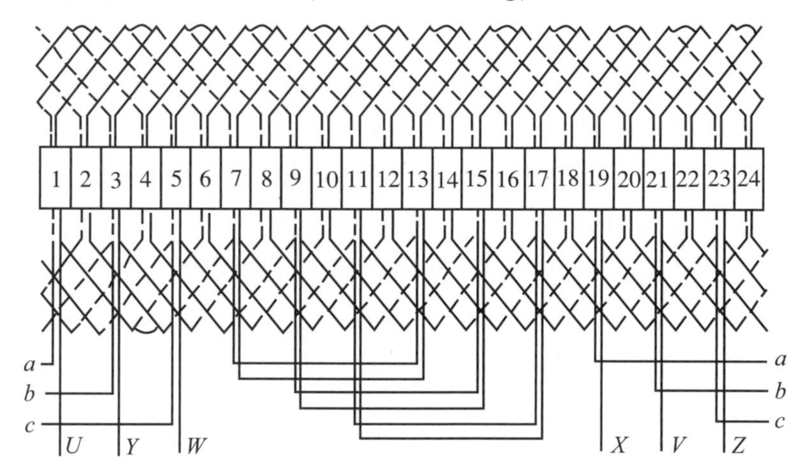

圖 3-4　4 極，24 槽，線圈距 1～6，雙層疊繞之定子繞組展開圖

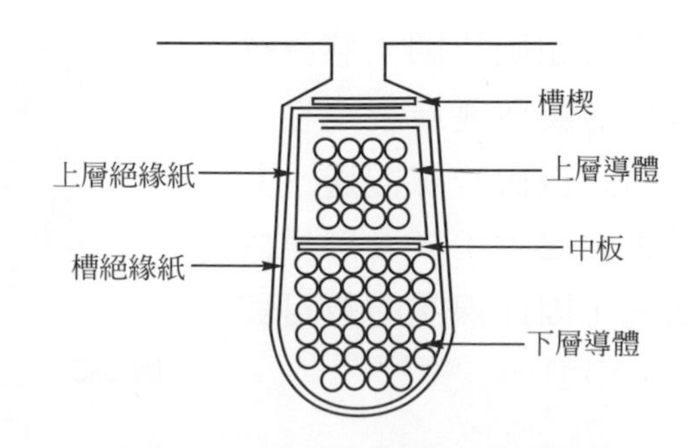

圖 3-5　圖 3-4 之槽絕緣(雙層繞)

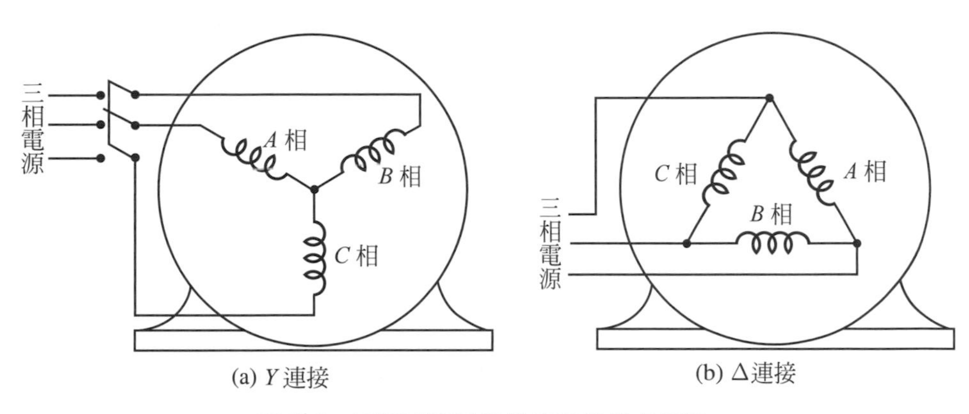

圖 3-6　三相感應電動機定子繞組之結線

2. 轉子

轉子鐵心仍用矽鋼片疊成，且多使用與定子相同的材料沖成。中小型電機的轉子沖片都是整張沖成，並直接裝在軸上；大型電機則須用扇狀的沖片。

如前所述，轉子依其構造可分爲：⑴鼠籠型轉子，⑵繞線型轉子兩種，簡述如下：

⑴ 鼠籠型轉子：此型轉子之內部用鋁條或銅條作爲繞組，加上兩端的端環(或稱爲短路端環)形狀像一個松鼠籠，故得此名，如圖 3-7 所示，爲去除鐵心後之轉子結構圖。

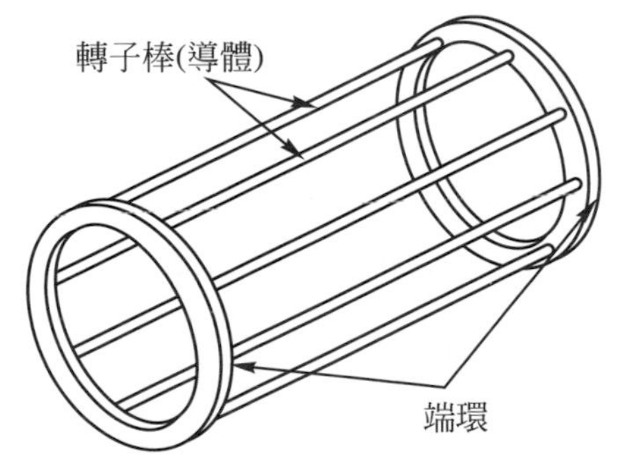

圖 3-7

去除鐵心後之轉子結構圖

圖 3-8　鼠籠型感應電動機之轉子

如圖 3-8 所示爲鼠籠型感應電動機之轉子，其鋁條是埋裝在轉子鐵心槽內，兩端用端環加以短路，即其導體、端環及通風扇葉均用鋁鑄成一體。其槽做成斜形槽(skewed slot)之目的，是爲了使定子與轉子間之磁阻變化減小、運轉平穩及減小雜音。

鼠籠型轉子的銅條、鋁條與鐵心間通常不另加絕緣。因銅或鋁之電阻遠較鐵心小，在運轉時轉子所生感應電勢極低，所以轉子產生的低壓感應電流，只能在電阻較小的銅條、鋁條及端環通過。但有些鼠籠型轉子的銅條、鋁條及端環與鐵心間隔有絕緣。又鼠籠型轉子無接頭引出，因此，在起動時不能插入電阻於轉子電路以限制起動電流。由於此型構造堅實簡便，小容量電動機均採用。

⑵ 繞線型轉子

如圖 3-9 所示爲繞線型感應電動機之轉子。此種繞組皆採用波繞，其目的在使各相感應電壓對稱。因軸承久經使用，常易磨耗，致使上部氣隙較下部爲大，即上部諸極主磁通將比下部爲少，若用疊繞則上部之相常感應較低電壓，用波繞可免除此弊。

繞線型轉子結構，自不如鼠籠式之堅實簡便，但起動之際，經滑環、電刷可與外部電阻連接，藉以限制起動電流，增大起動轉矩。於正常運轉期間，又可改變所加接電阻的大小，藉以控制轉速。

圖 3-9　繞線型感應電動機之轉子

3-2 感應電動機之基本原理

當三相感應電動機之定子繞組被三相平衡電流所激磁時，在氣隙中即產生旋轉磁場，如第 2-4 節所述者，此旋轉磁場之轉速是與所加之電流的速率相同，故稱爲同步速率(synchronous speed)，以n_s表示之，則

$$n_s = \frac{120 f_1}{P}\ [\text{rpm}] \tag{3-1}$$

式(3-1)中，f_1 爲定子電流之頻率，P爲定子繞組之極數。

當定子旋轉磁場掠過轉子時，將使轉子導體產生感應電勢和電流，又轉子電流亦建立一轉子磁場，此磁場與定子磁場間的相互作用，便產生電磁轉矩，以用來驅動轉子，此轉子旋轉的方向是與定子磁場旋轉之方向相同，也就是順著定子磁場之方向旋轉。

感應電動機之轉子速率與定子磁場旋轉之速，彼此間必有一速率差，因而有相對運動，如此才能使轉子導體產生感應電流和轉矩。即使電動機在無負載下，為了克服風阻損、摩擦損及鐵損等，亦必須有少許之轉矩消耗掉，因此轉子轉速就無法達到同步速率，故感應電動機又稱為不同步電機(asynchronous machine)。若轉子達到同步轉速，則轉子導體與定子旋轉磁場間無相對運動發生，轉子導體便沒有感應電勢，故轉子電路中無感應電流流通，就無法產生轉矩了，所以感應電動機轉子之轉速恒較同步轉速為低。

3-2.1 轉差率

旋轉磁場之同步轉速與轉子轉速之差，稱為轉差。而轉差與同步轉速之比值稱為轉差率(slip)。設感應電動機定部旋轉磁場之同步轉速為n_s，轉子轉速為n，則轉差率(s)為：

$$s=\frac{n_s-n}{n_s} \tag{3-2}$$

三相感應電動機之轉差率，係隨負載之增加而增加，亦隨負載之減少而減小，其轉差率能依照負載所需要之轉矩自動調節。一般商用感應電動機而言，其滿載轉差率約自1%～10%。大型感應電動機的轉差率比中、小型者為小。

由式(3-2)可得轉子實際之轉速n為：

$$n=(1-s)\cdot n_s \tag{3-3}$$

由上式知，感應電動機在無載時，其轉速接近於同步速率。當靜止時，即$n=0$，則$s=1$。

3-2.2 轉子感應電勢之頻率

感應電動機之轉子導體內的感應電勢與電流，皆係由於轉子與定子磁場間之相對運動所產生，故轉子電勢之頻率f_r亦須由相對速度來計算。設轉子繞組之極數與定子繞組之極數相同，以P表示之，則由交流電機之速率與頻率之關係，可獲得其頻率f_r為：

$$f_r=\frac{P}{2}\cdot\frac{(n_s-n)}{60}=\frac{P\cdot s\cdot n_s}{120}=s\cdot\frac{P\cdot n_s}{120}=s\cdot f_1 \tag{3-4}$$

式(3-4)中，f_1為定子電流之頻率。

三相感應電動機轉子導體內之感應電流是爲三相平衡短路環流，因此其所建立的轉子磁場亦爲旋轉磁場。此轉子磁場對轉子本身之相對角速度(ω_r)等於$2\pi f_r$，即$\omega_r = 2\pi f_r$，因此轉子磁場對轉子本身之轉速n'爲：

$$n' = \frac{120 f_r}{P} = \frac{120}{P} \cdot (s \cdot f_1) = s \cdot n_s \text{ [rpm]} \tag{3-5}$$

轉子之實際轉速爲$n = (1-s) \cdot n_s$，故轉子磁場對定子本身或定子某處之空間的相對轉速爲：

$$\begin{aligned}\text{轉子磁場對定子之轉速} &= \text{轉子磁場對轉子本身之轉速} \\ &\quad + \text{轉子實際之轉速} \\ &= s \cdot n_s + n \\ &= s \cdot n_s + (1-s) \cdot n_s \\ &= n_s \\ &= \text{定子磁場對定子本身之轉速}\end{aligned} \tag{3-6}$$

因此不論在任何轉速情況下，轉子磁場與定子磁場恆以同步速率轉動，因此兩磁勢在氣隙中合併之合成磁場亦以同步速率旋轉，故能產生穩定之轉矩。

一感應電動機在某一負載情況下，設氣隙合成磁通爲ϕ_{sr}，轉子磁勢爲F_r，兩者彼此間之空間相位差角爲δ，則由式(2-140)得其驅動轉矩爲

$$T = k\phi_{sr} F_r \sin\delta \tag{3-7}$$

式中δ即稱爲轉矩角(torque angle)，此角常隨轉子電流與電壓間之相位角(功因角)θ_2而變，如圖3-10所示，即

$$\delta = 90^\circ + \theta_2 \tag{3-8}$$

將式(3-8)代入式(3-7)中，得

$$T = k\,\phi_{sr} F_r \sin(90^\circ + \theta_2) = k\phi_{sr} F_r \cos\theta_2 = k'\phi_{sr} I_2 \cos\theta_2 \tag{3-9}$$

式中I_2爲轉子電流，θ_2爲轉子電流與其電壓之相位角。

若當所供應之電壓與頻率不變時，則ϕ_{sr}亦近於不變，故知轉矩應與轉子電流I_2及其功率因數成比例。但轉子電流又與轉子感應電勢及阻抗有關，而轉子應電勢及轉子電抗與功因等則與轉差有關，故感應電動機之轉矩與轉差率間必有密切的關係。

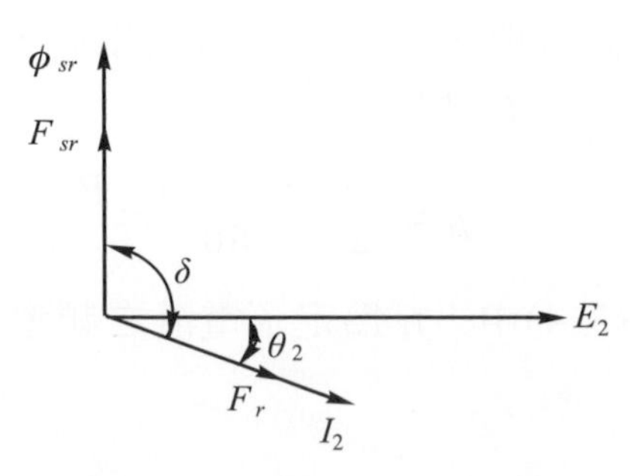

圖3-10 轉子的電流與電壓

例 3-1

有一感應電動機爲 4 極，60Hz，其滿載時的轉速爲 1746rpm，試求其轉差率多少？

解

$P=4$，$f_1=60\text{Hz}$，$n=1746\text{rpm}$

將上列各值代入式(3-1)，得

$$n_s=\frac{120f_1}{P}=\frac{120\times60}{4}=1800\text{rpm}$$

由式(3-2)，轉差率(s)為：

$$s=\frac{n_s-n}{n_s}=\frac{1800-1746}{1800}=0.03 \text{ 或 } 3\%$$

例 3-2

一 6 極，60Hz之三相感應電動機，於滿載時，其轉差率爲 5%，試求其滿載時之轉速多少？

解

$P=6$，$f_1=60\text{Hz}$，s為 5%，即$s=0.05$

由式(3-1)，得

$$n_s=\frac{120f_1}{P}=\frac{120\times60}{6}=1200\text{rpm}$$

由式(3-3)，得

$$n=(1-s)\times n_s$$

$$=(1-0.05)\times1200=1140\text{rpm}$$

例 3-3

有一感應電動機，定子旋轉磁場之速率爲 1200rpm，滿載時轉子之轉速爲 1140rpm，而定子電流之頻率爲 60Hz，試求：

⑴電動機之極數？

⑵滿載時之轉差率？

⑶轉子電勢之頻率？

⑷轉子磁場對轉子之轉速？

(5)轉子磁場對定子之轉速？

(6)轉子磁場對定子磁場之轉速？

解

$n_s = 1200\text{rpm}$，$f_1 = 60\text{Hz}$

(1)$P = \dfrac{120 f_1}{n_s} = \dfrac{(120)(60)}{1200} = 6$ 極

(2)$s = \dfrac{n_s - n}{n_s} = \dfrac{1200-1140}{1200} = 0.05$

(3) $f_r = s f_1 = (0.05)(60) = 3\text{Hz}$

(4)轉子磁場對轉子之轉速$= s \cdot n_s = (0.05)(1200) = 60\text{rpm}$

(5)轉子磁場對定子之轉速$= n_s = 1200\text{rpm}$

(6)轉子磁場對轉定子磁場之轉速$= 1200 - 1200 = 0$

3-3 感應電動機的磁通及磁勢波

繞線型轉子的磁通和磁勢之波形如圖 3-11 所示，此圖爲兩極三相轉子繞成兩極之磁場的展開圖。因此，能夠確定繞線型感應機之轉子繞組之極數與定子繞組的極數相同。而其合成磁通密度波對應於繞組以轉差速率向右邊旋轉。且圖 3-11 中係表示在a相時達最大瞬間電壓的位置。

由於感應電動機在正常運轉時，其轉差率非常小，因而可假設其轉子漏電抗較相對應的轉子電阻要小得甚多，能視爲電阻之情形，所以a相電流將是最大。在此瞬間轉子磁勢便集中於a相，如圖 3-11(a)所示。位移角或轉矩角(δ)在這種情況下是最佳之值，即 90 度電機角。

當轉子之漏電抗達到不可忽略時，a相之電流較感應之電壓落後一功因角ϕ_2，此角便是漏阻抗之相角。在此瞬間a相電流就不是最大值，而要遲延一些時候才能達最大值。因此，轉子之磁勢波便不是集中在a相，如圖 3-11(b)所示，其磁勢波落後合成磁通密度波爲$(90° + \phi_2)$，也就是說，位移角(或轉矩角)δ變爲$(90° + \phi_2)$，即

$$\delta = 90° + \phi_2 \tag{3-10}$$

上式係表示轉矩角離開了最佳之值，是因轉差頻率時之轉子漏阻抗的功因角ϕ_2所影響。又轉子之電磁轉矩是指向圖 3-11 的右方，即順著合成磁通旋轉的方向。

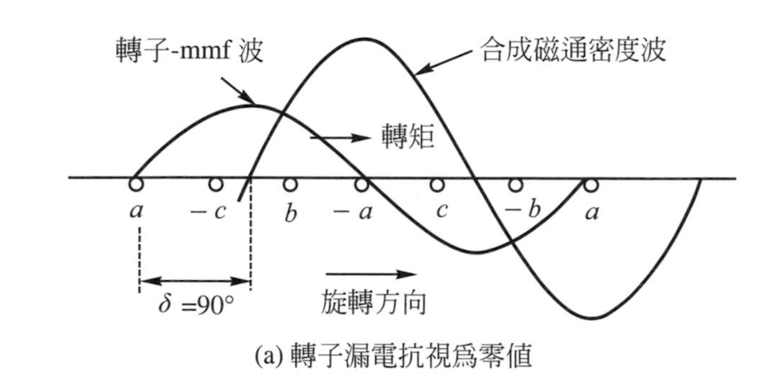

(a) 轉子漏電抗視爲零值

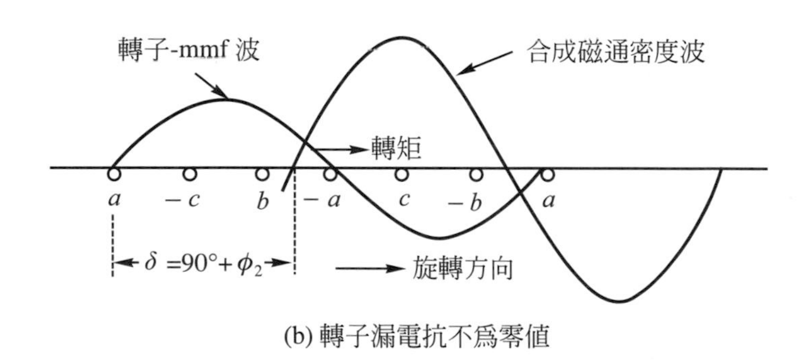

(b) 轉子漏電抗不爲零值

圖 3-11　感應電動機轉子繞組之展開圖，並示磁勢波與磁通密度波之相對位置

至於鼠籠型轉子如圖 3-12 所示，此展開圖是 16 根導體之轉子放置在兩極的磁場中。在圖 3-12(a)中，正弦分佈之磁通密度使每一導體感應了電壓，其瞬間值如垂直之實線所示。在稍後期，每根導體上的電流是假定其瞬間值如圖 3-12 (b)中之垂直實線所示，其落後之時間，等於轉子之功因角ϕ_2。且在此期間中，磁通密度波亦行進了一空間角(ϕ_2)而位於圖 3-12(b)之位置。此時所對應之轉子磁勢波如圖 3-12(c)中的階梯波所示。它的基本波分量如圖中之虛線正弦波所示，而磁通密度波如圖中之實線正弦波所示。由上所敘述可獲得一結果，就是鼠籠型轉子之極數，是由所感應的磁通波來決定。

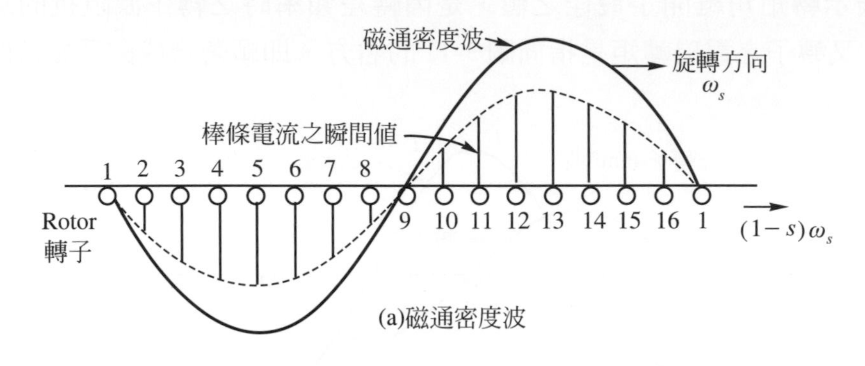

(a)磁通密度波

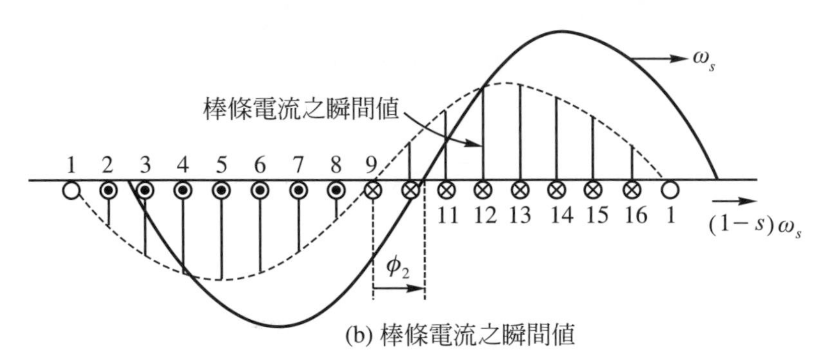

(b) 棒條電流之瞬間值

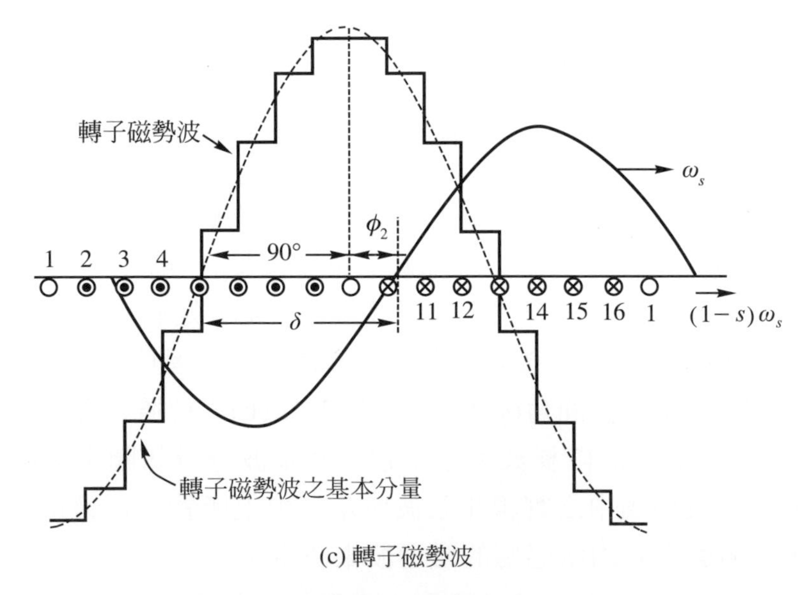

(c) 轉子磁勢波

圖 3-12　兩極磁場之鼠籠轉子的反應

3-4 等效電路

一般感應電動機都是自定子繞組輸入電流，故它的等效電路可藉變壓器的等效電路來探討之。並且在上節已討論感應電動機的磁通和磁勢波，則很容易導出它的穩態等效電路(steady state equivalent circuit)。又因定子繞組外接平衡三相電源，則不論繞組是△連接或 Y 連接，均視作爲等效 Y 連接，所以，等效電路中之電流通常以線電流表之，而電壓以相電壓(即線到中性點之電壓)表之，阻抗皆以每相的阻抗表之，即其三相等效電路可用單相者代表。

當定子繞組輸入平衡三相電流，即產生定子旋轉磁場，該磁場與轉子感應電流所建立的旋轉磁場合併，則在氣隙中產生合成旋轉磁場，該合成磁場亦是以同步速率旋轉，因而使定子繞組產生反電勢。此電勢與外加電壓之差，係由於定子繞組中之電阻和漏磁電抗所引起的壓降，它們的關係式爲：

$$V_1 = E_1 + I_1(R_1 + jX_1) \tag{3-11}$$

式中：　V_1爲輸入到定子繞組之每相電壓

E_1爲合成磁場所產生的電勢

I_1爲定子電流

R_1爲定子每相電阻

X_1爲定子每相漏磁電抗

感應電動機氣隙中之合成磁場係由定子電流與轉子電流所生之磁通合成作用者，與變壓器內以一次安匝與二次安匝合併而產生互磁通相同。其定子電流又可分爲兩部份；一爲負載電流I_2，佔定子電流的大部份；一爲激磁電流I_ϕ，約佔滿載電流的30%～50%。激磁電流I_ϕ又分爲鐵損電流I_c(和E_1同相)和磁化電流I_m(較E_1滯後90°)。如圖3-13所示爲定子之等效電路，g_c代表鐵損電導，b_m代表激磁電納，與變壓器一次側部份之等效電路相同。

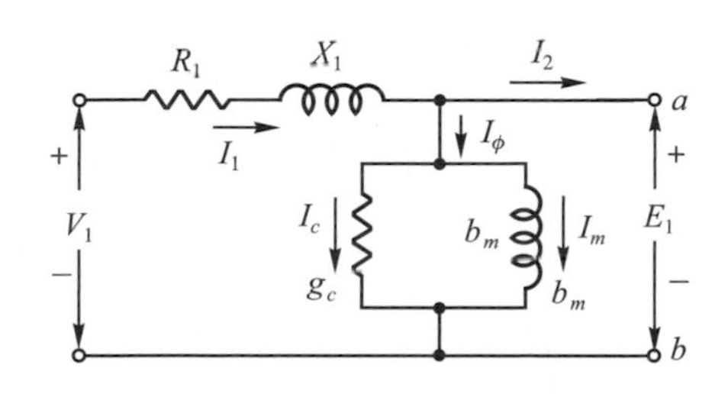

圖 3-13　三相感應電動機之定子等效電路(一相)

轉子部份之等效電路與變壓器二次側部份則有差異，因感應電動機之轉子爲一轉動的機械，其輸出是機械能。若欲使轉子電路與定子電路直接相連繫，則必須將轉子電路中之電壓、電流和阻抗等值都變換爲以定子作爲基準之等效值。今以具有相同極數與相數之繞線型轉子來研討，設定子繞組中每相的有效匝數是轉子繞組中的有效匝數a倍，有效匝數爲實際匝數與繞組因數的乘積。首先比較實際轉子和另一個「與定子具有相同匝數之等效轉子」，假設兩者之磁通與轉速均相同時，實際轉子中所感應之電壓E_r，與等效轉子中感應之電壓E_{2s}間的關係爲：

$$E_{2s} = aE_r \tag{3-12}$$

如果兩者轉子於磁方面之特性都相同，則其安匝數必相等，故實際轉子之電流I_r與等效轉子之電流I_{2s}間的關係爲：

$$I_{2s} = \frac{I_r}{a} \tag{3-13}$$

因此在轉差頻率下，等效轉子之漏阻抗Z_{2s}與實際轉子之漏阻抗Z_r間的關係爲：

$$Z_{2s} = \frac{E_{2s}}{I_{2s}} = \frac{a^2E_r}{I_r} = a^2Z_r \tag{3-14}$$

由於轉子係短路，轉差頻率下之感應電壓E_{2s}與該相電流I_{2s}間的相互關係爲：

$$\frac{E_{2s}}{I_{2s}} = Z_{2s} = R_2 + j\,sX_2 \tag{3-15}$$

式中：　Z_{2s}爲以定子作爲基準之等效阻抗

R_2爲以定子作爲基準之每相有效電阻

sX_2爲以定子作爲基準之每相漏電抗

電抗用sX_2來表示，係因爲它與轉子頻率成比例，所以也與轉差率成比例。X_2被定義爲變換爲定子頻率時之轉子漏電抗，故以定子作爲基準之轉子每相等效電路，如圖 3-14 所示。

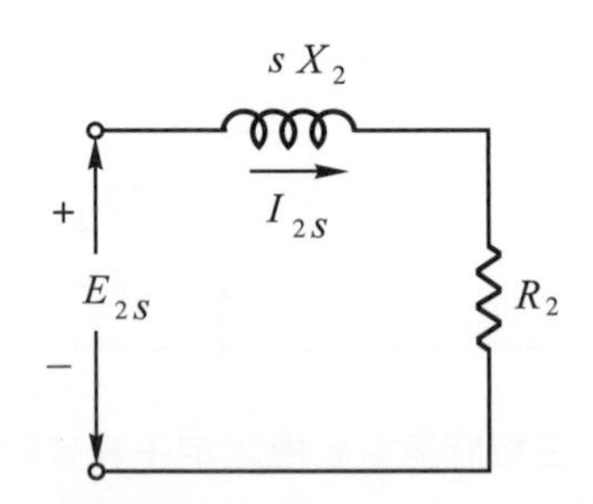

圖 3-14　三相感應電動機於轉差頻率下之轉子等效電路(一相)

在定子上觀之，磁通波與磁勢波均以同步速率旋轉。磁通波感應了轉差頻率之等效轉子電壓E_{2s}和定子之反電勢E_1。假使無轉速效應，則換算過的轉子電壓必等於定子電壓，即$E_{2s}=E_1$，因為換算過的轉子繞組和定子繞組完全相等。但是轉子以轉差率s轉動時，由於磁通波對於轉子之相對速率是它對應於定子的速率的s倍，故定子與等效轉子間感應電壓之有效值的關係為：

$$E_{2s}=sE_1 \tag{3-16}$$

轉子磁勢波為定子電流之負載分量I_2的磁勢所抵消，故其有效值為：

$$I_{2s}=I_2 \tag{3-17}$$

將式(3-16)除以式(3-17)，得

$$\frac{E_{2s}}{I_{2s}}=\frac{sE_1}{I_2} \tag{3-18}$$

將式(3-15)代入式(3-18)中，得

$$\frac{sE_1}{I_2}=\frac{E_{2s}}{I_{2s}}=R_2+jsX_2 \tag{3-19}$$

式(3-19)用s除之，得

$$\frac{E_1}{I_2}=\frac{R_2}{s}+jX_2 \tag{3-20}$$

由上式知，圖 3-14 之轉子等效電路能夠改成如圖 3-15 所示來表示。

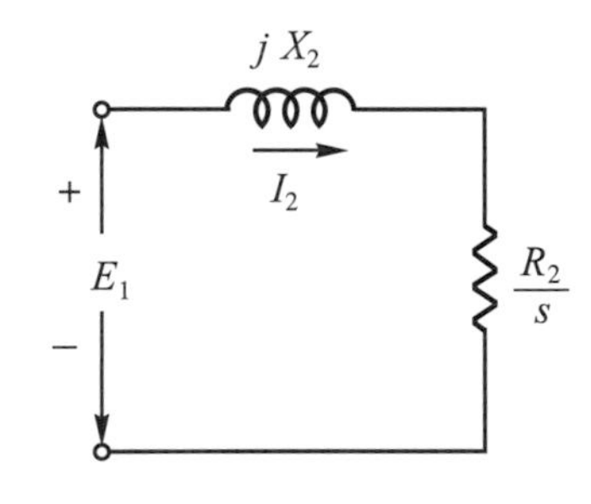

圖 3-15　三相感應電動機之轉子等效電路(一相)

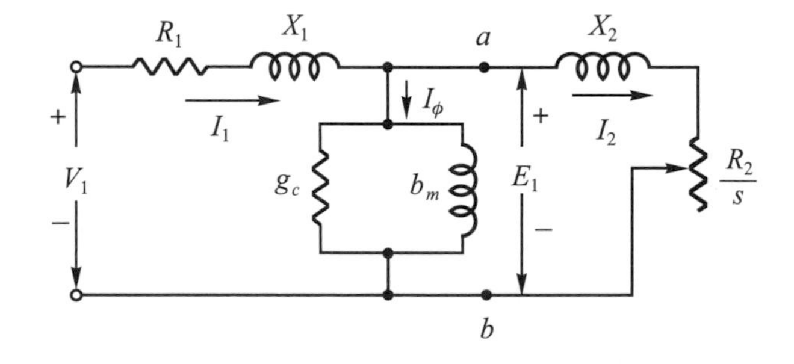

圖 3-16　三相感應電動機一相之等效電路

根據上述等效轉子的含意，式(3-20)中的“$\frac{R_2}{s}+jX_2$”係換算為定子之等效阻抗，故得三相感應電動機一相之等效電路，如圖 3-16 所示。

3-5 等效電路分析

由等效電路可計算出在任何轉速時，感應電動機所吸取之電流、電功率及機械輸出等情形。等效電路顯示，從定子經由氣隙轉移之全部功率P_{g1}爲

$$P_{g1}=q_1 I_2^2 \frac{R_2}{s}=q_1 I_1^2 Rf \tag{3-21}$$

式中q_1爲定子相數。轉子之總銅損P_{c2}顯然爲

$$P_{c2}=q_1 I_2^2 R_2=sP_{g1} \tag{3-22}$$

由電動機所產生的內部機械功率P爲

$$P=P_{g1}-P_{c2}=q_1 I_2^2 \frac{R_2}{s}-q_1 I_2^2 R_2$$

$$=q_1 I_2^2 R_2 \cdot \frac{1-s}{s} \tag{3-23}$$

$$=(1-s)P_{g1} \tag{3-24}$$

因此可知定子經由氣隙轉移之全部功率中，只有$(1-s)$部份變爲輸出之機械功率，剩下s部份爲轉子電路銅損。故一感應電動機在高轉差率下運轉時，其效率極差。當我們只考慮功率的轉換時，等值電路可繪爲如圖3-17所示之情形，其每相之機械功率等於由$R_2\left(\frac{1-s}{s}\right)$所吸收之功率。

對應於內部機械功率P之電磁轉矩T，可由「功率等於轉矩乘角速度」而得。假設ω_s爲轉子之同步角速度(以每秒機械弧度爲單位)，則

$$P=(1-s)\omega_s T \tag{3-25}$$

式中T的單位爲牛頓-公尺。由(3-23)式知

$$T=\frac{1}{\omega_s} q_1 I_2^2 \frac{R_2}{s} \tag{3-26}$$

而同步角速度ω_s可由下式求得：

$$\omega_s=\frac{4\pi f_1}{P} \tag{3-27}$$

式中f爲電源之頻率，P爲極數。

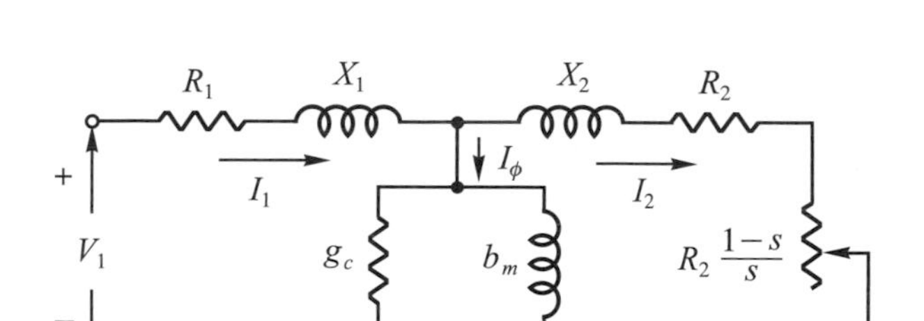

圖 3-17　三相感應電動機等效電路的另一型式

轉矩T及功率P並不是轉軸上之實際輸出值，尚需扣除摩擦、風阻及雜散負載等損失，剩下的才是有用的機械輸出值。在變壓器中，分析等效電路時，可將激磁電路忽略不計，或移到主線圈端。但在感應電動機之激磁部份卻不能省略，因爲激磁電流達滿載電流的 30%～50%，且漏電抗甚大，故此種近似無法採用。又通常電機之鐵心損失皆歸併到機械損失中計算，合稱爲無載旋轉損失，因此，可省略並聯電導g_c，等效電路可簡化如圖 3-18(a)或(b)所示。

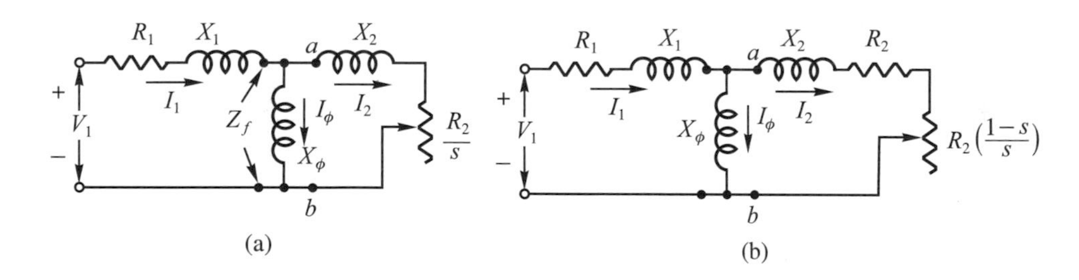

圖 3-18　簡化後之等效電路

例 3-4

一部三相，Y 連接，220 伏(線電壓)，10 馬力，60Hz，6 極感應電動機，以定子作爲基準之每相阻抗值如下：

$R_1 = 0.294$ 歐姆　$X_1 = 0.503$ 歐姆　$X_\phi = 13.25$ 歐姆

$R_2 = 0.144$ 歐姆　$X_2 = 0.209$ 歐姆

若該電動機之摩擦損、風阻損及鐵損等，無載旋轉損共 403 瓦，且與負載的變動無關。又電動機在額定電壓與頻率之情況下運轉時，其轉差率爲 0.02，試求電動機之轉速、輸出功率與轉矩、定子電流、功率因數及效率各爲若干？

解

由圖3-18(a)求取阻抗Z_f，則

$$Z_f = R_f + jX_f = \frac{1}{\frac{1}{\frac{R_2}{s}+jX_2}+\frac{1}{jX_\phi}} = \frac{\left(\frac{R_2}{s}+jX_2\right)(jX_\phi)}{\frac{R_2}{s}+j(X_\phi+X_2)}$$

$$= \frac{\left(\frac{0.144}{0.02}+j0.209\right)(j13.25)}{\frac{0.144}{0.02}+j(13.25+0.209)} = 5.41+j3.11$$

等效電路之總阻抗為：

$$Z=(R_1+jX_1)+(R_f+jX_f)=(0.29+j0.5)+(5.41+j3.11)$$

$$=5.7+j3.61=6.75\angle 32.4^\circ \text{ [歐姆]}$$

每相至中性點之電壓V_1為：

$$V_1=\frac{220}{\sqrt{3}}=127 \text{ [伏]}$$

定子電流I_1為：

$$I_1=\frac{V_1}{Z}=\frac{127}{6.75}=18.8 \text{ [安]}$$

功率因數$=\cos 32.4^\circ = 0.844$ (落後)

同步速率：$n_s=\frac{120f}{P}=\frac{120\times 60}{6}=1200$ [rpm]

同步角速率：$\omega_s=\frac{4\pi f}{P}=\frac{4\pi\times 60}{6}=125.7$ [弧度／秒]

轉子速率：$n=(1-s)n_s=(1-0.02)\cdot(1200)=1176$ [rpm]

由式(3-21)

$$P_{g1}=q_1I_2^2\frac{R_2}{s}=q_1I_1^2R_f=(3)\cdot(18.8)^2\cdot(5.41)=5740 \text{ [瓦特]}$$

內部機械功率：

$$P=(1-s)P_{g1}=(0.98)(5740)=5630 \text{ [瓦特]}$$

輸出功率$=5630-403\fallingdotseq 5230$ [瓦特]或7 [馬力]

輸出轉矩$=\frac{\text{輸出功率}}{\frac{2\pi n}{60}}=\frac{5230}{\frac{2\pi\times 1176}{60}}=\frac{5230}{123}=42.52$ [牛頓-公尺]

定子銅損$=q_1I_1^2R_1=(3)(18.8)^2(0.294)=312$ [瓦特]

轉子銅損$=sP_{g1}=(0.02)(5740)=115$ [瓦特]

總損失＝定子銅損＋轉子銅損＋無載旋轉損

$= 312 + 115 + 403 = 830$ [瓦特]

輸入功率＝輸出功率＋總損失＝ $5230 + 830 = 6060$ [瓦特]

效率：$\eta = \dfrac{\text{輸出功率}}{\text{輸入功率}} = \dfrac{5230}{6060} = 0.863$ 或 86.3%

例 3-5

有一三相感應電動機，轉差率爲 1%時，轉部之銅損爲 100 瓦特，試求此電動機之內部機械功率爲若干？

解

由式(3-22)

$P_{c2} = sP_{g1} = 100$ [瓦]

$\therefore P_{g1} = \dfrac{100}{0.01} = 10000$ [瓦]

電動機之內部機械功率P為：

$P = (1-s)P_{g1} = (1-0.01)(10000)$

$= 9900$ [瓦特]或 13.27 [馬力]

例 3-6

有一 4 極 60Hz，5 馬力之三相感應電動機，已知其滿載轉子銅損爲 76.5 瓦特，試問此機滿載的轉速多少？

解

由式(3-22)

$P_{c2} = sP_{g1}$

$P_{g1} = P_{c2} + P = 76.5 + (746\times5)$

$= 3806.5$ [瓦特]

$\therefore s = \dfrac{P_{c2}}{P_{g1}} = \dfrac{76.5}{3806.5} = 0.02$ 或 2%

$n = (1-s)\cdot\dfrac{120f}{P} = (1-0.02)\times\dfrac{120\times60}{4}$

$= 1764$ [rpm]

3-6 運用戴維寧定理求轉矩及功率

若感應電動機的研討重點在求它的轉矩與功率時，應用戴維寧定理(Therenin's theorem)可大大地簡化其等效電路而求得結果。按戴維寧定理係將任一含有定電壓源的線性網路化簡成僅有一電壓源與一阻抗相串聯的電路代表之，如圖 3-19 所示；係把圖 3-19(a)一般的線性網路化簡爲如圖 3-19(b)所示之戴維寧等效電路。

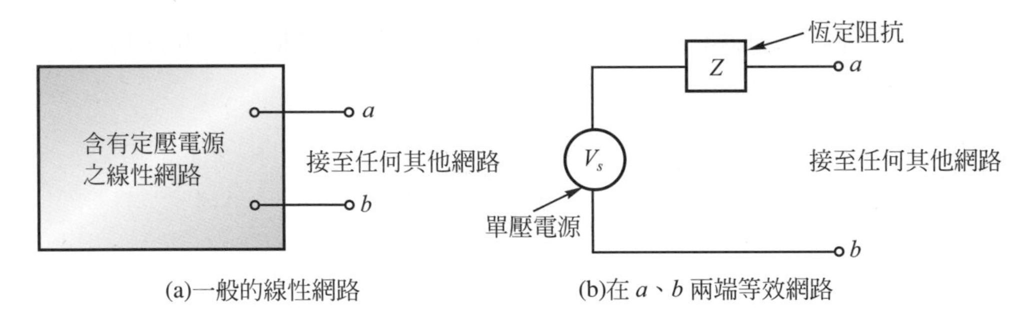

圖 3-19 戴維寧定理

在化簡時，通常將轉子之等效阻抗自圖 3-18 中移去，然後利用戴維寧定理來求得其等效電路。一般感應電動機在化簡前和化簡後之等效電路如圖 3-20 所示。則其a、b兩端之等值電壓爲$[V_1-I_1(R_1+jX_1)]$，但一般另表示如下：

$$V_{1a}=(I_\phi)(jX_\phi)=\left[\frac{V_1}{R_1+j(X_1+X_\phi)}\right](jX_\phi)$$
$$=V_1\cdot\frac{jX_\phi}{R_1+jX_{11}} \tag{3-28}$$

式中　V_1爲每相至中性點之電壓

X_ϕ爲磁化電抗

R_1爲定子繞組之電阻

$X_{11}=X_1+X_\phi$，是爲定子每相的自電抗

從a、b兩端點向電源看的等值阻抗，其化簡方法係先將圖 3-20(a)中的電源端短接，如圖 3-21 所示，再計算出定子阻抗與磁化電抗之並聯阻抗，即

$$Z_{Th}=R_{Th}+jX_{Th}=(R_1+jX_1)\text{與 } jX_\phi\text{ 並聯}=\frac{(R_1+jX_1)(jX_\phi)}{R_1+j(X_1+X_\phi)}$$
$$=\frac{(R_1+jX_1)(jX_\phi)}{R_1+jX_{11}} \tag{3-29}$$

式中：$Z_{Th} = R_{Th} + jX_{Th}$ 爲戴維寧的等值阻抗。然後將轉子之等效阻抗移回，如圖 3-22 所示是爲由戴維寧定理化簡後之感應電動機的等效電路。

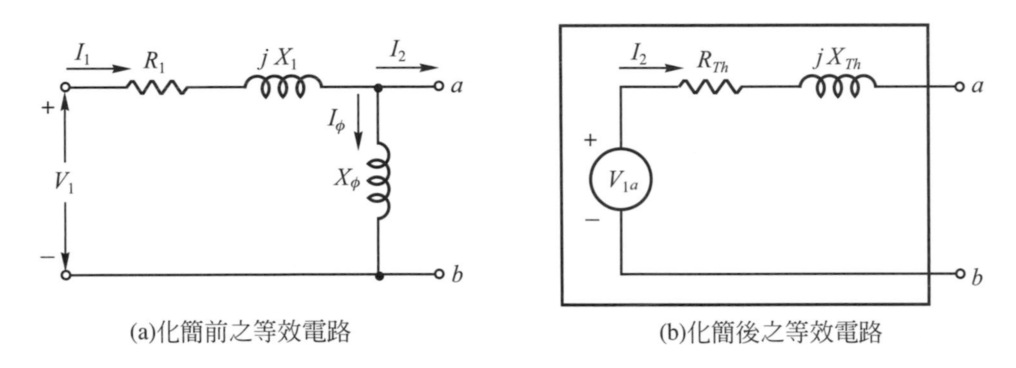

圖 3-20　化簡前和化簡後之等效電路

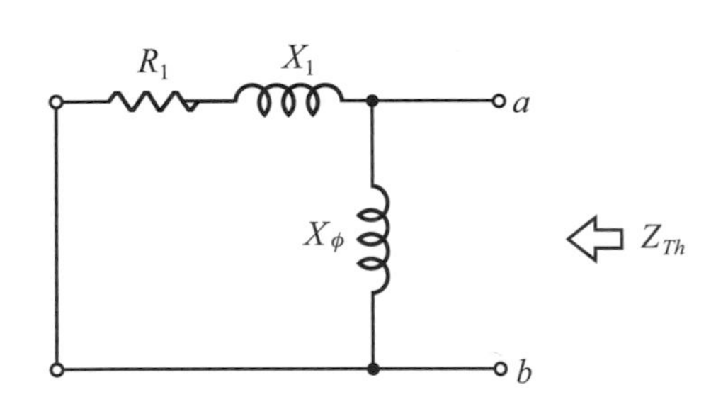

圖 3-21　戴維寧之等值阻抗求法

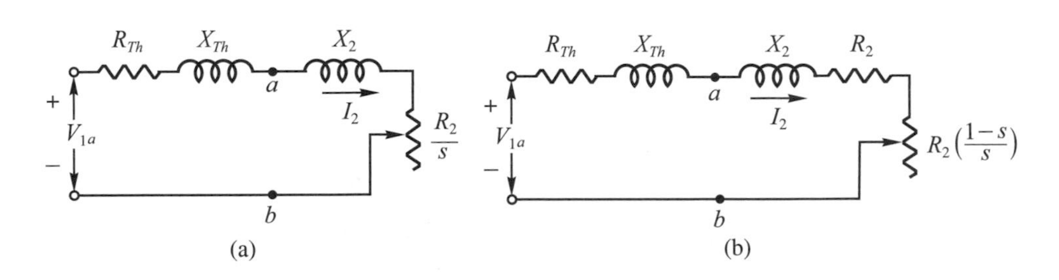

圖 3-22　利用戴維寧定理化簡後之感應電動機的等效電路

由圖 3-22(a)所示之等效電路，得

$$I_2 = \frac{V_{1a}}{\left(R_{Th} + \frac{R_2}{s}\right) + j\,(X_{Th} + X_2)} \tag{3-30}$$

或

$$|I_2| = \frac{V_{1a}}{\sqrt{\left(R_{Th} + \frac{R_2}{s}\right)^2 + (X_{Th} + X_2)^2}} \tag{3-31}$$

將式(3-31)代入式(3-23)中，得感應電動機的內機械功率爲：

$$\begin{aligned} P &= q_1 \cdot \left(\frac{V_{1a}}{\sqrt{\left(R_{Th} + \frac{R_2}{s}\right)^2 + (X_{Th} + X_2)^2}}\right)^2 \cdot \left[\frac{(1-s)\cdot R_2}{s}\right] \\ &= q_1 \cdot \left[\frac{V_{1a}^2}{\left(R_{Th} + \frac{R_2}{s}\right)^2 + (X_{Th} + X_2)^2}\right]\left[\frac{(1-s)\cdot R_2}{s}\right] \end{aligned} \tag{3-32}$$

將式(3-31)代入式(3-26)，則得感應電動機之轉矩爲：

$$T = \frac{q_1}{\omega_s} \cdot \frac{V_{1a}^2}{\left(R_{Th} + \frac{R_2}{s}\right)^2 + (X_{Th} + X_2)^2} \cdot \frac{R_2}{s} \tag{3-33}$$

一般感應機的“轉矩-速率曲線”(或稱轉矩—轉差曲線)如圖3-23所示，係分爲煞車區、電動機區及發電機區等三區域。

煞車區(braking region)——此區域是在$s = 1.0$到$s = 2.0$之間，它的功用是要使運轉中的電動機能夠迅速停止。若將三相電動機的電源線互調二條時，則其旋轉磁場便立即反向，而產生反向轉矩，電動機在反向轉矩影響下即停下來，並且在將開始反轉之前，把電源切斷，如此達到速停之目的，這就是所謂插入法(plugging)。

電動機區——此區域是在$s = 1.0$到$s = 0$之間。當電動機正常運轉時，其轉子轉動的方向係與定子磁場之旋轉方向相同，且速率是自零到同步速度(率)之間，那麼它的轉差率亦必在1～0之範圍內。

發電機區——此區域在$s < 0$，本區域係爲發電機作用的。即定子繞組接於電源上，而它的轉子由一原動機以高於同步速率來驅動之。因此，其轉差率爲負值。

依據例3-4與例3-7中的數據資料所繪出的電流、轉矩及功率對轉差率或百分同步速率之關係曲線，如圖3-24所示。從圖中可看出感應電動機的最大內機械功率P_{max}與最大內轉矩或稱崩潰轉矩(breakdown torque)T_{max}，兩者並非在同一速率下發生的。

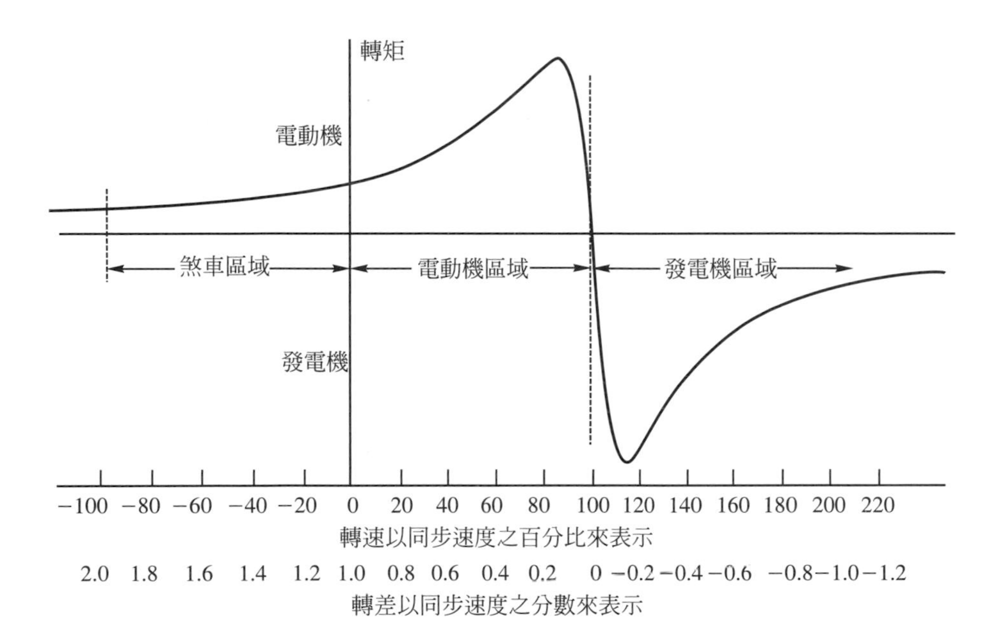

圖 3-23 感應電動機轉矩-轉差率曲線顯示煞車、電動機及發電機區域

由圖 3-22(a)等效電路中依阻抗匹配原理(impedance-matching principle)或最大功率傳送定理得知，當阻抗R_2/s等於「該阻抗與定電壓V_{1a}間」之阻抗時，R_2/s所吸收的功率為最大，即

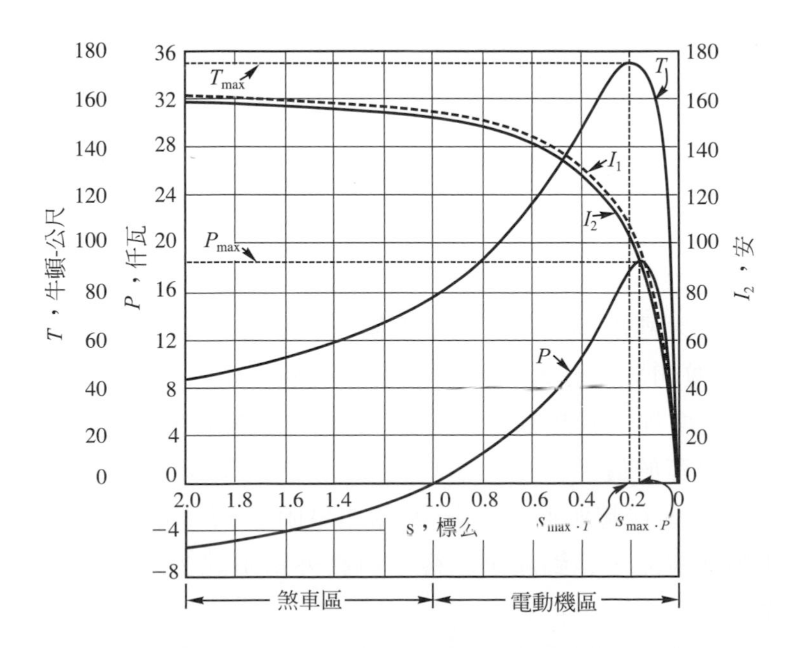

圖 3-24 例 3-4 與例 3-7 中的 10 馬力感應電動機計算轉矩、功率及電流之曲線

$$\frac{R_2}{s_{\max\cdot T}}=\sqrt{R_{Th}^2+(X_{Th}+X_2)^2} \tag{3-34}$$

由上式知，從定子經由氣隙轉移之總功率P_{g1}必爲最大，而$P_{g1}=T\cdot\omega_s$，因ω_s爲定值，故內轉矩T亦是最大的，因此上式中s加以標明"max · T"之符號，即爲"$s_{\max\cdot T}$"，以表示產生最大轉矩時之轉差率。由式(3-34)可求得產生最大轉矩時之轉差率，即

$$s_{\max\cdot T}=\frac{R_2}{\sqrt{R_{Th}^2+(X_{Th}+X_2)^2}} \tag{3-35}$$

將式(3-34)代入式(3-33)中，可得最大內轉矩爲：

$$\begin{aligned}T_{\max}&=\frac{q_1V_{1a}^2}{\omega_s}\cdot\frac{\sqrt{R_{Th}^2+(X_{Th}+X_2)^2}}{[R_{Th}+\sqrt{R_{Th}^2+(X_{Th}+X_2)^2}]^2+(X_{Th}+X_2)^2}\\&=\frac{q_1V_{1a}^2}{\omega_s}\cdot\frac{1}{\dfrac{2[R_{Th}\cdot\sqrt{R_{Th}^2+(X_{Th}+X_2)^2}+R_{Th}^2+(X_{Th}+X_2)^2]}{\sqrt{R_{Th}^2+(X_{Th}+X_2)^2}}}\\&=\frac{q_1V_{1a}^2}{\omega_s}\cdot\frac{1}{2[R_{Th}+\sqrt{R_{Th}^2+(X_{Th}+X_2)^2}]}\\&=\frac{q_1}{\omega_s}\cdot\frac{0.5V_{1a}^2}{R_{Th}+\sqrt{R_{Th}^2+(X_{Th}+X_2)^2}}\end{aligned} \tag{3-36}$$

由上式可獲下列三個結論：

1. 最大轉矩與電源電壓的平方成正比。
2. 增加定子電阻及定子和轉子的電抗，皆足以減低最大轉矩。
3. 最大轉矩與轉子電阻無關。

由式(3-35)及式(3-36)得知，在最大轉矩時之轉差率$s_{\max\cdot T}$直接與轉子電阻R_2成比例變化，但最大轉矩則與R_2之大小無關。換言之，若轉子電阻增加，僅能使$s_{\max\cdot T}$之值成比例增加，而最大內轉矩之值仍不變，如圖 3-25 所示。同時由圖中得知，若轉子電阻增加，其起動轉矩，即$s=1$時之轉矩亦會變動，若適當增加其值，能使起動轉矩等於最大轉矩，如圖 3-25 中之R_2''所示。因此，在一般繞線型轉子感應電動機中，在起動時，常插入外加電阻於轉子電路中，以增加起動轉矩，並可限制起動電流，等到起動之後，再將外電阻除去，故不影響感應電動機正常工作特性。

感應電動機在正常工作情況下，由零載至滿載，其轉差率之範圍約為 0 至 0.05，即其速率變化約在百分之五以內，因此感應電動機是為一定速電動機。同時應注意者，感應電動機之“轉矩-速率特性”曲線的實際運用部份，僅為由 $s=0$ 至 $s_{\max\cdot T}$ 間的一小線段，超過此一範圍，電動機即不能穩定工作。

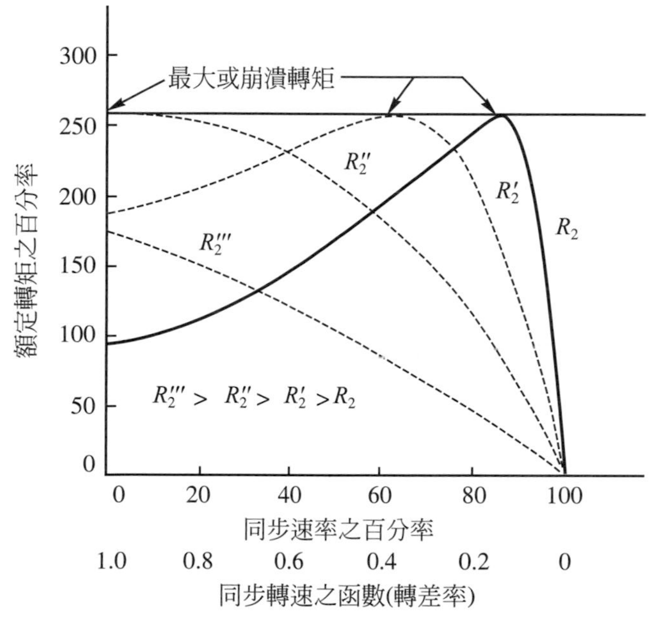

圖 3-25 感應電動機的轉子電阻變動之轉矩

例 3-7

設感應電動機與例題 3-4 相同，試求：

(1)當轉差率 $s=0.03$ 時，定子負載電流分量 I_2、內功率 P 及內轉矩 T 各若干？

(2)最大內轉矩與所對應之轉速各多少？

(3)起動時之內轉矩及定子負載電流 $I_{2,\text{start}}$？

解

由式(3-28)得：

$$V_{1a}=V_1\cdot\frac{jX_\phi}{R_1+jX_{11}}$$

$$=127\cdot\frac{13.25}{\sqrt{(0.294)^2+(13.75)^2}}=122.3\ [\text{伏}]$$

由式(3-29)得：

$$Z_{Th} = R_{Th} + jX_{Th}$$
$$= \frac{(R_1 + jX_1)(jX_\phi)}{R_1 + X_{11}}$$
$$= \frac{(0.294 + j0.503)(j13.25)}{0.294 + j13.75}$$
$$= 0.273 + j0.49 \text{ [歐姆]}$$

(1)當$s = 0.03$時；$\frac{R_2}{s} = 4.80$，由式(3-31)得：

$$I_2 = \frac{122.3}{\sqrt{(5.07)^2 + (0.669)^2}} = 23.9 \text{ [安]}$$

由式(3-26)得：

$$T = \frac{1}{125.6}(3)(23.9)^2(4.80) = 65.5 \text{ [牛頓-公尺]}$$

由式(3-23)得：

$$P = (3)(23.9)^2(4.80)(0.97) = 7970 \text{ [瓦特]}$$

同理可求得各種不同s值之電流、轉矩及功率等之值，繪成　如圖3-24之曲線圖。

(2)由式(3-35)得：

$$s_{\max \cdot T} = \frac{0.144}{\sqrt{(0.273)^2 + (0.699)^2}} = \frac{0.144}{0.750} = 0.192$$

在最大轉矩時之轉速為

$$n = (1 - 0.192)(1200) = 970 \text{ [rpm]}$$

由式(3-36)求得最大內轉矩為：

$$T_{\max} = \frac{1}{125.6} \times \frac{(0.5)(3)(122.3)^2}{0.273 + 0.750} = 175 \text{ [牛頓-公尺]}$$

(3)當啟動時，$s = 1$，設R_2不變，則

$$\frac{R_2}{s} = R_2 = 0.144 \text{ [歐姆]}；R_{Th} + \frac{R_2}{s} = 0.417 \text{ [歐姆]}$$

$$I_{2,\text{ start}} = \frac{122.3}{\sqrt{(0.417)^2 + (0.699)^2}} = 150.5 \text{ [安]}$$

$$T_{\text{start}} = \frac{1}{125.6}(3)(150.5)^2(0.144) = 78.0 \text{ [牛頓-公尺]}$$

例 3-8

一部三相、220 伏特、60Hz、6 極、Y 連結感應電動機，其每相常數爲：$R_{Th} = R_2 = 0.08$歐姆，$X_{Th} = X_2 = 0.3$歐姆。試求最大轉矩時之轉差率多少？

解

最大轉矩時之轉差率為：

$$s_{\max \cdot T} = \frac{0.08}{\sqrt{(0.08)^2 + (0.6)^2}} = \frac{0.08}{0.605}$$

$$= 0.132 \text{ 或 } 13.2\%$$

3-7 損失及效率

3-7.1 損　失

如第 2-1 節所述，輸入到電動機的電能藉磁場耦合作用，將轉變爲機械能，以驅動機械負載，然而能量在轉換過程中，有一小部份的能量會變成熱量而逸去。對於三相電動機之作用亦是不例外的，如圖 3-26 所示爲它的功率流程圖。

由圖 3-26 中得知，三相電源自感應電動機的定子繞組輸入，當電流通過定子繞組時，則必產生定子銅損，即爲$I_1^2R_1$損失，又有些功率在定子鐵心內因磁滯和渦流而產生鐵損。其大部份的功率經由氣隙傳送到轉子上，即是氣隙功率P_{g1}。功率經送達轉子後，其中一小部份變成爲轉子銅損，就是$I_2^2R_2$，剩下的功率就被轉變成機械功率P，並再扣除摩擦損、風阻損及雜散損等，最後所剩餘者就是電動機的輸出功率P_{out}。

綜合以上所述，感應電動機之損失如表 3-1 所示。

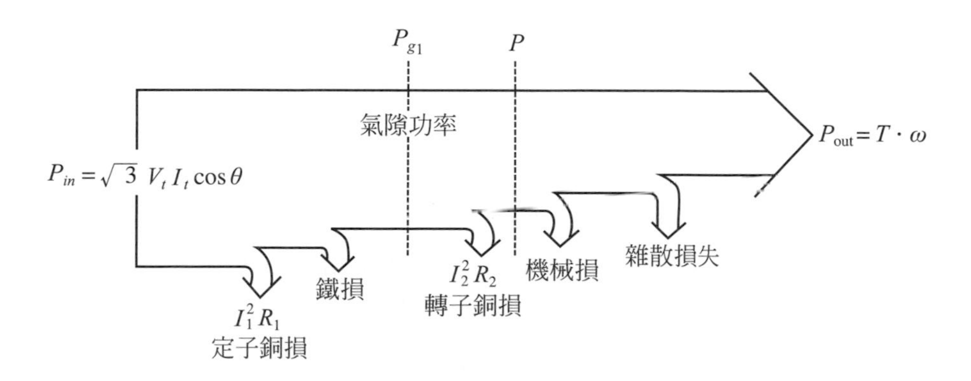

圖 3-26　感應電動機的功率流程圖

表 3-1　感應電動機之損失

損失種類	說明	備註
銅損	(1)定子銅損，即$I_1^2R_1$ (2)轉子銅損，即$I_2^2R_2=sP_{g1}$	有效電阻係用 75℃計算的直流電阻，即 $R=\frac{234.5+75℃}{234.5+室溫}\cdot R_{DC}$
鐵損	定子與轉子均會產生磁滯損與渦流損，合稱爲鐵損	由於感應電動機以接近同步轉速的速率轉動，其轉差率s甚小，故轉子鐵損比定子鐵損小得多。
機械損	(1)軸承摩擦損。 (2)電刷摩擦損。(繞線型) (3)風阻損。	此項損失不易計算求得，須靠試驗來決定之。在無載試驗時，其輸入功率包括鐵損、機械損及少量銅損，因s甚小，轉子銅損可忽略不計。故扣除定子銅損，剩下爲鐵損與機械損，便稱爲無載旋轉損。
雜散損失	由於負載電流而引起磁通分佈的變化以及導體內集膚效應(skin effect)等所產生。	雜散損失約爲總輸出功率之 0.5～1.5%。

3-7.2 效　率

電機之效率η係爲其輸出功率P_{out}與輸入功率P_{in}之比值，即

$$\eta=\frac{P_{out}}{P_{in}} \tag{3-37}$$

感應電動機的效率可利用測力計(dynamometer)測得它的輸出功率而求得。但對於大型電動機，因購置測力計並不便宜，另可採用測定損耗的方法來計算其效率。設總損失爲P_{loss}，則效率η爲：

$$\eta=\frac{P_{in}-P_{loss}}{P_{in}}=1-\frac{P_{loss}}{P_{in}} \tag{3-38}$$

例 3-9

一部 480 伏特，50 馬力三相感應電動機在 0.85 落後功因時，其定子電流爲 60 安培，定子銅損爲 2000 瓦特，轉子銅損爲 700 瓦特，摩擦和風阻損爲 600 瓦特，鐵損爲 1800 瓦特，若雜散損失忽略不計。試求：

(1)經由氣隙送達轉子的總功率P_{g1}爲多少？

(2)該電動機之總損失P_{loss}多少？

(3)輸出功率P_{out}多少？

(4)該電動機的效率多少？

解

輸入功率為：

$P_{in}=\sqrt{3}V_l I_l \cos\theta=\sqrt{3}\cdot(480)\cdot(60)(0.85)\fallingdotseq 42.4$ [仟瓦]

(1)經由氣隙送達轉子的總功率P_{g1}為：

$P_{g1}=P_{in}-$定子銅損$-$鐵損$=42400-2000-1800=38600$ [瓦特]

(2)該電動機之總損失P_{loss}為：

$P_{loss}=2000+700+600+1800=5100$ [瓦]

(3)輸出功率P_{out}為：

$P_{out}=P_{in}-P_{loss}=42400-5100=37300$ [瓦]

(4)該電動機的效率η為：

$$\eta=\frac{P_{out}}{P_{in}}=\frac{37300}{42400}=0.88 \text{ 或 } 88\%$$

$$\text{或}\eta=1-\frac{P_{loss}}{P_{in}}=1-\frac{5100}{42400}=1-0.12=0.88$$

3-8 鼠籠型感應電動機依轉矩特性之分類

爲了配合工業上之需要，現有的三相鼠籠型電動機在不同之電壓及轉速下，它的輸出容量高達 200 馬力。依據國際電工製造協會(即 NEMA)之規定，鼠籠型感應電動機可分爲A、B、C及D四種設計類型。此四種電動機之轉子槽的構造，如圖 3-27 所示，而有關它們的特性簡述如下：

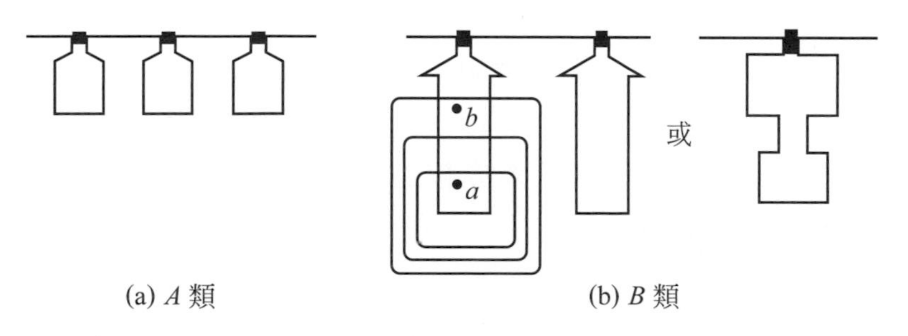

圖 3-27 鼠籠型感應電動機依轉矩特性分類之轉子槽的構造

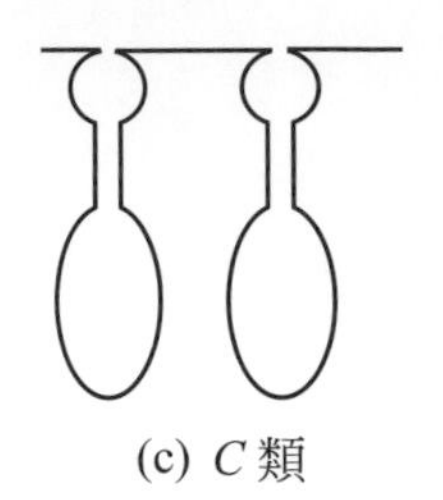

(c) *C* 類

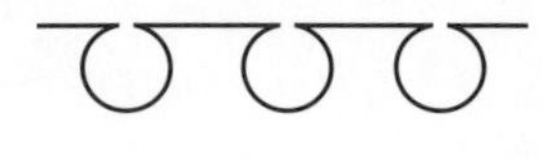

(d) *D* 類

圖 3-27　鼠籠型感應電動機依轉矩特性分類之轉子槽的構造(續)

1. *A*類設計

　　此型電動機爲：正常起動轉矩，正常起動電流，低轉差率。此型設計通常爲低電阻單鼠籠轉子電動機，其運轉特性優良，但在額定電壓起動時之電流大約爲額定電流之五至八倍，凡 7.5 馬力以上之此型電機，均須用起動補償器以降低電壓起動。最大轉矩常超過滿載轉矩的200%，最大轉矩時之轉差率多在 0.2 以下。

2. *B*類設計

　　此型電動機爲：正常起動轉矩、低起動電流、低轉差率。此型設計通常爲雙鼠籠或窄深導棒式轉子。其起動轉矩與*A*類很接近，但起動電流則較*A*類爲小，可直接用額定電壓起動之電機，體型亦較*A*類者爲大。其運轉特性良好與*A*類型相似。但由於漏磁電抗較高，功率因數稍低，其最大轉矩約爲滿載轉矩之 200%。此型電動機之容量多在 7.5～200 馬力。主要用於定速驅動且不需太大起動轉矩之設備。例如電扇、送風機及抽水機等。

3. *C*類設計

　　此型電動機爲：高起動轉矩、低起動電流。此型設計通常爲雙鼠籠型轉子，其轉子電阻較*B*類爲高。因轉子電阻較高，故起動特性良好，但運轉時之效率較低而轉差率亦較*A*、*B*類者爲大，此型電動機多用於驅動壓縮與運輸等裝置。

4. *D*類設計

　　此型電動機爲：高起動轉矩、高轉差率。此型設計通常爲單鼠籠高電阻轉子。能在低起動電流情況下產生特高之起動轉矩。最大轉矩時之轉差率在 0.5 至 1.0 之間，但滿載轉差率高，運轉效率低。多用於有高度衝擊性之負載，如鑽孔機及截斷機等。如圖 3-28 爲以上各類型電動機之「轉矩-速率特性曲線」圖。

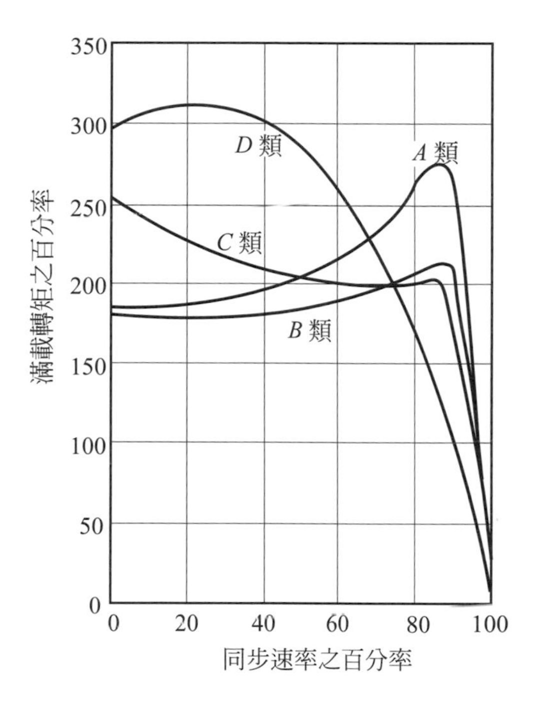

圖 3-28　一般用途之 1800rpm 感應電動機之代表性的轉矩-速率特性曲線

3-9　特殊鼠籠型感應電動機

感應電動機若欲得良好的運轉特性時，則它的轉子電阻宜低；又欲得高的起動轉矩，則轉子電阻宜高。為求兩者兼顧，有一種方法可使轉子電阻隨速率而自動變化。因電動機在靜止時其轉子電流之頻率等於定子電源之頻率，而在正常運轉時轉子頻率常降低至甚小，約 2～3Hz。若採用適當的導體形狀和安置方法，即可使在 60Hz 時的轉子有效電阻較在 2～3Hz 時高數倍，通常是利用槽漏磁通的電感效應影響轉子導體中之電流分佈。

1. 深槽鼠籠轉子(deep-slot rotor)

   此型電動機之轉子槽形與漏磁通之情形，如圖 3-29 所示。它的形狀深且窄，圖中各閉合虛線表示由於導體中電流所生槽漏磁通之分佈情形。今設想此窄深導體係由無限多層數的不同深度的導體所組成，各層導體形成電的並聯。由於底層導體所交鏈的漏磁通較上層者為多，故底層導體的漏磁電感必較上層者為大。當導體中電流為交流電時，則上層的電感抗較下層者為小，故上層的電流密度較下層者為大。由於電流的分佈不均勻結果使全導體的有效電阻升高而有效電感亦略為降低。但此種電流分佈不均匀的現象，又與轉子電流頻率或轉子速率有關。當起動時轉子電流之頻率甚高，電流多聚集於導體之上層，使有效面積減少，故電阻增加。俟起動後速率漸升，則轉子頻率逐降低，電流之分佈亦逐漸趨近於均匀，因此轉子有效電阻逐漸減少，至正常速率時即接近於直流電阻。

此種深槽鼠籠轉子電動機之「轉矩-轉差率特性」與高電阻轉子及低電阻轉子比較如圖 3-30 所示。

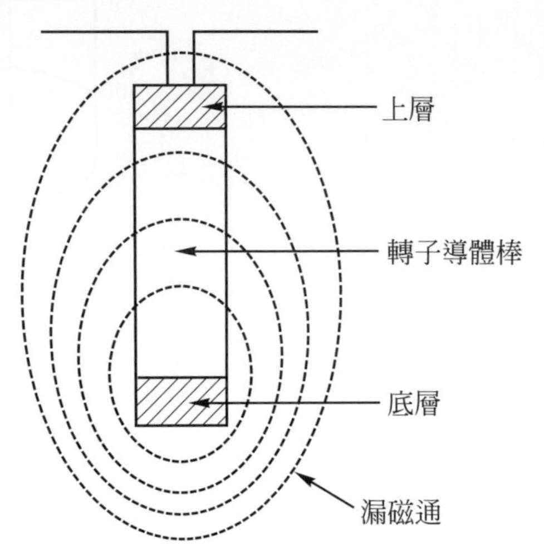

圖 3-29 深槽鼠籠轉子之導體與其槽漏磁通分佈情形

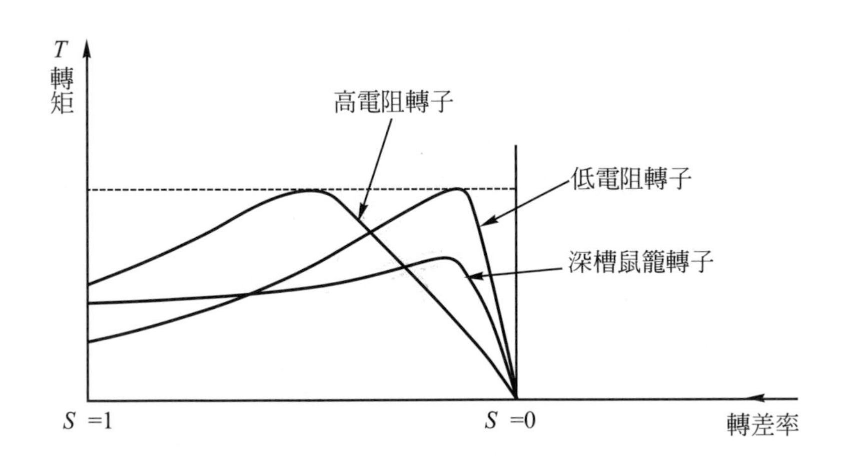

圖 3-30 深槽鼠籠轉子電動機之轉矩-轉差率特性曲線

2. 雙鼠籠轉子(double-cage rotor)

如圖 3-31 所示爲此型電動機之轉子的槽與其槽漏磁通之分佈情形，其轉子導體分爲兩層，上層A導體之截面積較小，係爲電阻係數較大的黃銅棒。底層B導體則截面積較大而採用電阻係數較小的銅棒製成。又由圖中的磁通鏈分佈，A導體的電阻大、電抗小；B導體則相反。

這A、B兩層導體相互平行，而在同一旋轉磁場中，它們產生相同的感應電勢。但通過A、B兩導體的電流與其阻抗是成反比的。

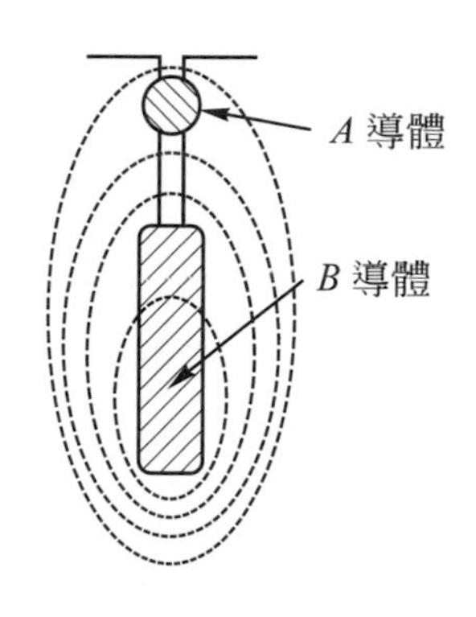

圖 3-31　雙鼠籠轉子之槽漏磁通分佈情形

當電動機靜止不動時，轉差率$s=1$，轉子頻率 $f_r=f_1$ ，則上層A導體的電抗與阻抗爲：

$$X_{2A}=2\pi f_1 L_{2A} \tag{3-39}$$

$$Z_{2A}=R_{2A}+jX_{2A} \tag{3-40}$$

而底層B導體的電抗與阻抗爲

$$X_{2B}=2\pi f_1 L_{2B} \tag{3-41}$$

$$Z_{2B}=R_{2B}+jX_{2B} \tag{3-42}$$

因$L_{2B}>L_{2A}$　(3-43)

則$X_{2B}>X_{2A}$　(3-44)

此時，電抗比電阻大得很多，故$Z_{2B}>Z_{2A}$，則其轉子電流爲：

$$I_{2A}=\frac{E_2}{Z_{2A}}>I_{2B}=\frac{E_2}{Z_{2B}} \tag{3-45}$$

由式(3-45)得知，電動機在起動瞬間，轉子電流大部份經由上層A導體，然上層A導體因電阻大而漏電抗小，使其起動特性宛如一具有高電阻轉子的電動機一樣。

當電動機的速率相當高時，轉差率s很小，轉子頻率 $f_r=sf_1$ 亦非常小，此時電抗$X_{2A}=2\pi sf_1 L_{2A}$及$X_{2B}=2\pi sf_1 L_{2B}$都很小，而對電流的分配影響不大，可忽略不計，則

$$Z_{2B}\doteqdot R_{2B}<Z_{2A}=R_{2A} \tag{3-46}$$

因此

$$I_{2B}=\frac{sE_2}{Z_{2B}}>I_{2A}=\frac{sE_2}{Z_{2A}} \tag{3-47}$$

由上式知，雙鼠籠轉子電動機在正常運轉時，轉子電流大部份經由底層B導體，然B導體的電阻很小，故其銅損很小，可獲得較高的效率。

如圖 3-32 所示爲雙鼠籠轉子電動機的轉矩-速率特性曲線，可視爲內鼠籠轉子和外鼠籠轉子兩電動機特性之和。

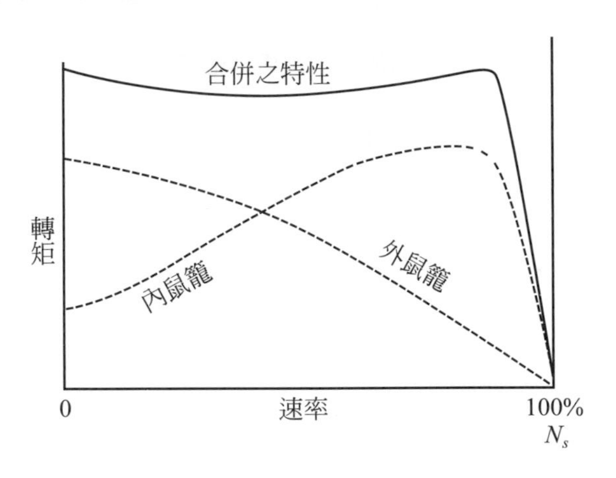

圖 3-32　雙鼠籠轉子電動機的轉矩-速率特性曲線

3-10　三相感應電動機之起動

感應電動機起動時須具備的條件有二：(1)起動轉矩大，(2)起動電流小。起動時因$s=1$，則由第 3-6 節戴維寧等電路可得起動電流I_s爲：

$$I_s=\frac{V_{1a}}{\sqrt{(R_{Th}+R_2)^2+(X_{Th}+X_2)^2}} \tag{3-48}$$

而起動轉矩T_s爲：

$$T_s=\frac{3}{\omega_s}\cdot I_s^2R_2=\frac{3}{\omega_s}\cdot\frac{V_{1a}^2\cdot R_2}{(R_{Th}+R_2)^2+(X_{Th}+X_2)^2} \tag{3-49}$$

由式(3-48)知，減少起動電流的方法有(1)降低電源電壓，(2)增加定子電路的電阻或電抗，(3)增加轉子電路的電阻或電抗。其中以增加轉子的電阻之方法最佳，因其不但可限制起動電流，並且能夠產生最大之起動轉矩。通常繞線型電動機均採用此法。然鼠籠型電動機，由於轉子內部已短路，無法再串接電阻，惟有用其他方法。關於它們的起動方法分別研討如下：

1. 繞線型感應電動機之起動

此型電動機在起動時，轉子電路應串接多少電阻呢？這必須視實際需要來決定。起動時若要獲得最大起動轉矩，則所加的電阻R_x要符合下式的關係：

$$s_{\max \cdot T}=\frac{R_2+R_x}{\sqrt{R_{Th}^2+(X_{Th}+X_2)^2}}=1 \tag{3-50}$$

即 $$R_x=\sqrt{R_{Th}^2+(X_{Th}+X_2)^2}-R_2 \tag{3-51}$$

如圖3-37(a)所示爲繞線型電動機之人工起動法，它的起動電流被限制在額定值之1.5～1.8倍，而其所對應之轉矩-速率特性，如圖3-33(b)所示。

2. 鼠籠型電動機之起動

鼠籠型電動機視其容量大小，它的起動方法有三：⑴全壓起動，⑵降壓起動及⑶部份繞組起動。

⑴ 全壓起動法：小型電動機之轉動慣量低，速率上昇快，瞬間的起動電流不致太大，而且對於供電線路的電壓下降不生干擾時，可直接以全壓起動。採用此法較採用降壓起動者有更大的起動轉矩。

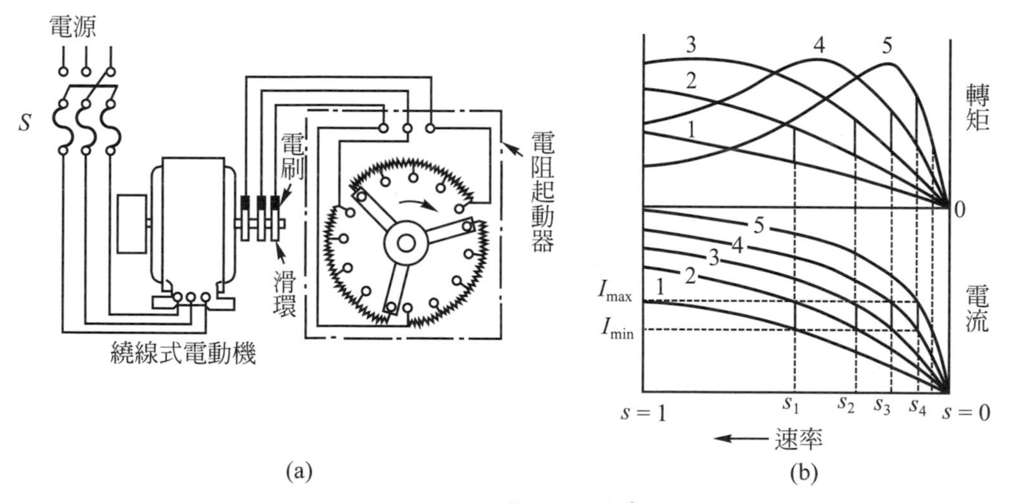

圖 3-33 繞線式電動機之起動

⑵ 降壓起動法

① Y-△降壓起動法：係在起動時將定子繞組先接成Y連結，則加在每相繞組的電壓只有線路電壓的$1/\sqrt{3}$倍，故可減小起動電流。等電動機加速以後，再將定子繞組改接成△連結，承受全部電源電壓，達到正常運轉速率爲止。此方式之最大特點爲無須其他特別的起動裝置，僅將定子繞組六條出線端，利用開關予以變換即可，故爲降壓起動方式中最經濟和普遍使用之方法。

如圖 3-34 所示爲 Y-△起動電流之比較，設電源端電壓爲V，每相繞組之阻抗爲Z_{sc}，若直接以△起動時，則

起動之每相電流，$I_{sc} \doteq \dfrac{V}{Z_{sc}}$ (3-52)

起動之線電流，$I_s(d) = \sqrt{3} I_{sc}$ (3-53)

起動轉矩，$T_d = kV^2$

Y 連接起動時：

起動之線電流，$I_s(y) = \dfrac{\frac{V}{\sqrt{3}}}{Z_{sc}} = \dfrac{1}{\sqrt{3}} I_{sc}$ (3-54)

起動轉矩，$T_y = k \cdot (\dfrac{V}{\sqrt{3}})^2$

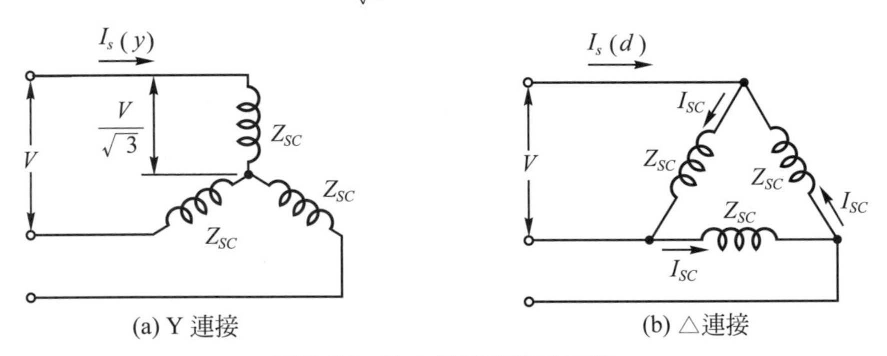

圖 3-34　Y-△起動電流之比較

故

$$\frac{I_s(y)}{I_s(d)} = \frac{\frac{I_{sc}}{\sqrt{3}}}{\sqrt{3}\, I_{sc}} = \frac{1}{3}\text{，}\frac{T_y}{T_d} = \frac{k(\frac{V}{\sqrt{3}})^2}{kV^2} = \frac{1}{3} \quad (3\text{-}55)$$

因此，在起動時，Y 連接之電流爲△連結之 1/3 倍，Y 連接時之轉矩也爲△連接時轉矩之 1/3 倍，如圖 3-35 所示爲此起動法之電流及轉矩之特性曲線。由於起動轉矩僅爲直接起動時之 33%左右，所以，不適宜使用於重負載的起動。

如圖 3-36 所示係以閘刀開關作爲感應電動機之Y-△起動的接線圖。

② 定子電路串聯電阻降壓起動法：當起動一鼠籠型轉子感應電動機時，可在電源與電動機之間串聯一電阻器，以限制起動電流至一適當數值，待電動機完成加速以後，再將此等電阻短接，使電動機在全電壓下繼續運轉。此起動較補償器法的效率低，但能得到圓滑的加速與較高的功率因數。

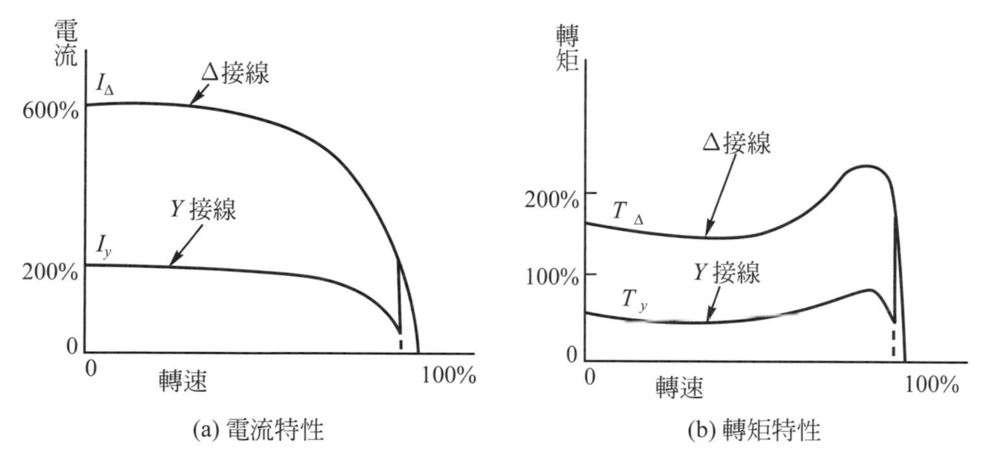

圖 3-35 Y-△起動之電流與轉矩特性

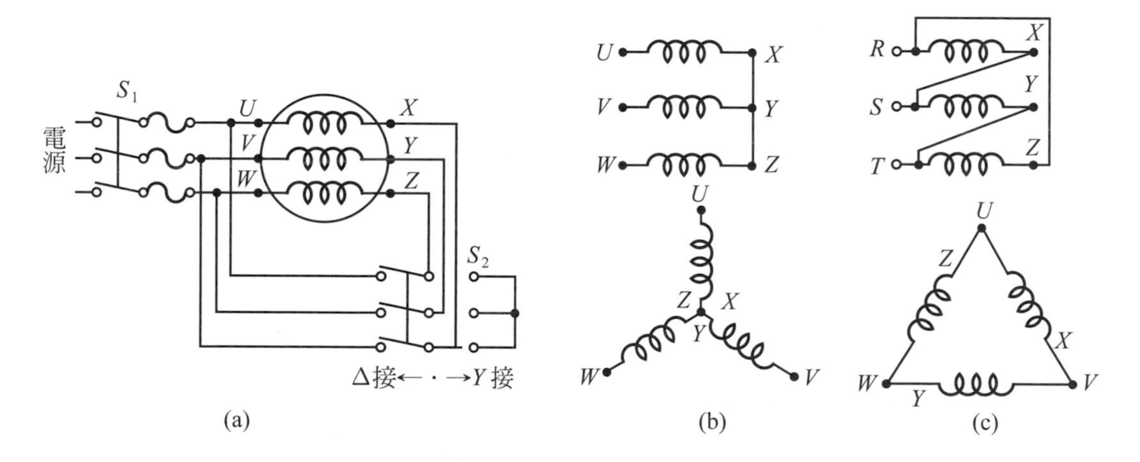

圖 3-36 用閘刀開關作為 Y-△起動之接線圖

③ 補償器(compensator)降壓起動法：此法係利用三相自耦變壓器作Ｙ連接，或二具自耦變壓器作V連接，以降低電壓方式來起動電動機。在普通的補償器(即自耦變壓器)上，備有二個或三個分接頭，通常為50%、65%、80%。以便在起動時，可在電動機上施以不同的電壓。

④ 電抗器降壓起動法：此起動法係與電阻器降壓起動法相同，在電源與電動機之間串接的電阻器改用電抗器。兩者之目的均爲降低電壓來起動電動機的。但因起動時電動機均爲輕載或無載的狀況，故其功率因數相當的低，並且所需費用較高。

(3) 部份繞組起動法：當定子繞組可以分成相等的二部份，在起動時，兩繞組中的一部份先連接到電源上，然後起動而運轉，待加速完成後，再將另一部份繞組也與第一部份繞組相並聯而接到電源上，以便正常運轉。

本起動法如圖 3-37 所示，當起動按鈕按下時，$\textcircled{M_1}$ 激磁，M_{1a} 閉合自保，接點 M_1 閉合使繞組的一部份接受電壓；同時 (TR) 激磁，開始計時。等到電動機加速至全速時，所設定的時間到，令接點 T.C. 閉合，$\textcircled{M_2}$ 激磁，接點 M_2 閉合，將繞組的另一部份與前面一部份並聯起來作正常運轉。

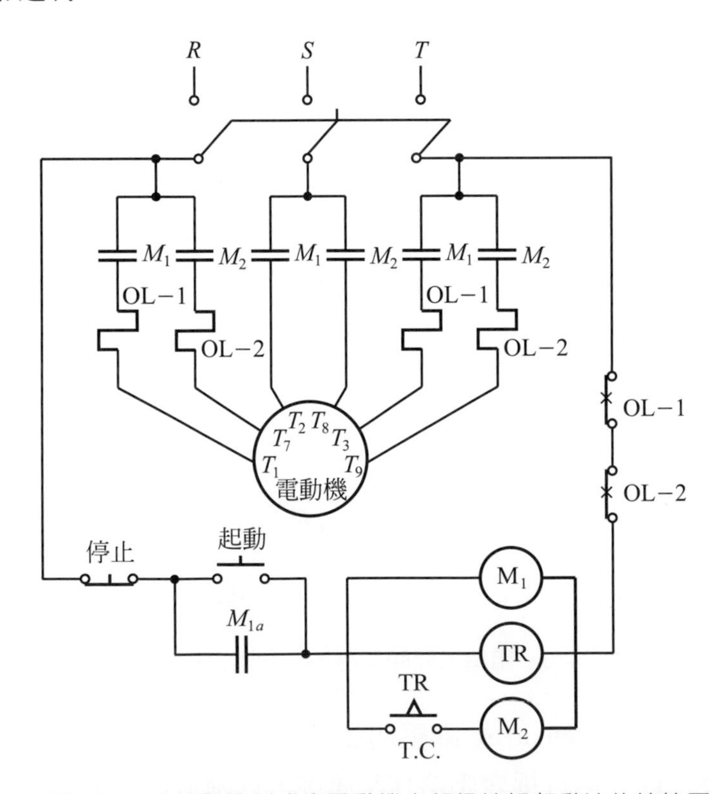

圖 3-37 三相鼠籠型感應電動機之部份繞組起動法的接線圖

例 3-10

有一部 10 馬力之三相電動機，以額定電壓 220 伏特起動時，起動電流 150 安，起動轉矩為 78 牛頓-公尺。若使用Y-△降壓起動時，試求其起動電流與起動轉矩為多少？

解

$I_s(d)=150$ 安　$T_d=78$ 牛頓-公尺

則$I_s(y)=\frac{1}{3}\cdot I_s(d)=\frac{150}{3}=50$ [安]

$T_y=\frac{1}{3}\cdot T_d=\frac{1}{3}\times 78=26$ [牛頓-公尺]

例 3-11

有一 5.5 仟瓦之三相感應電動機，以額定電壓 220 伏特起動時，起動電流為 120 安，起動轉矩為 180%。若以補償器方法起動，如接於 50%之分接頭時，試求其起動電流及起動轉矩各為多少？

解

$a=\frac{220}{220\times 0.5}=2$

電動機之起動電流：$I_m=\frac{1}{a}\cdot I=\frac{1}{2}\cdot 120=60$ [安]

線路之起動電流：$I_s=\frac{120}{2^2}=30$ [安]

起動轉矩：$T_s=\frac{180\%}{2^2}=45\%$

例 3-12

有一部5馬力，3相，4極，60Hz，220伏，Y 接繞線型感應電動機，以定子爲基準每相換算的電阻和電抗如下：

$R_{Th}=R_2=0.12$ 歐姆　$X_{Th}=X_2=0.2$ 歐姆

欲使$s=1$，1/2，1/4 各點均達最大轉矩，試問在以上各點附近應串接多少等值電阻？

解

由式(3-73)得：

$s=1$時，

$$R_{x(1)}=\sqrt{R_{Th}{}^2+(X_{Th}+X_2)^2}-R_2$$
$$=\sqrt{0.12^2+0.4^2}-0.12$$
$$=0.2976\ [歐]$$

$s=\dfrac{1}{2}$時，

$$R_{x\left(\frac{1}{2}\right)}=\frac{1}{2}\sqrt{R_{Th}{}^2+(X_{Th}+X_2)^2}-R_2$$
$$=0.209-0.12$$
$$=0.089\ [歐]$$

$s=\dfrac{1}{4}$時，

$$R_{x\left(\frac{1}{4}\right)}=\frac{1}{4}\sqrt{R_{Th}{}^2+(X_{Th}+X_2)^2}-R_2$$
$$=0.104-1.2<0$$

故$s=\dfrac{1}{4}$時，無法獲得最大轉矩

3-11 三相感應電動機的速度控制

在第3-2節已提及三相感應電動機的轉子速率n爲：

$$n=(1-s)n_s=(1-s)\cdot\frac{120f}{P} \tag{3-56}$$

式中：　s爲轉差率

f爲電源之頻率

P爲極數

由此式可知，電動機的速度是隨電源之頻率 f、極數P或轉差率s變動而改變。欲改變頻率或極數時，須從定子方面著手；若要改變轉差率則由轉子方面實施，因此三相感應電動機的速度控制歸納如下：

1. 定子方面的控速方法
   (1) 改變外加電壓
   (2) 改變電源之頻率
   (3) 改變極數
2. 轉子方面的控速方法
   (1) 轉子電路中串接電阻
   (2) 加一電勢於轉子電路中
   (3) 二電動機作串聯運用

一、改變外加電壓

由式(3-33)之轉矩公式，得

$$T=\frac{q_1}{\omega_s}\cdot\frac{V_{1a}^2}{\left(R_{Th}+\frac{R_2}{s}\right)^2+(X_{Th}+X_2)^2}\cdot\frac{R_2}{s}$$
$$=KV_{1a}^2=K'V_1^2 \tag{3-57}$$

式中V_1為輸入到定子繞組的相電壓，因此轉矩T與電源電壓V_1的平方成正比。若當電壓改變時，則其轉矩亦改變，因此可改變電動機的速度。如圖 3-38 所示之兩種轉矩-速率特性，設負載特性如圖中虛線情形，當電壓減半時，轉速將會自n_1降到n_2。

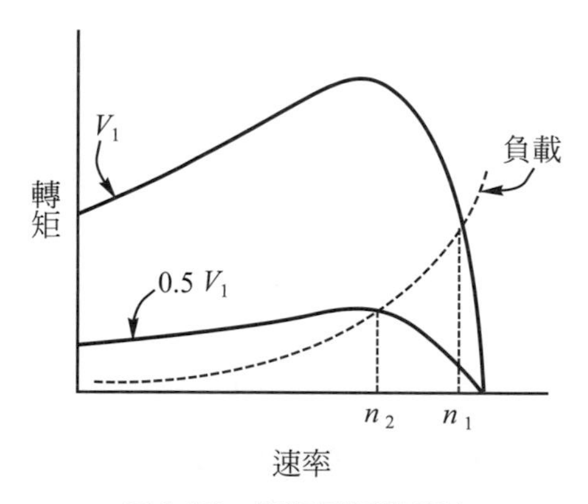

圖 3-38　電源電壓控速法

一般小型鼠籠型轉子之電動機，如驅動風扇之感應電動機，大都採用這種方式。然這種方式的速率控制範圍不大，而且電動機電流很容易超過額定值。

二、改變電源之頻率

一感應電動機之同步速度可由電源頻率之變化來控制。但僅改變頻率以控制速度時，對於電動機的轉矩會不穩定，係因

$$V_1 \doteqdot E_1 = 4.44 f N_{ph} k_w \cdot \phi_{sr} \tag{3-58}$$

通常電源電壓V_1值均保持不變，當頻率 f 增加時，則由式(3-80)得知，合成磁通ϕ_{sr}必會減少，將促使轉矩T亦減少，因此導致該電動機轉矩的不穩。所以，為了磁通ϕ_{sr}值不受影響，通常是使頻率f與電壓V_1同時成比例變化來控制速率。

當頻率與電壓成比例變化時，對正常負載的速率有何影響？由於感應電動機在正常運轉時，其轉差率s甚小，故$R_2/s \gg R_{Th}$，及$R_2/s \gg (X_{Th}+X_2)$，則式(3-30)可表示為：

$$I_2 = \frac{V_{1a}}{\left(R_{Th}+\dfrac{R_2}{s}\right)+j\,(X_{Th}+X_2)} \doteqdot V_{1a} \cdot \frac{s}{R_2} \tag{3-59}$$

將式(3-59)代入式(3-26)中，得

$$\begin{aligned} T &\doteqdot \frac{1}{\omega_s} \cdot q_1 \cdot V_{1a}^2 \cdot \frac{s}{R_2} \\ &= \frac{1}{\omega_s} \cdot q_1 \cdot (KV_1^2) \cdot \frac{1}{R_2} \cdot \frac{\omega_s-\omega}{\omega_s} \\ &\doteqdot \frac{1}{{\omega_s}^2}\, q_1 \cdot KV_1^2 \cdot \frac{1}{R_2} \cdot (\omega_s-\omega) \\ &\doteqdot \frac{V_1^2}{\left(\dfrac{2}{P}\cdot 2\pi f\right)^2} \cdot q_1 \cdot K \cdot \frac{(\omega_s-\omega)}{R_2} \\ &\doteqdot K' \cdot \left(\frac{V_1}{f}\right)^2 \cdot (\omega_s-\omega) \doteqdot K'' \left(\frac{V_1}{f}\right)^2 \cdot (n_s-n) \end{aligned} \tag{3-60}$$

設頻率改變時，電壓V_1亦隨著變動，即$V_1/f=$常數，則式(3-60)為：

$$T = K''' \cdot (n_s-n) \tag{3-61}$$

由上式顯示，V_1/f 改變時，其轉矩-轉差率曲線如圖3-39所示，當電壓及頻率改變為V_1'，f'及V_1''，f''時，其轉速n降至n'或n''。欲獲得有效而又經濟之可調頻率與電壓的電源，目前市面上係使用固態頻率變換器。另亦可用繞線轉子之感應電動機作頻率變換機。

三、改變極數

感應電動機的轉速與定部極數成反比，因此變更極數即可控制電動機的轉速。在繞線型轉子感應電動機中，變更定子繞組的極數必須同時變更轉子繞組的極數，否則必有若干轉子導體產生負轉矩。而鼠籠型轉子可認爲具有任何數目的變極，故控制其速率時，可以採用變更定子極數的方法，無須顧及改變轉子連接的額外困難情形。

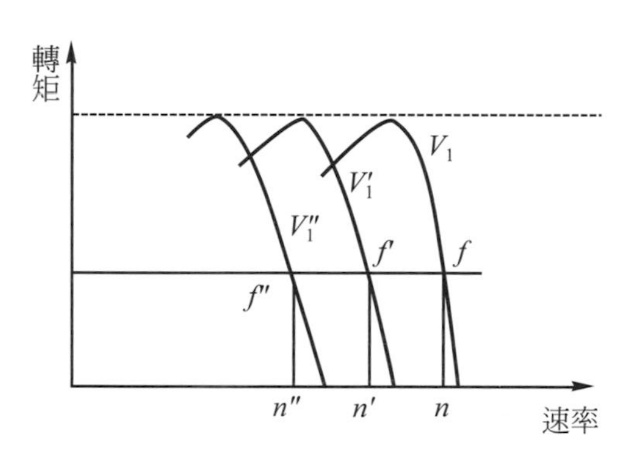

圖 3-39 當 $\frac{V_1}{f}$ 同時改變時，感應電動機之轉矩-轉差率曲線

改變電動機定部繞組之接線，使其極數改變，以達到控制轉速之目的，此類電機稱之爲變極電動機。如圖 3-40 所示爲此種方式變換的一部份接線圖。圖 3-40(a)所示係把四個繞組串聯而成八極。設電流從a點進入，由b點流出，則各線圈均產生N 極，而在兩N 極間必生一S極，故爲八極。圖 3-40(b)所示，是先將二個線圈串聯後再並聯。由圖知，電源從e點進入後即分成兩路，其電流分別由a點和b點流進線圈中，而由c點、d 點流出，則各線圈產生N-S-N-S，故爲四極。

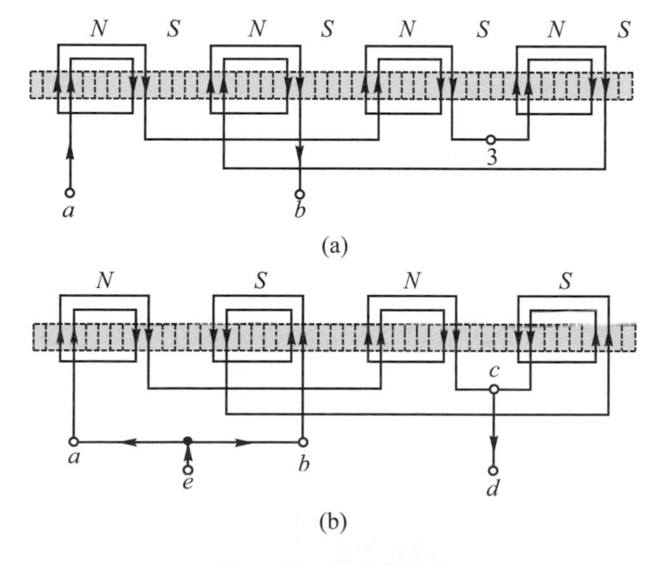

圖 3-40 極數變換法

利用上述改變定部之接線的控速方法，有：1.定轉矩接線法，2.定功率接線法，及 3.可變轉矩接線法三種。簡述如下：

1. 定轉矩接線法：此接線法之兩種轉速下產生大約相同之最大轉矩。其改變極數的接法，如圖 3-41 所示。當由繞組的T_1、T_2和T_3三端輸入電源，即成串聯△連接，係為低速運轉。若先將T_1、T_2及T_3三端短接，並自T_4、T_5和T_6三端輸入電源，是為並聯 Y 接，則可獲得高速運轉。

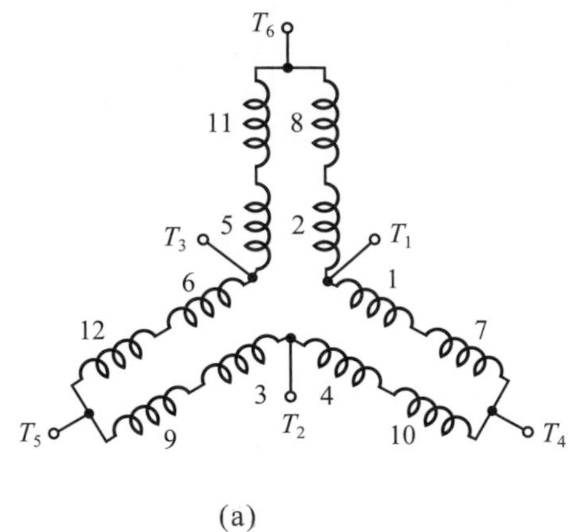

速率	線路			備註
	L_1	L_2	L_3	
低速	T_1	T_2	T_3	T_4，T_5，T_6開路
高速	T_4	T_5	T_6	$T_1-T_2-T_3$短接

(a) (b)定轉矩

圖 3-41 定轉矩的接法

2. 定功率接線法：此接線法在低速時產生約兩倍之最大轉矩，可應用於固定功率負載的驅動。因不論是高速或低速均輸出相同之功率，即馬力數亦大約相同，故又稱定馬力接線法。當T_1、T_2及T_3三端先予短接，再由T_4、T_5和T_6三端輸入電源時，是為低速運轉。另一方法是從T_1、T_2和T_3輸入電源，使成為高速運轉，如圖 3-42 所示為定功率之接法。

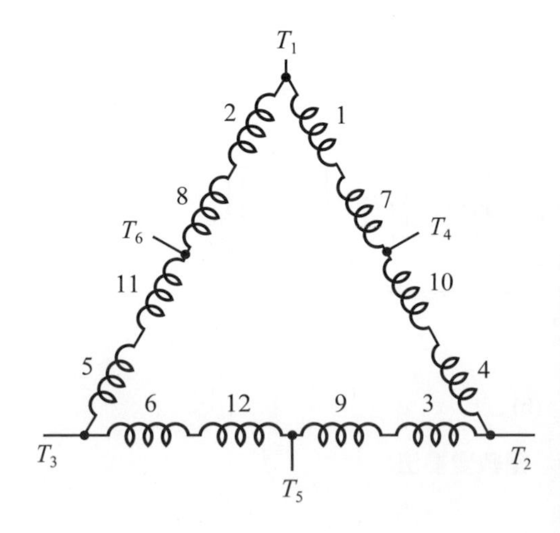

速率	線路			備註
	L_1	L_2	L_3	
低速	T_4	T_5	T_6	$T_1-T_2-T_3$短接
高速	T_1	T_2	T_3	T_4，T_5，T_6開路

(a) (b)定功率

圖 3-42 定功率之接法

3. 可變轉矩接線法：此接線法在低速時產生很小之最大轉矩，適用於低速的小轉矩負載，其接法如圖 3-43 所示。

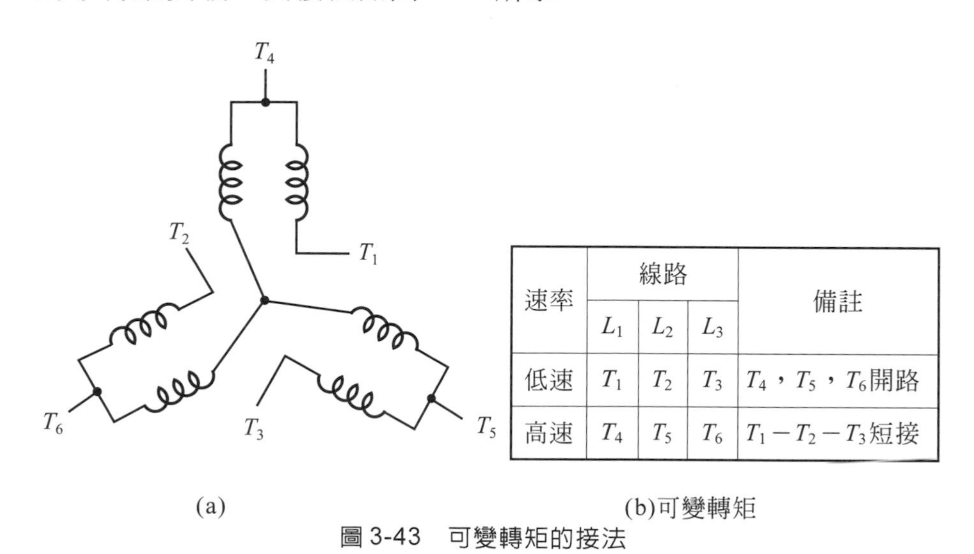

速率	線路			備註
	L_1	L_2	L_3	
低速	T_1	T_2	T_3	T_4，T_5，T_6開路
高速	T_4	T_5	T_6	$T_1-T_2-T_3$短接

(a) (b)可變轉矩

圖 3-43 可變轉矩的接法

以上三種變速接法的轉矩-速率特性曲線，如圖 3-44 所示。

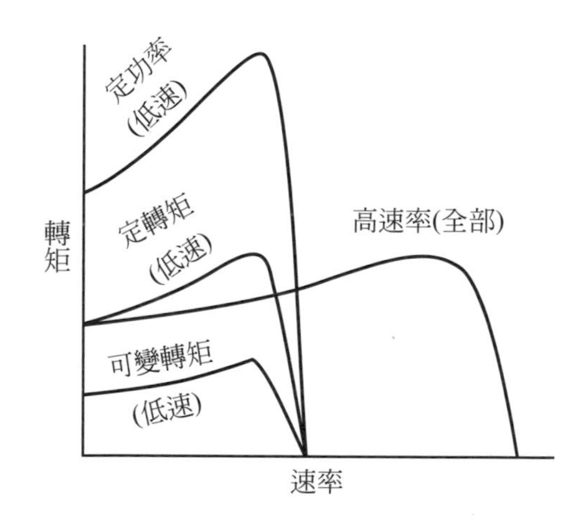

圖 3-44 定轉矩、定功率及可變轉矩接法的轉矩-速率特性曲線

此種轉速的控制法效率高，是爲有段而非無段變速，其使用於時常變換轉速，且容許階段性轉速變換的負載，如離心分離機、電梯、工作機械、送風機等。

四、轉子電路中串接電阻

前已敘述過，當感應電動機之轉子的電阻改變時，其轉速亦改變。如圖 3-45 所示，係爲三種不同轉子電阻時的轉矩-轉速特性曲線，假設負載之特性曲線如虛線所示，則對應於每一轉子電阻速度爲n_1、n_2及n_3。

這種轉子電路中串接電阻之控速法的主要缺點爲低速時效率低，轉速調節率差。

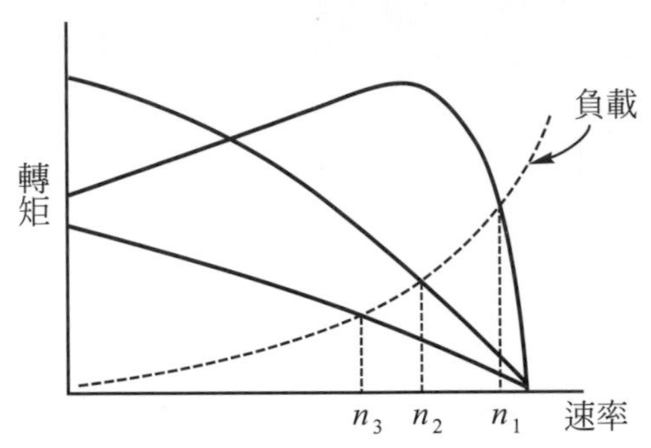

圖 3-45　用轉子電阻控制速率

五、加一電勢於轉子電路中

轉子電路中亦可加電壓，但需爲轉差頻率，其實不但能控制轉速，且能改善功因。加入電壓與轉子中的電勢如爲反相時，其效果與增加轉子電阻同。而加入電壓與轉子中的電勢爲同相時，其效果與減低轉子電阻同。後一方法與引進一負電阻之效應同，故將增加轉速，有時甚至超過同步值。若加入電壓有一部份與轉子應電勢反相，功率並未耗損，但係輸送於供給加入電壓的電源，同時電動機的轉速則降低。在另一方面，若加入電壓有一部份與轉子應電勢同相，則供給此加入電壓的電源，將供給功率，在此情況下，電動機從兩方面輸入能量，轉速可提高。

又由於轉差率s爲可變値，因此所加電壓的頻率必須能相應的變動。供給這種轉差頻率之電壓，以換向變頻機爲最佳。

六、二電動機作串聯運用

兩部電動機在機械軸上互相連接，在電的方面亦成串聯連接，如圖 3-46 所示。電源頻率爲f_1加於M_1的定子繞組，M_1的轉子輸出電壓(頻率s_1f_1)加入M_2的定子繞組，M_2的轉子輸出電壓接到成Y接的電阻R_n。此時除每機個別使用時的同步轉速外，全機組復發生另一合成的同步轉速。

今設n_s爲此機組合成的同步轉速。M_1與M_2兩電機的定子頻率各爲f_1與f_2；極數各爲P_1與P_2；轉差率各爲s_1與s_2。第一部電動機的轉子轉速n_1爲

$$n_1=(1-s_1)\frac{120f_1}{P_1} \tag{3-62}$$

第二部電動機的轉子轉速n_2為

$$n_2=(1-s_2)\frac{120f_2}{P_2}=(1-s_2)\frac{120s_1f_1}{P_2} \tag{3-63}$$

兩機既耦合於一軸，其效率必相同，即

$$(1-s_1)\cdot\frac{120f_1}{P_1}=\pm(1-s_2)\frac{120s_1f_1}{P_2}$$

解之得

$$s_1=\frac{P_2}{P_1+P_2-s_2P_1} \tag{3-64}$$

合成之同步轉速顯然發生於$s_2=0$的時候，則上式為：

$$s_1=\frac{P_2}{P_1+P_2} \tag{3-65}$$

故合成同步轉速

$$n_s=\left(1-\frac{P_2}{P_1+P_2}\right)\frac{120f_1}{P_1}=\frac{120f_1}{P_1+P_2} \tag{3-66}$$

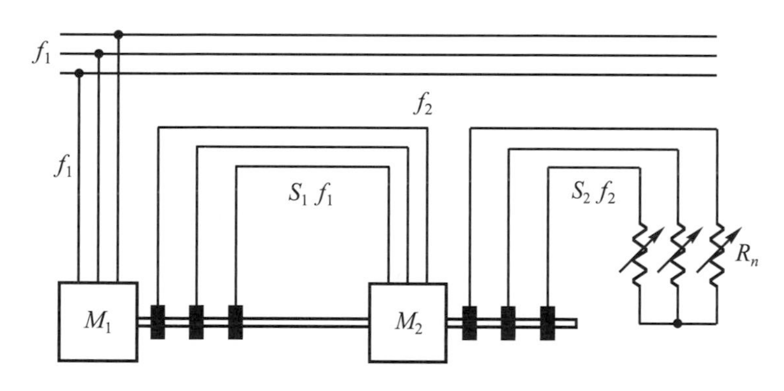

圖 3-46　二電動機作串聯運用

上式係二電動機作串聯運用，而其二定子磁場的旋轉方向相同時的全機組合成同步轉速。若二定子磁場的旋轉方向相反，則

$$(1-s_1)\frac{120f_1}{P_1}=-(1-s_2)\frac{120s_1f_1}{P_2}$$

同理，在$s_2=0$之際

$$s_1=\frac{P_2}{P_2-P_1} \tag{3-67}$$

故合成的同步轉速

$$n_s=\left(1-\frac{P_2}{P_2-P_1}\right)\frac{120f_1}{P_1}=\frac{120f_1}{P_1-P_2} \tag{3-68}$$

在此情形，此機組的起動轉矩甚小，或為零，甚至為負。故式(3-68)所示的用法甚不適宜，且當$P_1=P_2$時，則變為無意義。

習題

一、選擇題

( ) 1. 感應電動機的轉子電流是
(A)直接由外電路導入交流電 (B)藉傳導而生
(C)藉感應而生 (D)直接由外電路導入直流電。

( ) 2. 三相、四極感應電動機，測得轉子迴轉數1710rpm，則其轉差率(Slip)為 (A)0.045 (B)0.05 (C)0.055 (D)0.06。

( ) 3. 某四極50Hz三相感電動機，滿載的轉差率為0.03，則滿載時定部旋轉磁場對轉部的轉速為 (A)45rpm (B)150rpm (C)450rpm (D)1500rpm。

( ) 4. 在三相感應電動機中，設每相定子繞組所產生之最大磁通量為ϕ_m，則定部之旋轉磁場，其合成磁通為 (A)$2\phi_m$ (B)$3\phi_m$ (C)$1.5\phi_m$ (D)$1\phi_m$。

( ) 5. 三相六極感應電動機當電源為60Hz，轉差率$(S)=0.05$，則轉子轉速為
(A)1200 (B)60 (C)1140 (D)1800 rpm。

( ) 6. 有一6極三相感應電動機以變頻電源驅動，而以280rpm之轉速運轉，此時電動機之轉差率為4%，其電源頻率[Hz]為
(A)11.6 (B)12.3 (C)14.6 (D)18.7。

( ) 7. 三相感應電動機的轉差率(S)為
(A) $S>1$ (B) $S=1$ (C) $S<1$ (D) $S=\infty$。

( ) 8. 設 f_1 為三相感應電動機之定子電流頻率，f_2 為轉子電流頻率，轉差率為S，則 (A)$f_1=Sf_2$ (B)$f_2=Sf_1$ (C)$f_1=(1-S)f_2$ (D)$f_2=(1-S)f_1$。

( ) 9. 三相4極60Hz，220V感應電動機，若其轉速為1760rpm，則轉子頻率為 (A)$\frac{1}{45}$Hz (B)$\frac{1}{3}$Hz (C)$\frac{3}{4}$Hz (D)$\frac{4}{3}$Hz。

( )10. 感應電動機之轉差率為

(A)$S=\frac{N_r-N_s}{N_r}$ (B)$S=\frac{N_s+N_r}{N_r}$ (C)$S=\frac{N_s-N_r}{N_s}$ (D)$S=\frac{N_s}{N_s-N_r}$。

( )11. 某 4 極 60Hz，三相感應電動機，將它的轉子堵住不動，施作堵住試驗，於試驗時該電動機之轉差率為 (A)0.5 (B)1 (C)0 (D)無限大。

( )12. 60Hz 之三相感應電動機接於 50Hz 之電源時，則

(A)轉速降低 (B)轉速增加 (C)轉速不變 (D)轉子不動。

( )13. 感應電動機定子與轉子間空氣隙愈小則

(A)效率愈好 (B)磁阻愈小 (C)激磁電流愈小 (D)以上皆是。

( )14. 感應電動機在正常運轉時，轉子之漏磁電抗等於

(A)$2\pi fL_2$ (B)$2\pi fX_2$ (C)$2\pi f\times\frac{L_2}{S}$ (D)$2\pi SfL_2$。

( )15. 三相感應電動機之轉差率為S，轉部之電流及電阻各為I_2及R_2，則$\frac{3I_2^2R_2}{S}$是為 (A)輸出功率 (B)內部機械功率 (C)氣隙總功率 (D)轉子銅損。

( )16. 感應電動機之最大轉矩與下列何者無關？

(A)外加電壓 (B)定部電阻 (C)轉部電阻 (D)轉部電抗。

( )17. 三相感應電動機之轉差率增加時，其機械輸入功率將

(A)增加 (B)減少 (C)不變 (D)不一定。

( )18. 若減少三相感應電動機之轉子電阻，則其速率是

(A)增加 (B)減少 (C)不變 (D)不一定。

( )19. 三相感應電動機之轉矩與

(A)線電壓成正比 (B)線電壓的平方成正比

(C)線電壓成反比 (D)線電壓的平方成反比。

( )20. 鼠籠型感應電動機，其功率因數隨負載增加而

(A)減少 (B)不變 (C)增大 (D)不一定。

( )21. 三相繞組型感應電動機，若將轉子電路中之外加電阻短接，則該電動機之最轉矩是 (A)等於零 (B)增大 (C)減小 (D)不變。

( )22. 雙鼠籠轉子感應電動機，其轉子上層和底層導體之特色是

(A)上層電阻大 (B)底層電阻大

(C)上層與底層之電阻相同 (D)與電阻之大小無關。

(　)23.假設感應電動機之轉子輸入功率為P_g，轉子輸出功率為P_o及轉子銅損為P_c，則三者與轉差率S之關係為
(A)$P_g : P_o : P_c = 1 : (1-S) : S$　(B)$P_g : P_o : P_c = 1 : S : (1-S)$
(C)$P_g : P_o : P_c = S : 1 : (1-S)$　(D)$P_g : P_o : P_c = (1-S) : S : 1$。

(　)24.繞線型感應電動機之轉子加電阻，於起動時則
(A)可限制起動電流，但起動轉矩變小
(B)可限制起動電流，但與轉矩之大小無關
(C)起動電流及起動轉矩均變大
(D)可限制起動電流，但起動轉矩變大。

(　)25.感應電動機之起動轉矩與何者之平方成正比？
(A)電壓　(B)功率　(C)轉差率　(D)轉子電阻。

(　)26.在起動時，欲使繞線型感應電動機之起動轉矩為最大，則轉子所串聯之電阻R_x為
(A)$\sqrt{R_{Th}{}^2+(X_{Th}+X_2)^2}-R$　(B)$\sqrt{R_{Th}{}^2+(X_{Th}+X_2)^2}$
(C)$\sqrt{R_{Th}{}^2+(X_{Th}+X_2)}-R$　(D)$\sqrt{R_{Th}{}^2+(X_{Th}+X_2)}$。

(　)27.若電源電壓降低10%，則起動轉矩降低約
(A)20%　(B)15%　(C)10%　(D)5%。

(　)28.感應電動機於起動時，其轉子頻率和電源頻率的關係為
(A)無關　(B)轉子頻率較大　(C)相等　(D)定子頻率較大。

(　)29.三相感應電動機之轉部(rotor)中，若加入一電阻時，其最大轉矩將
(A)減少　(B)增加　(C)不變　(D)不一定。

(　)30.有一三相繞線式轉子感應電動機，滿載轉差率$S\%=6\%$，轉子每相電阻為3Ω，若欲使電動機的起動轉矩等於滿載轉矩，則應在轉子之每相電路上串接多少歐姆的電阻？　(A)27Ω　(B)32Ω　(C)42Ω　(D)47Ω。

(　)31.繞線式轉子之感應電動機，若在轉部串接電阻，則可
(A)收改善功因之效　(B)收變速之效
(C)收提高效率之效率　(D)收減輕負載之效。

(　)32.雙鼠籠式感應電動機之特性為
(A)高啓動電流　(B)高啓動轉矩
(C)低啓動電流，低啓動轉矩　(D)高啓動電流，高啓動轉矩。

(　)33. 某三相六極 60Hz 感應電動機，當轉子轉速為 1120rpm 時，其定子磁場對定子之轉速為多少 rpm？ (A)60 (B)80 (C)600 (D)1200。

(　)34. 某三相 220V，50HP 之感應電動機，在額定電壓下的啓動轉矩為 220 牛頓-公尺，若降壓為 110V 啓動時，其啓動轉矩應為多少牛頓-公尺？
(A)440 (B)330 (C)175 (D)110 (E)55。

(　)35. 某三相四極 220V，60Hz 感應電動機，當靜止時其轉子之每相電阻為 0.2 歐姆，電抗為 0.6 歐姆，則該機產生最大轉矩時之轉速為多少rpm？
(A)1400 (B)1200 (C)1000 (D)800 (E)600。

(　)36. 最適合鼠籠型三相感應電動機的速率控制方法是
(A)改變轉子的電阻 (B)改變轉子的電抗 (C)改變轉差率 (D)改變極數。

(　)37. 三相感應電動機以 Y-△啓動時，其線路啓動電流為直接啓動時之
(A)$\frac{1}{\sqrt{3}}$ (B)1 (C)$\sqrt{3}$ (D)$\frac{1}{3}$ 倍。

(　)38. 三相感應電動機如其機械功率輸出及轉差率分別為 P_m 及 S，以同步瓦特表示之轉矩值為 (A)$P_m/(1-S)$ (B)$(1-S)P_m$ (C)P_m/S (D)SP_m。

(　)39. 某部三相感應電動機，當轉差率為 2% 時，其轉部銅損為 120 瓦，則此電動機之輸出功率為多少瓦特？ (A)5880 (B)5900 (C)5920 (D)5940。

(　)40. 一部 Y 接三相感應電動機於無載試驗時，各電表之讀數為：$V_o = 220$V，$I_o = 3$A，$W_A = 786$W，$W_B = -524$W 又其定子每相繞組之電阻為 2Ω，則該電動機之定子銅損為
(A)660W (B)381W (C)262W (D)18W。

二、計算題

1. 一部三相 4 極、60Hz 感應電動機在滿載時其轉子之速率為 1750rpm。試求：
⑴轉差率多少？
⑵轉子電流之頻率多少？
⑶轉子磁場對定子繞組之轉速多少？

2. 設有一 60Hz 感應電動機，其同步轉速為 1200rpm，而在滿載時轉子以 1160rpm 轉動。試求：
⑴此電動機之極數？
⑵滿載時轉差率多少？
⑶轉子在滿載時之頻率？
⑷當轉差率 $s = 0.1$ 時，轉子之轉速多少？

3. 有100HP，3相，Y連接，440伏，60Hz，8極鼠籠型感應電動機，其等效電路中各常數如下：

$R_1 = 0.085$ 歐　$X_1 = 0.196$ 歐　$X_\phi = 6.65$ 歐

$R_2 = 0.067$ 歐　$X_2 = 0.161$ 歐

無載旋轉損失爲2.7仟瓦，雜散損失爲500瓦特，若該電動機之損失皆不隨負載之變動而改變。試求：

⑴在$s = 0.03$時，其輸出功率、定子電流、功率因數、效率及轉矩。

⑵在額定電壓及頻率情況下，其起動電流及起動轉矩各多少？

4. 有一部三相感應電動機，在額定電壓與頻率下，其起動轉矩爲滿載轉矩之160%，最大轉矩爲滿載轉矩之200%，設定子電阻與轉動損失均可忽略不計，且轉子電阻不變。試求：

⑴滿載轉差率多少？

⑵最大轉矩時之轉差率？

⑶起動時之轉子電流爲滿載時之多少倍？

5. 一部三相208伏，6極，Y接，25馬力，且設計爲B類的感應電動機，若其試驗之結果如下：

無載試驗：208伏，22安，1200瓦，60Hz

堵住試驗：24.6伏，64.5安，2200瓦，15Hz

直流測試：13.5伏，64安

試求電動機的等效電路？

6. 一部220伏，4極，Y接，10馬力，60Hz三相感應電動機，在額定電壓和額定頻率下運轉，其轉差率爲3.8%時產生滿載之轉矩，其等效電路之各常數如下：

$R_1 = 0.21$ 歐　$X_1 = 0.44$ 歐　$X_\phi = 13.2\Omega$

$R_2 = 0.14$ 歐　$X_2 = 0.44$ 歐

若轉差率爲3%時，試求：

⑴最大轉矩時之轉差率及轉子速率各多少？

⑵起動電流多少？

⑶起動轉矩多少？

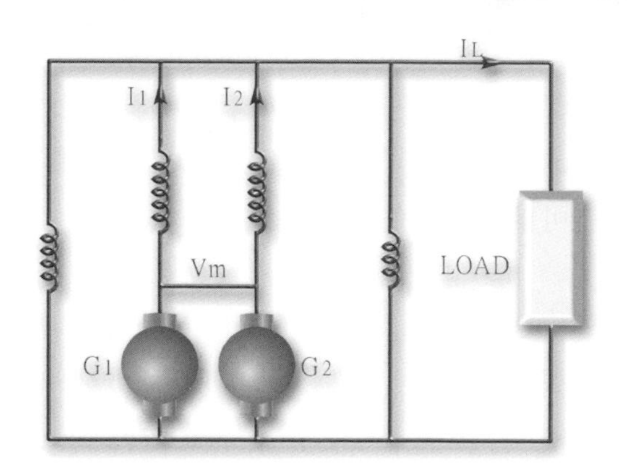

4 同步電機

學習綱要

4-1 構　造
4-2 同步電機的磁通及磁勢波
4-3 同步阻抗及等效電路
4-4 開路試驗及短路試驗
4-5 零功率因數特性曲線
4-6 穩態運轉特性
4-7 穩態功率角特性
4-8 凸極交流發電機的雙電抗理論
4-9 凸極電機之功率角特性
4-10 交流發電機的並聯運轉
4-11 同步電動機的起動方法及追逐作用
4-12 磁場電流變化所引起的效應
4-13 同步電動機的應用

4-1 構　造

交流電機在一定頻率下，不論負載如何變動，它的轉速恆保持不變；也就是按"同步速率(synchronous speed)"旋轉者，便稱爲同步電機(synchronous machine)。

同步電機之分類可歸納爲：

(1) 依用途分類
 ① 同步發電機。
 ② 同步電動機。
 ③ 同步調相機。
 ④ 同步變頻機。
 ⑤ 同步變流機。
 ⑥ 特殊同步機。

(2) 依相數分類
 ① 單相同步機。
 ② 三相同步機。

(3) 依冷卻方式分類
 ① 空氣冷卻式。
 ② 氫氣冷卻式。
 ③ 水冷卻式。
 ④ 油冷卻式。

(4) 依轉子分類
 ① 轉電式同步機。
 ② 轉磁式同步機。
  ❶ 凸極式。
  ❷ 圓筒形轉子。
 ③ 感應式同步機。

(5) 依通風方式分類
 ① 開放型。
 ② 閉鎖風道換氣型。
 ③ 閉鎖風道循環型。

(6) 依裝置方式分類
 ① 水平裝置。
 ② 直立裝置。

(7) 依激磁方式分類
 ① 直流激磁機方式。
 ② 複式激磁方式。
 ③ 交流激磁方式。
 ④ 自激式。

(8) 依原動機種類分類
 ① 渦輪發電機。
 ② 水輪發電機。
 ③ 引擎發電機。

同步電機的構造仍是由定子與轉子兩主要部分組成。茲以轉電式和轉磁式之同步機分述如下：

1. 轉電式同步電機

小型同步機有採用轉電式者，其構造係動部電樞，定部激磁。

(1) 定部：此型同步機定部之結構與直流機相同，係由機殼、磁極、激磁繞組、電刷及握刷架等組成。

機殼不但用以支持內部機件，亦作爲磁路之用。通常是用鑄鋼或用鋼板彎成圓筒形製成。

磁場繞組係用絕緣銅線繞成，當通以直流電時，可使磁極產生N，S，N，S……磁力線。

(2) 轉子

轉子係由鋼質轉軸，電樞鐵心、電樞繞組、滑環、軸承及風扇等組成，如圖4-1所示。

圖4-1　轉子之構造(轉電式)

2. 轉磁式同步電機

大多數同步電機是採用轉磁式，其構造係定部電樞，而磁場在轉部。如圖4-2所示爲小型轉磁式同步發電機之分解圖，如圖4-3所示爲圓筒形同步機之剖視圖。

(1) 定子：轉磁式同步電機之定子，即是電機之靜止部分，係由電樞鐵心、電樞繞組、機殼、軸承裝置及附屬機件所組成。

① 電樞鐵心：電樞鐵心是由矽鋼片疊積而成，矽鋼片之厚度爲0.35mm或0.5mm。在鋼片內側沖有槽，是用來容納電樞繞組。此疊片鐵心裝在機架上時，須用鳩尾榫(dove tailed key)等加以固定。小型電機之電樞疊片，一般採用整塊之矽鋼片；而電樞直徑較大之電樞鐵心，常用扇形鋼片製成。

② 電樞繞組：同步電機的電樞繞組可分爲單層繞組與雙層繞組兩種。在大型電機者，皆以型成線圈(form wound coil)製成；中型者以平角銅線爲導體；小型者則用漆包線、紗包線等來繞製。

大多數的同步機均爲三相，其電樞繞組之相間接法，使用Y連接或△連接均可。但發電機通常都接成Y連接，因Y連接時，三次諧波電壓不會出現於線間，必要時有中性點可供接地之用。

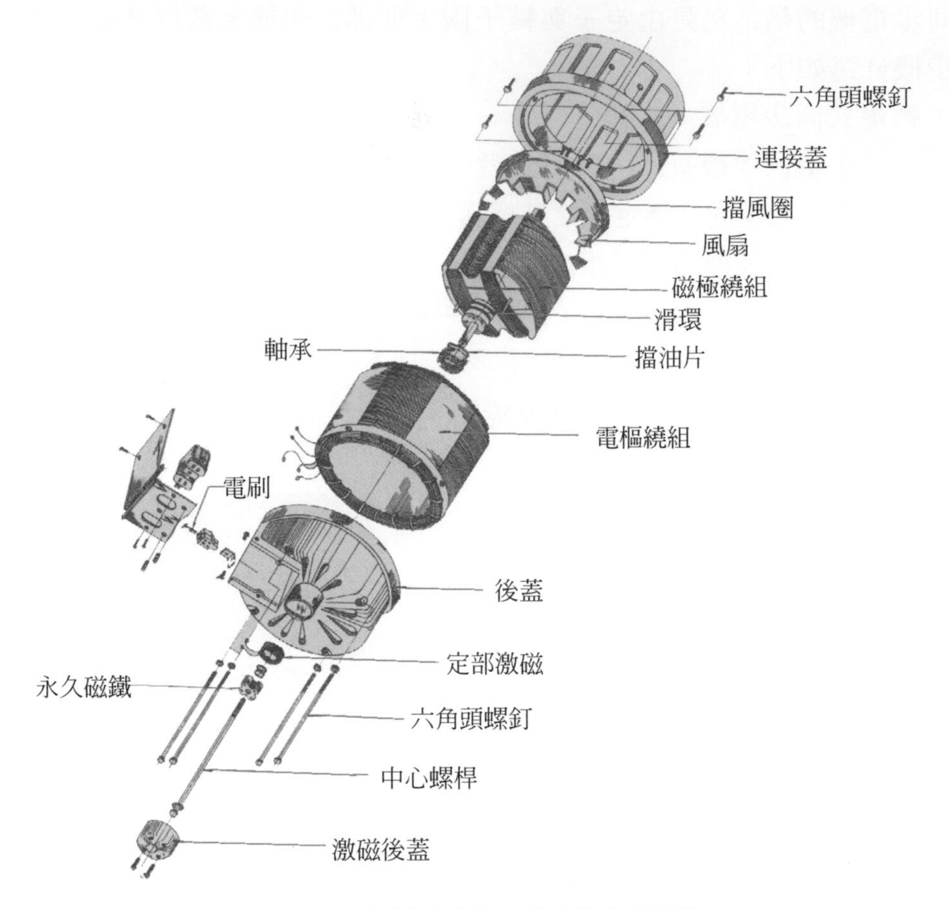

圖 4-2　小型轉磁式同步發電機之分解圖

圖 4-3　圓筒形同步機之剖視圖

③　機殼：機殼是用來固定電樞鐵心及電樞繞組等，故又叫機架。它是以強力的鋼板製成，必須能承受正常使用情況下之機械應力。同時，發生短路故障，亦不受電樞所產生的電磁應力之影響而變形。渦輪發電機因速度高且機軸長，設計時還須注意振動之防止。

⑵ 轉子：同步電機之轉子有圓筒形和凸極式兩種。水輪發電機和電動機多採用凸極式，渦輪發電機則爲圓筒形轉子。

① 圓筒形轉子：渦輪發電機之轉子是爲一高速旋轉的磁場，因其周邊速率(peripheral speed)而產生極強之應力，故設計成一瘦長之圓筒形轉子。

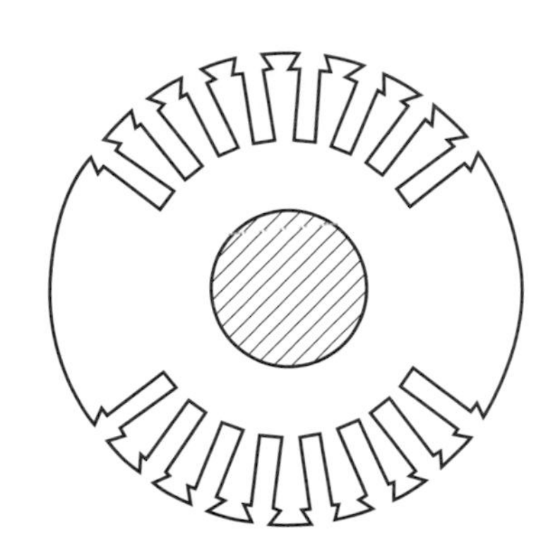

圖 4-4 圓筒形轉子之鐵心疊片

轉子常用如圖 4-4 之鋼片疊成，然後安置於軸上，以成爲轉子鐵心。

磁場繞組可用絕緣銅線繞製，亦有用裸銅帶製成，其匝間絕緣及線圈與鐵心間絕緣常用雲母。槽口楔子常用堅固的非磁性金屬製成，磁場繞組之端匝需用雲母帶絕緣，並用鋁鞍蓋住，再以銅線綁緊，使能承擔高速轉動時之離心應力。

② 凸極式轉子：凸極式轉子如圖 4-5 所示。磁極鐵心係使用厚度 0.5mm 至 1.25mm 之鋼片疊積製成。

小容量電機之磁場繞組是使用圓銅線繞製，大型電機則用扁銅線繞成，線圈匝間及線圈與鐵心間絕緣，須用雲母或其他合用之絕緣物。

欲防止同步電機產生追逐(hunting)作用，必須在磁極面槽內裝置一阻尼繞組(damper winding)，並且使用端環(end ring)將阻尼繞組兩端捷路。如圖 4-6 所示，爲同步機轉子上之阻尼繞組。

圖 4-5 凸極式轉子

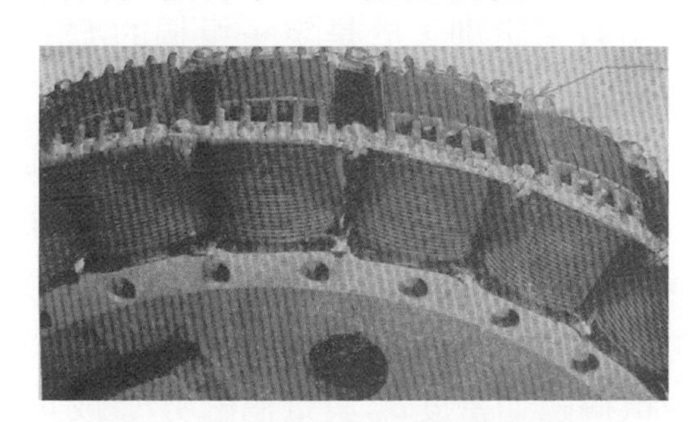

圖 4-6 同步機轉子上之阻尼繞組

4-2 同步電機的磁通及磁勢波

圓筒形轉子發電機之磁勢波與其電壓、電流之相量圖，如圖 4-7 及圖 4-8 所示。在這兩個圖中，由轉子磁場所產生之空間基本磁勢係用正弦波F_f來表示。如圖中所示者，此波也可以換一種符號，記爲B_f，用以代表相對應之磁通密度波的分量。然圖 4-7 所示係爲電樞電流與激磁電勢(excitation emf)同相；而圖 4-8 所示則爲電樞電流滯後於激磁電勢E_f。

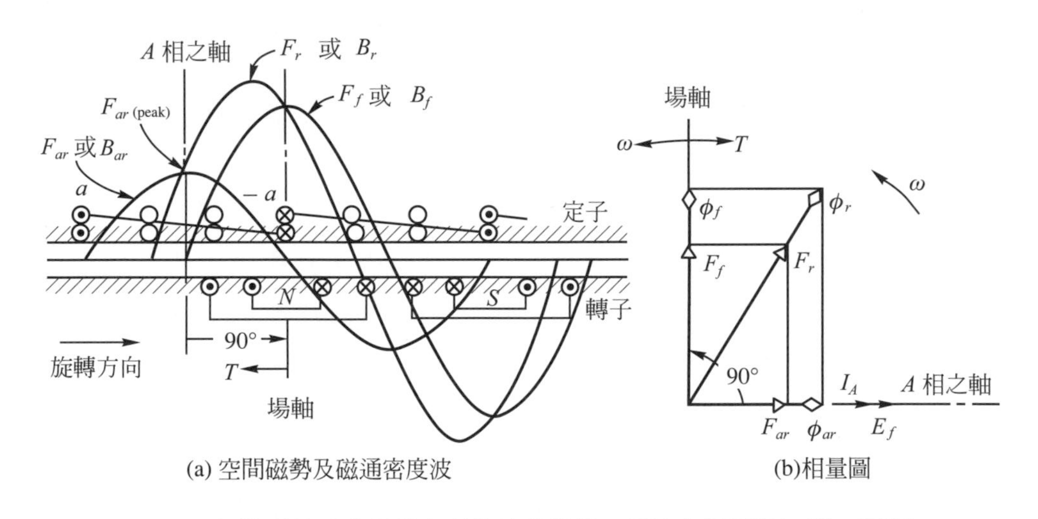

圖 4-7　圓筒形轉子發電機之磁勢波與電壓、電流之相量圖(I_A與E_f同相)

圖 4-7(a)與圖 4-8(a)所示。係爲同步發電機之定子及轉子的平面展開圖，且均以氣隙的平均線爲基準，在上方者是定子，位於下方者是轉子。並且亦是表示A相之激磁電勢爲最大值之情形，因此，場軸較A相之軸領先 90°電機角，俾使A相的磁通鏈變化率爲最大。又由於轉子自左向右以同步速率轉動，依據佛來明右手定則，於是定子電樞的A相導體如圖中所示產生“⊕”及“⊙”之電勢；此一電勢因純係爲電樞導體與轉子之磁通相割切所產生，故稱爲激磁電勢(excitation emf)，以E_f來表示之，而且較磁勢F_f(或磁通密度B_f)滯後 90°電機角。

電樞電流I_A產生的磁勢波，便稱爲“電樞反應磁勢波(armature reaction magnetomotive force wave)”，通常又叫“電樞磁勢”以F_{ar}表示，它是與電樞電流I_A同相。在此兩圖中電樞反應波之磁通密度以B_{ar}來表示，在非飽和的氣隙中電樞磁通密度B_{ar}與電樞磁勢F_{ar}成正比例。

在氣隙中之合成磁勢F_r係為轉子磁勢F_f和定子電樞磁勢F_{ar}之相量和，即

$$F_r = F_f + F_{ar} \tag{4-1}$$

式(4-1)中，合成磁勢F_r，可從圖 4-7(b)或圖 4-8(b)中的F_f與F_{ar}之相量加法求得。又在這兩圖中同時能繪出由F_f、F_{ar}及F_r分別產生的磁通ϕ_f、ϕ_{ar}及ϕ_r。這些磁通在非飽和的均勻氣隙中，是與其相對應之磁勢值成正比例。

同步電機之氣隙中，其磁通與磁勢之分佈情形，可以用如圖 4-7(b)及圖 4-8(b)所示之相量圖來代表，而不必去畫麻煩的波形圖了。那麼同步電動機的相量圖就如圖 4-9 所示，圖(a)係是功率因數等於 1，而圖(b)是激磁電勢為滯後之情況。又為了要保持與圖 4-7 及圖 4-8 同樣之磁通與磁勢的方向，則在圖 4-9 中相量就要用“$-I_A$”，而不是用I_A來與E_f同相或滯相了。

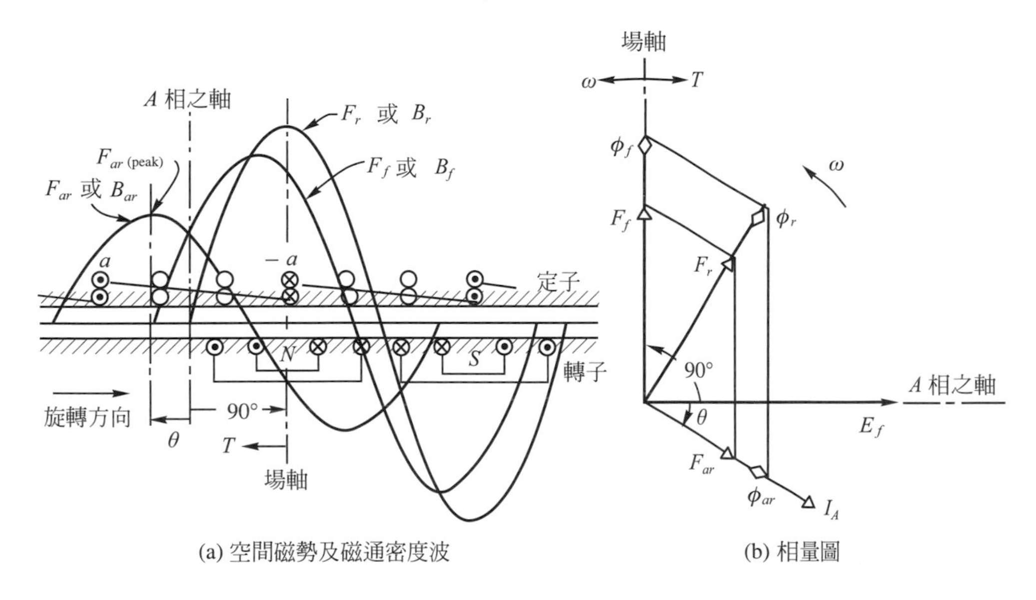

圖 4-8　圓筒形轉子發電機之磁勢波與電壓、電流之相量圖(I_A滯後E_f θ角)

同步機之電磁轉矩，其方向恆使兩磁場間的空間相角δ_{rf}減小之趨勢，即使轉子磁通與氣隙合成磁通及電樞反應磁通波對正，也就是如圖 4-7、圖 4-8 及圖 4-9 中，場軸線上標為T之箭頭者便是。對發電機而言，如圖 4-7 及圖 4-8 所示，轉子磁場領前氣隙合成磁通，故作用於轉子上之電磁轉矩必與轉動方向相反，故稱為反轉矩。然對電動機而言，則轉子磁場滯後於合成磁通波，如圖 4-9 所示。所以，電磁轉矩的方向是與旋轉方向相同；也就是說，轉子磁場受到軸負載之阻力轉矩，而被拖到氣隙合成磁通之後面。

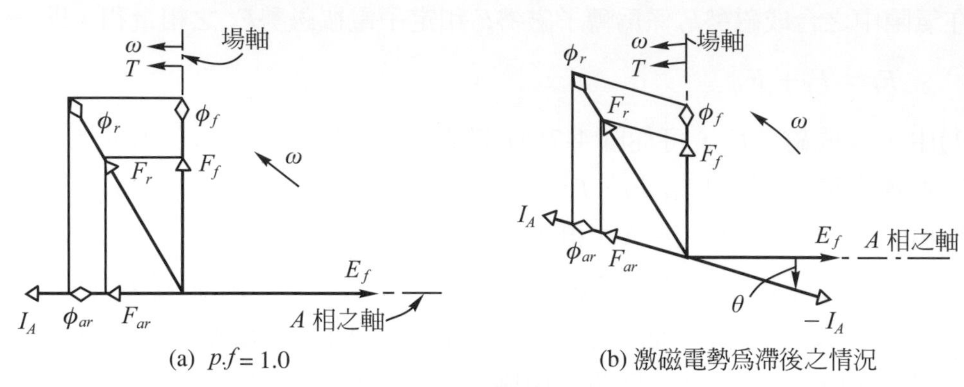

(a) $p.f = 1.0$ (b) 激磁電勢為滯後之情況

圖 4-9 同步電動機相量圖

轉矩之大小，通常以每極氣隙合成磁通之基本波分量ϕ_r與轉子磁勢波之空間基本波的峰值來表示，由式(2-140)得：

$$T = \frac{\pi}{2}\left(\frac{P}{2}\right)^2 F_f \cdot \phi_r \sin\delta_{rf} \tag{4-2}$$

式(4-2)中，δ_{rf}係為合成磁通與磁場之磁勢波之間的空間相位角，以電機角計之。當F_f與ϕ_r兩者均保持不變時，同步機會自行調整其轉矩角δ_{rf}以改變轉矩來配合需要，如圖 4-10 之轉矩-轉矩角特性曲線所示。當軸負載突然增加，於是F_r與ϕ_r之空間相位角便增大，即δ_{rf}增大，經一暫態時間後，便恢復至穩態之同步速率，此時δ_{rf}已能夠供應所需負載轉矩之值，如圖 4-10 轉矩角特性曲線中之m及g點。

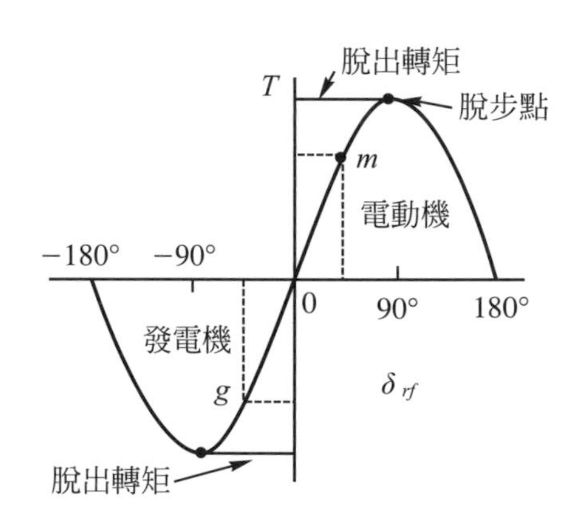

圖 4-10 轉矩-轉矩角特性曲線

但當轉矩角δ_{rf}增加達 90°時，此時電磁轉矩係為最大值，即所謂“脫出轉矩(pull-out torque)”。若超過此一最大極限值(即超過脫步點)，電機就不能保持穩定運轉，結果使得轉子加速運轉或速率逐慢下來，這種現象便稱為喪失同步(losing synchronism)，或叫脫步。在這種情況下，保護設備就會立即動作，以防止同步機損毀。

4-3 同步阻抗及等效電路

三相圓筒形轉子同步電機，在平衡情況下，若將電樞反應的效應用一電感性電抗來代表，便可獲得其等效電路。而在本節中所討論者，皆係為圓筒形轉子電機且在未飽和情況下所得的結果。有關飽和效應將於下節中討論，至於凸極式轉子之電機的效應將在後面第 4-8 節及第 4-9 節中討論。

在圓筒形轉子電機中，因氣隙的大小均相同，即任一氣隙磁路之磁阻都一樣，故由定子電樞磁勢與轉子磁勢所產生之磁通中ϕ_{ar}及ϕ_f應與各該磁勢成比例，並且相位亦與各相對應的磁勢相同。因此，在氣隙中之合成磁勢所產生之合成磁通ϕ_r必等於ϕ_{ar}與ϕ_f之相量和，如圖 4-11 所示。

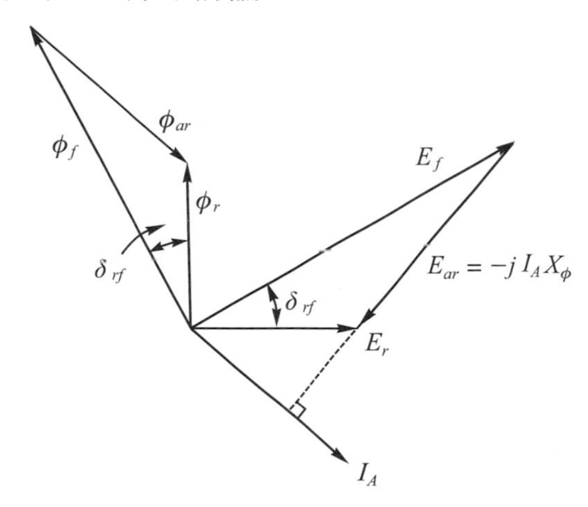

圖 4-11 磁通與電壓之相量圖

在圖 4-11 中，激磁電勢E_f，係由ϕ_f所產生，其大小與ϕ_f成比例，但相位較ϕ_f滯後 90°。電樞反應電勢E_{ar}，係由ϕ_{ar}所產生，大小與ϕ_{ar}成比例，相位則較ϕ_{ar}滯後 90°。因此，氣隙中合成磁通ϕ_r所產生之氣隙電勢E_r必等於E_f與E_{ar}之相量和，即

$$E_r = E_f + E_{ar} \tag{4-3}$$

式(4-3)中，E_{ar}為電樞反應電勢，在未飽和情況下，其大小係與電樞電流I_A成比例，但相位則滯後 90°，因此可推想E_{ar}為一電抗壓降，即以一比率常數X_ϕ與電樞電流I_A之乘積來表示，為

$$E_{ar} = -jI_A X_\phi \tag{4-4}$$

將式(4-4)代入式(4-3)中，得

$$E_r = E_f - jI_A X_\phi \tag{4-5}$$

式中$I_A X_\phi$是為電樞反應電抗壓降(reactance drop of armature reaction)，X_ϕ則稱為電樞反應電抗(reactance of armature reaction)或稱磁化電抗(magnetizing reactance)。

在實際的電機中，當有負載電流時，尚有電樞電阻r_a及電樞漏磁電抗X_L所產生之壓降，故得其等效電路如圖 4-12(a)所示。圖中各量皆為每一相之數目。又因X_ϕ與X_L均為電感抗性質，故可合併，以X_S表之。此電抗X_S通常稱為同步電抗(synchronous reactance)，與r_a合併則稱為同步阻抗(synchronous impedance)，故得一更簡化之等效電路如圖 4-12(b)所示，圖中

$$X_S = X_\phi + X_L \quad ; \text{且} \quad Z_S = r_a + jX_S \tag{4-6}$$

同步電抗X_S實際包含由平衡多相樞電流所產生全部磁通(互磁通與漏磁通)計算所得之電抗。在圓筒形轉子電機中，若速率不變，即頻率不變，且在未飽和情況下工作時，則同步電抗必為一常數。

由圖 4-12 可得同步電機之電壓公式為：

$$V_t = E_f \pm I_A(r_a + jX_S) \tag{4-7}$$

式中V_t為電機之端電壓，負號用於發電機，正號用於電動機。又大型電機之電樞電阻r_a所產生之壓降，約僅為額定電壓的百分之一以下，故常省略不計，則等效電路如圖 4-12(c)所示。

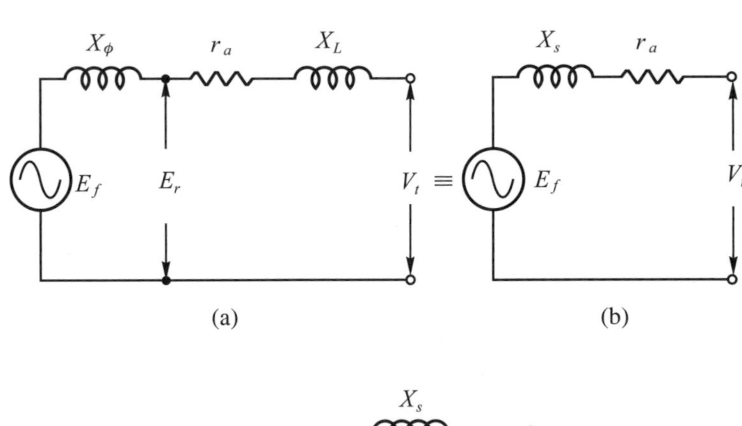

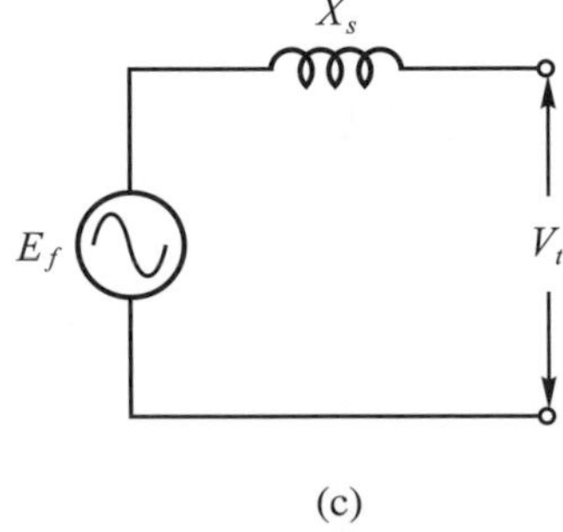

圖 4-12 同步電機之等效電路

由上所述，電動機之電樞電流I_A流入的那一端被定義為"+"端；而發電機則是電樞電流流出的那一端為"+"端，對於它們的等效電路是完全一樣，僅電樞電流的方向相反而已，如圖 4-13 所示。

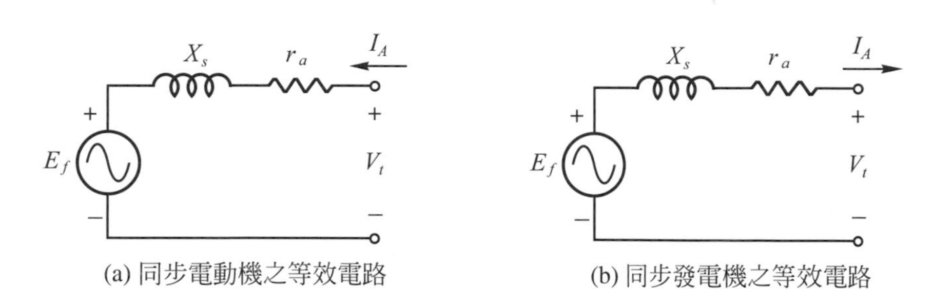

圖 4-13　同步電機之等效電路

4-4 開路試驗及短路試驗

同步電機之開路試驗(open circuit test)與短路試驗(short circuit test)的接線，如圖 4-14 所示。由測試的結果可求得該電機之同步電抗，無旋轉損失(no-load rotational losses)及短路負載損失(short circuit load loss)。

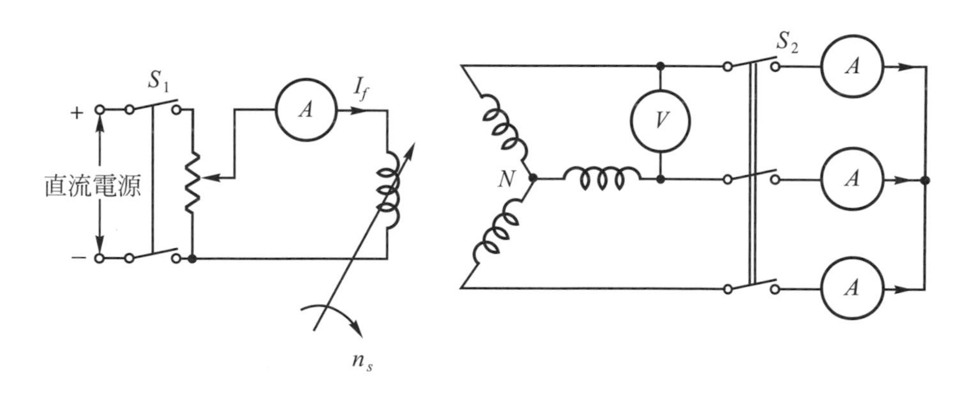

圖 4-14　開路試驗與短路試驗的接線圖

4-4.1 開路特性與無載旋轉損失

在無載額定速度下，感應電勢與磁場電流之關係曲線，便稱為無載飽和曲線(no-load saturation curve)，亦稱為開路特性曲線(open circuit characteristic curve)，簡稱之為 OCC，如圖 4-15 所示。這種曲線以標么值表示，如圖 4-15(b) 所示。請注意特性曲線開始處幾乎是完美的線性，直到相當大的場電流而產生飽和現象爲止。同步機鐵心未飽和時，氣隙磁阻比鐵心磁阻大數仟倍，所以剛開始全部磁勢都跨在氣隙上，且產生的磁通成線性增加。當鐵心飽和時，鐵心之磁阻急速增加，所以磁通增加比磁勢增加要慢得多，故曲線爲非線性。OCC的線性部份稱爲氣隙線(air-gap line)。

開路試驗係將發電機以額定速率運轉，輸出端不接任何負載，即如圖 4-14 所示中，將開關S_2打開，而開關S_1閉合，磁場電流I_f自零逐次增加，一直至產生額定電壓值以上，然後以所測得的數據，便可繪出開路特性曲線。

在開路特性時，若測得驅動同步電機所需的機械功率，即可得到無載旋轉損失。這些損失包括摩擦損、風阻損與鐵心損失。在同步速度下，摩擦與風阻損失均是常數，但鐵心損失則爲磁通量的函數，而磁通與開路電壓成正比。因此在不同電壓所測的無載損失必不相同。

在同步轉速且無激磁情況下，驅動同步機所需的機械功率，就是摩擦與風阻損失，當有磁場電流時，機械功率就等於摩擦、風阻與開路鐵心損失的總和。故於有激磁電流時所測得之機械功率減去無激磁電流時所測得值，就是開路時鐵心損失，其與電壓之關係曲線如圖 4-16 所示。

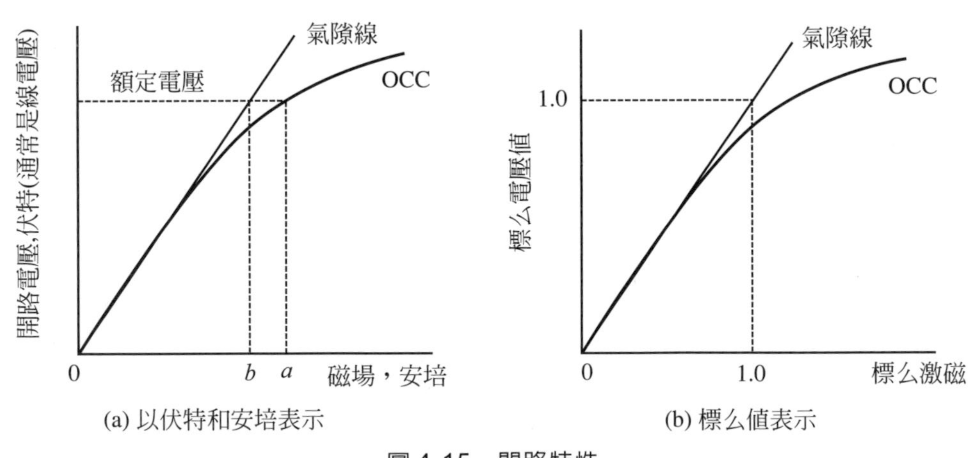

圖 4-15 開路特性

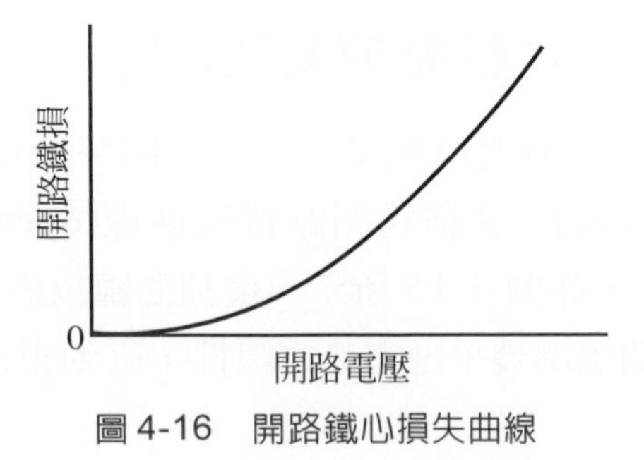

圖 4-16 開路鐵心損失曲線

4-4.2 短路特性與短路負載損失

在額定速度下將同步發電機線端短路時，其電樞電流I_A與磁場電流I_f之關係曲線，便稱爲短路特性曲線(short circuit characteristic curve)，簡稱之爲SCC，如圖 4-17(a)所示。而圖 4-17(b)是開路及短路特性曲線。

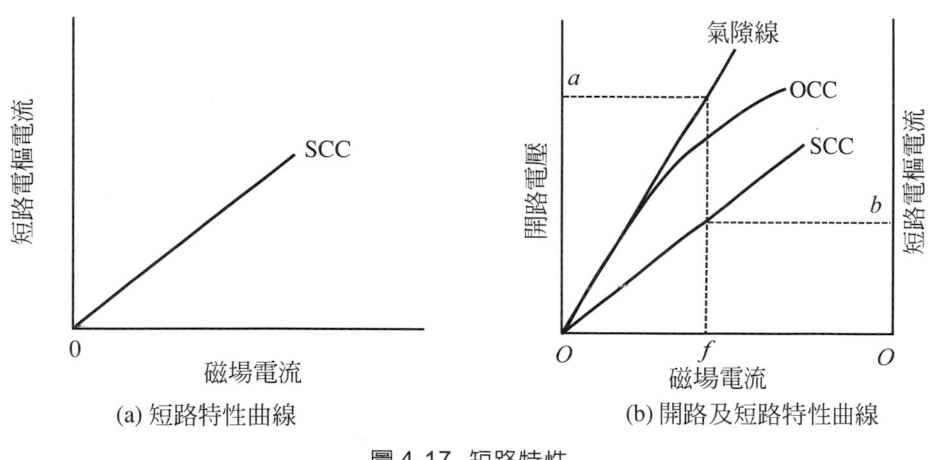

圖 4-17 短路特性

短路試驗之方法，首先將磁場電流I_f調至零，再將圖 4-14 中之開關S_2閉合，然後逐次增加磁場電流I_f至電樞電流I_A達額定值。此試驗之每相等效電路如圖 4-18 所示，由於端電壓等於零，故激磁電勢E_f與穩態電樞電流I_A間之相量關係爲：

$$E_f = I_A \cdot (r_a + jX_S) \tag{4-8}$$

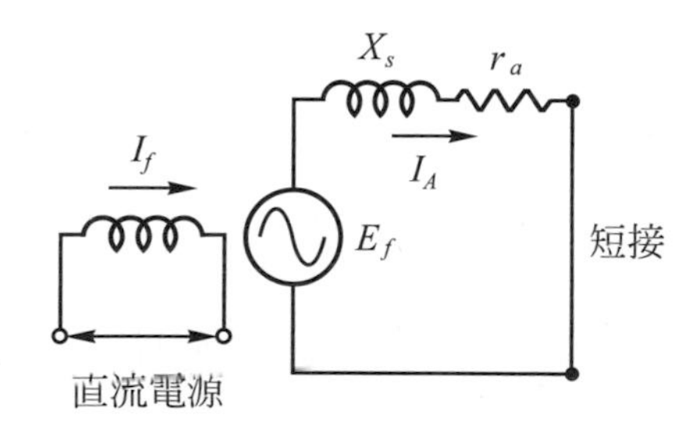

圖 4-18 短路試驗之等效電路

大型同步機之電樞繞組的電阻r_a與同步電抗X_S相比較，同步電抗X_S大得甚多，即$X_S \gg r_a$，因此短路時之電樞電流I_A的相位較激磁電勢E_f滯後幾近90°，結果電樞反應之磁勢，差不多與極軸在同一直線上而與場磁勢之方向相反，故氣隙合成磁勢F_r亦甚小，如圖 4-19 所示。也就是說，在短路試驗時，電樞電流雖相當大，但其氣隙合成磁通卻甚少，故此時電機係在未飽和情況下運轉。

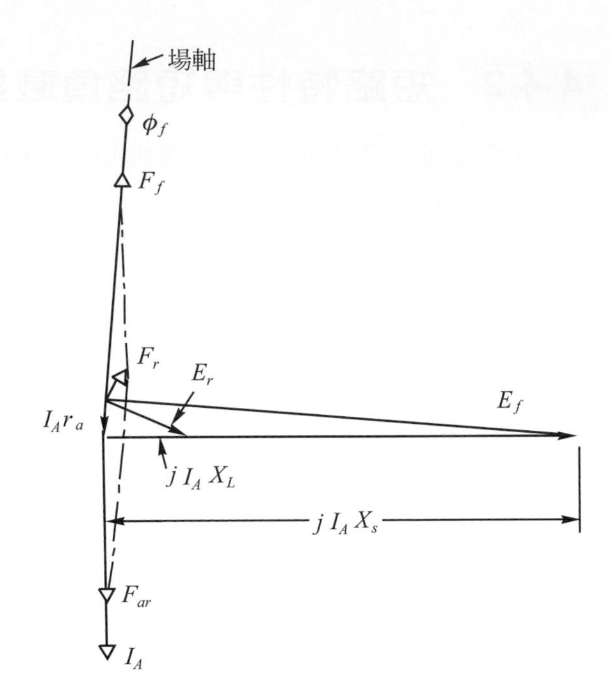

圖 4-19　短路情形之相量圖

由上所述，得知短路時之電勢E_f或電樞電流I_A與磁場電流I_f成比例變化，即短路特性線為一直線，如圖 4-17(a)所示。若電樞電阻r_a忽略不計，由式(4-8)可求得未飽和時之同步電抗$X_{S(\mathrm{ag})}$為

$$X_{S(\mathrm{ag})} \fallingdotseq \frac{E_{f(\mathrm{ag})}}{I_{A(\mathrm{sc})}} \tag{4-9}$$

式中註腳(ag)係指氣隙線。假使$E_{f(\mathrm{ag})}$和$I_{A(\mathrm{sc})}$係分別用每相電壓和每相電流表示，則同步電抗是為每相之歐姆數。若$E_{f(\mathrm{ag})}$和$I_{A(\mathrm{sc})}$採用標么值表示，則同步電抗也是標么值。式(4-9)是一種近似法來求出在某一場電流的同步電抗$X_{S(\mathrm{ag})}$，它的求法為：

(1)　由該場電流從 OCC 取得$E_{f(\mathrm{ag})}$。

(2)　以相同的場電流值從 SCC 求出短路電流$I_{A(\mathrm{sc})}$。

(3)　利用式(4-9)求出$X_{S(\mathrm{ag})}$。

同步機在近於額定電壓運轉時，並非完全是未飽和狀態，故由式(4-9)所求得的同步電抗值必有誤差。修正此種由於飽和效應所生誤差的方法，即假設電機在額定電壓鄰近運轉時，其開路特性為一直線如圖 4-20 中 OP 之虛線所示。依據此圖可求得同步電抗之飽和值，為：

$$X_S = \frac{V_t}{I_{A(\mathrm{sc})}'} \tag{4-10}$$

式中　V_t：同步機的每相額定電壓

$I_{A(\text{sc})}'$：為其對應之電樞短路電流，即圖中電樞電流座標上之O'c值。

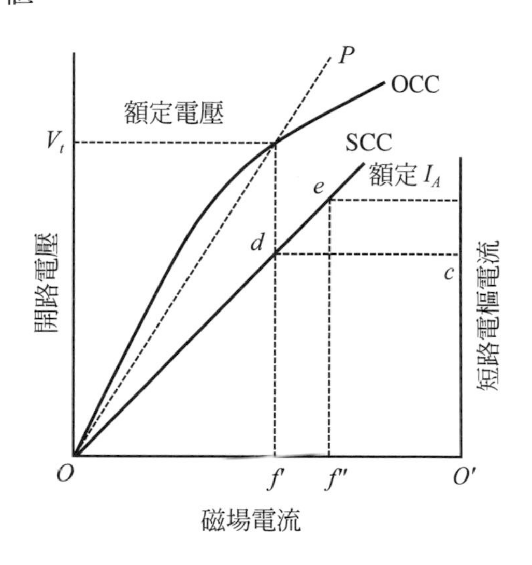

圖 4-20　開路與短路特性(求飽和同步電抗之近似方法)

由短路電樞電流所引起之損失，稱為短路負載損失(short circuit load loss)。然於同步機短路試驗，其驅動之機械功率係等於摩擦損、風阻損及電樞電流所引起的損失之和。故

短路負載損失＝短路試驗所測得之機械功率－開路試驗中所求得的摩擦損及風阻損　(4-11)

短路負載損失對電樞電流之曲線，如圖 4-21 所示，它近似於拋物線。

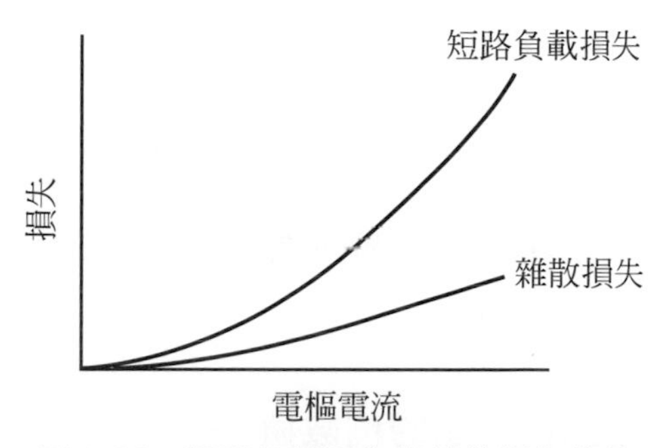

圖 4-21　短路負載損失與雜散損失曲線

短路負載損失包含有：①電樞繞組之銅損，②由電樞漏磁通所引起之局部鐵損，③由合成磁通所引起之非常小的鐵損。

直流電阻損失可由測出直流電阻並加以修正而計算得之，通常是修正爲電機在正常運轉時之溫度。對銅線而言，爲

$$\frac{r_T}{r_t}=\frac{234.5+T}{234.5+t} \tag{4-12}$$

式中　r_t：溫度攝氏t度時之電阻

r_T：溫度攝氏T度時之電阻

t：室溫

T：正常運轉時之溫度，通常爲攝氏75度

自短路負載損失中減去直流電阻損失，其差值即爲：電樞導體中由於集膚效應(skin effect)及渦流所引起之損失和由電樞漏磁通所引起之局部鐵損，此等損失皆係由於電樞中之交流效應所增加的額外損失，即所謂"雜散損失"，如圖4-21之曲線所示。

在任何交流電機中，電樞的有效電阻(effective resistance)即等於由電樞電流所導致的功率損失除以電樞電流的平方。設雜散損失僅爲電樞電流的函數，則電樞的有效電阻$r_{a(\text{eff})}$可由短路負載損失求得，即

$$r_{a(\text{eff})}=\frac{\text{短路負載損失}}{(\text{短路電樞電流})^2} \tag{4-13}$$

式中若短路負載損失及電樞電流均爲標么值，則有效電樞電阻亦爲標么值。若損失爲每相的瓦特數，電流爲每相的安培數，則所得有效電阻爲每相之歐姆數。

4-4.3 同步電機之短路比

同步電機之短路比(short circuit ratio)，簡稱SCR，其定義爲："在開路特性上之額定電壓所需的磁場電流與在短路特性上之額定電樞電流所需的磁場電流之比值"。由圖4-20中，可得其短路比(SCR)爲

$$\text{短路比(SCR)}=\frac{\text{開路時產生額定電壓之場電流}}{\text{短路時產生額定電樞電流之場電流}}=\frac{Of'}{Of''} \tag{4-14}$$

短路比亦等於飽和同步電抗標么值的倒數值。

$$
\begin{aligned}
\text{短路比(SCR)} &= \frac{Of'}{Of''} = \frac{f'd}{f''e} \\
&= \frac{O'c}{\text{額定之}I_A} = \frac{I_{A(\mathrm{sc})}{}'}{\text{額定之}I_A} = \frac{V_t/X_S}{\text{額定之}I_A} \\
&= \frac{1}{X_S} \cdot \frac{V_t}{\text{額定之}I_A} = \frac{1}{X_S} \cdot X_b = \frac{1}{X_{S,\,\mathrm{PU}}}
\end{aligned} \tag{4-15}
$$

短路比對同步電機的電壓變動率和磁場之設計有很大的關係。短路比小的電機，其同步阻抗及電樞反應都大，氣隙窄，磁極磁勢小，磁極之銅用量較多。又從電樞方面來看，是電樞安匝多的電機，即銅量使用較多。反之，短路比大而同步阻抗小的電機，其氣隙寬，磁極磁勢大，電樞反應小，而其重量較重，是使用鐵量較多的電機。短路比之值，渦輪發電機在0.6～1.0，水輪發電機在0.9～1.2之範圍內。

例 4-1

一部 45 千伏安，220 伏(線電壓)，60Hz，6 極，Y 連接三相同步發電機，其開路試驗與短路試驗所得之結果如下：

開路試驗		短路試驗	
由 OCC 曲線	線電壓＝220 伏 場電流＝2.84 安	由 SCC 曲線	電樞電流＝118 安 場電流＝2.20 安
由 a-g 曲線	線電壓＝202 伏 場電流＝2.20 安		電樞電流＝152 安 場電流＝2.84 安

試計算：⑴同步電抗的未飽和值多少[歐姆／相]？及[p.u]？
⑵額定電壓時之飽和同步電抗多少[歐姆／相]？及[p.u]？
⑶短路比？

解

⑴在場電流為 2.20 安時，氣隙線上之每相之電壓為：

$$E_{f(\mathrm{ag})} = \frac{202}{\sqrt{3}} = 116.7[\text{伏}]$$

對相同的場電流，其短路時之電樞電流為：

$$I_{A(\mathrm{sc})} = 118[\text{安}]$$

由式(4-9)，得

$$X_{S(\text{ag})} = \frac{116.7}{118} = 0.987[\text{歐姆／相}]$$

額定電樞電流為

$$I_A = \frac{45000}{\sqrt{3} \times 220} = 118[\text{安}]$$

則 $$E_{f(\text{ag})} = \frac{202}{220} = 0.92[\text{p.u}]$$

$$I_{A(\text{sc})} = \frac{118}{118} = 1.0[\text{p.u}]$$

故 $$X_{S(\text{ag})}\,\text{p.u} = \frac{0.92}{1.00} = 0.92[\text{p.u}]$$

(2)由式(4-10)求飽和同步電抗：

$$X_S = \frac{220/\sqrt{3}}{152} = 0.836[\text{歐姆／相}]$$

其標么值為：

$$X_{S(\text{p.u})} = \frac{220/220}{152/118} = \frac{1}{1.29} = 0.775[\text{p.u}]$$

(3)由式(4-14)求短路比：

$$\text{短路比} = \frac{2.84}{2.2} = 1.29$$

或由式(4-15)，得

$$\text{短路比} = \frac{1}{X_{S,\text{pu}}} = \frac{1}{0.775} = 1.29$$

例 4-2

例 4-1 之 45 仟伏安 3 相 Y 接同步機，在額定電流(118 安)及溫度 25℃時，三相總短路負載損失爲 1.8 仟瓦。在此溫度下，電樞之直流電阻爲 0.0335 歐姆／相。試計算 25℃時之電樞有效電阻？請分別以標么值和每相歐姆表示。

解

以標么值表示之短路負載損失為：

$$\frac{1.80}{45} = 0.04[\text{p.u}]$$

因此，在$I_A = 1.0[\text{p.u}]$時，電樞有效電阻為：

$$r_{a(\text{eff})} = \frac{0.040}{(1.00)^2} = 0.04[\text{p.u}]$$

每相之短路負載損失為

$$\frac{1800}{3}=600[\text{瓦}/\text{相}]$$

則其有效電阻為

$$r_{a(\text{eff})}=\frac{600}{(118)^2}=0.043[\text{歐姆}/\text{相}]$$

交流電阻對直流電阻之比值為

$$\frac{r_{a(\text{eff})}}{r_{a(\text{dc})}}=\frac{0.043}{0.0335}=1.28$$

因為這是一部小型電機，因此，它的標么值電阻是相當高的。但當電機額定大於數百仟伏安時，其電樞電阻通常是小於 0.01 標么。

例 4-3

一部 200 仟伏安，480 伏，50Hz，Y 接三相同步發電機，其試驗之結果如下：

開路試驗	線電壓 = 540 伏 場電流 = 5 安
短路試驗	電樞電流 = 300 安 場電流 = 5 安
電樞電阻測定	$V_{DC}=10$ 伏 $I_{DC}=25$ 安

試求該電機：(1)電樞電阻，(2)同步電抗各爲多少？

解

(1)發電機是 Y 接，所以電樞電阻為

$$r_a=\frac{V_{DC}}{2I_{DC}}=\frac{10}{2\times 25}=0.2[\text{歐姆}/\text{相}]$$

(2)同步電抗為

$$X_S=\sqrt{\left[\frac{E_f}{I_{A(sc)}}\right]^2-[r_a]^2}=\sqrt{\left(\frac{540/\sqrt{3}}{300}\right)^2-[0.2]^2}$$
$$=1.02[\text{歐姆}/\text{相}]$$

4-5 零功率因數特性曲線

在 4-4 節已述及未飽和同步電抗及飽和同步電抗之近似值求法。由於同步電抗是同步電機的重要常數，因此，還需要更深入的去探討。

4-5.1 零功率因數曲線之求法

零功率因數曲線(zero power factor characteristic)不但可求得飽和電抗，同時又能算得漏電抗等。其接線如圖 4-22 所示，係用兩部容量大約相等的同步電機，其中之一爲發電機，以原動機來驅動，使其轉速爲額定值，再調整其轉子磁場變阻器，使激磁電流增大呈過激(over excitation)，且使發電機G的功率因數趨近於零，即功率因數角近似等於滯後 90°。另一部爲同步電動機。電源由發電機G供應，令使電動機M呈無載同步轉動，而磁場電流儘量調低，使其呈欠激(under excitation)，則其功率因數角亦同樣形成滯後 90°。

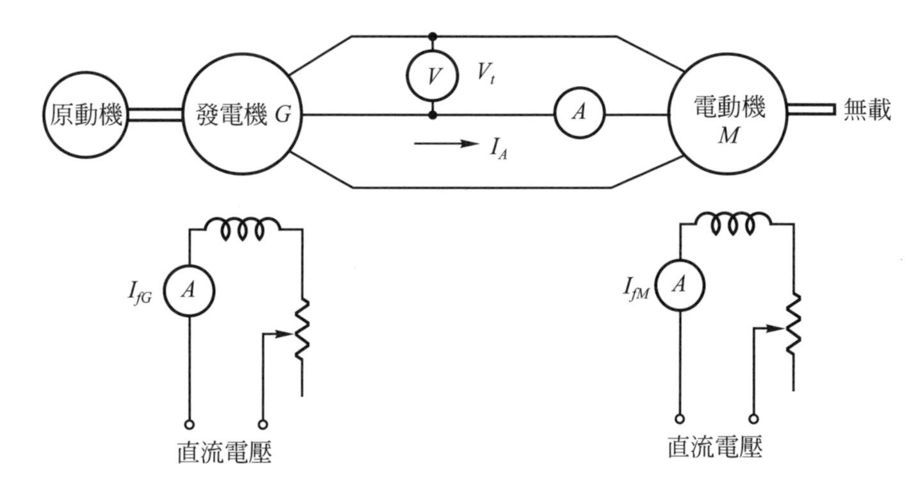

圖 4-22 零功率因數試驗之接線

根據圖 4-22 之接線方式，可繪成如圖 4-23 所示之等效電路。圖中E_{fG}表發電機之感應電勢，E_{fM}爲電動機之感應電勢，Z_{SG}及Z_{SM}分別表發電機和電動機之同步阻抗，E_r爲氣隙合成電勢，V_t爲端電壓，I_A則隨時保持爲發電機之額定電流。再將同步阻抗細分，則可分爲電樞反應電抗X_ϕ，漏電抗X_L，及電樞電阻r_a。其中r_a太小，通常省略不計，則電樞電流I_A爲

$$I_A = \frac{E_{fG} - E_{fM}}{Z_{SG} + Z_{SM}} \tag{4-16}$$

改變E_{fG}及E_{fM}，使發電機之電樞電流I_A維持於額定值，但令功率因數接近等於零，便可求得“零功率因數滿載曲線(zero power factor full load characteristic)”。

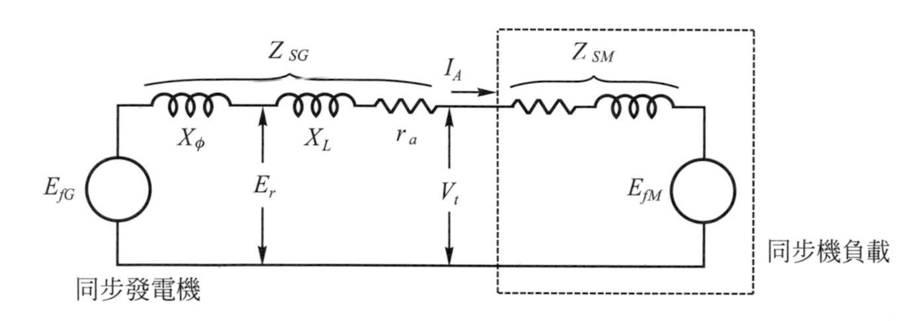

圖 4-23　零功率因數試驗之等效電路

若將電樞電阻r_a省略不計，則可將電樞電流與各電壓繪成如圖 4-24 所示之相量圖。

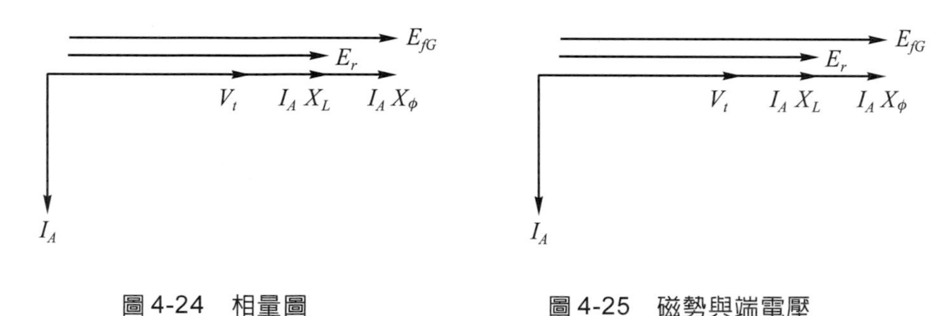

圖 4-24　相量圖　　圖 4-25　磁勢與端電壓

由於功率因數爲零滯後，致電樞電抗壓降$I_A X_\phi$及漏磁電抗壓降$I_A X_L$均與端電壓同相。即

$$E_r = V_t + I_A X_L \tag{4-17}$$

$$E_f = E_r + I_A X_\phi = V_t + I_A(X_\phi + X_L) \tag{4-18}$$

將各磁勢與端電壓等關係繪成相量圖形，即如圖 4-25 所示。由於磁場磁勢F_f超前其電勢E_f爲 90°，而I_A較E_f滯後 90°，因此，電樞反應磁勢F_{ar}之方向與F_f相反，其合成氣隙磁勢F_r即爲$F_f - F_{ar}$，則

$$F_r = F_f - F_{ar} \tag{4-19}$$

因F_f、F_r及F_{ar}均位於同一直線，即直軸(direct-axis)上，故此種試驗又可稱爲直軸試驗(direct-axis test)。

由圖 4-22 和圖 4-25 取I_A爲額定電流不變，則當激電流I_{fG}改變時，F_f和F_r隨之改變，E_f、E_r和V_t亦隨之改變；若降低F_f值，使$V_t = 0$，此時

$$E_r = I_A X_L \tag{4-20}$$

$$E_f = I_A X_L + I_A X_\phi \tag{4-21}$$

欲繪零功因曲線，首先取F_f、F_r及F_{ar}所對應的激磁電流I_f為水平座標，E_r及V_t為垂直座標，如圖 4-26 所示。

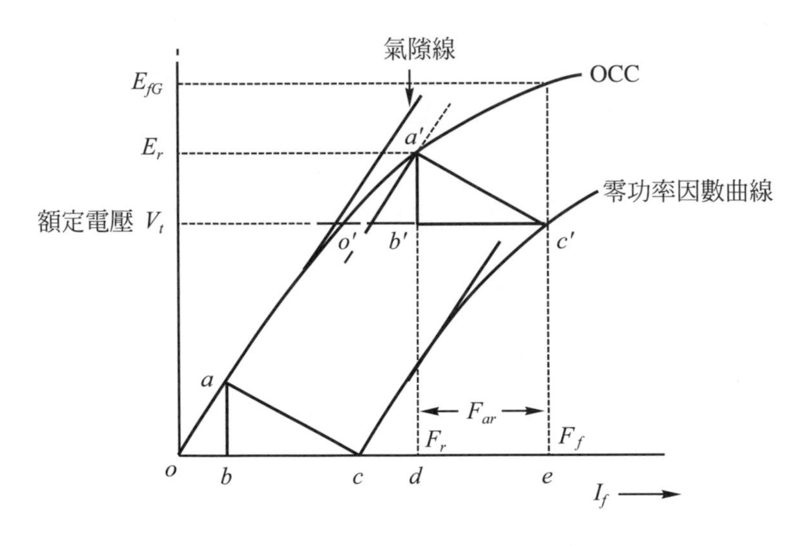

圖 4-26 零功因曲線及寶蒂爾三角形

首先保持I_A為額定電流且功因為零，降低發電機之激磁電流，一直到$V_t = 0$時，記錄I_f，並決定c點之位置。oc線段即為保持零功因下，端電壓為零時所需之磁場電流或磁勢，c點即為零功因曲線的起點。

其次仍繼續保持I_A為額定，功因為零，逐步增加發電機之激磁電流，一直到V_t略超過額定電壓為止。記錄每一點的I_f與V_t。即可描繪出零功率因數曲線，如圖 4-26 中之cc'曲線所示。

4-5.2 寶蒂爾電抗之求法

寶蒂爾電抗(potier reactance)之求法，是利用開路特性曲線OCC(由開路試驗所求得)與零功率因數曲線之間的三角形，通常稱為寶蒂爾三角形(potier triangle)求出漏電抗X_L。

此三角形是基於I_A為額定且保持不變下，其電樞反應電勢F_{ar}為額定值，如圖 4-26 之de線段所示；oe線段所對應的磁勢F_f若再對應到OCC線上，必可找出發電機之無載感應電勢E_{fG}；故$F_f - F_{ar}$即為合成氣隙磁勢F_r對應到OCC線上必可找到E_r。因此，當F_{ar}爲未知的情況下，寶蒂爾以作圖方法，先作OCC的切線，即氣隙線，又作零功率因數曲線的切線，此兩條切線必爲平行。再作$o'c' = oc$且平行於oc，繪製平行於氣隙線的$a'0'$線段，且a'交於OCC線上，由a'點引垂直線交$o'c'$之水平線於b'點，由$a'b'c'$所構成的三角形即稱爲「寶蒂爾三角形」。

由a'點引垂直線交水平軸於d點，此de線段即表示電樞反應磁勢，由於I_A爲定值，故開路特性曲線 OCC 與滿載零功因曲線之間必隨時保持同樣大小與方向，則在水平軸上取bc線段等於de線段，自b點引垂直線與OCC相交於a點，所得$\triangle abc$必等於$\triangle a'b'c'$。

求出寶蒂爾三角形後，如圖 4-26 所示，$c'e$表端電壓V_t，而$a'd$表氣隙電勢E_r，故知$a'b'$應爲漏電抗壓降，或稱寶蒂爾電抗壓降，設X_P爲寶蒂爾電抗，則

$$X_P = X_L = \frac{(E_r - V_t)/\sqrt{3}(\text{相電壓})}{I_A(\text{額定相電流})}$$

$$= \frac{a'b'}{I_A}\ [\text{歐姆／相}] \qquad (4\text{-}22)$$

4-6 穩態運轉特性

同步電機之主要的穩態運轉特性是端電壓、磁場電流、電樞電流、功率因數及效率等相互間的關係。今選擇重要而實用之複合特性曲線、伏-安特性曲線及V形特性曲線等三種來說明。

4-6.1 複合特性曲線

同步發電機在頻率、功率因數及端電壓等均保持不變情況下，其維持額定端電壓時所需之磁場電流I_f與負載電流I_L(或負載kVA)間之關係曲線，便稱爲複合曲線(compounding curve)，如圖 4-27 所示，係爲在不同之固定功率因數下的三種複合曲線。

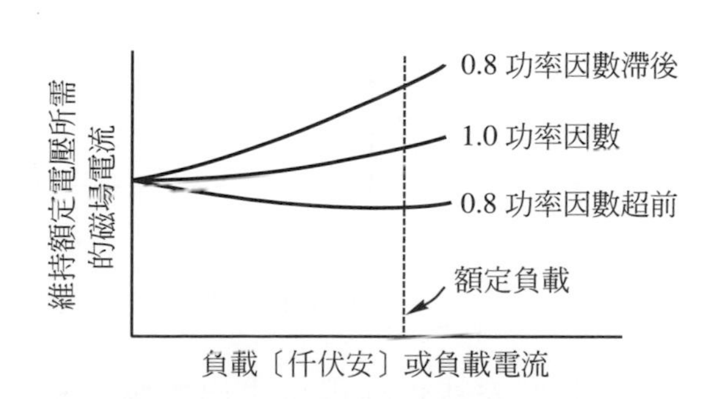

圖 4-27　同步發電機之複合特性曲線

圖中的三種複合曲線之變化情形爲：

1. 功因滯後時，爲維持端電壓恆定，當負載增加時，所需之激磁電流必增加，且較單位功因時爲大，故稱爲過激，此時之發電機係輸出反抗伏安給予負載。
2. 功因爲 1 時，爲維持端電壓恆定，當負載增加時，激磁電流亦爲增加，但增加的電流較功因滯後者小。
3. 功因爲超前時，爲維持端電壓恆定，當負載增加時，所需之激磁電流較單位功因時爲小，故稱欠激，此時發電機係爲吸收反抗伏安。

4-6.2 伏-安特性曲線

同步發電機之"伏-安特性曲線"，如圖 4-28 所示。此曲線係爲某一固定之功率因數，並維持磁場電流不變下，表示各負載電流與其所對應的端電壓之關係曲線。又圖 4-28 是表示在三種不同的功率因數下的伏-安特性曲線，綜合其特性爲：

1. 功率因數滯後時，負載增加，則其端電壓減少。
2. 功率因數爲 1 時，負載增加，端電壓亦爲減少。
3. 功率因數超前時，負載增加，則端電壓增大。

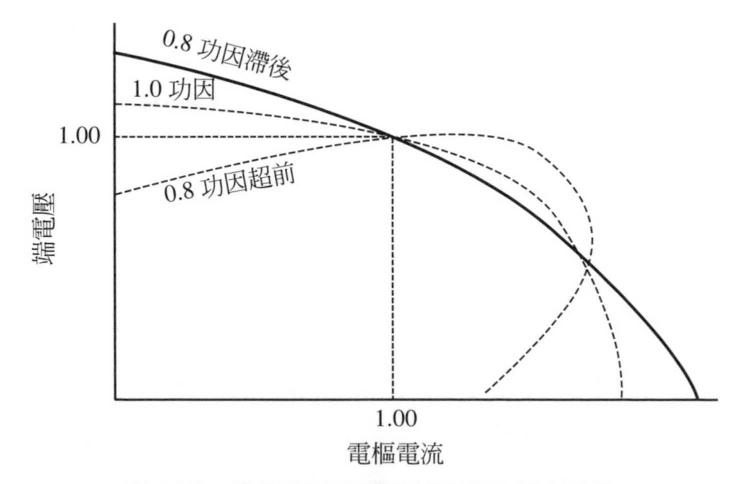

圖 4-28　磁場電流不變時發電機之伏安特性

利用伏-安特性曲線可求出電壓調整率。即在定激磁電流下，使負載爲額定，隨後保持功率因數爲恆定，逐步減少負載至零，即可測得無載端電壓 V_{NL}，故電壓調整率(VR)爲

$$VR[\%]=\frac{V_{NL}-V_{FL}}{V_{FL}}\times 100\,\% \tag{4-23}$$

式中　V_{NL}：同步發電機無載時端電壓

　　　V_{FL}：同步發電機額定負載時端電壓

4-6.3 V 形特性曲線

同步電動機運轉於額定端電壓與恆定的輸出負載功率下，若將其磁場電流從欠激磁改變到過激磁時，則定子電樞電流亦將逐漸減少至某一最小值後再逐漸增大，故磁場電流與所對應的電樞電流之關係曲線，其形狀類似"V"字形，故稱為 V 形特性曲線。如圖 4-29 所示者，為在不同輸出功率時之 V 形曲線。

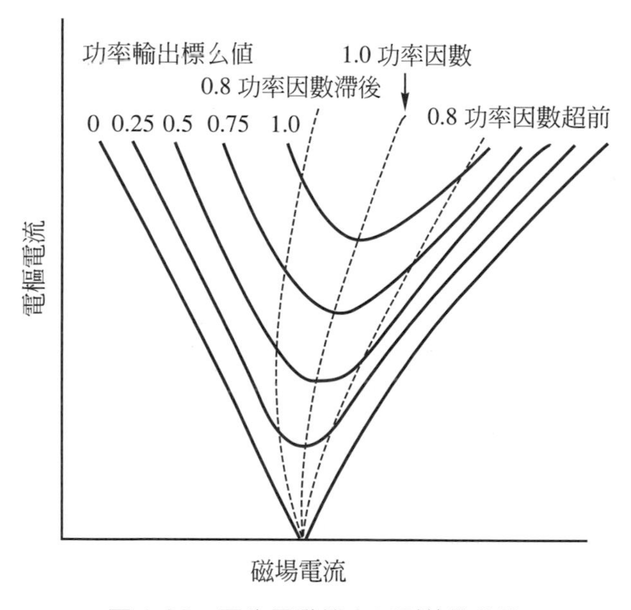

圖 4-29　同步電動機之 V 形特性曲線

設輸入三相同步電動機之端電壓為V_t，電樞電流為I_A，及功率因數為$\cos\theta$，則其有效總功率為：

$$P=\sqrt{3}\,V_t I_A\cos\theta \tag{4-24}$$

因功率P及端電壓V_t皆為恆定，故當$\cos\theta$之值減小時，則電樞電流I_A必為相應之增大；同理，$\cos\theta$之值增大時，電樞電流I_A必是減小，故同步電動機在恆定負載下，若變更其直流場電流，則電樞電流必隨之變動。因此在$\cos\theta=1$時，電樞電流必為最小，此時電源僅供應有效功率給同步電動機。至於曲線上的其他點，均含有由電源供給電動機或由電動機供應給電源之無效功率。

在圖4-29所示中，三條虛線爲同步電動機之複合曲線，係表示在某一固定之功率因數時，其場電流與負載電流的關係曲線。此情形與發電機者相反，即當輸入超前電流時爲過激，而輸入滯後電流時爲欠激。

例 4-4

一部480伏，60Hz，△連接，4極，三相同步發電機，其OCC曲線如圖4-30所示，其每相同步電抗爲0.1歐姆，每相電樞電阻爲0.015歐姆。滿載時電樞電流爲1200安(線電流)，在下列三種情況下，試求該發電機端電壓爲480伏時，所需之場電流爲多少？

(1)無載時。

(2)滿載，功率因數爲0.8，滯後。

(3)滿載，功率因數爲0.8，超前。

解

(1)因發電機為無載且△連接，則$E_f = V_t = 480$ [伏]

自圖4-30中OCC曲線查得：$I_t = 4.5$ [安]

(2)該發電機之電樞電流為

$$I_A = \frac{1200}{\sqrt{3}} = 692.8 \text{ [安]}$$

$$\begin{aligned} E_f &= V_t + I_A r_a + jI_A X_S \\ &= 480\angle 0^\circ + (0.015)(692.8\angle -36.87^\circ) \\ &\quad + (j0.1)(692.8\angle 36.87^\circ) \\ &= 480\angle 0^\circ + 10.39\angle -36.87^\circ + 69.28\angle 53.13^\circ \\ &= 529.9 + j49.2 = 532\angle 5.3^\circ \text{ [伏]} \end{aligned}$$

即$E_f = 532$伏時，由OCC曲線上查得所需場電流為5.7[安]。

(3)

$$\begin{aligned} E_f &= V_t + I_A r_a + jI_A X_S \\ &= 480\angle 0^\circ + (0.015)(692.8\angle 36.87^\circ) \\ &\quad + (j0.1)(692.8\angle 36.87^\circ) \\ &= 480\angle 0^\circ + 10.39\angle 36.87^\circ + 69.28\angle 126.87^\circ \\ &= 446.7 + j61.7 = 451\angle 7.9^\circ \text{ [伏]} \end{aligned}$$

即$E_f = 451$伏時，由OCC曲線上查得所需場電流為4.1[安]。

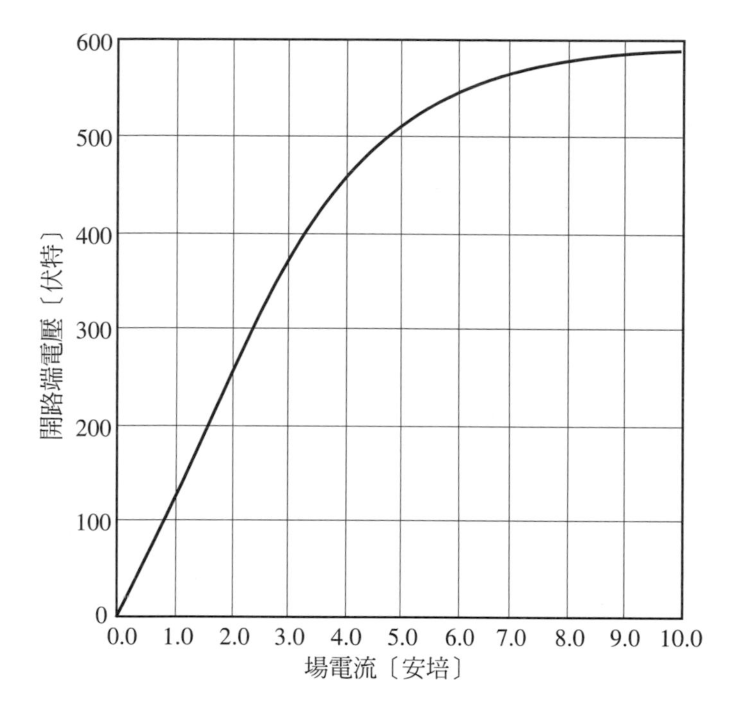

圖 4-30　例 4-4 發電機之開路特性

例 4-5

一部 1000 仟伏安，4600 伏，Y 連接，三相同步發電機，其$r_a = 2$[歐姆／相]，$X_S = 20$[歐姆／相]，在下列三種情況下，試求該發電機之滿載激磁電勢值各若干？

⑴功率因數為 1.0。

⑵功率因數為 0.8，滯後。

⑶功率因數為 0.8，超前。

解

發電機之每相額定端電壓為

$$V_t = \frac{4600}{\sqrt{3}} = 2656 \text{ [伏]}$$

滿載時電樞電流為

$$I_A = \frac{1000 \times 10^3}{\sqrt{3} \times 4600} = 125.5 \text{ [安]}$$

(1) PF = 1.0，且取電樞電流為參考相量，則

$$E_f = V_t + I_A \cdot (r_a + jX_S)$$
$$= 2656 + 125.5\times 2 + j125.5\times 20$$
$$= 2907 + j2510$$
$$= 3840.7 \text{ [伏／相]}$$

(2) PF = 0.8，滯後，且取電樞電流為參考相量，則

$$E_f = (V_t\cos\theta + I_A r_a) + j(V_t\sin\theta + I_A X_S)$$
$$= (2656\times 0.8 + 125.5\times 2) + j(2656\times 0.6 + 125.5\times 20)$$
$$= 2375.8 + j4103.6$$
$$= 4741.7 \text{ [伏／相]}$$

(2) PF = 0.8，越前，且取電樞電流為參考相量，則

$$E_f = (V_t\cos\theta + I_A r_a) + j(V_t\sin\theta - I_A X_S)$$
$$= (2656\times 0.8 + 125.5\times 2) + j(2656\times 0.6 - 125.5\times 20)$$
$$= 2375.8 - j916.4$$
$$= 2546.4 \text{ [伏／相]}$$

由此例題得知，在負載功率因數滯後時之激磁電勢為最大，其次為單位功率因數，而功率因數超前者為最小。

4-7 穩態功率角特性

每一同步電機所能傳送之最大暫時過載之能力，需視其在不失同步之最大功率或轉矩來決定，而此種功率或轉矩的限制，除電機本身的阻抗有關外，尚與所連接之線路的阻抗有關。本節係以同步發電機來探討，並導出穩態功率極限之公式。

發電機接有負載時，其一相的等效電路如圖 4-31 所示。設負載之功率因數爲 $\cos\theta$，則該三相發電機總輸出之有效功率P爲：

$$P = 3V_t I_A \cos\theta \tag{4-25}$$

式中　V_t：每相之端電壓

I_A：每相之電樞電流

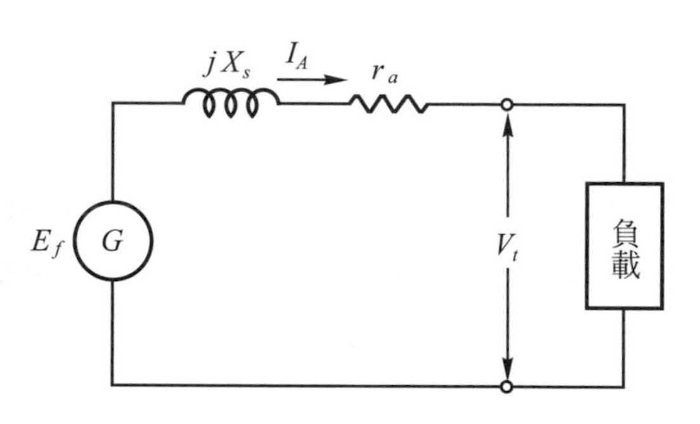

圖 4-31　發電機接有負載之等效電路

若電樞電阻甚小，即$X_S \gg r_a$，由圖 4-31 等效電路得

$$E_f = V_t + jI_A X_S \tag{4-26}$$

由式(4-26)可繪出其相量圖，如圖 4-32 所示，係為忽略電樞電阻壓降之簡化相量圖。端電壓V_t與電勢E_f間之相位角δ，稱爲功率角或轉矩角(torque angle)，是用來計算功率或轉矩有關的角度。而端電壓V_t與電樞電流I_A間的相位角爲θ，稱爲功率因數角(power factor angle)，其係視負載性質而決定。於是從圖中得知bc線段爲：

$$bc = E_f \sin\delta = I_A X_S \cos\theta$$

故

$$I_A \cos\theta = \frac{E_f \sin\delta}{X_S} \tag{4-27}$$

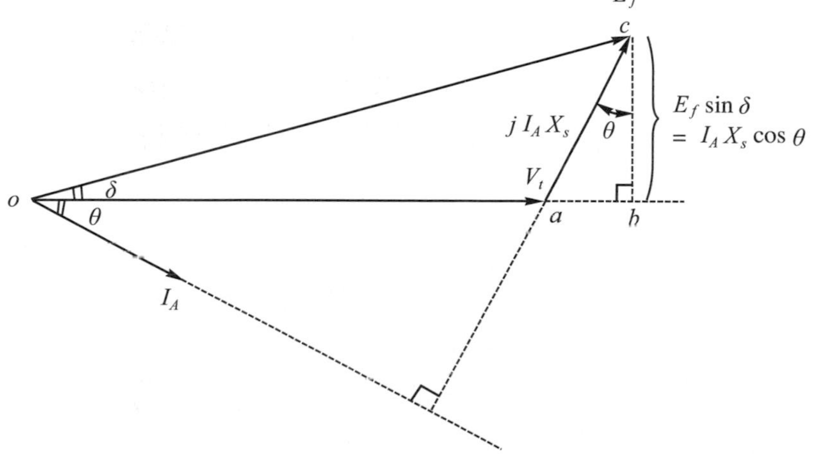

圖 4-32　忽略電樞電阻之簡化相量圖

將式(4-27)代入式(4-25)中，得

$$P=\frac{3E_f V_t}{X_S}\sin\delta \tag{4-28}$$

由式(4-28)得知，同步發電機之輸出功率是爲功率角δ之正弦函數，若端電壓V_t與電勢E_f爲一定時，則其所產生的功率大小由δ角來決定。當$\delta=90°$時，發電機所產生之功率爲最大。故三相發電機的最大輸出功率P_{max}爲：

$$P_{max}=\frac{3E_f V_t}{X_S} \tag{4-29}$$

上式係表示圓筒形同步電機在穩態時，其所能夠產生最大功率之極限，如圖4-33所示，爲功率角特性。通常電機在額定輸出下運轉時，其轉矩角δ都是在30°以下，所以在穩態下運轉時，很難達到式(4-29)之極限值。

因同步電機以ω_s之同步速度轉動，故其最大轉矩爲：

$$T_{max}=\frac{P_{max}}{\omega_s}=\frac{3E_f V_t}{\omega_s\cdot X_S}\ [\text{牛頓-公尺}] \tag{4-30}$$

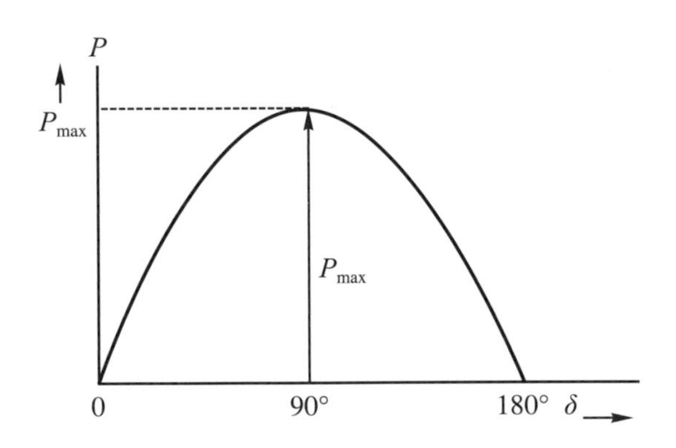

圖4-33 功率角特性

例4-6

一部1750仟伏安，2300伏，2極，3600rpm，Y 連接，三相同步發電機，其每相同步電抗爲2.65歐姆，試求此發電機：

(1)每相激磁電勢E_f多少？

(2)最大輸出功率多少？

解

$$V_t = \frac{2300}{\sqrt{3}} = 1328 \text{ [伏]}$$

$$I_A = \frac{1750 \times 10^3}{\sqrt{3} \times 2300} = 439.3 \text{ [安]}$$

(1) $E_f = V_t + jI_A X_S = 1328 + j439.3 \times 2.65$

$= 1328 + j1164$

$= 1766 \angle 41.2^\circ$ [伏]

(2) $P_{\max} = \dfrac{3E_f V_t}{X_S} = \dfrac{3 \times 1766 \times 1328}{2.65} = 2655$ [仟瓦]

例 4-7

一部2500仟伏安，6600伏，60Hz，2極，Y連接的三相渦輪發電機，其同步電抗爲 0.55pu，電樞電阻爲 0.012pu，若在滿載和功率因數爲 0.8，滯後情況下運轉。試求：

(1)同步電抗及電樞電阻爲多少歐姆？

(2)在滿載時，激磁電勢E_f多少？又轉矩角多少

(3)發電機之損失忽略不計，在滿載時，則原動機之驅動轉矩多少？

解

(1)設$VA_b = 2500$仟伏安，$V_b = 6600$伏，則阻抗之基準值為

$$Z_b = \frac{(V_b)^2}{VA_b} = \frac{(6600)^2}{2500 \times 10^3} = 17.424 \text{ [歐姆]}$$

故 $X_S = 17.424 \times 0.55 = 9.6$ [歐姆]

$r_a = 17.424 \times 0.012 = 0.209$ [歐姆]

(2)額定電流I_A為

$$I_A = \frac{2500 \times 10^3}{\sqrt{3} \times 6600} = 218.7 \text{ [安]}$$

$$V_t = \frac{6600}{\sqrt{3}} = 3810 \text{ [伏]}$$

$$E_f = V_t \cos\theta + I_A r_a + j(V_t \sin\theta + I_A X_S)$$

$$= \frac{6600}{\sqrt{3}} \times 0.8 + 218.7 \times 0.209 + j\left(\frac{6600}{\sqrt{3}} \times 0.6 + 218.7 \times 9.6\right)$$

$$= 3094.2 + j4386$$

$$= 5367.6 \angle 54.8^\circ \text{ [伏]}$$

由於$X_S \gg r_a$，故利用式(4-28)求轉矩角δ，即

$$\delta = \sin^{-1}\frac{PX_S}{3V_tE_f}$$
$$= \sin^{-1}\frac{(2500\times10^3\times0.8)\times(9.6)}{3\times3810\times5367.6}$$
$$= \sin^{-1}(0.31295)$$
$$= 18.2°$$

(3) $T = \dfrac{P}{\omega} = \dfrac{2500\times10^3\times0.8}{2\pi\times60} = 5305$ [牛頓-公尺]

4-8 凸極交流發電機的雙電抗理論

4-8.1 雙反應原理

凸極式轉子同步電機之氣隙並非均勻，如圖 4-34 所示之凸極機的截面圖，因此，其電樞電勢所產生之磁通便不是處處均相同；在場極軸(field pole axis)或稱直軸(direct axis)處爲最大，而在間極軸(inter-pole axis)或稱交軸(quadrature axis)處爲最小。就磁阻而言，在直軸方向，由於氣隙爲最小，因此磁阻最小，也就是其磁導最大；而在交軸方向，其氣隙最大，磁阻亦最大，那麼磁導則爲最小。於是電樞磁勢所產生之磁通必隨其所在之空間相對位置而異。換而言之，在凸極機中，代表電樞反應作用的電樞反應電抗X_ϕ並非一定值，故不能像圓筒形轉子同步機之直接應用於等效電路中。因而尋求一最簡單之分析方法，就是將電樞磁勢分解爲兩部份，或是將電樞電流分解爲兩部份，一取直軸方向，另一取交軸方向。

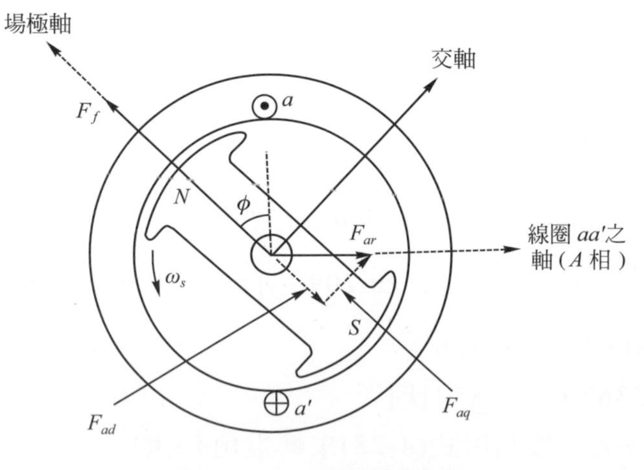

圖 4-34 凸極機的截面圖

取直軸方向者；由於在凸極機中，電樞反應磁通波與轉子場磁通波皆以同步速率旋轉，但兩者間之空間相位角則應由樞電流的時間相位角而定。如圖 4-35 所示，爲直軸方向之磁通，亦就是說明當樞電流I_A較激磁電勢E_f滯後 90°之情形。因旋轉磁場的角速率即等於電流的角頻率，故電流的時間相位移即等於其對應磁勢波之空間相位移。由圖 4-35(a)之相量圖所示，當電樞電流I_A較激磁電壓E_f滯後 90°時，即電樞電流I_A較主磁場之磁通ϕ_f滯後 180°，因此，由電樞電流所產生的電樞反應磁通波ϕ_{ar}與場磁通波ϕ_f同位於場極軸上，但方向相反，如圖 4-35(b)所示，爲主磁場之磁通波與電樞反應磁通波形圖。又於一般情況下，其諧波(harmonic)之效應甚小，可忽略不計，故可僅用基本波分量表之，在圖(a)中之ϕ_f及ϕ_{ar}是分別代表各基本波分量之每極磁通相量。

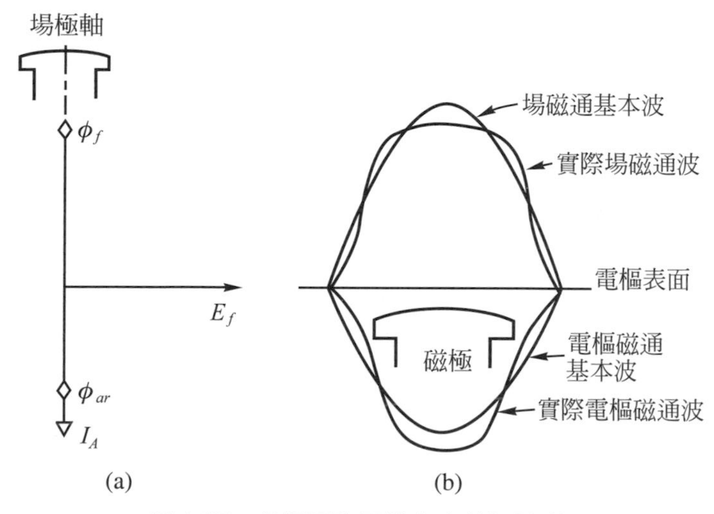

圖 4-35　凸極同步電機之直軸氣隙磁通

取交軸方向者：電樞電流I_A與激磁電勢E_f爲同相，如圖 4-36(a)所示。此時之電樞反應磁通波ϕ_{ar}與主磁場磁通波ϕ_f間之空間相位差爲 90°電機角，如圖 4-36 (b)所示。由於交軸方向之磁路的氣隙磁阻增大，使電樞反應磁通波變形，除主要的基本波外，尚含有較大的三次諧波成份。由磁通之三次諧波所產生的三次諧波應電勢，即存在於電樞各相電壓中，但在各線端間之線路電壓中，則不會有三次諧波出現。

由上所述，當電樞反應在交軸方向時，雖然其磁勢不變，即電樞電流不變，但由於氣隙磁阻增大，所以其所產生之電樞反應磁通波必較在直軸方向者爲小。換而言之，當電樞電流I_A與激磁電勢E_f同時間相位時之電樞反應電抗(即磁化電抗)X_ϕ，必較I_A滯後於E_f 90°者，要來得小。凸極式同步電機之電樞反應電抗係隨電樞電流之相位而變動。

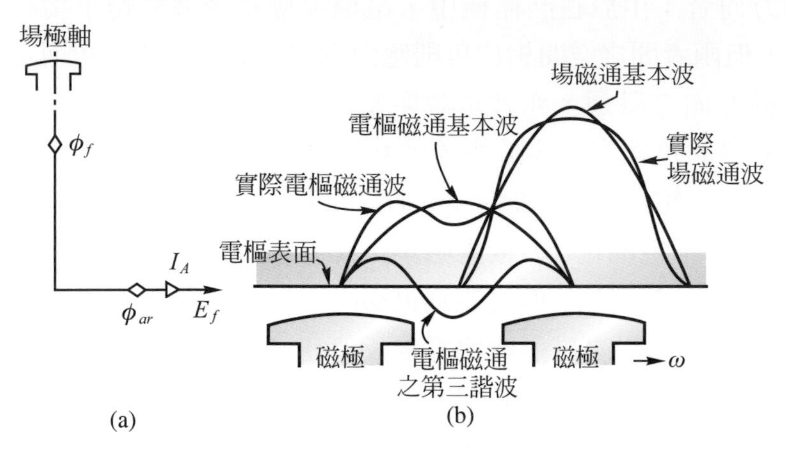

圖 4-36 凸極同步電機之交軸氣隙磁通

為了避免計算上的困難，凸極效應可藉將電樞電流I_A分解為兩個分量來考慮，其中之一的電流分量是I_q，而I_q與激磁電勢E_f同時間相位，另一電流分量是I_d，但它在時間上與激磁電勢E_f正交，即時間相位差為 90°。又由電流分量I_d所產生之電樞反應磁通ϕ_{ad}之基本波分量，其空間位置必在場極軸上。由I_q分量所產生之磁通ϕ_{aq}之基本波分量，在空間上與場極軸正交，如圖 4-37 所示。對一未飽和凸極機來說，電樞反應磁通ϕ_{ar}是ϕ_{ad}分量與ϕ_{aq}分量的相量和。而氣隙合成磁通ϕ_r是ϕ_{ar}與主磁通ϕ_f的相量和。以相量式來表示時，電樞反應磁通ϕ_{ar}為

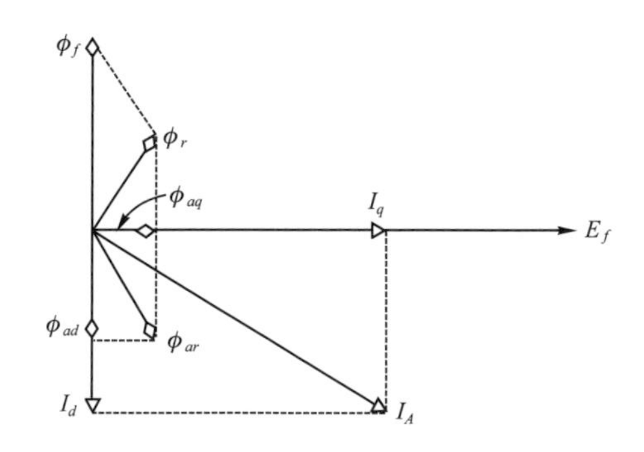

圖 4-37 凸極同步發電機之相量圖

$$\phi_{ar}=\phi_{ad}+\phi_{aq} \tag{4-31}$$

而氣隙合成磁通ϕ_r，為

$$\phi_r=\phi_{ar}+\phi_f \tag{4-32}$$

故在任何情況下之電樞反應，均可分為直軸反應與交軸反應來論述之。

4-8.2 相量圖之分析

應用雙反應原理，電樞反應可分解爲兩軸之分量，同理，電樞反應電抗X_ϕ亦可分解爲兩部份，直軸者爲$X_{\phi d}$，交軸者爲$X_{\phi q}$。因此同步電抗也分解爲直軸同步電抗(direct axis synchronous reactance)X_d及交軸同步電抗(quadrature axis synchronous reactance)X_q。相對的同步電抗壓降之分量爲jI_dX_d與jI_qX_q。它們表示電樞電流所產生的基本頻率磁通波的一切電感效應，包含了電樞漏磁通與電樞反應磁通。於是直軸與交軸之同步電抗可表示爲：

$$X_d = X_L + X_{\phi d} \tag{4-33}$$

$$X_q = X_L + X_{\phi q} \tag{4-34}$$

式中X_L代表電樞漏磁電抗而且假設對直軸與交軸電流而言都相等。將它與式(4-6)比較，如圖 4-38 之發電機相量圖所示，激磁電勢E_f等於端電壓V_t加上電樞電阻壓降I_Ar_a及同步電抗分量之壓降$jI_dX_d+jI_qX_q$之和。即

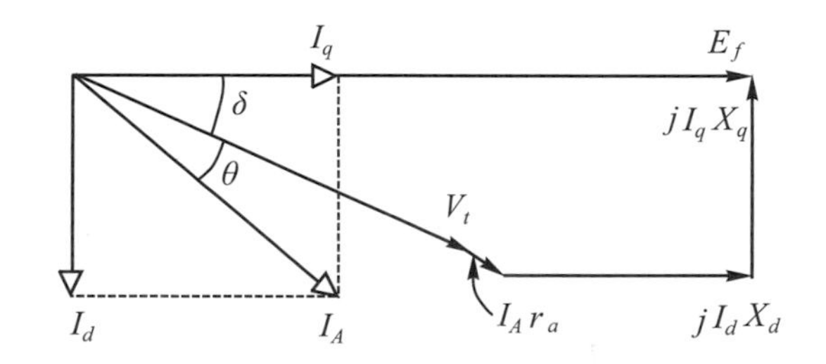

圖 4-38　同步發電機相量圖

$$E_f = V_t + I_Ar_a + jI_dX_d + jI_qX_q \tag{4-35}$$

表 4-1　各種同步機之同步電抗的標么值

同步電抗	同步電動機		同步電容機	水輪發電機	渦輪發電機
	高速	低速			
X_d	0.65(min)	0.80		0.60	
	0.80(av)	1.10	1.60	1.00	1.15
	0.90(max)	1.50		1.25	
X_q	0.50(min)	0.60		0.40	
	0.65(av)	0.80	1.00	0.65	1.00
	0.70(max)	1.10		0.80	

因爲在交軸上，氣隙磁阻比較大，所以，電抗X_q必較X_d來得小。通常X_q約爲X_d的 0.6 至 0.7 倍。如表 4-1 所示爲各種同步電機之電抗的標么値。而有一點要注意的是，渦輪圓筒形轉子之發電機，乃因轉子槽有交軸磁阻之效應，故同樣具有少許之凸極效應，即其同步電抗亦有X_d與X_q之分，但兩者之差値較小而已。

在使用圖 4-38 之相量求取激磁電勢E_f等時，係將電樞電流I_A分解爲I_d與I_q兩分量。如此分解是假設電樞電流I_A與激磁電勢E_f間之相位角“$\theta+\delta$”爲已知。但在一般情況下，僅知曉電機端之功因角θ，而δ角需另外想辦法來求得。因此改用如圖 4-39 所示，以解決此問題。在圖 4-39 中之實線部份與圖 4-38 所示者相同，首先自o'點作$o'a'$垂直於I_A，由於$\triangle o'a'b'$與$\triangle oab$兩三角形的對應邊都互相垂直，故根據幾何學原理，得知此兩三角形是爲相似三角形，則

$$\frac{o'a'}{oa}=\frac{b'a'}{ba}$$

即

$$o'a'=\frac{b'a'}{ba}\cdot oa=\frac{jI_qX_q}{I_q}\cdot I_A=jI_AX_q \tag{4-36}$$

又作I_A及$o'a'$之延長線相交於d點，則od與da'互相垂直，並由$\triangle oa'd$得

$$\tan\psi=\frac{V_t\sin\theta+I_AX_q}{V_t\cos\theta+I_Ar_a} \tag{4-37}$$

由式(4-37)能夠獲得ψ角，則圖 4-39 中之δ角爲

$$\delta=\psi-\theta \tag{4-38}$$

當δ角求取後，可從圖 4-39 相量圖中，獲取激磁電勢E_f，即

$$E_f=V_t\cos\delta+I_qr_a+I_dX_d \tag{4-39}$$

式(4-39)係採功率因數滯後之情況，來求激磁電勢之方法。

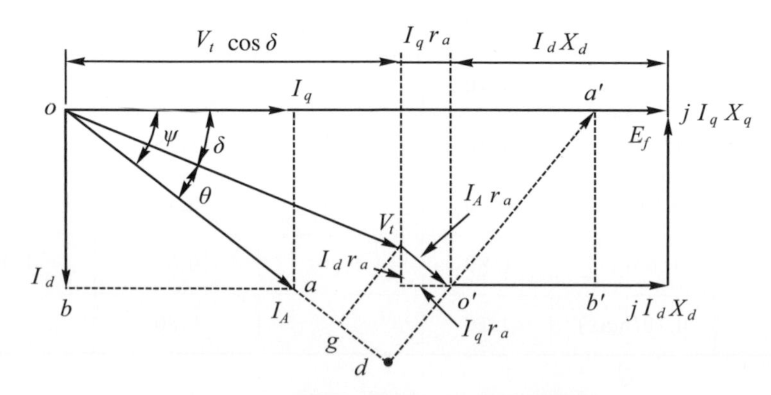

圖 4-39 電壓分量間之關係的相量圖

例 4-8

一凸極式交流發電機，其直軸同步電抗之標么值爲0.8pu，交軸同步電抗之標么值爲0.5pu，電樞電阻不計。在額定端電壓與額定容量輸出情況下，當負載功因爲0.8且滯後時，試求該發電機之激磁電勢爲多少？

解

設：額定端電壓$V_t = 1.0$pu，額定電樞電流$I_A = 1.0$pu，而$r_a = 0$。

由式(4-37)，得

$$\tan\psi = \frac{1.0\times0.6 + 1.0\times0.5}{1.0\times0.8} = \frac{1.1}{0.8} = 1.375$$

$$\therefore\ \psi = \tan^{-1}(1.375) = 54°$$

由式(4-38)，得

$$\delta = \psi - \theta = 54° - \cos^{-1}0.8$$
$$= 54° - 36.9° = 17.1°$$
$$I_d = I_A \cdot \sin\psi = 1.0\times\sin54° = 0.81$$

由式(4-39)，得

$$E_f = V_t\cos\delta + I_d X_d$$
$$= 1.0\times\cos17.1° + 0.81\times0.8$$
$$= 0.96 + 0.65$$
$$= 1.61\ [\text{pu}]$$

例 4-9

一部三相Y接，45仟伏安，118安，220伏，60Hz之凸極式交流發電機，其$X_d = 1.0$歐姆／相，$X_q = 0.6$歐姆／相，電樞電阻不計。在額定端電壓下輸出額定仟伏安，若負載功因分別爲1.0及0.8滯後時，試求各需激磁電勢多少？

解

每相端電壓V_t為

$$V_t = \frac{220}{\sqrt{3}} = 127\ [伏／相]$$

負載功因為 1.0 時

$$\psi = \tan^{-1}\left(\frac{118\times0.6}{127\times1.0}\right) = 29.14°$$

$$\therefore \delta = \psi = 29.14°$$

$$E_f = 127\times\cos29.14° + 118\times\sin29.14°\times1.0$$

$$= 110.9 + 57.5$$

$$= 168.4 \text{ [伏／相]}$$

線路間之激磁電勢為

$$\sqrt{3}\times168.4 = 291.7 \text{ [伏]}$$

負載功因為 0.8 滯後時

$$\tan\psi = \frac{127\times0.6\times118\times0.6}{127\times0.8} = 1.436$$

$$\psi = \tan^{-1}(1.436) = 55°$$

$$\delta = \psi - \theta = 18.1°$$

$$I_d = I_A\sin\psi = 118\times\sin55° = 96.7 \text{ [安]}$$

$$E_f = 127\times\cos18.1° + 96.7\times1.0$$

$$= 217.4 \text{ [伏／相]}$$

線路間之激磁電勢為

$$\sqrt{3}\times217.4 = 376.5 \text{ [伏]}$$

4-9 凸極電機之功率角特性

有一凸極式同步電機之單機系統如圖 4-40(a)所示。此系統爲一部凸極電機 SM，透過一線路串接至電壓爲E_e之無限匯流排上，而線路之每相電抗爲X_e。因電機及線路之電阻均甚小，故省略不計。設此電機爲發電機作用之情形，則其相量圖如圖 4-40(b)所示。

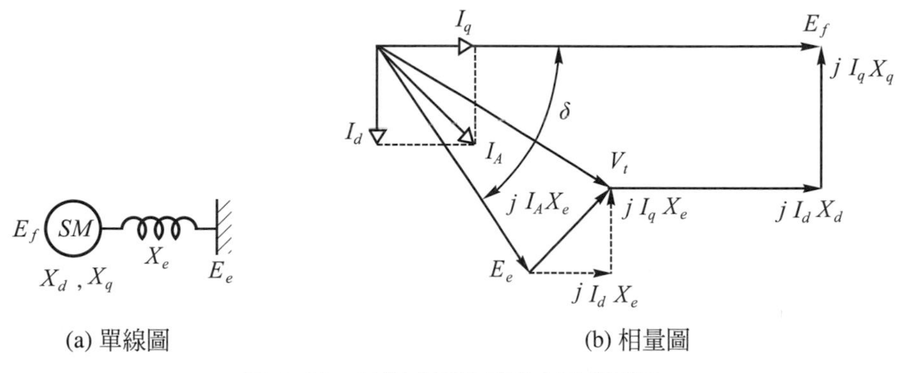

圖 4-40　凸極式同步電機之單機系統

設外部線路阻抗之效應，只是將其電抗加在電機之電抗上，因此，總電抗值爲

$$X_{dT} = X_d + X_e \tag{4-40}$$

$$X_{qT} = X_q + X_e \tag{4-41}$$

假設匯流排電壓E_e分解爲$E_e \sin\delta$與$E_e \cos\delta$兩分量，俾分別與I_d及I_q同相，於是，凸極電機所傳送至匯流排的每相功率P爲

$$P = I_d E_e \sin\delta + I_q E_e \cos\delta \tag{4-42}$$

由圖 4-40(b)相量圖，得

$$I_d = \frac{E_f - E_e \cos\delta}{X_{dT}} \tag{4-43}$$

$$I_q = \frac{E_e \sin\delta}{X_{qT}} \tag{4-44}$$

將式(4-43)及式(4-44)代入式(4-42)中，得

$$\begin{aligned} P &= \frac{E_f - E_e \cos\delta}{X_{dT}} \cdot E_e \sin\delta + \frac{E_e \sin\delta}{X_{qT}} \cdot E_e \cos\delta \\ &= \frac{E_f \cdot E_e}{X_{dT}} \sin\delta + \left(\frac{E_e^2}{X_{qT}} - \frac{E_e^2}{X_{dT}} \right) \cdot \sin\delta \cdot \cos\delta \\ &= \frac{E_f \cdot E_e}{X_{dT}} \sin\delta + E_e^2 \cdot \frac{X_{dT} - X_{qT}}{2 X_{dT} X_{qT}} \cdot \sin 2\delta \end{aligned} \tag{4-45}$$

式(4-45)中，若E_f和E_e均使用相電壓來表示時，則所求得僅表示每一相之功率。那麼對於三相電機之總功率，必需再乘以3；另也可使用線電壓來表示E_f和E_e，而直接求得三相總功率。

又式(4-45)之右邊第一項係爲電磁功率，它與圓筒形轉子同步機所獲得之結果相同。右邊第二項是爲磁阻功率，此項與激磁電勢E_f無關，僅與端電壓，即匯流排的電壓E_e有關係。而且其功率角恰爲第一項者之二倍。又若$X_{dT}=X_{qT}$時，則式(4-45)中之第二項等於零，即磁阻功率或磁阻轉矩等於零。並且由式(4-45)可繪出如圖 4-41 所示之功率角特性曲線。

在圖 4-41 中，當δ角爲負值時，除了功率P之符號爲負外，其餘皆相同。對發電機作用而言，E_f越前E_e；而電動機作用時，則E_f滯後於E_e。又由於具有磁阻轉矩，故凸極式電機比圓筒形轉子者來得有力；即在相同的電壓和相同的X_d值下，凸極機可用較小之δ值，產生相同的轉矩。並且它所產生之最大轉矩亦比較大。

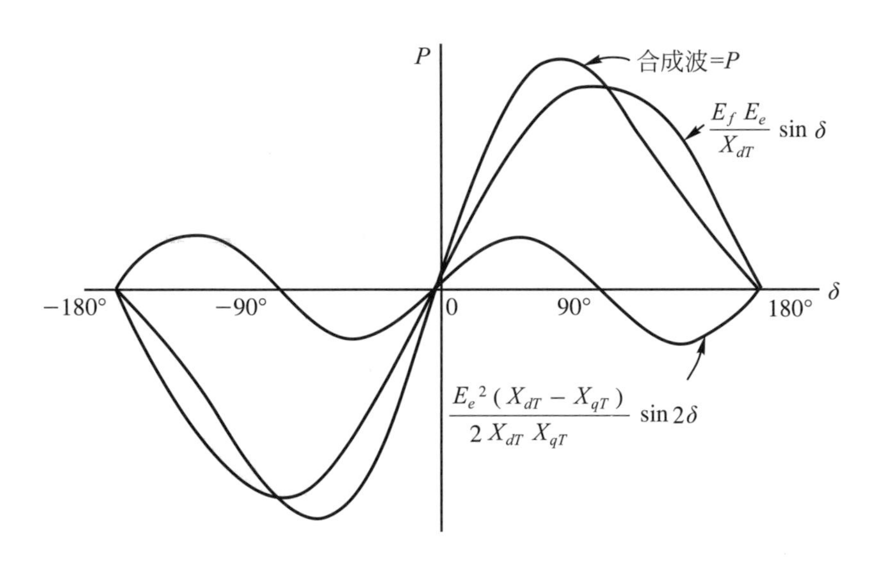

圖 4-41 凸極同步電機之功率角特性

例 4-10

一 1500 仟瓦 3.3 仟伏，Y 連接之三相同步電動機，其每相電抗爲$X_d=4.01$及$X_q=2.88$歐姆／相，全部損失省略不計。試求：

⑴當該電動機在額定電源下，且負載功因 1.0 時，試問激磁電勢E_f爲多少？

⑵當激磁維持在使該電動機於額定負載下，以獲得 1.0 功因之固定值時，則其最大機械功率爲多少？

解

(1) $E_e = V_t = \dfrac{3300}{\sqrt{3}} = 1905$ [伏／相]

$\cos\theta = 1$，$\sin\theta = 0$，$\theta = 0°$

$I_A = \dfrac{1500\times10^3}{\sqrt{3}\times3300\times1.0} = 262.4$ [安]

$\tan\psi = \dfrac{1905\times0 - 262.4\times2.88}{1905} = -0.397$

$\psi = \tan^{-1}(-0.397) = -21.6°$

$\delta = \theta - \psi = 21.6°$

$I_d = I_A\sin\psi = 262.4\sin(-21.6°) = -96.6$ [安]

$I_q = I_A\cos\psi = 262.4\cos(-21.6°) = 244$ [安]

故 $E_f = V_t\cos\delta - I_dX_d$

$= 1905\cos21.6° + 96.6\times4.01$

$= 2158.6$ [伏／相]

或 $E_f = \sqrt{3}\times2158.6 = 3738.6$ [伏] (線電壓)

(2)由式(4-45)，得

$$P_{max} = \frac{E_fE_e}{X_{dT}}\sin\delta + E_e^2\cdot\frac{X_{dT}-X_{qT}}{2X_{dT}X_{qT}}\sin2\delta$$

$$= \frac{2158.6\times1905}{4.01}\sin\delta + (1905)^2\times\frac{4.01-2.88}{2\times4.01\times2.88}\sin2\delta$$

$$= 1025\sin\delta + 177.5\sin2\delta \text{ [仟瓦／相]}$$

因最大功率發生在$dP/d\delta = 0$，即

$$\frac{dP_{max}}{d\delta} = 1025\cos\delta + 2\times177.5\cos2\delta = 0$$

故 $\delta = 73°$

則 $P_{max} = 1025\sin73° + 177.5\sin2\times73°$

$= 1079.5$ [仟瓦／相]

$= 3238.5$ [仟瓦-3相]

4-10 交流發電機的並聯運轉

在電力供電系統中，很少僅使用一部交流發電機來供應，通常皆使用兩部或更多部聯合接於同一系統上來共同供電的。如此，採用兩部或兩部以上交流發電機連接於同一系統上，並予以適當地分配負載者，便稱為“並聯運轉”(parallel operation)，如圖 4-42 所示，為兩部交流發電機並聯運轉之單線圖。多機並聯運轉，可組成一強大之電力系統，彼此相互呼應，可輪流檢驗休息，避免當發生故障，被迫停電，故供電可靠，更可獲得高效率的運轉，所以是一種經濟的運用。因此，交流發電機的並聯運轉之優點，共計有下列五點，即

1. 能供給更大的負載。
2. 能提高電力系統的可靠度。
3. 可使每一部發電機都接近滿載之情況下運轉，以提高效率，並且較經濟。
4. 可允許其中之一或多部發電機暫時停機，以便進行維修等工作。
5. 不受單機最大容量之限制。

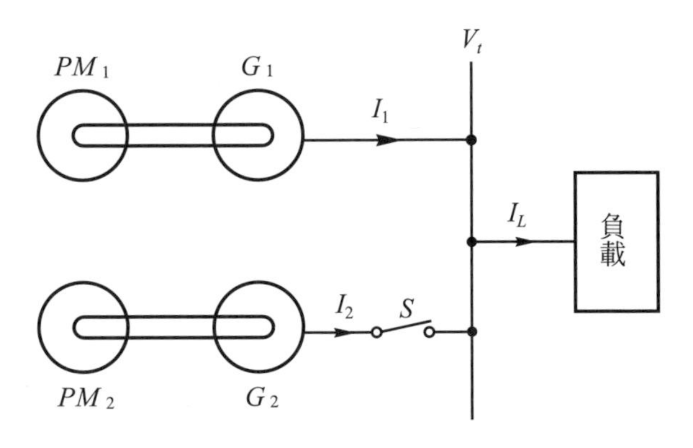

圖 4-42 兩部交流發電機並聯運轉之單線圖

4-10.1 並聯運轉之條件

欲使二部以上之交流發電機能很穩定的進行並聯運轉，則在發電機及其驅動之原動機應具備下列之條件：

1. 發電機應具備之條件
   (1) 電壓的大小須相等。
   (2) 電壓的相序必須相同。
   (3) 電壓之頻率須相同。

(4) 電壓的相位必須相同。

(5) 電壓之波形須相同。

2. 原動機應具備之條件

(1) 具有相同之角速度。

(2) 須有適當的速率下降特性。

下面就上述交流發電機於並聯運轉時，所應具備之條件，逐一來說明：

1. 電壓的大小須相等

設有兩部交流發電機並聯連接於匯流排作並聯運轉，其對應的每相電路如圖 4-43 所示。圖中E_1及E_2各代表兩發電機之每相感應電壓，Z_1及Z_2各代表兩發電機之每相同步阻抗。當$E_1 = E_2$時，則合成電壓爲零，因此，在兩發電機之電樞間無環流流通；若電壓之大小不等時，設$E_1 > E_2$，將有如圖中所示之環流I_C流通，而此環流I_C爲

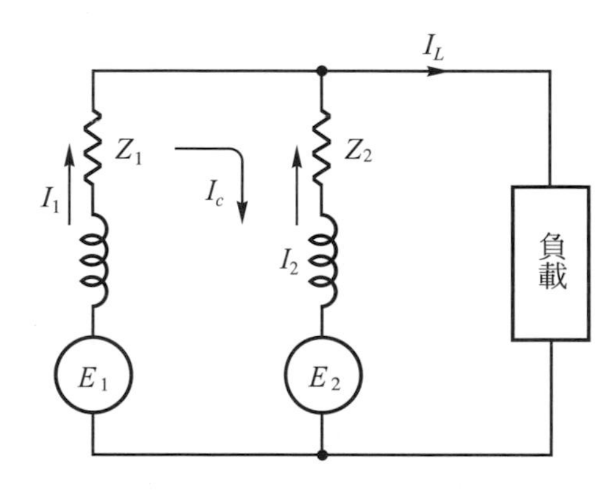

圖 4-43 並聯運轉之等效電路

$$I_C = \frac{E_1 - E_2}{Z_1 + Z_2} = \frac{E_C}{Z_1 + Z_2} \tag{4-46}$$

假若$Z_1 = Z_2$，並且$X_S \gg r_a$時，則$Z_s \fallingdotseq X_S$，於是式(4-46)可改寫爲

$$I_C \fallingdotseq \frac{E_C}{2jX_S} \tag{4-47}$$

由式(4-47)得知，環流I_C對於發電機G_1是約爲$\pi/2$之滯後電流，而對於發電機G_2則是約爲$\pi/2$之超前電流。因環流I_C對發電機G_1爲遲相電流，所以其電樞反應係爲去磁作用；對發電機G_2爲進相電流，則電樞反應必是磁化作用，結果有使兩發電機之感應電壓趨向一致。又此環流I_C對兩發電機而言，係爲一零功率因數之無效電流，故與它們之負載分配無關，僅會使電樞電阻之損失增大；由於此$I_C^2 r_a$損失，將導致電機之溫升增高及其效率降低等不良的後果。

2. 電壓的相序必須相同

相序的眞正意義是爲相與時間之順序。若相序不同，如圖 4-44 所示，爲兩發電機僅A相電壓之相序相同。若兩發電機在這種情況下並聯，A相是沒問題，但B相和C相因電壓彼此相差 120°電機角，所以，B相和C相間會有巨大環流產生，使兩電機損毀。顯然地，如電壓的相序不同時，兩發電機絕對不可作並聯運轉。

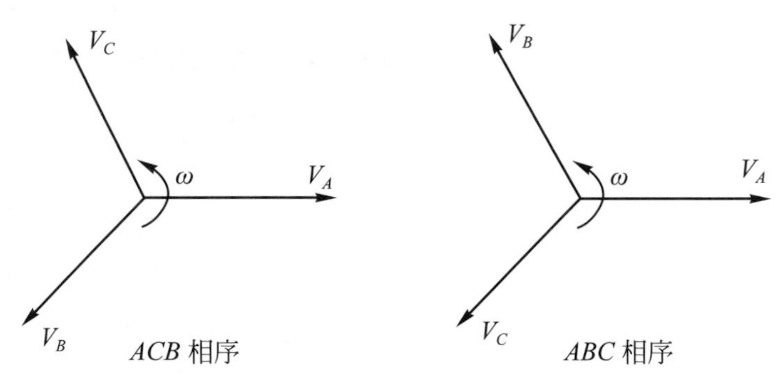

圖 4-44　兩發電機僅A相之相序相同

3. 電壓的頻率須相同

兩部發電機之電壓的頻率若不同時，則電壓之相位不一致之現象將週期性地重複發生，因此，必有環流產生，而引起"追逐(hunting)"，結果導致脫步，故無法並聯。

4. 電壓的相位必須相同

如圖 4-45 所示，係爲兩電壓的相位差 45°之情形，如在此條件下進行並聯，則兩電機之間必會有相當可觀的環流產生，而致使脫步。又若電壓的相位只相差一很小電機角時，則所產生之環流不大，然由於電樞反應的作用，將使兩發電機之電壓的相位趨向一致，終可達成並聯運轉。

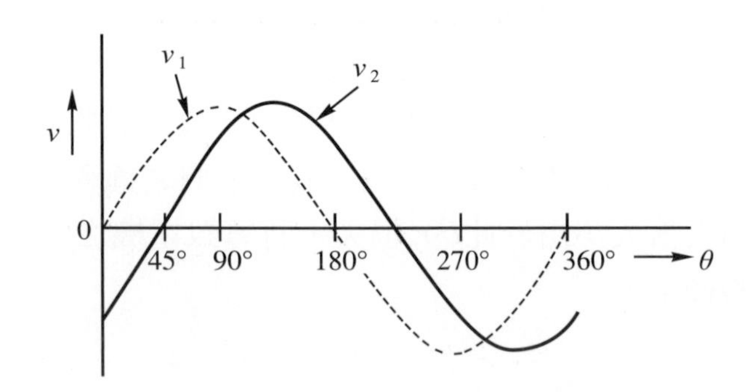

圖 4-45　電壓的相位差 45°之情形

5. 電壓之波形須相同

假設兩電壓之波形不同時，由於各瞬間的電壓不相等，則有高諧波無效環流產生。若此環流太大，將會使電樞繞組之電阻損失增加，而引起溫度上升。

發電機在製造時，因有周詳的考慮與設計，故電壓之波形不致於有太大的差異。也就是說，並聯運轉時，這第5.點的條件可不用考慮。

6. 具有均勻角速度

交流發電機並聯運轉時，在原動機方面爲什麼必須具有均勻角速度呢？因若原動機之轉速忽快忽慢不均勻的話，則會使發電機之電壓的大小及相位有所變動，便無法順利進行並聯運轉。

7. 適當的速率下降特性

各原動機須具有依負載適當比例之速率下降特性，否則，將使各發電機無法依其容量來分擔負載。即發電機中之一會發生過載，嚴重時甚致損毀或脫步。

4-10.2 並聯運轉的一般步驟

如圖 4-46 所示，發電機G_2欲與運轉中的系統並聯，則須完成下列步驟：

1. 調整發電機G_2的場電流使端電壓等於系統的線電壓，可利用伏特表來測量之。
2. 使用相序指示器(phase-sequence indicator)、三相感應電動機或同步燈來檢驗欲並聯之發電機與系統的相序是否相同。

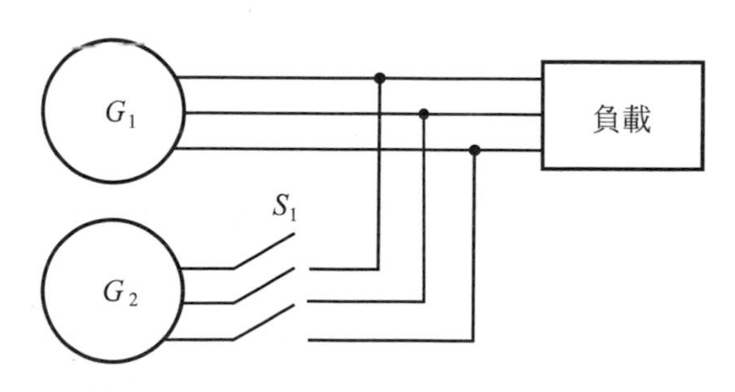

圖 4-46 一發電機與運轉中系統並聯

3. 藉同步儀(synchrpscopes)或同步燈來檢驗兩機之頻率、相位等是否相同。
4. 兩發電機經檢驗確認所有條件均相同時，即可進行並聯運轉。

兩發電機在並聯前，其電壓的大小、相序、頻率及相位之檢驗，最簡便的方法是“同步燈法”，如圖 4-47 所示爲旋轉燈法。

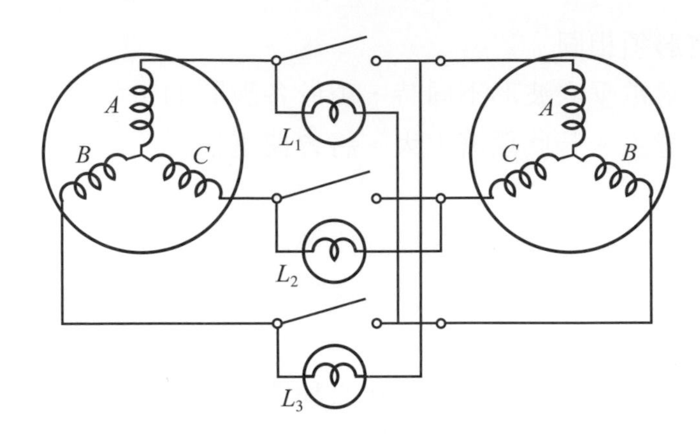

圖 4-47 旋轉燈法(二明一滅法)

最常用於並聯運轉的同步燈法是旋轉燈法(rotating lamp method)，又稱二明一滅法(two bright，one dark method)。當兩機同步時，L_1和L_3最亮，L_2滅，即二明一滅之情形。當兩機頻率有差異時，三燈將輪流明滅，頻率差愈大，三燈輪亮次數愈頻繁，頻率愈接近，三燈旋轉速度愈慢，故稱爲旋轉燈法。此法的優點是可以同時藉最亮和燈滅來判斷於並聯前，其電壓的大小、相序、頻率與相位是否同步，故常被採用。

兩發電機於並聯運轉前，檢驗其電壓是否同相位。除同步燈外，還可使用“同步儀”。同步儀正面如圖 4-48 所示，當指針停止在中央向上時，是表示兩發電機之電壓的相位差爲 0°，即表示同相，也就是說，兩機頻率相等，恰好同步之時刻。指針轉動，係表示兩機頻率或相位有差異。又指針順時針方向旋轉，是表示欲並聯的發電機較快，其相角爲超前；反之，指針反時針方向轉動，則表示欲並聯的發電機較慢。而且其指針轉動之快慢係與兩發電機之速度差成正比。

同步儀是爲一單相儀表，無法檢驗相序，使用前應先確定相序，故常與同步燈法同時使用之。

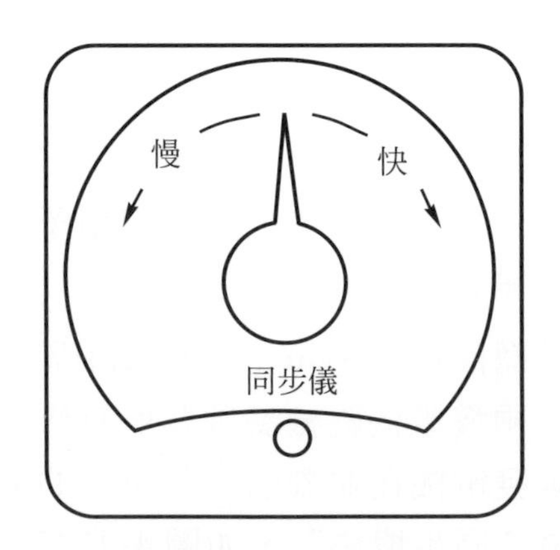

圖 4-48 同步儀

4-10.3 負載之分配

在交流發電機並聯運轉中，負載之有效功率(active power)與無效功率(reactive power)的分配，可藉原動機的速度和發電機的激磁電流來調整之。

如圖 4-49 所示爲原動機的速度或發電機的頻率與原動機輸出功率的關係曲線。在圖中，斜的實線PM_1，及PM_2各代表兩原動機在變動前之速度-功率特性曲線。此時，負載功率P_L用AB之水平實線來表示，發電機之輸出功率爲P_1與P_2。當將PM_2之節流閥開大，即原動機之速度增快，使其速度-功率特性曲線上移至PM_2'之虛線，則負載功率亦上移至$A'B'$之水平虛線，由於$A'B'=AB$，即負載功率沒有變動，而發電機G_2的輸出功率係由P_2增爲P_2'，發電機G_1者卻從P_1減爲P_1'，同時系統之頻率也已升高。若要令頻率恢復至原來狀態，就還要作進一步之負載轉移，就是將發電機G_1的節流閥關小，使其速度-功率特性曲線下移至PM_1'，此時負載功率係以$A''B''$來表示，兩發電機之輸出功率爲P_1''與P_2''。因此，系統之頻率及兩發電機之有效功率分配，能夠由原動機之速度來控制之。

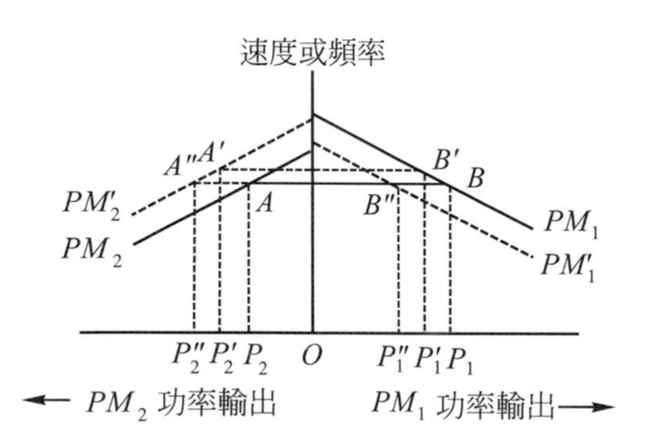

圖 4-49 原動機的速度-功率特性曲線

改變發電機的激磁能影響端電壓及無效功率之分配。如圖 4-50 所示，爲兩部相同發電機於並聯時，改變其激磁之效應。圖中之實線：V_t爲端電壓，I_L爲負載電流，I_A爲每一發電機的電樞電流，E_f爲激磁電勢。每一發電機的同步電抗壓降爲jI_AX_S，而電樞電阻之壓降則省略不計。現在假設增加發電機G_1之激磁，則匯流排之電壓V_t會增加。因此，可藉降低發電機G_2之激磁而恢復正常。最後情形如圖 4-50 之虛線相量圖所示，其端電壓、負載電流與負載功率因數皆沒有改變。而激磁電勢E_{f1}與E_{f2}係同相移動，所以$E_f\sin\delta$維持不變。然增加激磁的發電機G_1現在已分擔了更多之滯後無效功率。如圖 4-50 中虛線相量圖所示，發電機G_1供應了全部的無效功率，而發電機G_2則在功率因數等於 1.0 之情況下運轉。因此，在並聯運轉中，兩發電機之電勢與無效功率之分配，可藉改變磁場電流來控制之。

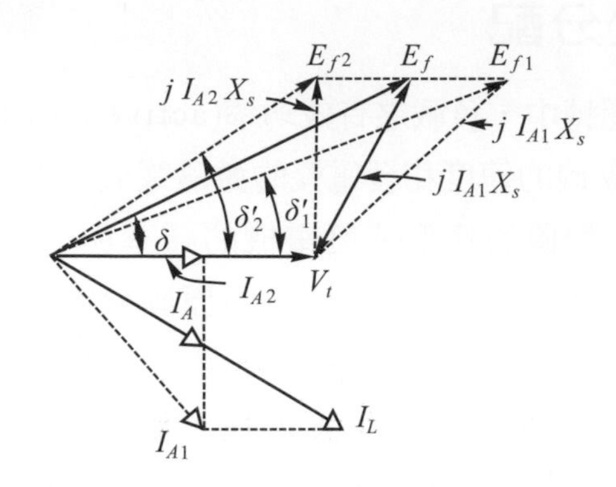

圖 4-50 變化兩並聯發電機之激磁的效應

例 4-11

額定輸出爲 1000 仟伏安，額定電壓爲 3300 伏，功率因數爲 0.8 之兩部發電機，設在額定情況下作並聯運轉。當發電機G_1的激磁減少，使其功率因數提高至 1.0 時，而且負載維持不變，試求：

⑴發電機G_2之功率因數爲多少？

⑵兩發電機之輸出電流各多少？

解

⑴在額定情況下，兩部發電機所供應之有效功率為

$$2\times1000\times0.8 = 1600 \ [仟瓦]$$

兩機供應之無效功率為

$$\sqrt{\left(\frac{1600}{0.8}\right)^2-(1600)^2} = 1200 \ [仟乏]$$

當發電機G_1的激磁減少，使其功因提高至 1.0 時，全部之無效功率便由發電機G_2來供應，但有效功率之分擔仍維持不變，則

發電機	有效功率	無效功率
G_1	800 仟瓦	0
G_2	800 仟瓦	1200 仟乏

$$故\cos\theta = \frac{800}{\sqrt{(800)^2+(1200)^2}} = 0.5548$$

由上之計算得知，發電機G_2之功率因數為 0.5548。

(2)發電機G_1之輸出電流I_1為

$$I_1=\frac{800\times10^3}{\sqrt{3}\times3300\times1.0}=140\ [安]$$

發電機G_2之輸出電流I_2為

$$I_2=\frac{800\times10^3}{\sqrt{3}\times3300\times0.5548}=252.3\ [安]$$

4-11 同步電動機的起動方法及追逐作用

4-11.1 同步電動機的起動方法

三相同步電動機之定子電樞繞組當接上三相電源時，即產生以同步轉速轉動之旋轉磁場，此時若轉子藉外力或別的作用使轉子轉到同步速率附近，然後磁極繞組開始激磁，則定子無形的$N-S-N-S$……極，恰對轉子有形的$S-N-S-N$……極發生牽引力，如圖 4-51 所示，故轉子極易為定子轉磁所牽引，而自動加速到同步轉速，並保持同步轉速而運轉。

假如轉子不藉外力帶動至同步轉速附近，而立即加直流激磁，其與定子之旋轉磁場，在某一瞬間，定子無形的$N-S-N-S$……極恰對轉子有形的$S-N-S-N$……極發生牽引力，但當定子之交流電變化半週之後，轉子還來不及加速之前，定子轉磁已前進一極，而變成定$S-N-S-N$……與轉子$S-N-S-N$……相對的局面，這時不但無牽引力，而且互相排斥。再過半週，情形又為之一變，但轉子始終來不及加速。在旋轉一圈時，轉子所受之淨轉矩等於零。故同步電動機在步電動機在靜止時，自己無法產生起動轉矩，即不能自行起動。

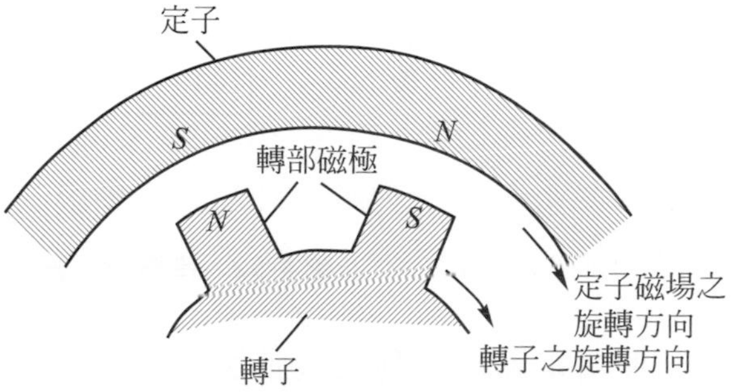

定子
S
N
轉部磁極
N
S
定子磁場之旋轉方向
轉子
轉子之旋轉方向

圖 4-51　同步電動機之旋轉原理

由上所述，同步電動機僅能夠在同步速率時產生轉矩，故其起動方法有下列四種：

1. 降低電源的頻率起動法

若同步電動機之定子磁場的旋轉速度非常低時，轉子將毫無問題的加速並鎖住定子磁場，然後逐漸將電源頻率增加到 50Hz 或 60Hz 的正常操作頻率，便完成其起動。採用此法起動，須有一變頻裝置或變頻起動器。目前科技發達，使用固態電子做成一輸出電壓隨著頻率作線性變化的起動器，是很容易辦到的。

2. 自己起動法

這種起動方法是利用凸極表面之阻尼繞組，就像三相鼠籠型轉子感應電動機之相同作用而起動的。此方法又區分為全壓起動和降壓起動兩種。

(1) 全壓起動法：小型三相同步電動機均採這方法來起動。因定子電樞繞組之線徑較細，其電樞電阻較大，可限制其起動電流，而不會造成太大的電壓降，並且轉子之體積亦較小，很快就能夠達到同步速率。

(2) 降壓起動法：中、大型同步電動機為了防止起動電流太大，使用起動補償器或串聯電阻器等，以降低電壓來起動之。如圖 4-52 所示為串聯電阻器之降壓起動法。起動時將開關S_1投置於“A”位置，使激磁繞組與一電阻r短接，待接近同步速率附近再將開關S_1投置於“B”位置，即加直流電源。同時開關S_2先投向“起動”位置，即利用電阻器R來限制起動電流，待達適當速度後就將開關S_2投置於“運轉”位置，如此起動完畢。操作時，必須注意開關S_1與S_2應配合，否則可能造成不同步，便無法正常運轉。

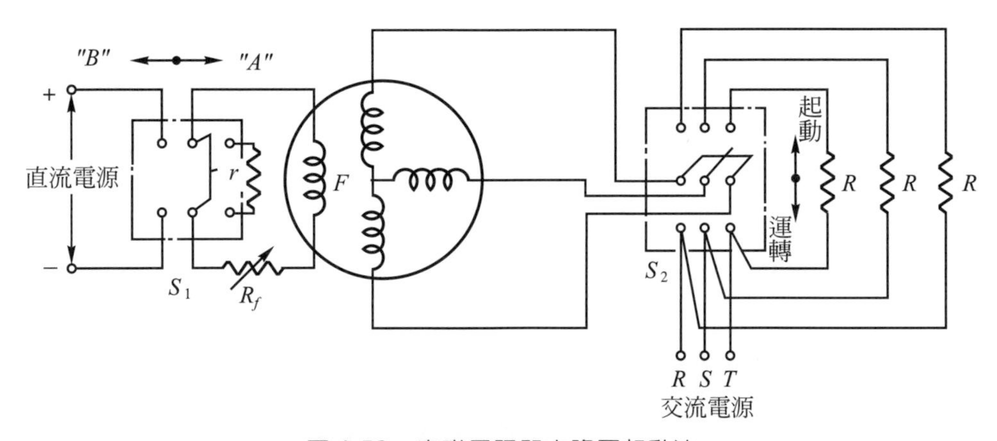

圖 4-52 串聯電阻器之降壓起動法

3. 使用電動機帶動之起動法

這種起動方法是使用感應電動機或感應同步電動機等將同步電動機帶動，係將同步電動機當做同步發電機與匯流排並聯，待運轉達同步速率後再將用來帶動之電動機切離。

大多數的大型同步電動機均使用附在其轉軸上的激磁機作為起動之電動機，而起動之。

4. 超同步電動機起動法：超同步電動機之定子，係造成可以轉動，故為雙重軸承。其定子之轉動方向，與轉子正常轉動方向則相反。起動時，不讓轉子轉動，轉子亦不激磁，然後定子加交流電壓，於是，阻尼繞組中之感應電流，與定子轉磁作用，將使定子轉動。待定子之速度達同步速時，再將轉子直流激磁加上，此時定子開始制動，當定子轉速漸減時，因為定子及轉子之相對運動速率必為同步轉速，則轉子的速率逐漸增加而旋轉。當定子停轉而藉輪掣固定其位置後，同步電動機轉子即以同步速率轉動。

4-11.2 同步電動機之追逐作用及其防止法

同步電動機追逐作用的發生，多因負載之突然增加或減少，此時由於其過渡作用，使轉子失去同步作用而發生擺動，但其轉子依然旋轉，不過忽快忽慢，前後擺動，就是所謂“追逐”(hunting)。

如圖 4-53 所示，設同步電動機以δ_5轉矩角運轉，當負載突然增加後，由於轉子及負載之慣性，使得轉矩角增大至δ_1，此時因發生轉矩過大而將轉子拉回，使轉矩角變小，而也因慣性之作用超過δ_5到達δ_2，又因轉矩不足而增大轉矩角至δ_3，然後又減小至δ_4，如此以δ_5為中心來回擺動，最後以δ_5角穩定而運轉。若轉子擺動之轉矩角超過90°時，將使同步電動機脫步而停止轉動。

追逐作用，除上述負載突然變動外，當端電壓或頻率突然變化也會發生。

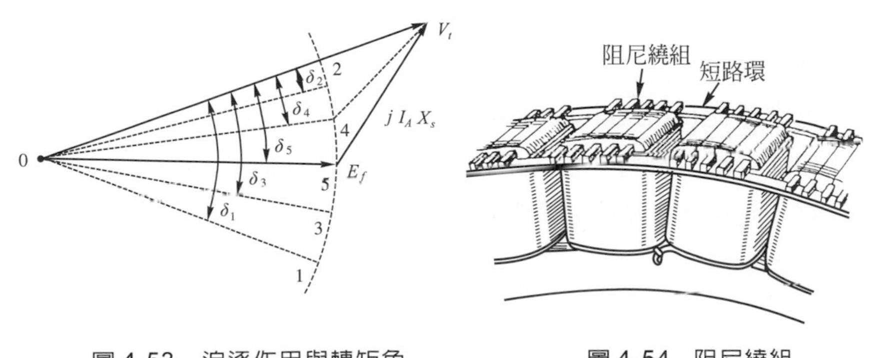

圖 4-53 追逐作用與轉矩角

圖 4-54 阻尼繞組

防止追逐作用之發生，通常在磁極表面設置阻尼繞組，如圖 4-54 所示。當轉子之凸極與定子之電樞磁場均以同步速率旋轉時，阻尼繞組與電樞磁場間無相對運動，因此阻尼繞組無作用。但是當轉子之速度忽快或忽慢時，阻尼繞組與電樞之磁通就發生割切作用，依據法拉第-楞次定律，阻尼繞組因感應作用而有電流，此電流將產生一磁場，於是產生了反轉矩，以阻止其相對運動，令使轉子轉速與旋轉磁場同步。

除上述設置阻尼繞組來防止追逐作用之發生外，另外還有二種方法：①設計適當之轉動慣量(moment of inertia)或加裝大飛輪效應，②設計高電樞反應之電機。

4-12 磁場電流變化所引起的效應

同步電動機恆以同步速率旋轉，當磁場電流改變，其反電勢E_f(又叫激磁電勢)亦隨之改變。若電樞電阻r_a省略不計，則由式(4-7)可表示爲

$$V_t = E_f + jI_A X_S \tag{4-48}$$

由式(4-48)得知，若端電壓V_t固定不變，當磁場電流增加時，反電勢E_f亦增加，電樞電流將受影響而改變其相位與大小。如圖 4-55 所示爲場電流增加對同步電動機的影響。設一同步電動機原來在滯後功率因數下運轉，當磁場電流逐次增大，則其電勢E_f亦增大，如圖中從E_{f1}增爲E_{f2}及E_{f3}。但因負載沒有改變，且轉速恆爲同步速率，所以該電動機之轉軸的輸出功率不受影響，即其轉軸上的有效功率維持不變。然由式(4-48)得知。該電動機之電樞電流的相位會隨著變動，即自I_{A1}變化爲I_{A2}及I_{A3}，從原來的遲相電流改變爲進相電流。

茲就激磁之情況討論如下：

1. 正常激磁

   正常激磁(normal excitation)是磁場電流增加至某一值時，使電勢E_f與外加端電壓V_t相等，且功率因數爲 1.0，此時電樞電流爲最小，而且與端電壓V_t同相，如圖 4-55 中之I_{A2}所示。

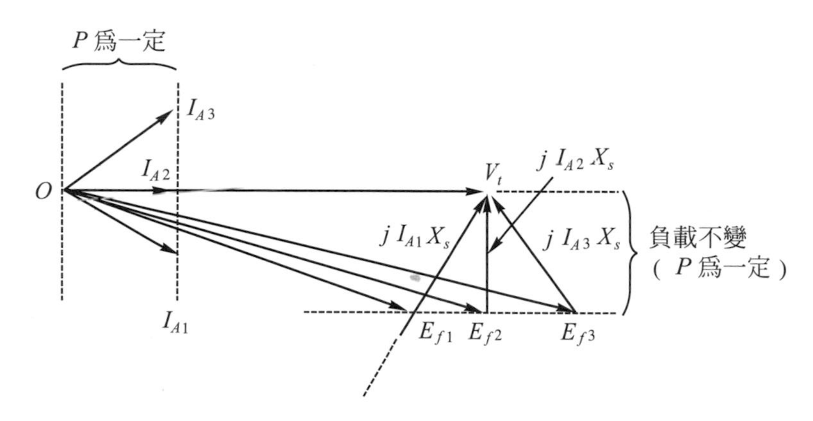

圖 4-55　磁場電流增加對同步電動機之影響

2. 欠激

欠激(under excitation)是將正常激磁時之磁場電流減少，由於同步電動機恆以同步速率旋轉，因此，電勢E_f必將減少而小於端電壓V_t，並且電樞電流滯後於端電壓。此時之電勢和電樞電流如圖中之E_{f1}及I_{A1}所示。

同步電動機在欠激時，則：①磁場電流較正常激磁時為小，②電勢E_f小於端電壓V_t，③恆向電源取入遲相電流，④電樞反應為磁化作用。

3. 過激

過激(over excitation)是增加正常激磁時之磁場電流，於是電勢E_f必隨之增加，且大於端電壓V_t，而電樞電流亦改變為超前。此時電勢和電樞電流，如圖 4-55 中之E_{f3}及I_{A3}所示。

同步電動機於過激時，則：①磁場電流較正常激磁時為大，②電勢E_f大於端電壓V_t，③恆向電源取入進相電流，④電樞反應為去磁作用。

由以上的討論，在一定外加電壓及負載下，當磁場電流變化時，則同步電動機之電樞電流的大小與相位必隨著改變，同時其功率因數亦會改變。

4-13 同步電動機的應用

同步電動機具有下列之優點和缺點：

1. 優點

(1) 可由激磁之調整而獲取所須的功率因數。

(2) 當運轉於功率因數為 1.0 時，其效率高於別種電動機。

(3) 在一定頻率下，不論負載如何變動，恆以同步速率轉動。

2. 缺點

(1) 起動操作較複雜，並須用輔助方法起動。

(2) 負載變動時，會有追逐作用發生；嚴重時，甚至脫步。

(3) 須要交流和直流兩種電源。

同步電動機除了用來驅動負載外，又可用以改善功率因數，故其應用有：

1. 用於驅動一般之負載

同步電動機之效率高於他種電動機，並且恆以同步速率旋轉，因此特別適用於需要固定速度之負載；諸如：送風機、離心泵、打漿機、壓縮機、粉碎機、工具機及定速發電機之驅動等。

2. 用於電壓調整

在長距離輸電線之受電端，若接有大容量之電感性負載，則會引起很大的電壓降，當電感性負載切離後，因長距離輸電線之電容作用，將會產生異常高壓之危險。於是在受電端裝置一同步電動機，並且適當控制其磁場電流，以調整線路之電壓。當線路因電感性負載而引起電壓下降時，則增加電動機之激磁，以提高功率因數來保持電壓值；若電壓之上升係來自輸電線的電容作用，則減小激磁，使電動機取用滯後電流，以保持電壓於正常值。

3. 用於改善功率因數

同步電動機不用於擔任機械負載，而用來改良供電系統之功率因數者，便稱爲同步調相機(synchronous phase modifier)。

由於電力系統之負載，以電感性者居多；如感應電動機、變壓器等皆造成遲相電流，使整個供電系統之功率因數降低，此時若於受電端或送電線中途加設同步調相機，專供進相電流，則可改善線路之功率因數，減少線路損失，因而可提高送電線路之效率。同步調相機在過激時，取用進相電流，其作用與電容器相似，所以又叫同步電容器(synchronous condenser)。

整個系統之功率因數改善後，能獲得下列之優點：

(1) 供給更多的負載。

(2) 增加整個系統的效率。

(3) 減少線路壓降及獲得較佳的電壓調整。

(4) 運轉之費用較少。

4. 用於求取同步之目的

應用於電鐘、定時開關及相片傳眞等各方面。

習題

一、選擇題

( ) 1. 同步發電機的轉子

(A)必須以同步轉速迴轉 (B)視原動機的大小，決定其迴轉數

(C)負載時，轉速略低於同步轉速 (D)極數愈多，其迴轉數愈高。

( ) 2. 同步發電機中加裝阻尼繞組之目的在於

(A)增加感應電勢 (B)減少漏電抗

(C)防止追逐現象 (D)改善輸出電壓波形。

( ) 3. 若某2000kVA，3.3kV之三相同步發電機，其百分率同步阻抗爲60%，則其同步阻抗應爲多少歐姆？

(A)2.345 (B)2.986 (C)3.267 (D)4.375 (E)5.798。

( ) 4. 某12極，440V，60Hz之三相Y接同步電動機，若其每相之輸出功率爲4kW，則該機之總轉矩應爲多少牛頓-公尺？

(A)$300/\pi$ (B)$600/\pi$ (C)300 (D)600。

( ) 5. 三相交流同步發電機的電樞反應

(A)與負載無關 (B)僅與負載大小有關

(C)僅與負載的性質有關 (D)與負載的大小與性質有關。

( ) 6. 同步發電機的負載角是

(A)負載電流與端電壓的夾角 (B)端電壓與應電勢的夾角

(C)負載電流與應電勢的夾角 (D)同步阻抗的向量夾角。

( ) 7. 三相交流發電機之短路比，是指零載時產生額定電壓所需之激磁電流與

(A)額定電流 (B)短路電流

(C)零載電流 (D)相當於額定電流之短路電流 所需之激磁電流之比。

( ) 8. 三相Y接線同步發電機，5000kVA、6000V，激磁電流爲200A，此時負載端電壓爲6000V，短路電流爲600A，試求發電機之短路比

(A)0.72 (B)1.25 (C)2.165 (D)12.47。

( ) 9. 設同步發電機之功率角爲δ，則其輸出與下列何者成正比？

(A)$\sin\delta$ (B)$\cos\delta$ (C)$\tan\delta$ (D)$\sec\delta$。

( )10.同步電機的電樞反應與電樞電流之關係為
(A)大小及相位無關 (B)僅與大小有關
(C)僅與相位有關 (D)大小及相位有關。

( )11.同步電機的電樞反應可以把它看成一種
(A)電阻 (B)電抗 (C)阻抗 (D)以上皆非。

( )12.同步發電機的無載飽和曲線，在鐵心未飽和時，是為
(A)直線 (B)漸近線 (C)拋物線 (D)雙曲線。

( )13.三相圓筒型同步發電機，1750kVA，2300V，2 極，3600rpm，Y 連接，其每相同步電抗為2.65Ω，電樞電阻r_a不計，試問此發電機之最大輸出功率為多少？
(A)2655kW (B)2537kW (C)2472kW (D)2385kW。

( )14.同步發電機於欠激時，向電路供給
(A)同相位之電流 (B)超前相位之電流
(C)落後相位之電流 (D)以上皆有可能。

( )15.下列那一項不是同步發電機並聯的條件
(A)頻率必須相同 (B)相序必須一致
(C)每相電壓必須相同 (D)額定容量必須一致。

( )16.當同步發電機作並聯運用，下列敘述何者正確？
(A)控制其激磁電流可控制其輸出功率
(B)控制其原動機機械功率輸入，可控制其輸出虛功率
(C)增加其激磁電流時，將供給滯後電流
(D)負載轉移時，必須增加新進機的速率。

( )17.並聯運轉中的同步發電機，其追逐現象發生在
(A)輕載時 (B)重載時
(C)負載功率因數甚低時 (D)負載有急速的變化時。

( )18.同步發電機利用二明一滅法，檢查其並聯運轉整步，若出現三燈皆滅現象時，下列何者為非
(A)相序相同 (B)頻率一致 (C)電壓大小相同 (D)時相一致。

( )19.同步發電機之短路特性係表示下列那一項？
(A)端電壓與場流 (B)端電壓與樞電流
(C)電樞電流與場流 (D)激磁電勢與電樞電流。

( )20.一 3 相交流發電機之額定輸出為 4500kVA，額定電壓為 5kV，若同步阻抗為 80%，則發電機之同步阻抗為
(A)3.2Ω (B)4Ω (C)4.4Ω (D)5.6Ω。

( )21.三相同步電動機接於 25Hz 之交流電源時，若以 250rpm 轉速旋轉，試問電動機的極數為多少？ (A)6 極 (B)8 極 (C)10 極 (D)12 極。

( )22.同步電動機，當負載減少時
(A)轉速減少，轉矩角減少 (B)轉速不變，轉矩角減少
(C)轉速不變，轉矩角不變 (D)轉速增加，轉矩角增加。

( )23.同步電動機，當過激磁時，該機對線路產生之現象為
(A)吸收進相電流 (B)吸取遲相電流
(C)造成遲相電壓 (D)造成進相電壓。

( )24.有一同步電動機在半載情形下工作，當增加其激磁電流時，使得電樞電流減少，則此電動機在未增加其激磁電流之時功因為
(A)滯後 (B)超前 (C)1 (D)不一定。

( )25.同步電動機中使用阻尼繞組的主要目的在於
(A)提高轉速 (B)使運轉時安穩免於振盪
(C)提高電機的激磁電流 (D)減少電機之時間響應。

( )26.同步電動機之轉速受下列何者影響？
(A)場繞之直流激磁 (B)加於樞繞之端電端
(C)樞繞電流 (D)輸入電源之頻率。

( )27.同步電動機當負載固定，激磁在欠激之情形之下，增加激磁電流，則電樞電流會
(A)減少 (B)增加 (C)減少後增加 (D)增加後減少。

( )28.同步電動機 V 形曲線的橫座標及縱座標分別為
(A)樞電流，端電壓 (B)樞電流，功率
(C)樞電流，功因 (D)樞電流，場電流。

( )29.一 4 極 240V，60Hz，Y 接三相同步電動機，在額定情形下運轉，測得其輸入線電流 75A，功因 0.85 滯後，若效率 0.9，則其輸出轉矩
(A)12.9kg-m (B)14.7kg-m (C)16.9kg-m (D)15.4kg-m。

( )30.下列何者不是同步電動機的優點？
(A)速度恆定不變 (B)可改善功因之效
(C)效率佳 (D)空氣間隙小，不須激磁電流。

二、計算題

1. 一部三相同步發電機爲 100000 仟伏安，11.8 仟伏，50Hz，2 極，Y 連接，其電樞電阻之標么值爲 0.012，同步電抗之標么值爲 0.8，若在額定負載時之功率因數爲 0.8 落後。試求⑴激磁電勢E_f爲多少？　⑵轉矩角δ爲多少？　⑶原動機的轉矩爲多少？(若損失不計)
2. 一同步發電機直接與13.8仟伏的系統相連接。該發電機的同步電抗爲7.36歐姆／相，而電樞電阻忽略不計，若發電機輸出之有效功率爲23000仟瓦，無效功率爲10300仟乏時，試求
⑴激磁電壓E_f爲多少？
⑵繪出端電壓、激磁電勢、電樞電流及同步電抗壓降的相量圖。
3. 有一凸極式同步電動機，$X_d = 0.8$ 標么，$X_q = 0.5$ 標么。若外加電壓維持不變，場電流等於零，在不脫步情形下，試求該電動機所能輸出的功率是額定功率的百分之幾？又在最大功率時的額定電流爲多少？
4. 一部208伏，Y接的同步電動機，若在功因爲1.0，且端電壓208伏時，其電樞電流爲150安，此時場電流爲2.7安，又其同步電抗1.0歐姆／相。假設該電動機的開路特性曲線爲一直線，試求
⑴轉矩角δ爲多少？
⑵若其功因變數爲0.78超前，則場電流爲多少？
5. 一部1000馬力，2300伏，60Hz，20極，Y連接，三相同步電動機，其每相同步電抗爲 4 歐姆，試求該電動機所產生之最大轉矩爲多少？設由一無限匯流排來供電，場電流固定不變，功因爲1.0，並且所有之損失都不計。
6. 一部三相Y接同步發電機，其額定爲10仟伏，500安，功率因數爲0.85，其短路比爲1.3。電樞電阻忽略不計。試求
⑴額定容量爲多少？　⑵同步電抗爲多少？　⑶電壓調整率爲多少？
7. 一部2200伏，1500仟伏安，2極，3000rpm，Y連接，60Hz，三相同步發電機，其每相同步電抗爲2.53歐姆，電樞電阻忽略不計，試求該發電機
⑴最大輸出功率爲多少？　⑵若是同步電動機，則最大轉矩爲多少？
8. 一45仟伏安，220伏，60Hz，Y連接，凸極式三相同步發電機，其每相電抗爲：$X_d = 1.0$ 歐／相，$X_q = 0.6$ 歐／相，電樞電阻不計。若功因爲1.0，試求最大之輸出功率爲多少？

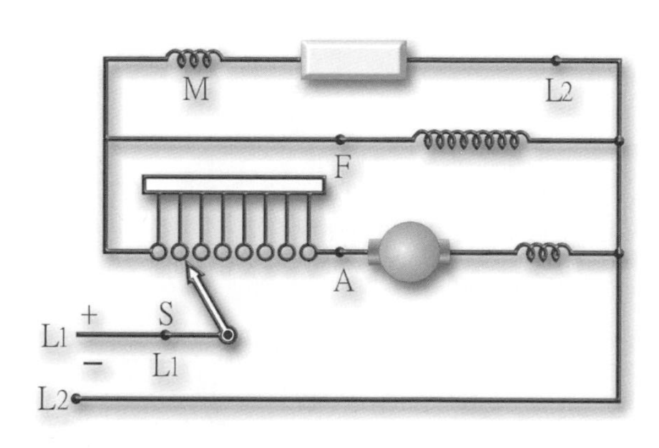

5 直流電機

學習綱要

5-1　構　造
5-2　直流機之類型與轉矩、電壓及轉速
5-3　電樞反應
5-4　換向作用
5-5　補償繞組
5-6　間　極
5-7　基本分析、電路方面
5-8　基本分析、磁路方面
5-9　直流發電機的特性與運用
5-10　電壓調整率
5-11　直流電動機之特性
5-12　損失及效率
5-13　均壓連接
5-14　電動機的起動、制動與速率控制

5-1 構 造

圖 5-1 直流發電機之分解圖

直流電機(direct-current machine)依功用的不同，一般區分爲發電機(generator)與電動機(motor)。兩者在功用上雖然不同，但構造卻完全一樣，如圖 5-1 及圖 5-2 所示。從圖中知曉其主要結構可區分爲定子(stator)與轉子(rotor)兩部份。

圖 5-2 直流電動機之剖視圖

定子是由機殼(frame)、主磁極(main pole)、中間極(inter pole)、磁場繞組(field winding)、補償繞組(compensating winding)、電刷(brush)、握刷器(brush holder)、軸承(bearing)、末端架(end bracket)及托架(supporting bracket)等各部份組成，主要用來產生磁場及支持轉子之運轉。

轉子係由電樞鐵心(armature core)、電樞繞組(armature winding)、換向器(commutator)、電樞輻(armature spider)、軸(shaft)及通風扇(fan)等各部份所組成。

直流電機之結構若依電和磁的性質，可分爲電路與磁路兩部份。電路部份是指：電樞繞組、磁場繞組、換向器、電刷、中間極繞組及其他有關構成電流迴路之部份。磁路部份則爲：磁極鐵心、氣隙、電樞鐵心、機殼及有關構成磁力線閉合迴路之部份。

由上所述，對於直流電機的構造已有簡單的認識，有關其詳細的構造，分述如下：

1. 機殼

機殼又稱為軛鐵(yoke)，磁極就固定於機殼上。因此不僅可以支持和保護內部機件，避免受到外力撞擊而受損，同時也是磁路的一部份，以使磁通獲得一完全閉合之迴路。

機殼多由鑄鐵、鑄鋼或輾鋼等材料製成，若用鑄鐵或鑄鋼鑄造，難以避免內部會有變形、裂縫、氣孔等缺點，而致使機械強度減弱和磁阻不均勻，故最好採用高導磁係數的輾鋼或軟鋼板來捲製。而托架另以鋼板製成而銲接或鉚接於機殼上，如圖 5-3 所示。

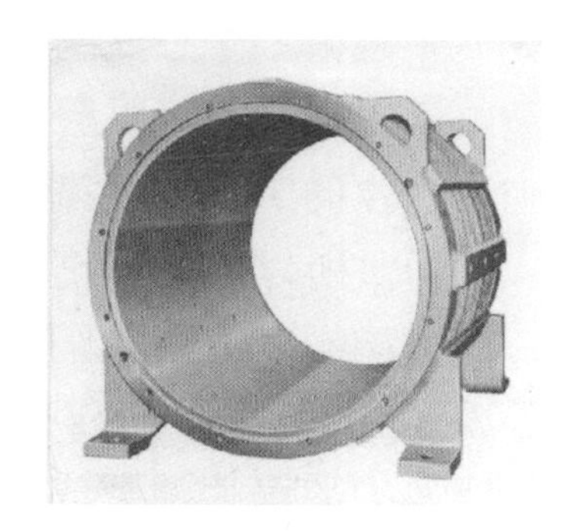

圖 5-3　裝置托架之機殼

2. 磁路

兩極直流機的磁路如圖 5-4 所示，圖中虛線表示磁通所通行之路徑，由磁場繞組所產生之磁通自N極發出，穿過氣隙(air gap)，分成兩部份進入電樞齒與鐵心，再穿過另一氣隙至相鄰的S極，並經由機殼而返回原來的N極，如此成一閉合迴路；換句話說，每一閉合磁路是為：磁極(N)→氣隙→電樞齒→電樞鐵心→氣隙→磁極(S)→機殼→原磁極(N)。

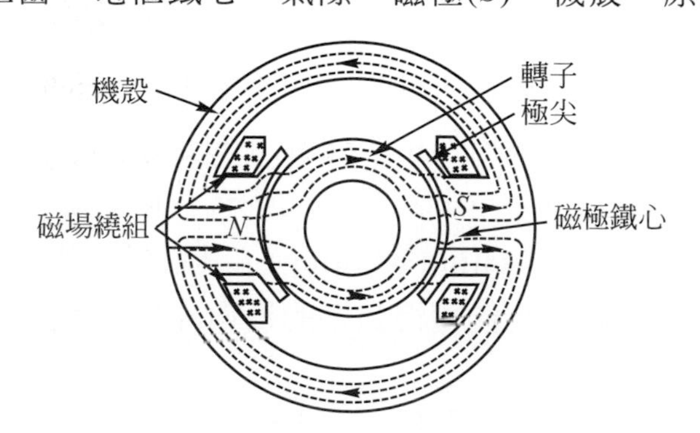

圖 5-4　兩極直流電機的磁路

若每極之磁場繞組之匝數爲N_f，激磁電流爲I_f，則其磁動勢$F=N_f \cdot I_f$ [安-匝]，而磁路之磁阻爲$\mathcal{R}$，則磁通(ϕ)爲

$$\phi=\frac{F}{\mathcal{R}}=\frac{N_f I_f}{\mathcal{R}} \text{ [韋伯]} \tag{5-1}$$

由(5-1)式知，磁通(ϕ)因爲磁阻$\mathcal{R}$增加而減少，於磁路中氣隙之磁阻佔全部磁阻之大部份，故氣隙愈小時，則對電機特性愈好。

3. 主磁極、極心及極掌

一般直流電機之磁場係由電磁場產生的。主磁極鐵心係爲磁路的一部份，所以宜採用高導磁性之材料，過去磁極鐵心用鑄鋼或鍛鋼製成，但爲了減少鐵損，近年來改用0.8～1.6mm厚的矽鋼片沖製成型，經疊積加壓後以鉚釘鉚成一體，如圖5-5所示爲完成的磁極鐵心。

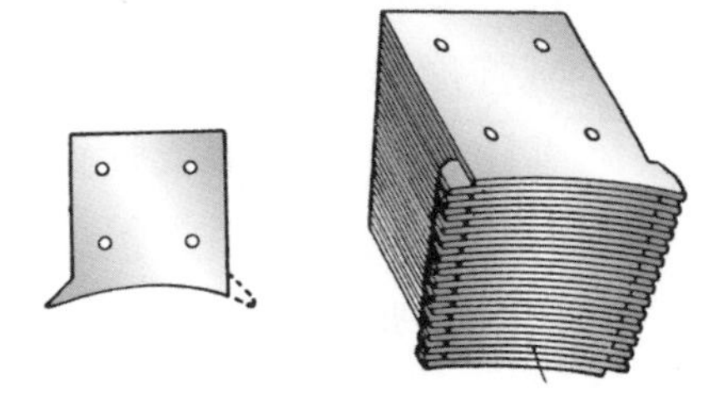

圖 5-5　疊積完成的磁極鐵心

主磁極鐵心是由極心(pole core)與極掌(pole shoe)兩部份組成，如圖 5-6(a)所示。極心爲長方形狀，磁場繞組繞在該處，極掌位於極心之一端且成展開狀，極掌面對轉部，其截面積大於極心的截面積，除用來保持磁場繞組外，並能使空氣隙內磁通的分佈均勻，降低所須激磁的磁動勢，以節省激磁繞組的用銅量，因而降低製造成本。爲減低電樞反應所引起於空氣隙內磁通分佈的畸變，每片僅鑿有一極尖(pole tip)，在疊積拼合時，必須交互疊置，則極尖部份之鐵心面積減半，使磁通不易飽和，藉以獲得良好的換向作用，如圖 5-6(b)所示。而大型電機的主磁極的極掌開設線槽(slot)，如圖 5-6(c)所示，並於槽中放置線圈，即所謂「補償繞組」(compensating winding)，其目的是用來消除電樞磁動勢，改善電樞反應，同時也能獲得良好的換向作用。

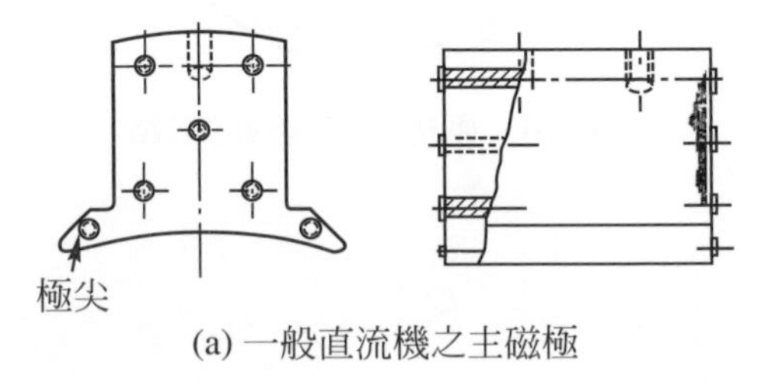

(a) 一般直流機之主磁極

圖 5-6　主磁極

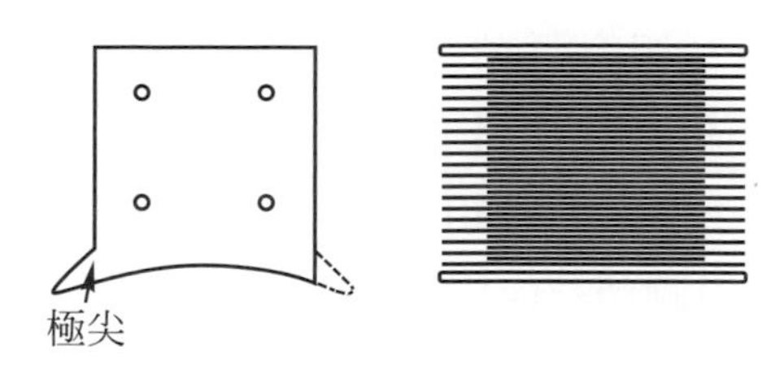

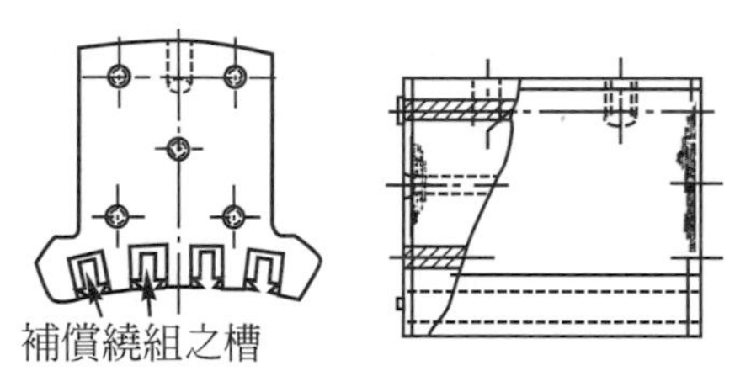

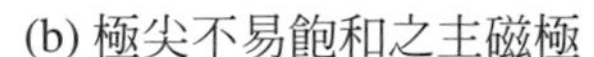
(b) 極尖不易飽和之主磁極

(c) 設有補償繞組之主磁極

圖 5-6　主磁極(續)

4. 磁場繞組

磁場繞組(field winding)，又稱爲激磁繞組(exciting winding)，主要功能是使主磁極在氣隙中產生所需磁通密度的磁場。

磁場繞組按組合方式之不同，可分爲分激磁場繞組(shunt field winding)，串激磁場繞組(series field winding)與複激磁場繞組(compound field winding)等三種。

分激磁場繞組係採用單紗包、雙紗包、漆包或單紗漆包之絕緣銅線。倘若電機在高溫處使用時，則宜使用石棉包線。又銅線的截面可採用圓形、方形或長方形等種類。

分激磁場繞組通常均採用集中繞法，將導線捲繞在硬紙板(fuller board)、木模或線軸(spool)上。繞製好後的線圈，包以適當的絕緣材料，再用棉紗帶、塗漆布帶或玻璃帶紮緊，然後經烘乾及浸漬絕緣漆(如凡立水 varnish 或矽樹脂等)，再經烘乾等處理，如此繞組形成整個的一塊，裏面沒有空氣囊存在，完全被封閉，污穢及濕氣都不致浸入，可增加絕緣。且這種線圈很容易將內部發生的熱傳到表面，以獲得良好的散熱。

小型電機的分激磁場繞組之繞法，也可直接將導線捲繞在磁極上，但這方式在檢修拆卸時非常麻煩。

串激磁場繞組係採用圓形或方形的兩層棉紗絕緣，或者使用平角扁銅線來繞製，通常均用扁平繞或邊緣形繞兩種方式。其銅線較粗，且繞製的匝數不多；製造過程與分激繞組一樣必需經烘乾及絕緣處理，然後才可裝置於磁極上。

複激磁場繞組係由分激繞組和串激繞組合併裝在同一主磁極的鐵心上而組成的。如圖 5-7 所示為其兩種繞組在磁極鐵心上配置方式。共計有三種方式，如圖 5-7(a)、(b)所示為分激磁場繞組在內側(即較靠近鐵心)，而串激磁場繞組放置在外側處。如圖 5-7(c)為分激繞組放置在上層，而串激繞組則在下層。

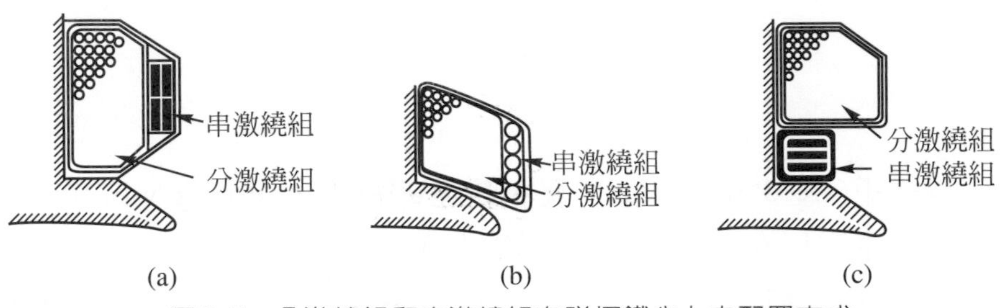

圖 5-7 分激繞組和串激繞組在磁極鐵心上之配置方式

各繞組必需按N，S，N，S……之極性順序接線。又分激繞組是先按極性串聯後，再與電樞電路並聯；串激繞組是將每極繞組按極性串聯後，再與電樞電路串聯。

中間極的激磁繞組與主磁極之串激磁場繞組相類似，均通過負載電流，因此必需使用較粗的圓形或平角絕緣銅線來繞製，以便使壓降及功率損失減至最低。

5. 電樞之結構

直流電機之電樞是由電樞鐵心(armature core)、電樞繞組(armature winding)、電樞輻(armature spider)及換向器(commutator)等部份所組成，如圖 5-8 所示為直流機之電樞。

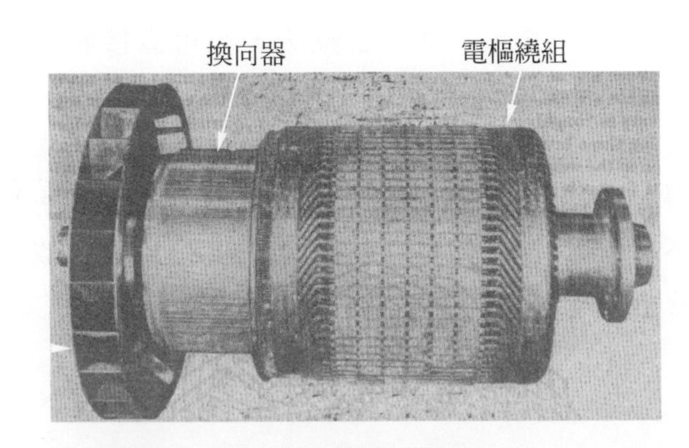

圖 5-8 直流機之電樞(即轉子)

(1) 電樞鐵心：電樞鐵心是磁路的一部份，通常採用0.35mm～0.5mm厚的矽鋼片疊積製成的。

一般小型直流電機其電樞直徑小於 750mm 時，疊片可沖成一整片，如圖 5-9(a)所示，而中型或大型的直流電機，其電樞的直徑在750mm以上時，因受矽鋼片規格的限制，並顧及製造成本，則沖成扇形，如圖 5-9(b)所示，然後再由數段扇形片配合電樞輻架，沖接組合而成。

(a) 沖成一整片

(b) 扇形片

圖 5-9 電樞鐵心之沖片

電樞矽鋼片表面加以絕緣處理的目的是爲了減少鐵心的渦流損失，絕緣處理的方法是在每一沖片面上，塗上一層薄薄之絕緣漆(如凡立水等)，再經過烘乾。近年來矽鋼片則在熱處理過程中，使矽鋼片表面氧化即可，而不必再另塗絕緣漆，如此可提高矽鋼片疊積率。

電樞鐵心的組合，通常小型直流電機是將疊積好的鐵心直接嵌於轉軸上。而中型或大型直流電機，因靠近軸部份幾乎沒有磁通經過，因此使用價廉的鑄鐵或鑄鋼製成電樞輻，然後在電樞輻上嵌置電樞鐵心，如圖 5-10 所示。直流電機電樞鐵心的組合，如圖 5-11 所示，且在組合好的電樞鐵心兩端用鑄鋼或鑄鐵製成的末端夾板(end plate)夾緊。

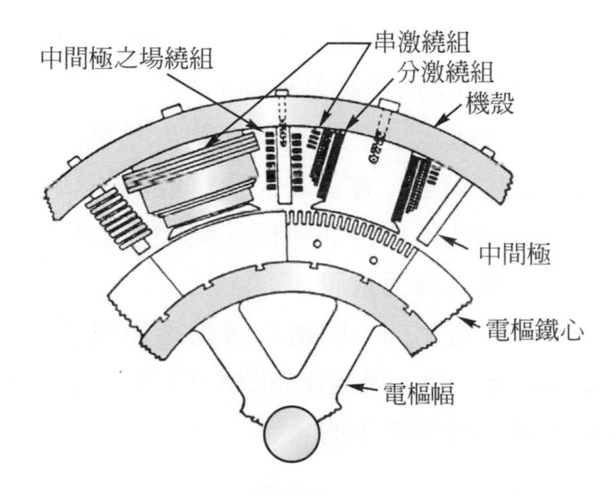

圖 5-10 大型直流電機(電樞鐵心之裝置法)

電樞爲獲得良好的散熱，對於小型電機則在每疊片上沖有若干小圓孔(即通風孔)，如圖 5-11(a)所示，以使空氣能夠沿軸通過電樞鐵心，再經通風道輻射出去，來幫助散熱，至於中型或大型的電機，則每隔 50～100mm 厚插入一分隔片，構成通風道(ventilating ducts)，來幫助散熱。如圖 5-11(b)及(c)所示。此外又有在電樞的一端，裝置通風扇(fan)者，使散熱更爲良好。

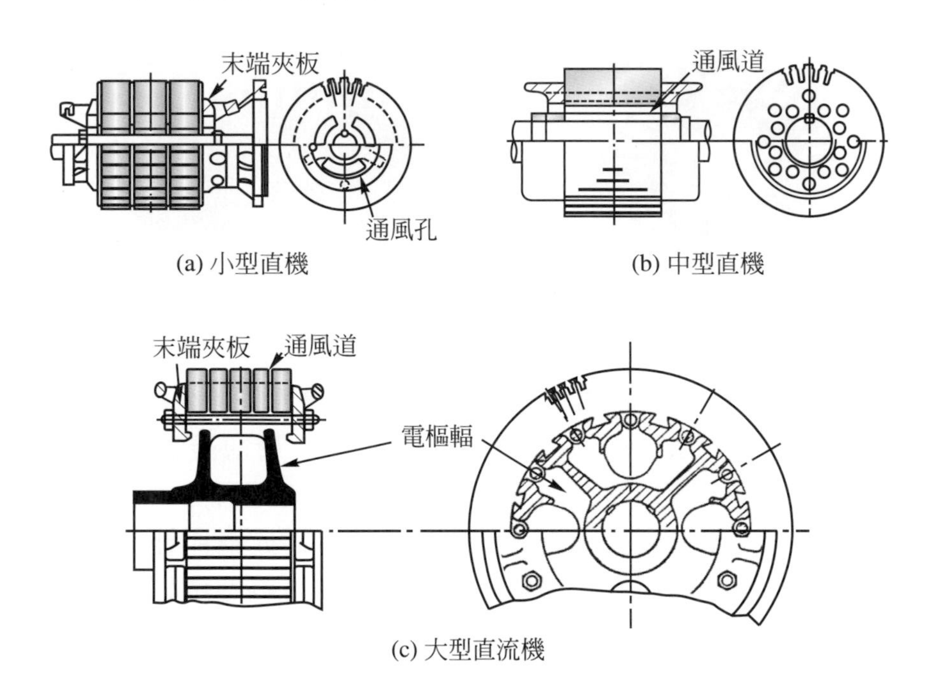

圖 5-11 直流電機之電樞鐵心的組合

電樞鐵心爲了埋設繞組，於電樞鐵心表面開鑿許多槽(slot)；電樞槽依形狀之不同，可分爲開口槽(open slot)與半閉口槽(semi-closed slot)二種，如圖 5-12 所示爲電樞槽的形狀。圖(a)、(b)爲開口槽，圖(c)爲半閉口槽。中型以上電機爲使繞組容易裝入，均採用開口槽，因爲槽口和槽底寬度相等，容易裝入型繞線圈。小型電機或高速電機則採用半閉口槽，如此能使齒都與槽部氣隙中的磁通分佈不均勻情形減少及繞組不因速度太高而飛脫。

爲減少極面與電樞間，因槽齒轉動時磁阻變動，所以電樞鐵心的槽不與轉軸中心線平行，而製作如圖 5-13 所示的斜形槽(skewed slot)，以減低電機在運轉時所產生的噪音。

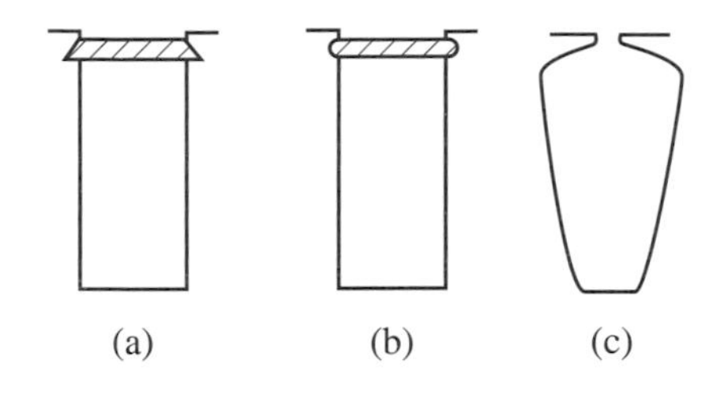
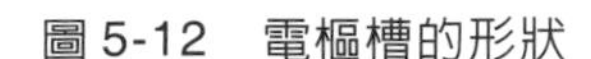

圖 5-12　電樞槽的形狀

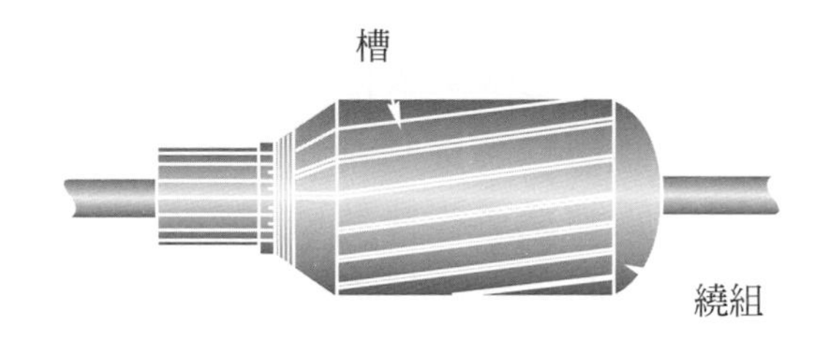

圖 5-13　斜形槽的電樞

⑵　電樞繞組

電樞繞組在直流發電機是用來產生感應電動勢，而在直流電動機是用來產生電磁轉矩，使轉部能夠旋轉，故繞組均採用軟銅圓形線或平角形線。又銅線的絕緣有各種樹脂的皮膜絕緣(即製成漆包線)或使用纖維及布帶包紮的絕緣(此種即爲紗包線或玻璃絲包線)等兩種。

線圈(coil)有使用成形模繞成所需的形狀後，包紮適當的絕緣材料(如用塗漆布帶、玻璃纖維或棉紗帶紮緊)，然後浸於絕緣漆中，再經烘乾而成型繞線圈(formed winding)。另外一種方式是直接將線圈用手或機器一匝、一匝的放進槽中，這種方法稱爲亂繞(random wound)。型繞線圈使用於開口槽的、大中型直流電機。而亂繞皆使用於半閉口槽的小型直流電機。

電樞繞組除應具有足夠的絕緣耐力及非吸溼性等特性外，尙須具有能耐製造中或運轉中所受機械力的性能，如圖 5-14 所示爲電樞線圈裝入槽中之絕緣情形，且在槽頂以硬纖維片(fiber)或木質楔(wedge)嵌於槽口，以便固定槽內的線圈，同時使線圈不致因離心力的作用而飛脫。

電樞線圈的槽外部份，稱爲端接線(end-connections)或又叫引線(lead)，若不作適當處理則當旋轉時將被摔離原位，因此需用鋼線、磷青銅線或絃線捆紮穩固。

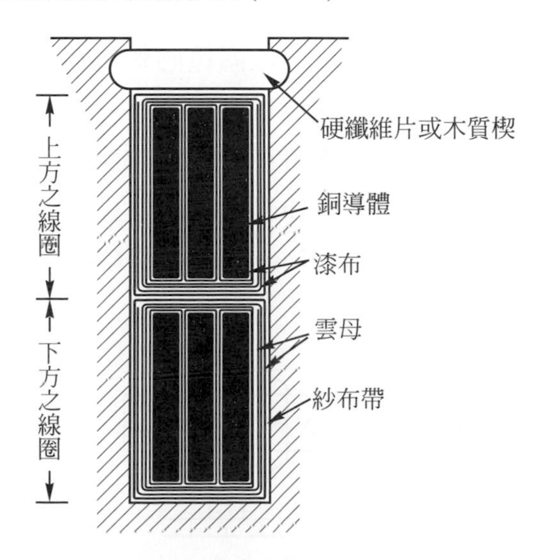

圖 5-14　電樞槽剖視圖(電樞線圈之絕緣方式)

(3) 電樞繞法

電樞繞法有環形繞法與鼓形繞法等。如圖 5-15 所示為環形繞法，其導體以螺旋狀繞在圓筒鐵心上的方法，又叫環形繞組(ring winding)。這種繞法的缺點是鐵心內側的導體無法與磁力線相割切，故不產生感應電勢，因此很不經濟。

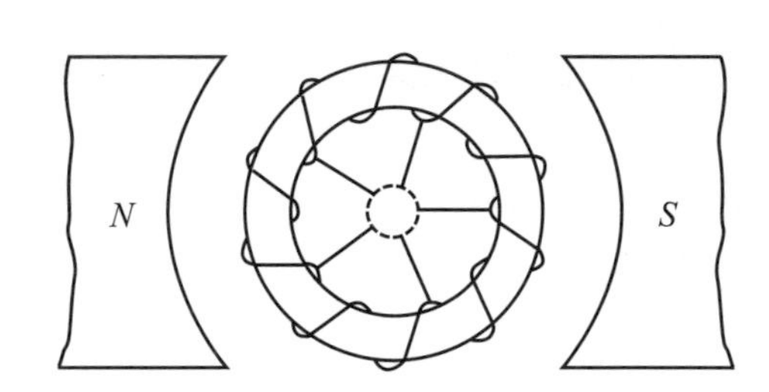

圖 5-15 環形繞組

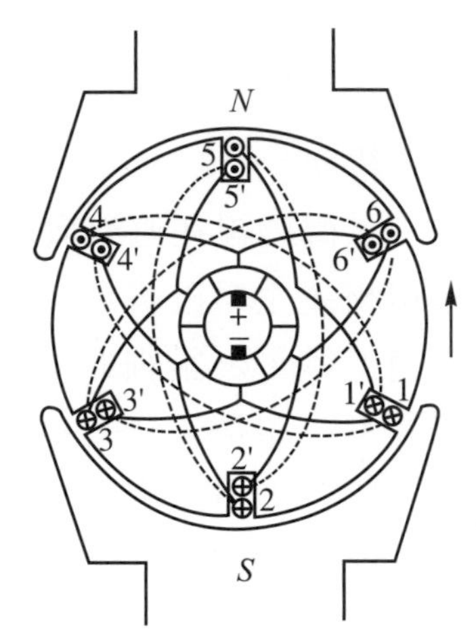

圖 5-16 鼓形繞組

如圖 5-16 所示為鼓形繞法，是將導體放置在圓筒鐵心表面的槽中。此種繞製又叫鼓形繞組(drum winding)，目前電機的繞組均採取這種方式，因它較環形繞法具有下列之優點：

① 有效利用所有的導體，即所須的導線比環形繞組少。
② 可使用成型繞組，製作容易且絕緣完善。
③ 電刷部位之線圈電感較小，所以整流工作較簡單。
④ 容易修理更換。

鼓形繞組可分為兩類型：一為疊繞組(lap winding)又稱複路繞組(multiple winding)或稱並聯繞組(parallel winding)；另一為波形繞組(wave winding)又稱雙路繞組(two-path winding)或稱串接繞組(series winding)。

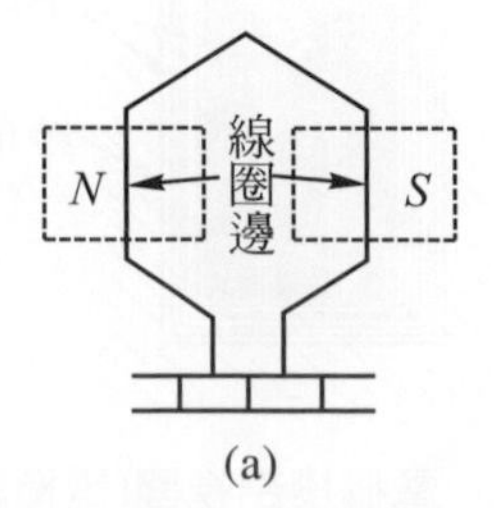

(a)

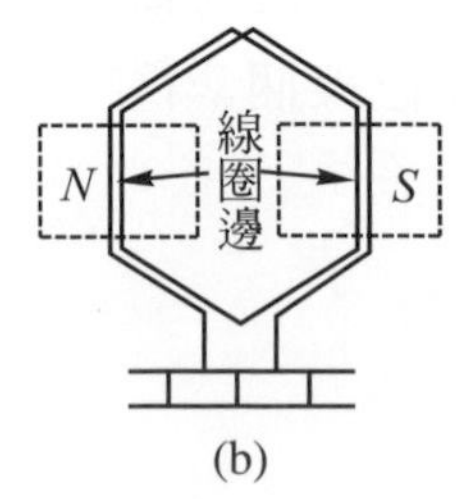

(b)

圖 5-17 疊繞組

❶ 疊繞組：如圖5-17所示爲疊繞組，其同一線圈之兩引線，分別接到相鄰之換向片上，如圖5-17(a)所示爲1圈之疊繞線圈，如圖5-17(b)所示爲2圈之疊繞線圈。如圖5-18所示爲一4極單式疊繞之實例，爲了簡化起見，僅以8槽，8換向片，8個線圈之電機爲例。假定導體爲順時針方向轉動，則在N極下導體之電勢方向爲"⊗"，而S極下者爲"⊙"。自換向片1開始，依順時針方向，經歷所有線圈，其電勢共有四條路徑如圖5-18(b)導出圖所示。因此單式疊繞可獲得下列五點結論。即

(a) 每一線圈之兩端連接於相鄰之兩換向片上。

(b) 第二線圈的頭連接於第一線圈之尾。

(c) 最後一個線圈的尾運接於第一個線圈的頭。

(d) 線圈節距(coil pitch)是爲一個線圈的跨距，即兩線圈邊的距離，通常等於或約爲一個極距。以y_b表示，即

$$y_b=\frac{S}{P}-K \tag{5-2}$$

式中 y_b：線圈節距，以槽數表示之

S：電樞上之總槽數　　P：極數

K：爲由S/P數減去任一分數，以使y_b爲整數

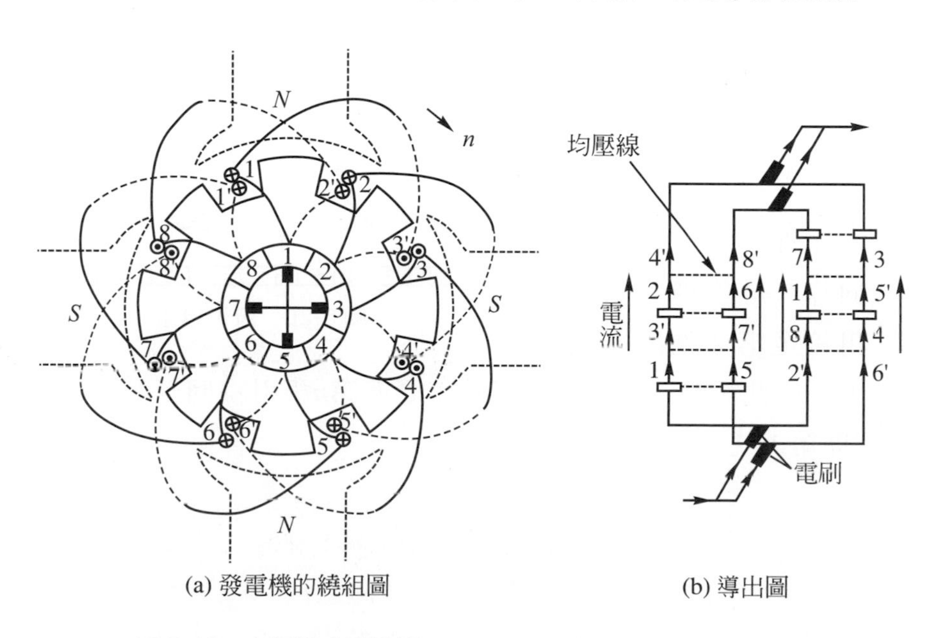

(a) 發電機的繞組圖　　(b) 導出圖

圖5-18　4極單式疊繞組：$S=8$，$C=8$，$y=+1$，$y_b=2$

(e) 並聯路徑數與極數相同。

又疊繞要採用前進繞法或後退繞法，並無任何條件之限制。如圖 5-19(a)所示為疊繞前進繞法，繞組係向右或順時針方向放置的。如圖 5-19(b)所示為疊繞後退繞法，繞組則是向左或逆時針方向放置的。由圖中能夠看出，採用前進繞法，其接至換向器之引線較後退者為短，所以目前之直流電機大多數均採用前進繞法，如此可節省線圈引線之用銅量。

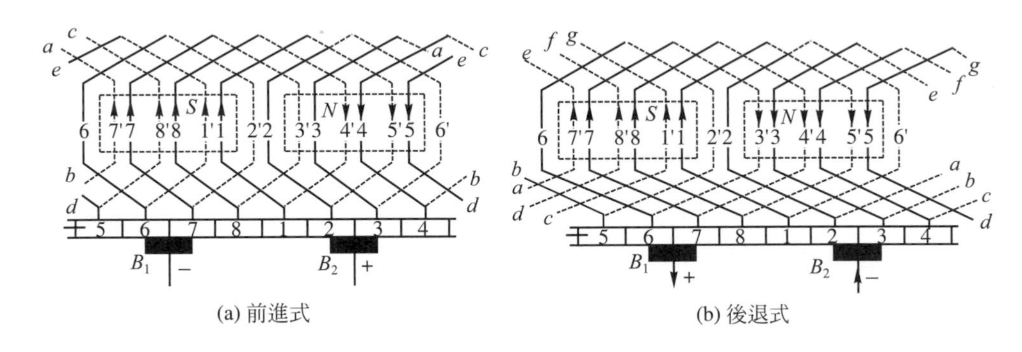

(a) 前進式　　(b) 後退式

圖 5-19　前進繞法與後退繞法之疊繞組

❷ 波形繞組：波形繞組則兩引線係接於相距約兩極距(360 電機度)的兩個換向片上，且沿著電流路徑波浪式行進一圈後必須接到在開始換向片相鄰之換向片之上。如圖 5-20 所示，線圈之一引線接於第 1 號換向片，而另一引線則接於次一同極性下第 6 號的換向片，經旋轉一圈後再接至第 2 號換向片上，如此循環下去，經過所有線圈而第n根引線回至開始的換向片(即第 1 號換向片)上而自成閉合。

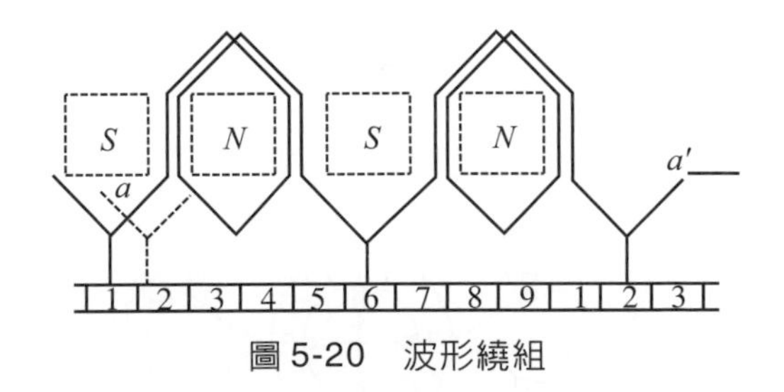

圖 5-20　波形繞組

波形繞組有一限制，就是線圈端引線與換向片相連接，其間隔必須小於兩極距，而不可剛好等於兩極距，否則經過對極數旋轉一圈後，最後一根引線將無法接到第一號換向片上，那麼就無法將電樞各路徑裏的所有線圈接成串聯。因此波形繞組形成串聯閉合路徑之條件爲y_c必須爲整數，否則不能繞製，可由下式表示，即

$$y_c = \frac{C \pm 1}{P/2} \text{ (式中 1 表示單式繞組)} \qquad (5\text{-}3)$$

式中　y_c：換向片節距　C：全部換向片數　P：爲極數

式(5-3)中正號表前進繞法，負號表後退繞法。

以一部4極，9槽，9換向片及9個線圈之直流發電機爲實例來說明波形繞組。其單式波形繞組之電樞全部接線圖如圖5-21(a)所示，而展開平面圖則如圖5-21(b)所示。觀察其繞製情形，線圈與換向片係爲串聯相連接的，即自換向片①開始→導體 1→導體6→換向片⑥→導體11→導體16→換向片②→導體3→導體8→換向片⑦→導體13→導體18→換向片③→導體5→導體10→換向片⑧→導體15→導體2→換向片④→導體7→導體12→換向片⑨→導體17→導體4→換向片⑤→導體9→導體14→換向片①，最後又回到開始之①號換向片上，它的全部線圈經與所有換向片後接成一閉合回路。

圖5-21(b)之展開平面圖，設電流由負電刷分成兩路徑流經全部繞組後，最後由正電刷流出，可知僅有二個並聯路徑，如下列所示。

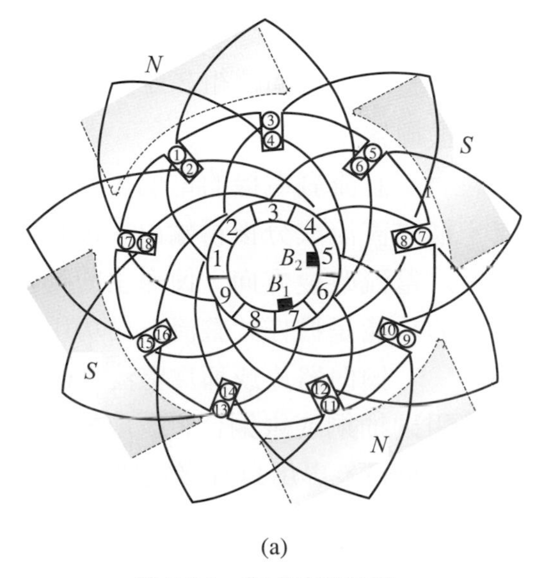

(a)

圖5-21　單式波形繞組

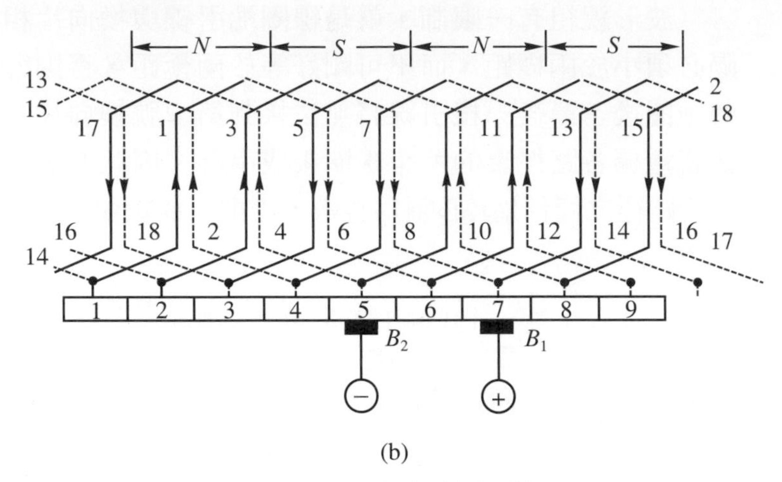

(b)

圖 5-21　單式波形繞組(續)

⊖ − B_2 −⑤ 〈 9 — 41—①— 1 — 6 —⑥—11—16—②— 3 — 8 〉⑦− B_1 − ⊕
電刷 〈 4 −17—⑨−12−7 ·④−2—15−⑧−10−5−③−18—13 〉 電刷

雖兩路徑所含串聯線圈數稍有不等，但不影響其感應電勢。

由上所述，有關單式波形繞組的法則爲：

(a) 線圈節距與單式疊繞組相同，即$y_b = \frac{S}{P} - K$。

(b) 換向片節距爲$y_c = \frac{C \pm 1}{P/2}$，並且必須是整數。

(c) 電樞繞組之並聯路徑數與極數無關，只有2路徑。

6. 換向器

直流發電機的電樞繞組所感應之電勢是交流成份，必須藉換向器變換成直流成分後再輸出；電動機則藉換向器在適當位置將輸入電樞繞組之電流改變方向，使產生的轉矩令使轉子按一定方向旋轉，因此換向器的功能是擔任“整流”之功用，故又稱爲「整流子」。

換向器片或稱爲整流片(commutator segment)，如圖 5-22 所示，係用硬抽銅或銀銅合金製成楔形截片。其豎立之高起部份，便謂“豎叉”(riser)，專用以銲接電樞線圈之引線(lead)。

換向器是由許多換向器片所組成，每片間都須絕緣的，並且與轉軸也須絕緣。

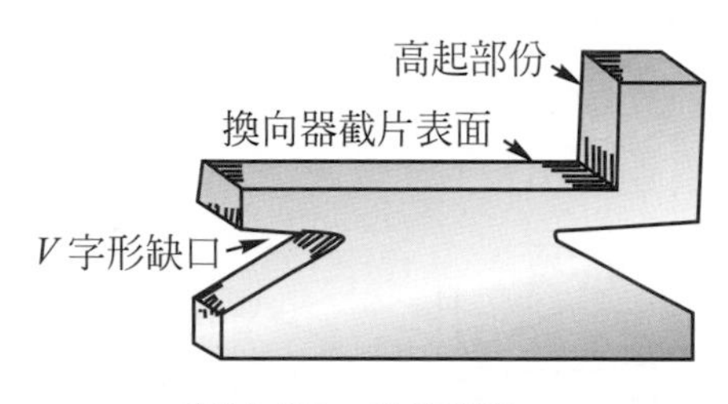

圖 5-22　換向器片

如圖 5-23 所示爲換向器的剖視圖，它是利用兩個由鋼鐵製成的圓錐形壓環組成，通常稱爲 V 形環，V 形環密合著換向片的 V 字形缺口，而將所有的換向片如同樽桶之桶板一樣，全部被扣緊在一起，使其彼此拱形相互支撐著。此兩V形夾環以螺栓和螺帽栓緊，然後再嵌合於轉軸上。

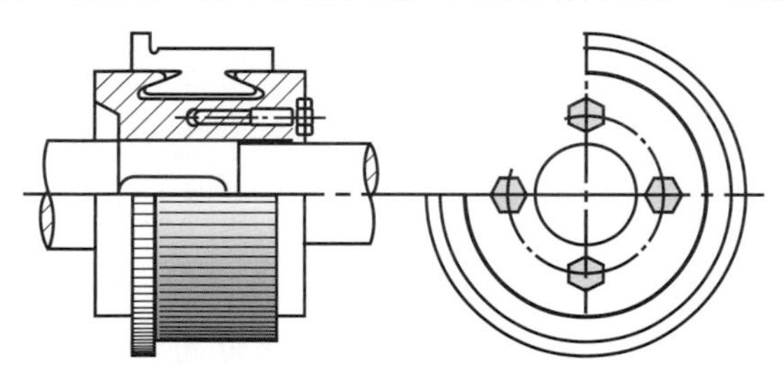

圖 5-23　換向器的剖視圖(V 形環)

換向器所使用的絕緣雲母(mica insulator)其厚度自 0.5～1.5mm(即 0.02～0.06 吋)，視片間電壓之大小而定。其是以黏合劑將雲母片黏合後加熱壓縮製成雲母板；而依其性質可分爲硬質雲母板、軟質雲母板及軟質矽雲母板等種類。

裝配完成後的換向器，須用車床或磨石來削平及磨光換向器之表面，並且削下換向片間絕緣用的雲母片，如圖 5-24 所示爲雲母片被切削之良和不良之情況，以防止產生嚴重的火花，而燒毀電刷及換向器。

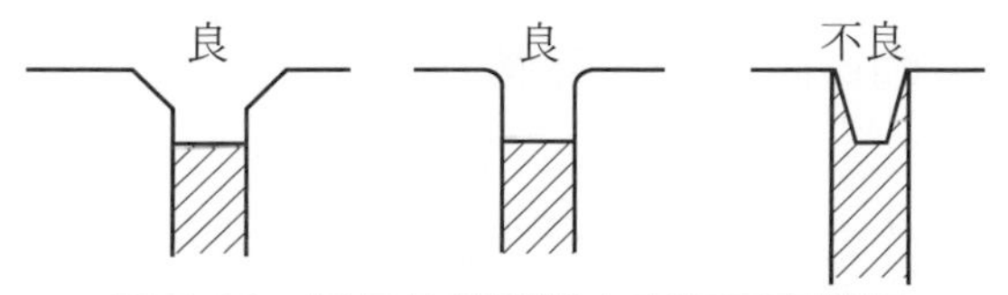

圖 5-24　雲母片被切削之良和不良情況

換向器的周邊速率超過30m/sec 或軸方向的長度較長時，爲了加強機械強度，在換向器上另嵌套特殊鋼製的縮緊環，此種換向器便稱爲縮緊環換向器(shrink ring commutator)，如圖5-25所示爲具有縮緊環的換向器。

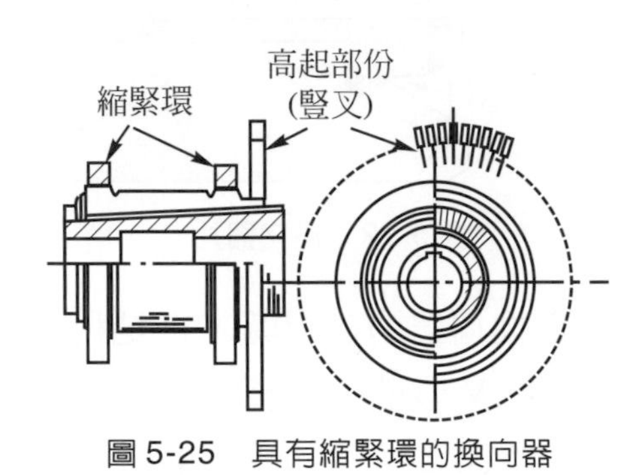

圖5-25 具有縮緊環的換向器

7. 電刷及握刷器

電刷(brush)是電流進入或流出之通路，爲電樞電路的一部份，通常以碳、石墨及金屬粉末等壓製成長方形的塊狀，如圖5-26所示爲電刷。又製造時，由於碳、石墨和金屬粉末的混合比例不同，一般常用者有下述四種：

(1) 碳質電刷(carbon brush)：以非結晶形碳細粒粉爲原料製成，質細密而堅硬，電阻係數大，機械強度亦強，摩擦係數大，易削傷換向器；容許的電流量較小，僅適用於小型或低速度的電機。

(2) 石墨電刷(carbon-graphite brush)：以天然石墨爲原料製成，固有電阻和接觸電阻均低，富潤滑性，摩擦係數小，容許電流大，適用於高速或大容量的電機。

(3) 電氣石墨電刷(electrographitic brush)：將碳精經高溫(約2400℃～2800℃)壓製而成，接觸電阻大小適宜，換向性能優良，摩擦係數小，適用於一般的直流電機。

(4) 金屬石墨電刷(metal-graphite brush)：以黃銅粉末和石墨爲原料製成。固有電阻，接觸電阻均小，摩擦係數小，容許電流大，適用於低電壓大電流的電機。

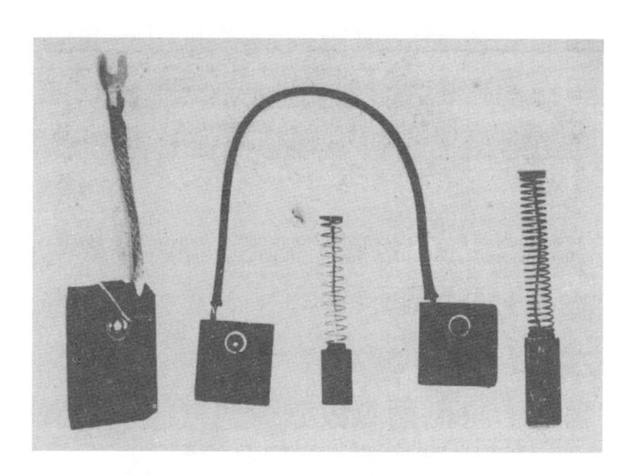

圖 5-26　電刷

直流電機的電刷，爲了獲得良好的換向、避免發生嚴重火花，減少噪音及摩擦之阻力等，應具備下列諸特性：

(1) 高接觸電阻：具有高的接觸電阻，方能抑制由於線圈捷路時所產生的局部環流，如此才可避免發生火花。

(2) 高載流容量：有高載流量時，可使用較小或較少的電刷，以節省換向器的長度。

(3) 高機械強度：電刷應堅固，當受振動時不致於裂開或破碎。

(4) 有潤滑作用：電刷在換向器面上須有潤滑作用，如此可減低電刷和換向器的磨損，以及減少噪音。

依照直流電機旋轉向之不同，換向器表面與電刷所成的角度計有三種情形：①垂直型，適用於正逆轉方向經常變動的電機；②逆動型，③追隨型，後兩者僅使用於單方向旋轉的電機。如圖 5-27 所示爲電刷與換向器面之傾斜度。

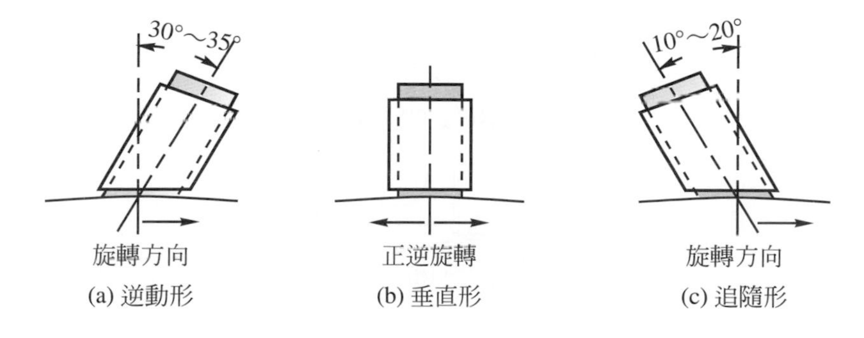

圖 5-27　電刷與換向器之傾斜度

電刷的接觸面必須磨成與換向器表面相同的圓弧，並在其頂部使用彈簧壓在換向器上，其壓力不要過大，一般為每平方公分 0.1～0.2 公斤，至於振動厲害的電氣鐵道用電機則應增加其壓力為每平方公分 0.35～0.5 公斤。

電刷的電流密度，因其材質不同而有所差異，一般石墨電刷及電氣石墨電刷的電流密度為每平方公分 8～12 安培，而金屬石墨電刷的電流密度則為每平方公分 14～20 安培。

在電流較大而一只刷柄衹設置一個電刷的電機中，因電刷在軸方向的長度過大，而導致電刷全面的壓力不能均匀。因此應把該電刷分成幾個小電刷，分別裝在幾個並排的小刷握內，再由個別的彈簧緊壓之，以求換向器面上壓力之均匀。而這幾個小刷握再並排固裝於同一個刷柄上。如此構造的刷柄電刷，其在轉軸方向的固裝位置應該如圖 5-28 所示安裝，即其位置須有出入，如此才能使換向器面被電刷均匀的磨擦，而不致因長久使用而發生畸嶇不平現象，此種電刷設置的方法稱為電刷的搖擺設置(staggering)。

握刷器(brush holder)如圖 5-29 所示，其功用是使電刷在換向器上的位置保持不變，並藉彈簧的力量使電刷與換向器密接。

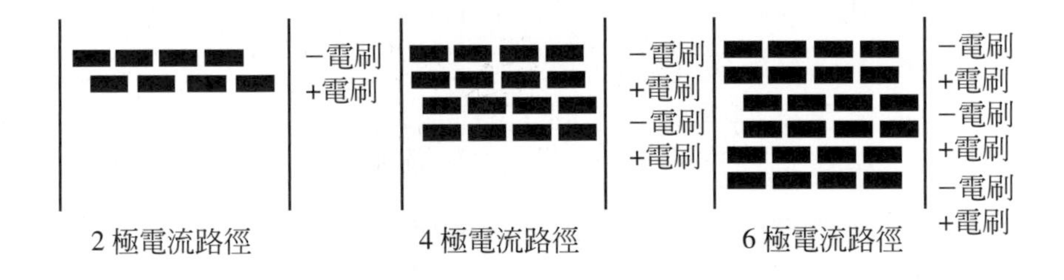

圖 5-28　電刷之搖擺設置

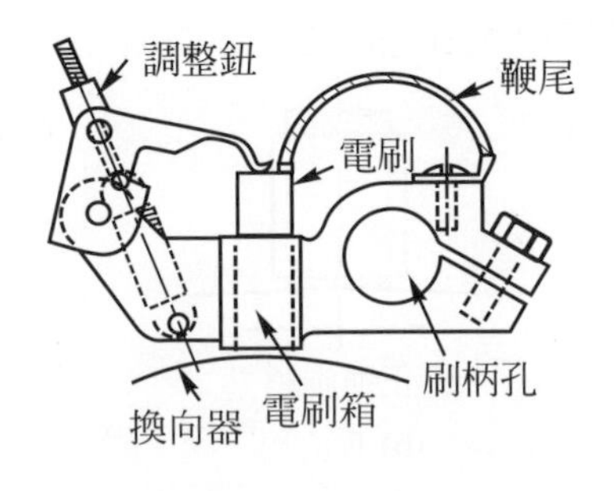

圖 5-29　握刷器

握刷器的固定方式有兩種，大多數的握刷器是裝在附著於搖臂(rocker arm)的刷柄上。但是大型電機的握刷器則裝置在鑄鐵或輕合金所製成的握刷架(brush holder bracket)上。刷柄以絕緣墊圈絕緣後固定於搖臂上，而搖臂則固定於機殼或軸承架上，如圖5-30所示。搖臂的功用是在使各個電刷的間隔保持於一定，且允許整組電刷在一個小圓弧的範圍內移動。在沒有換向磁極的電機上，當負載改變時，負載的中性面將隨之改變，如此搖臂便可以隨時調整電刷的位置，使電刷處於正確的中性面上，藉以改善換向。

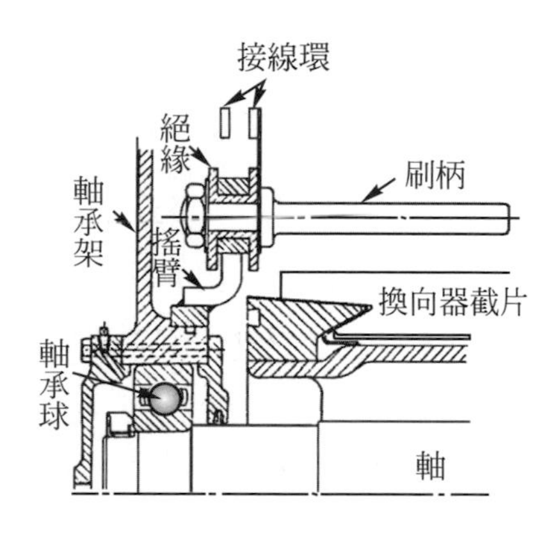

圖5-30　刷柄、搖臂與換向器截片的關係位置

8. 軸承

軸承(bearing)依構造的不同，可區分爲：套筒軸承(sleeve bearing)、球珠軸承(ball bearing)、滾柱軸承(roller bearing)等三種。中型或大型電機上所用的套筒軸承，係使用巴氏合金(Babbitt metal)製成，而小型直流機常採用青銅軸承，又直流電動機使用球形軸承及滾筒軸承亦很多。

套筒軸承如圖5-31所示，是由圓筒形的軸承金屬(bearing metal)與其支持部份而構成，並利用油環使潤滑油循環，以減少軸承的磨損和冷卻。

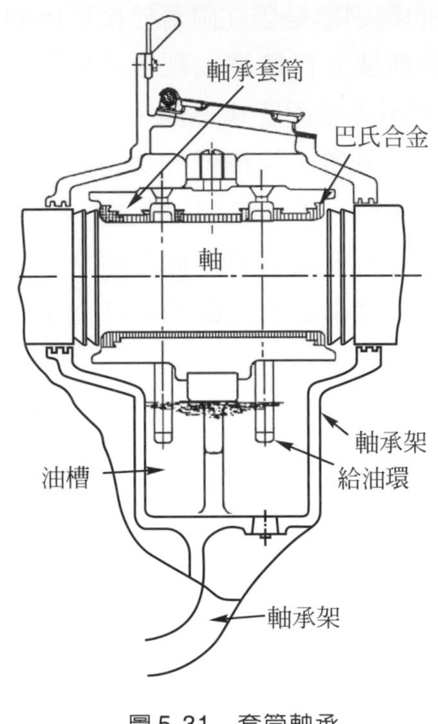

圖 5-31　套筒軸承

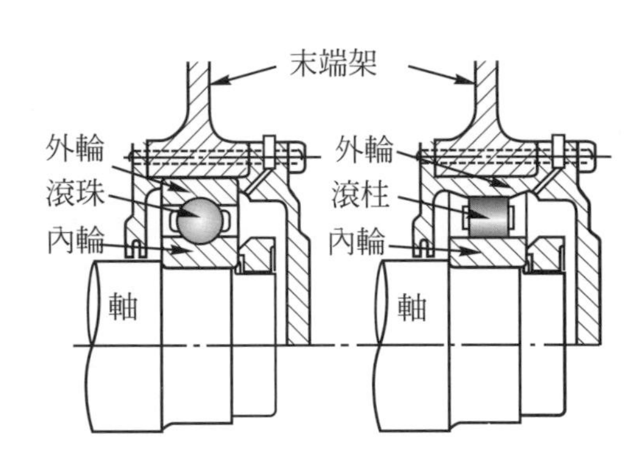

圖 5-32　球珠軸承與滾柱軸承

球珠軸承及滾柱軸承是固定於軸上的內輪，內輪再固定於軸承架或軸承箱中，如圖 5-32 所示。其潤滑油通常使用油脂(grease)，但滾轉速率特別快時，則使用矽質潤滑脂(silicon grease)作爲其潤滑劑。

9. 轉軸

轉軸(shaft)係電機機械用來傳導機械功率的部份；其由於所傳導的轉矩、轉子重量及軸承間的距離。均因機種及使用場所不同，而需使轉軸具有適當的直徑，以應付扭轉力及彎曲力。下式是計算轉軸直徑的經驗公式：

$$\text{轉軸直徑(cm)} = 20 \times \sqrt[3]{\frac{\text{直流電機之輸出(kW)}}{\text{轉數(rpm)}}} \tag{5-4}$$

一般的轉軸是用鍛鋼作成。轉軸與電樞心或電樞輻鐵之間，在中、大型電機中係以鍵槽(key way)與鍵(key)配合加以固裝的，而在小型電機中係在轉軸要裝電樞心的部位，沿軸的方向刻出許多條紋，然後將電樞心套壓於此部位，以達到固裝之目的。

10. 末端架及軸承台

末端架(end bracket)及軸承台(bearing stand)，是用鑄鐵或鋼製成的。末端架又稱爲端蓋，中心嵌以軸承，其主要作用是用來支持電樞，並承受齒輪或皮帶所施的力。如圖 5-33 所示爲末端架之構造圖，其周邊常車有凸緣，與機殼兩端之凹緣相吻合，以螺絲固定在機殼上。這種裝置的目的在使軸承固定，而能將電樞精確的裝在磁極的中心。

大型電機的末端架均開有小窗口，並置有過濾網，俾便通風及檢查電刷等機件用。

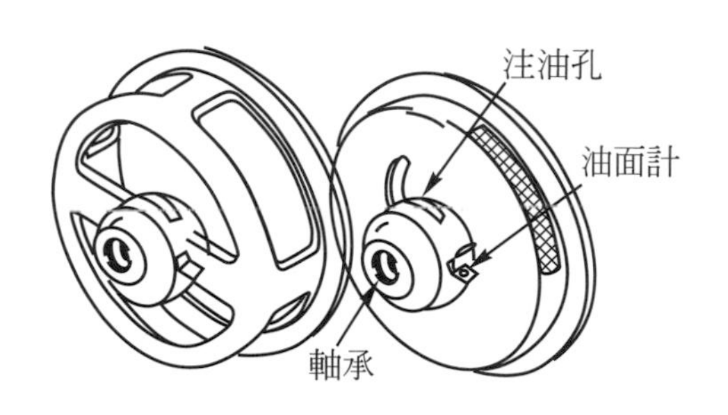

圖 5-33　末端架

5-2　直流機之類型與轉矩、電壓及轉速

在本節中將介紹直流電機之分類，及其轉矩、電壓和速率之公式。

5-2.1　直流電機之分類

如圖 5-34(a)所示爲直流電機的簡圖，就以電路觀點而言，它有兩種電路，一爲電樞電路，另一爲激磁電路。一般此兩種電路之表示符號，如圖 5-34(b)所示。

直流電機之磁極獲得磁力線的方式，除採用激磁繞組之電磁鐵外，還有採用永久磁鐵來產生的，因此其分類依據磁極型式和激磁方式，一般有下列三種：

1. 磁鐵式直流電機

此型電機之磁極是用永久磁鐵製造的。通常其容量小，又當電機在運轉中，其磁通量是無法加以控制，所以中、大型者差不多不採用此類型。

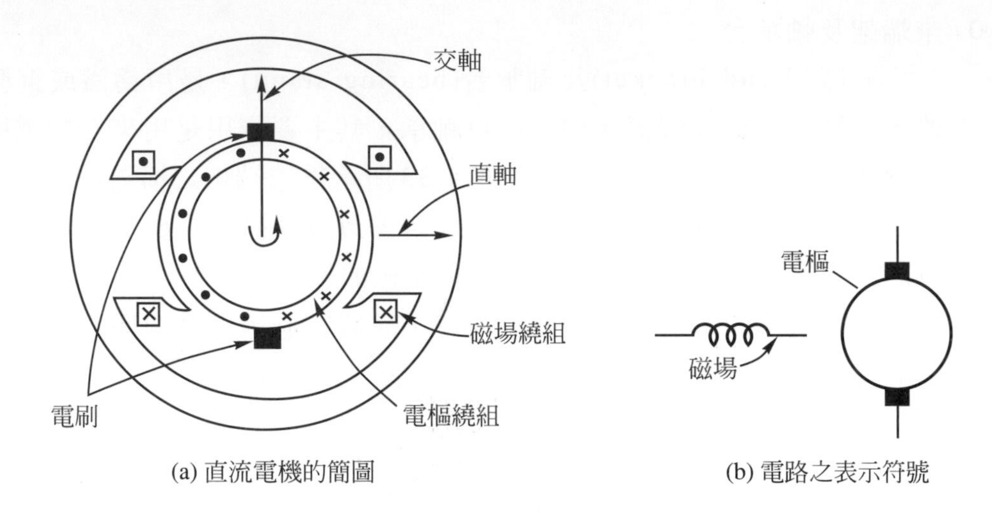

(a) 直流電機的簡圖

(b) 電路之表示符號

圖 5-34 直流電機之簡圖及磁場和電樞之表示符號

2. 他激式直流電機(separately excited D.C. machine)

他激式又叫外激式或別激式，因激磁繞組所用之直流電源是由另外的電源供給。

也就是說，在發電機者不採用其電樞本身所產生的直流；而電動機不與電樞接在同一電源上，所以其激磁電路與電樞電路是分開各自獨立的，如圖 5-35(a)所示爲他激式直流發電機，如圖 5-35(b)所示爲他激式直流電動機。

這種電機之優點是激磁電路可自由增減控制，而不影響電樞電路，因此特性較自激式者爲佳，但需要另外設置一直流電源，以供給激磁用。

3. 自激式直流電機(self-excited D.C. machine)

自激式的磁場電路是與電樞電路接成並聯或串聯的。也就是說，此型之發電機是由本身電樞所產生之直流電來激磁的，而電動機是與電樞由同一個直流電源來供給。自激式電機由其激磁繞組的組合及結線方式的不同，又可分爲分激式電機(shunt dynamo)、串激式電機(series dynamo)及複激式電機(compound dynamo)三種。

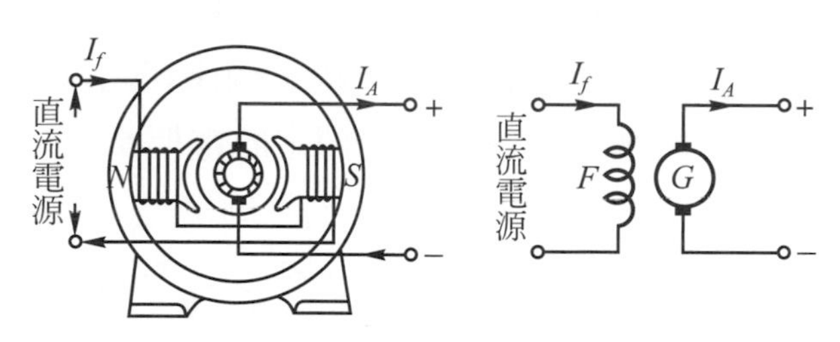

(a) 他激式直流發電機

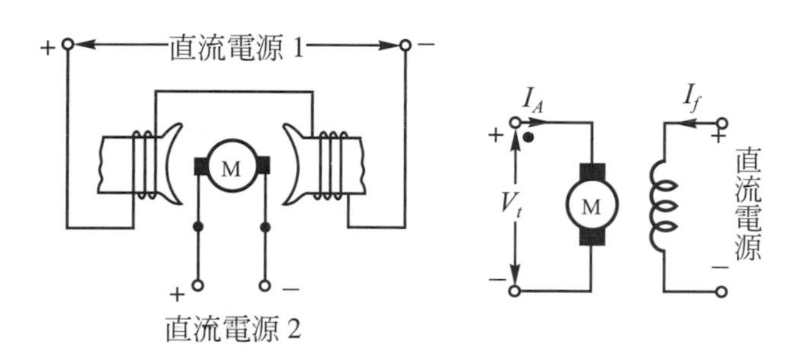

(b) 他激式直流電動機

圖 5-35 他激式直流電機

(1) 分激式直流電機：分激式直流電機如圖 5-36 所示，圖(a)爲分激式直流發電機，圖(b)爲分激式直流電動機。其激磁繞組是與電樞電路並聯，因激磁電路構成一獨立分路而被稱爲“分激”。

此型直流機之激磁電流的大小直接受兩電刷間的電壓變動而影響。若激磁電流爲一定時，則其電勢或轉速亦爲一定，此是分激發電機的特徵。

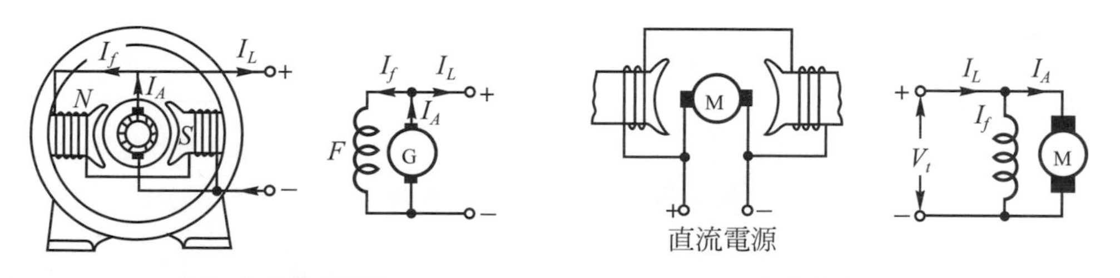

(a) 分激式直流發電機

(b) 分激式直流電動機

圖 5-36 分激式直流電機

(2) 串激式直流電機：串激式直流電機的激磁電路與電樞電路接成串聯。如圖 5-37 所示，圖(a)為串激式發電機，圖(b)為串激式電動機。在繞製時，必須考慮其串激繞組應能通過額定的電樞電流。

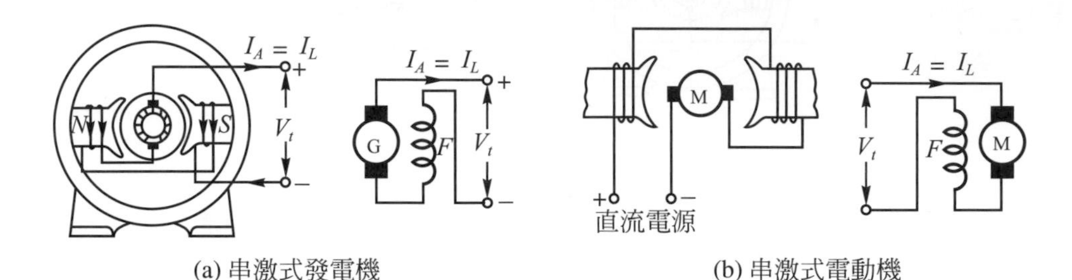

(a) 串激式發電機　(b) 串激式電動機

圖 5-37　串激式直流電機

(3) 複激式直流電機：複激式直流電機是磁極上同時具有分激繞組與串激繞組的電機。又由分激電路所連接的位置不同，可再分為短分路複激式電機(short-shunt compound dynamo)和長分路複激式電機(long-shunt compound dynamo)兩種。如圖 5-38 和圖 5-39 所示。在短分路複激式電機，其串激繞組的電流與負載電流相同，在長分路複激式電機，串激繞組電流與電樞電流相同。故對同一電機而言，接成長分路或接成短分路其特性稍有差異，但不太大，須視兩磁場的相對強度大小而定。

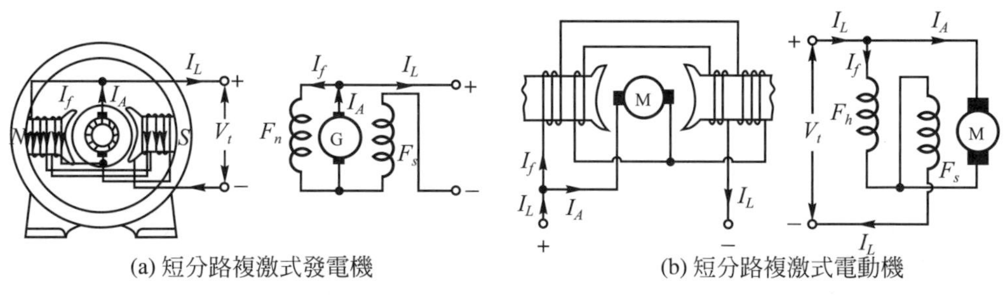

(a) 短分路複激式發電機　(b) 短分路複激式電動機

圖 5-38　短分路複激式電機

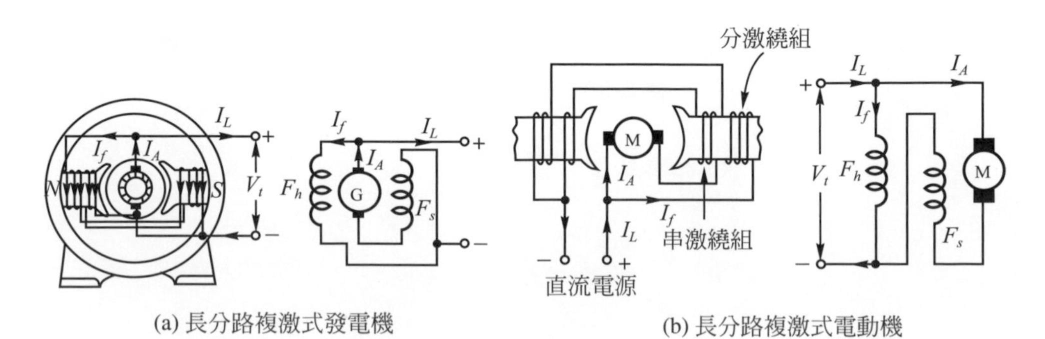

(a) 長分路複激式發電機　(b) 長分路複激式電動機

圖 5-39　長分路複激式電機

複激式電機，依串激繞組與分激繞組的磁勢方向是否相同，又可再分爲積複激式直流電機(cumulative compound D.C. machine)與差複激式直流電機(differential compound D.C. machine)兩種。如圖5-40(a)所示爲積複激式電機，其分激繞組與串激繞組的磁勢方向相同，故總磁勢是兩磁勢之和。如圖5-40(b)所示爲差複激式電機，則其分激繞組與串激繞組的磁勢方向相反，因此總磁勢爲兩者之差。

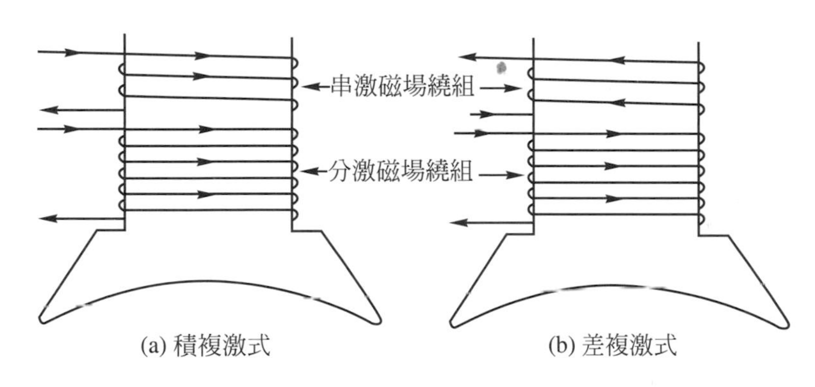

圖5-40 積複激式與差複激式電機

積複激式直流發電機在額定轉速下，若負載電流增大時，總磁勢必亦增大，所產生的電樞端電壓照理應增大，但因電樞反應的去磁效應、電樞電路及串激繞組的電阻壓降，不一定會使發電機的輸出端電壓較無載時爲大。如滿載時輸出端電壓比無載時輸出端壓高者，則稱爲"過複激式發電機"(over compound generator)；反之，如滿載時輸出端電壓比無載時輸出端電壓低者，便稱爲"欠複激式發電機"(under compound generator)；又如滿載時輸出端電壓與無載時輸出端電壓相等(藉調整串激繞組之分流器而獲得)，則稱爲"平複激式發電機"(flat compound generator)。

直流電機之分類除按激磁方式分類外，亦可依其輸出、速率、電壓、溫升、封閉型式及機械裝置等來分類，而其類型與感應電動機或同步電機相似，因此不再重述。

5-2.2 直流電機之轉矩

在直流電動機中，若電刷置於交軸上，即與磁場間相差90°電機角時，則其主磁場磁勢與電樞磁勢間的夾角δ_r爲90°電機角，因此，$\sin\delta_r = \sin 90° = 1$。於是，對$P$極的直流電機，將上述值代入式(2-140)中，即得

$$T=\frac{\pi}{2}\left(\frac{P}{2}\right)^2\phi F_{a1} \tag{5-5}$$

式(5-5)中，ϕ爲主磁場在氣隙所產生之磁通，F_{a1}爲轉子電樞之磁勢，又因轉矩之正方向可由物理現象來決定，所以負號省略。電樞產生之三角形磁勢波的峰值可由式(2-96)得到，且三角形波依傅立葉級數知曉它的空間基本波F_{a1}是爲其峰值之$8/\pi^2$倍，故

$$F_{a1}=\frac{8}{\pi^2}\cdot\frac{1}{2}\cdot\frac{Z}{P}\cdot\frac{I_A}{a}\ [\text{安-匝／極}] \tag{5-6}$$

將式(5-6)代入式(5-5)中，即得直流電機之轉矩T爲

$$\begin{aligned}T&=\frac{\pi}{2}\left(\frac{P}{2}\right)^2\cdot\phi\cdot\left[\frac{8}{\pi^2}\cdot\frac{1}{2}\cdot\frac{Z}{P}\cdot\frac{I_A}{a}\right]\\&=\frac{PZ}{2\pi a}\cdot\phi\cdot I_A\ [\text{牛頓-公尺}]\end{aligned} \tag{5-7}$$

式中　I_A：電樞電流，[安培]

ϕ：每極之磁通量，[韋伯]

Z：電樞繞組之總導體數，[根]

a：電樞繞組之並聯路徑

P：直流電機之極數

一般直流機之極數P、電樞繞組之總導體數Z及並聯路徑數a均爲固定不變，故可令

$$K_a=\frac{PZ}{2\pi a}$$

將K_a值代入式(5-7)中，得

$$T=K_a\cdot\phi\cdot I_A\ [\text{牛頓-公尺}] \tag{5-8}$$

所以，直流電機之轉矩與每極之磁通量和輸入的電樞電流成正比例。

例 5-1

一部四極直流電動機，電樞總導體數爲 800 根，每極磁通量爲 3.6×10^{-3}韋伯，電樞繞法爲單式疊組，若電樞電流I_A爲 120 安培時，試求轉矩爲若干？

解

$P=4$，$Z=800$，$\phi=3.6\times10^{-3}$韋伯，$a=4$，$I_A=120$安，將上列各數值代入式(5-7)中，得

$$T=\frac{PZ}{2\pi a}\cdot\phi\cdot I_A$$
$$=\frac{4\times800}{2\pi\times4}\times3.6\times10^{-3}\times120$$
$$=55\ [\text{牛頓-公尺}]$$

例 5-2

一部六極直流電動機，電樞繞組之導體爲 720 根，採用單式波形繞組，電樞電流爲 150 安，若其轉矩爲 80 牛頓-公尺，試求該電動機之每極磁通量爲多少？

解

$P=6$，$Z=720$，$a=2$，$I_A=150$安，$T=80$牛頓-公尺，由式(5-7)中，得每極磁通量為

$$\phi=\frac{2\pi aT}{PZI_A}=\frac{2\pi\times2\times80}{6\times720\times150}$$
$$=1.55\times10^{-3}\ [\text{韋伯}]$$

5-2.3 直流機的電壓公式

如圖 5-41 為直流機之電路，圖(a)表示他激式直流電機之電路，圖(b)表示分激式直流電機之電路。設V_t為端電壓，電樞電流為I_A，電樞電阻為R_a。而發電機之電樞電流I_A與其電勢之方向相同，但電動機者電樞電流I_A與電勢E(又叫反電勢)之方向相反，則其端電壓V_t為

$$V_t = E \pm I_A R_a \text{ [伏]} \tag{5-9}$$

式(5-9)中，R_a代表電刷及電樞的電阻，有時R_a僅用以表示電樞電阻，而電刷壓降另以一項表示之。通常電刷接觸壓降被假設 2V 或更小，由於其值甚小，往往省略不計。又式中負號用於發電機，正號用於電動機。

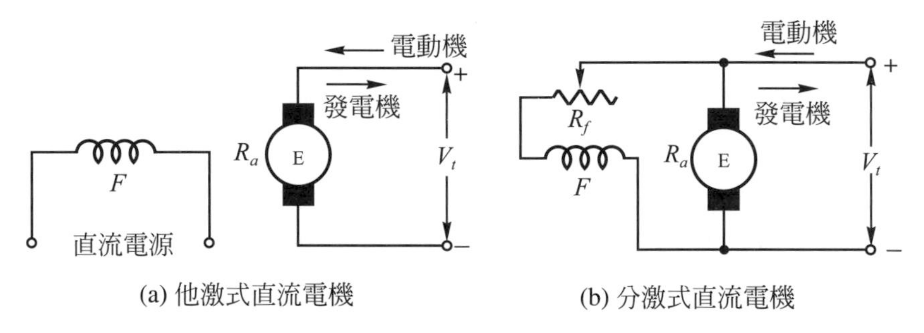

(a) 他激式直流電機　　(b) 分激式直流電機

圖 5-41　直流電機之電路

式(5-9)式是用於他激式直流電機或分激式直流電機。若直流電機為長分路複激式電機或短分路複激式電機者，由於電樞電路中含有串激場繞組，其電阻設為R_s，則端電壓V_t可由式(5-9)改變為

$$\left.\begin{aligned} V_t &= E \pm I_A(R_a + R_s) && \text{(長分路複激式電機用)} \\ V_t &= E \pm (I_A R_a + I_L R_s) && \text{(短分路複激式電機用)} \end{aligned}\right\} \tag{5-10}$$

當直流電機是串激式者，其端電壓V_t是與長分路複激式電機相同。

例 5-3

一分激式直流發電機爲 4 極，轉速爲 1800rpm，電樞導體爲 1200 根，每極磁通量爲3×10^{-3}韋伯，電樞繞組之並聯路徑數爲 2，電樞電阻R_a爲 0.03 歐姆，若電樞電流爲200 安時，試求此發電機之端電壓爲多少？

解

由式(2-90)，得該發電機之電勢E為

$$E = \frac{PZ}{60a} \cdot \phi \cdot n = \frac{4 \times 1200}{60 \times 2} \times 3 \times 10^{-3} \times 1800$$

$$= 216 \text{ [伏]}$$

由式(5-9)，求得該發電機之端電壓為

$$V_t = E - I_A R_a = 216 - 200 \times 0.03 - 210 \text{ [伏]}$$

5-2.4 直流機的轉速

直流電動機所產生之反電勢的大小，與直流發電機產生的電勢相同，可用式(2-90)來計算，故反電勢E_c爲

$$E_c = K \cdot \phi \cdot n \text{ [伏]} \tag{5-11}$$

由式(5-9)知曉電動機之反電勢E_c爲

$$E_c = V_t - I_A R_a \tag{5-12}$$

將式(5-12)代入式(5-11)中，得

$$n = \frac{V_t - I_A R_a}{K\phi} \text{ [rpm]} \tag{5-13}$$

由式(5-13)得知，直流電動機之速率與端電壓成正比，而與磁通量成反比，故通常以增減磁場電阻，即改變磁場電流等，以獲得所需之轉速。

例 5-4

有四極直流電動機一部，端電壓爲120伏，電樞電阻爲0.4歐，每極磁通爲4×10^{-3}韋伯，並聯路徑爲4，電樞導體數爲480，滿載時電樞電流爲50安，試求：

⑴滿載時轉速爲若干？

⑵半載時轉速各爲若干？

解

$V_t=120$伏，$R_a=0.4$歐，$a=4$，$Z=480$，$I_A=50$安，

$P=4$，$\phi=4\times10^{-3}$韋伯。

⑴滿載時轉速n為

$$n=\frac{V-I_AR_a}{\frac{PZ}{60a}\cdot\phi}=\frac{120-50\times0.4}{\frac{4\times480}{60\times4}\times0.4\times10^{-3}}=3125\ [\text{rpm}]$$

⑵半載時轉速$n_{1/2}$

滿載時之反電勢$E_c=V_t-I_AR_a=120-50\times0.4=100$ [伏]

半載時之反電勢$E_c'=V_t-\left(\frac{I_A}{2}\right)\cdot R_a=110$ [伏]

$$n_{1/2}=n\cdot\frac{E_c'}{E_c}=3125\times\frac{110}{100}=3437.5\ [\text{rpm}]$$

5-3 電樞反應

電樞導體中載有電流時，由於電流磁效應之作用，其所產生的磁場對於主磁場在氣隙中磁通之分佈有干擾，使發生畸變或造成換向不良等種種影響，這些影響便稱爲“電樞反應”(armature reaction)。

如圖5-42所示爲兩極直流機之電樞反應情形。圖(a)所示爲主磁極之磁通分佈情及磁通密度分佈曲線圖，設電樞之導體沒有電流，磁通係由主磁極所產生，且自N極發出，經氣隙和電樞而進入S極，又若氣隙的寬度與磁阻都是均勻時，所以在每磁極下之磁通分佈爲均勻的，如磁通密度曲線圖所示。

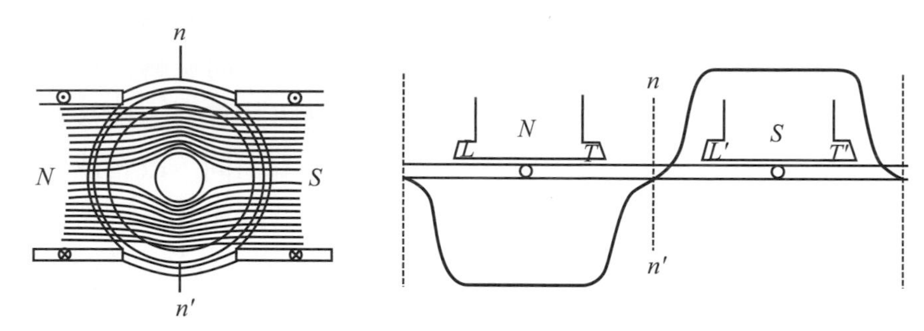

(a) 主磁極之磁通分布情形

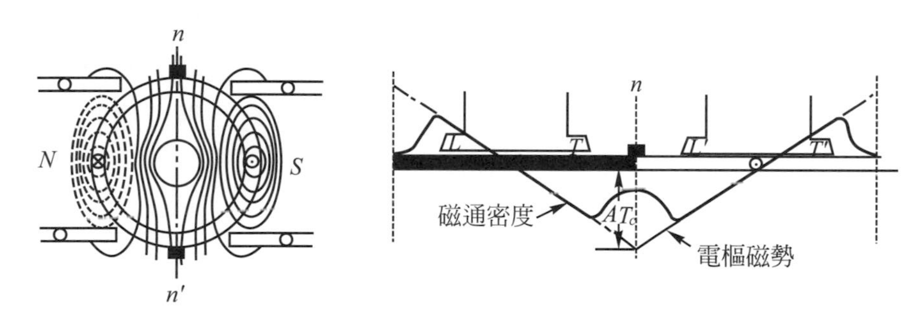

(b) 電樞電流所產生之磁通分布情形

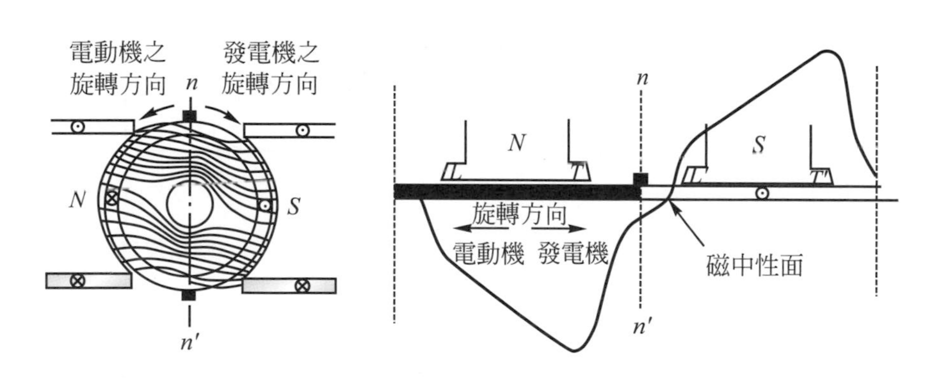

(c) 合成磁通分佈情形

圖 5-42 兩極直流機之電樞反應情形

圖(b)所示為電樞電流所產生磁場之情形，設主磁極的磁場繞組沒有激磁電流，電刷置放於兩磁極間的正中央，即磁中性面之nn'軸線上，當電樞導體內有電流通過時，設在N極面下之電樞導體中電流方向是離開讀者「⊗」，而於S極面下之樞導體中電流方向是流向讀者「⊙」，則產生一電樞磁場，該磁場之磁通密度及磁動勢如曲線圖所示，其磁通的方向可依據安培右手定則或右螺旋定則決定之。

圖(c)所示爲主磁極之磁通與電樞之磁通兩者合成後之合成磁通分佈情形，如電樞導體中有電流，即有負載時，發電機爲順時針方向旋轉，電動機則逆時針方向旋轉，電樞磁通對主磁極的磁通作用後，致使其磁通分佈被扭斜。顯然在N極上方和S極下方之極尖處，兩者磁通的方向是爲相同，故合成的磁通量增加，而N極下方和S極上方之極尖處，兩磁通的方向恰好相反，則合成的磁通量減少，並使原磁中性軸移動到新的磁中性軸處，如合成磁通密度曲線圖所示。

一般電機差不多是在磁通密度飽和情形下操作，因此應考慮鐵心飽和的效應，如圖 5-43 所示爲電樞反應的去磁效應(demagnetizing effect of armature reaction)，在圖 5-43 所示中，OS代表鐵心的飽和曲線，OA代表電樞齒空隙和極面某磁路中由主磁極所產生的磁動勢；該磁動勢在極面上產生的磁通量爲Aa，所以總磁通量是與長方形面積$A_1dabA_2A_1$成比例的。當有電樞反應時，電樞所產生的磁動勢$AA_1 = AA_2$加於磁極上，則在磁極尖L端的磁通減少量爲de，在磁極尖T端的磁通增加量爲bc，而在磁極中央m處的磁通量不變，此時磁極總磁通以面積$A_1eacA_2A_1$來表示。倘若無電樞反應與有電樞反應時之總磁通量差額，由面積$A_1dabA_2A_1$與面積$A_1eacA_2A_1$相比較，那麼面積acb爲磁通增加量的部份，而面積eda爲磁通量減少的部份，這是由於鐵心的磁飽和現象所造成的。故

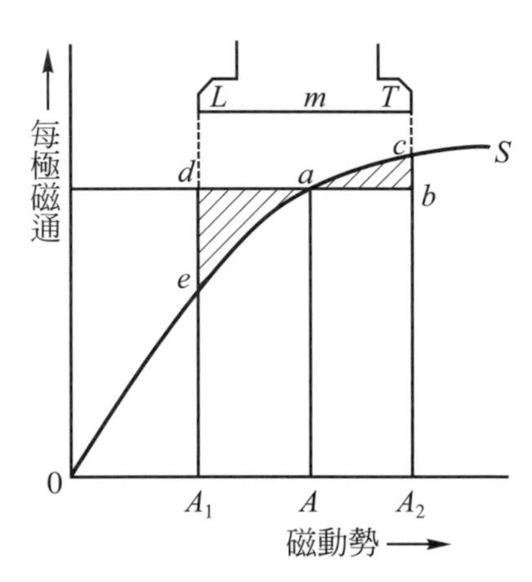

圖 5-43　電樞反應的去磁效應

$$\text{面積}acb < \text{面積}\ eda$$

即此兩面積的差額就是由於電樞反應而減少的磁通量，結果產生了去磁效應。

綜合上述，電樞電流所引起的電樞反應，有下列諸效應產生：

1. 主磁場的磁通分佈受到干擾，並且被扭斜，使磁中性軸移動若干角度。
2. 主磁極在氣隙中分佈之磁通量減少。
3. 磁極尖之磁通量分佈不均勻，使電樞導體所感應之電勢不一樣，造成換向方面之困難。

磁通量減少時，致使發電機的感應電勢減少，電動機之轉矩減弱。又會引起嚴重換向不良，而發生閃絡將電刷和換向器燒毀。

5-3.1 電刷移位後的電樞反應

直流機在負載時爲了改善換向，將電刷自原磁中性軸移至新的磁中性軸線上，如此在電樞左方之導體，仍載“⊗”流進之電流，而右方之導體仍載“⊙”流出之電流，如圖 5-44 所示爲電刷移位後的電樞反應。

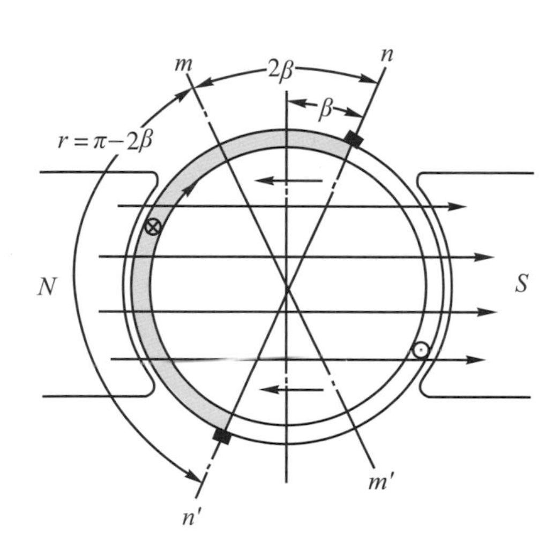

圖 5-44 電刷移位後的電樞反應

電刷移位後，在$r=\pi-2\beta$區域內的電樞導體載有電流時，所產生的磁通方向是與主磁極的磁通方向成正交的，故稱爲正交磁化電樞反應(crossmagnetizing armature reaction)，且每極所產生正交磁勢AT_c爲

$$AT_c=\frac{ZI}{2P}\cdot\frac{\pi-2\beta}{\pi}\ [安匝／極]$$

$$\because I=\frac{I_A}{a}\ ;\ r=\pi-2\beta$$

$$\therefore AT_c=\frac{Zr}{2\pi P}\cdot\frac{I_A}{a}\ [安匝／極] \tag{5-14}$$

式中 P：極數

Z：電樞總導體數

I_A：電樞電流

a：並聯路徑

電刷未移位前，即在無載磁中性軸時，電樞磁勢均爲正交磁勢。

在nn'軸與mm'軸間2β區域內，所產生電樞磁場之方向是由右至左，該磁通與主磁極磁通之方向相反，形成去磁效應(demagnetizing effect)，就是所謂“電樞反應的去磁效應”。設電機之極數為P、電樞電流為I_A、電樞總導體數為Z、並聯路徑為a，則每極所減少之磁勢AT_d為

$$AT_d = \frac{ZI}{2P} \cdot \frac{2\beta}{\pi} = \frac{ZI}{P} \cdot \frac{\beta}{\pi} \text{ [安匝／極]}$$

$$\because I = \frac{I_A}{a}$$

$$\therefore AT_d = \frac{Z\beta}{P\pi} \cdot \frac{I_A}{a} \text{ [安匝／極]} \qquad (5\text{-}15)$$

5-3.2 電樞反應的補償對策

電樞反應除了直接干擾主磁極的磁通分佈使磁中性線移動，造成換向不良外，還會使主磁極的磁通量減少，而降低發電機所感應的電勢或使電動機所產生的轉矩減少。通常電樞反應的補救辦法有下列三種方法。

1. 全面或局部抵消電樞反應

   加裝用以抵消電樞磁動勢的線圈，通常採用如下兩種方法：

   (1) 設置補償繞組(compensation winding)來全部抵消其全部電樞磁動勢。

   (2) 在兩主磁極中間加裝中間極(inter-pole)以抵消其附近的局部電樞磁動勢。

   以上兩種方法均將詳述於後節。

2. 減少電樞安匝數

   此方法為增加主磁極的磁通量並且減少電樞導體總數來達成。採用此法通常係增加磁極數，則將使電機大型化，很少被採用。

3. 使磁極不易達到飽和或提高磁路的磁阻

   增加磁路之磁阻或使磁極尖部不易飽和，如此可減少主磁極的磁通量受干擾而歪斜的程度，一般採用下述二種方法：

   (1) 使磁極尖部不易飽和法：如圖 5-45(a)所示為削角極尖法(chamfered pole shoe)。如圖 5-45(b)所示為磁極的弧面與電樞心採用不同心圓，如此令使磁極尖部的氣隙增大，則電樞磁勢對磁極尖部磁場的影響程度就會降低。

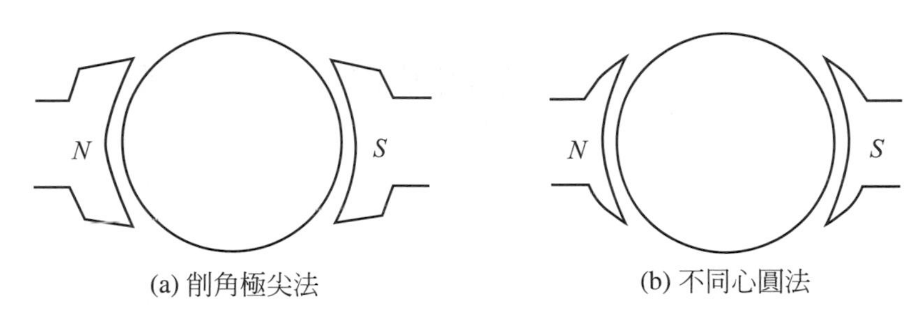

(a) 削角極尖法
(b) 不同心圓法

圖 5-45　磁極尖部不易飽和之方法

⑵　改善電樞及磁極鐵心之材料：此法與使極尖不易飽和的作用相同，但效果較佳。當鐵心採用高導磁係數之矽鋼片時；如電樞齒部的磁通密度提高至2.24韋伯／平方公尺，則對於電樞磁動勢在20％之增減並不會造成飽和之現象，故磁通量亦隨著有20％之增減。又電樞反應對於磁極鐵心的影響以極尖部份為最大。如圖 5-46 所示，若以缺右尖者與缺左尖者交互疊置；如此在極尖處之鐵心減半，則不易飽和，其導磁係數減少，因此可使電樞磁動勢在極尖處不會過份的影響其主磁通，但此方法必須注意避免鐵損之過份增加。

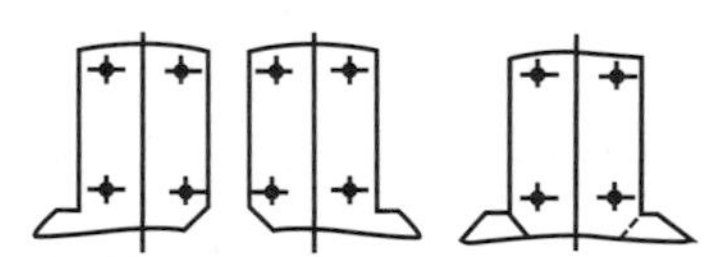
圖 5-46　磁極鐵心採用缺右尖與缺左尖者交互疊置

5-4　換向作用

直流發電機之電樞以原動機來驅動使在磁場中旋轉，依據法拉第定律知道，當電樞導體與磁通相互割切時，則在電樞導體中便產生一交流感應電勢。然要如何將此交流電勢整流變成直流電呢？在直流發電機中是利用固定不動的電刷和轉軸上的換向器來達成的，這種將交流電整流而變成直流電的作用，便稱為“換向作用”(commutator action)。

如圖 5-47 所示為直流發電機的換向情形，係以三種不同情況來說明。圖(a)之情形，槽 1 及其換向片與電刷B_1接觸，槽 2 及其換向片與電刷B_2接觸。此時，槽 2 位於N極下，當電樞逆時針方向旋轉時，依據佛來明右手定則，則在槽 2 中的導體，其感應電勢的方向為流出，因此從電刷B_2輸出的電流為“＋”。圖(b)之情形，因導體正好處在磁中性位置上，所以不產生感應電勢，即沒有電流輸出。圖(c)之情形，電樞轉動了 90°，使槽 1 及其換向片與電刷B_2接觸，而槽 2 及其換向片與電刷B_1接觸，並且此時槽 1 旋轉在N極下，即其導體感應電勢之方向爲流出，則電刷B_2的輸出電流仍爲“+”；反之，電刷B_1的輸出電流爲“−”。故直流發電機輸出之電流爲直流。

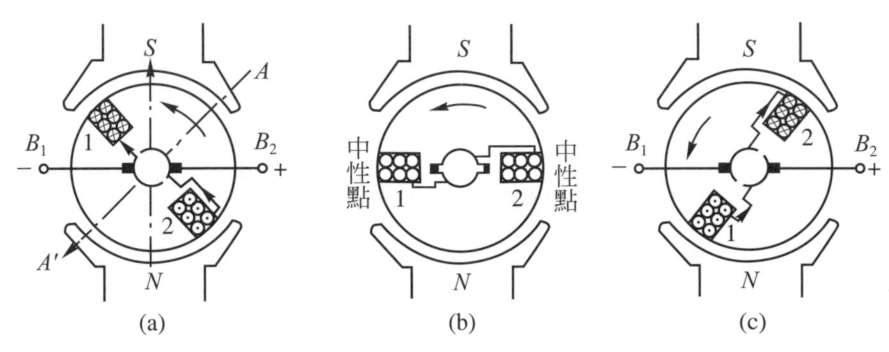

圖 5-47 發電機的換向情形

直流電動機爲了產生同一轉向的驅動轉矩，因而導體越過磁中性面時，必須使其電流的方向改變，如圖 5-48 所示爲直流電動機之基本原理。圖中S_1和S_2爲換向銅片，B_1和B_2爲電刷，當線圈轉動時，S_1和S_2交互與B_1和B_2接觸。如圖 5-48(a)所示爲起始點位置，電流自直流電源正端流出經$B_1 \to S_1 \to A \to B \to C \to D \to S_2 \to B_2$，而回到負端，應用電動機定則得知線圈產生逆時針的旋轉轉矩。在此位置時轉矩爲最大，一但離開此位置時，其轉矩便逐漸減弱。當線圈轉動 90°，如圖(b)所示，此時線圈平面正好與磁場方向成正交，故轉矩等於零，而電刷剛好跨接於換向片的絕緣區，因此無電流在線圈內流通。又由於慣性作用，線圈將越過中心位置，於是電刷就接觸到不同的換向片，電流在線圈內就反方向流動，仍產生逆時方向的轉矩，使線圈繼續旋轉。在 180°的位置時，如圖(c)所示，電流方向已改變，此時換向片已交換電刷，此位置時，轉矩爲最大，使線圈繼續旋轉，仍然是逆時針方向的轉矩。當線圈又旋轉 90°時，即在 270°位置的情形，如圖(d)所示，又是另一次無電流在線圈內流通，其轉矩等於零，靠慣性作用將線圈帶過此無電流的中心位置，線圈通過的電流再度反向，使產生逆時針的轉矩，繼續旋轉，圖(e)所示再度回到原來起始位置，轉矩又是最大值，就這樣地連續不停旋轉。其S_1，S_2及B_1，B_2的作用係在於每 180°或每半轉改變線圈內部的電流方向，使產生一定方向的轉矩，而能連續轉動。直流電動機就是利用這原理而旋轉。從上所述，得知直流電動機藉換向器和電刷之作用，能夠將輸入的直流在適當位置給予改變方向。

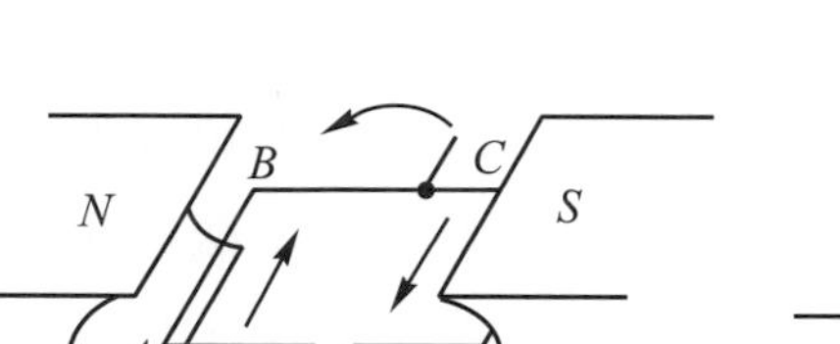

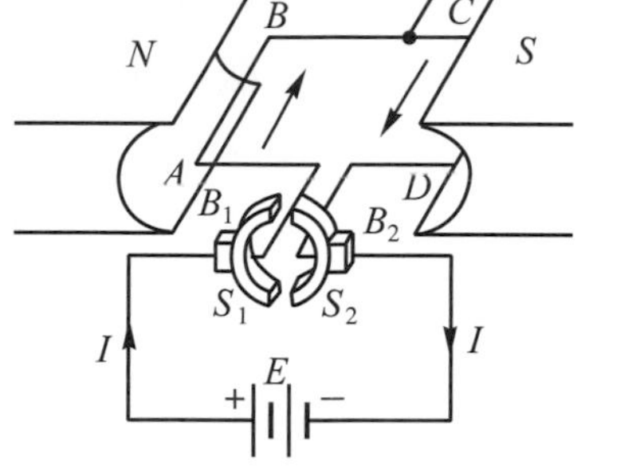

(a) 起始點位置

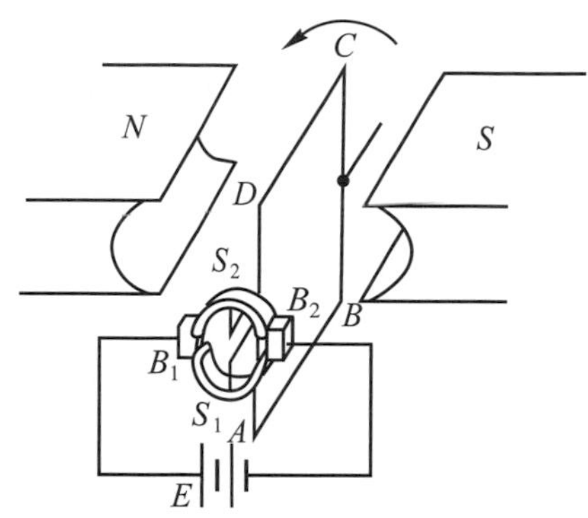

(b) 線圈旋轉 90 度時之位置

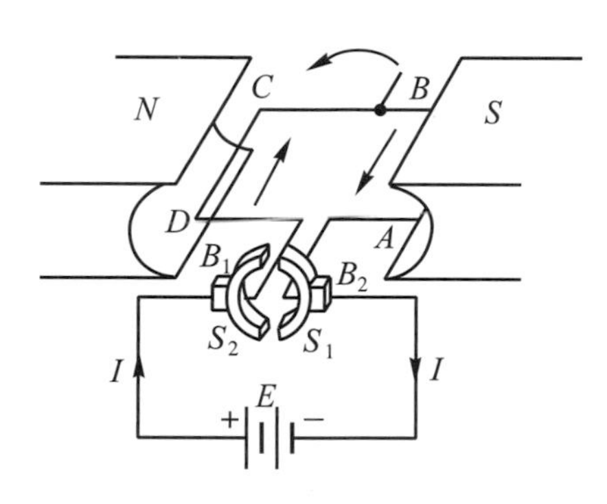

(c) 線圈旋轉 180 度時之位置

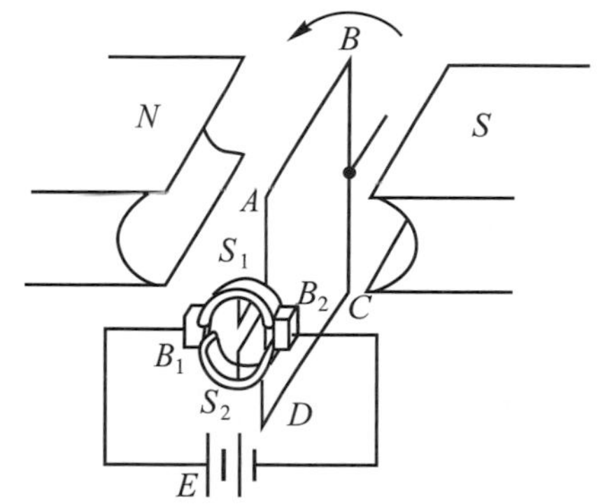

(d) 線圈旋轉 270 度時之位置

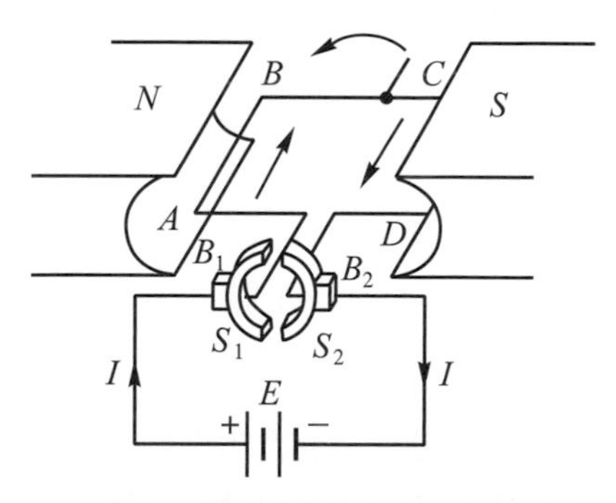

(e) 線圈又旋轉回到原來之起始點位置

圖 5-48　直流電動機之基本原理

1. 換向過程

如圖 5-49 所示換向，線圈A和線圈C位於被電刷短接的線圈B之前後，此時之B線圈稱爲換向線圈。從圖中可看出，電樞繞組的每一線圈，當經過電刷後，其電流均從$+I$改變爲$-I$，此種作用，稱爲換向(commutation)。

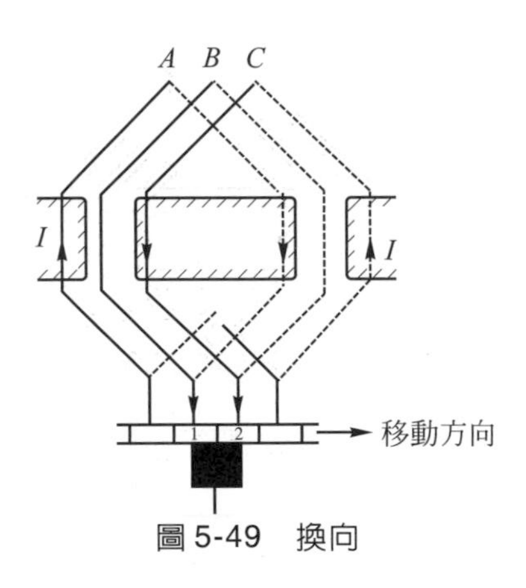

圖 5-49 換向

現在我們就開始研究換向線圈在換向的過程中其電流的變化情形；設繞組向右移動。並且假設換向線圈內無感應電勢發生。則如圖 5-50 所示，在圖(a)位置時，電刷正與 2 號換向片接觸著，線圈B內的電流I以順時針方向流通。在圖(b)位置時，電刷正與 2 號換向片之 3/4 部份及 1 號換向片之 1/4 部份接續著，此時線圈B的電流已減爲i，但仍以順時針方向流通。在圖(c)位置時，電刷處於換向片 2 號及 1 號之正中央，此時線圈B內無電流流通，一旦過此位置後，其電流的方向便改變。在圖(d)位置時，電刷與換向片 2 號之 1/4 及 1 號之 3/4 部份接續，則線圈內電流i以逆時針的方向流通。圖(e)位置時，電刷僅與換向片 1 號接續，這時線圈B內電流I以逆時針方向流通，剛好和圖(a)位置時的電流I之方向相反，而其大小相等。此時線圈B便完成換向。換向線圈B從開始被電刷短路到換向完成，其電流變化情形若以波形表示，則如圖 5-51 所示，由圖中很明顯可看出，電流“$+I$”值成比例地降至零，再從零值比例地下降到反方向“$-I$”值。像這種直線變化，稱爲直線換向，也稱爲理想換向，這是假設換向線圈無感應電勢發生之情形，事實上這種情形是不可能的。

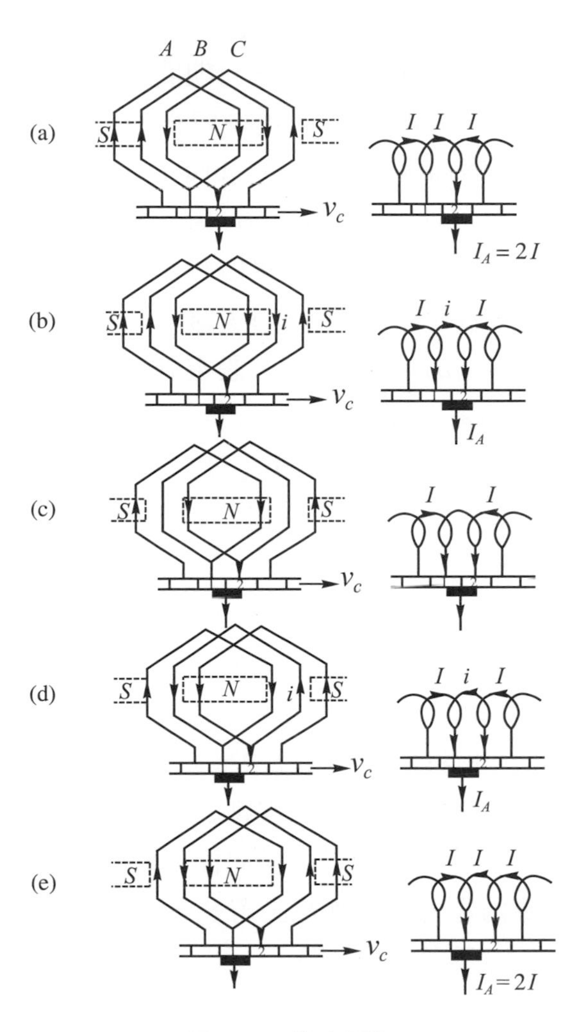

圖 5-50　換向過程

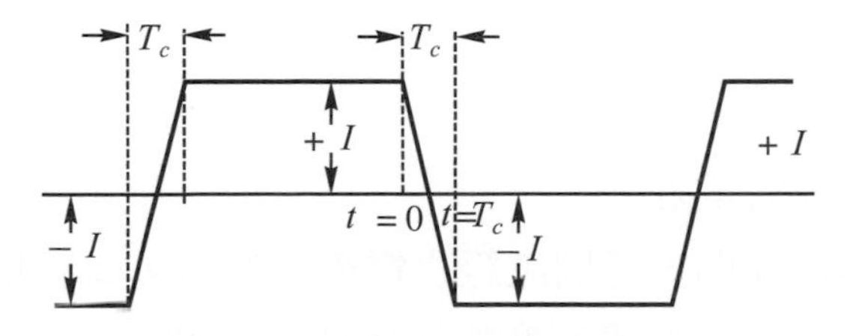

圖 5-51　換向線圈內電流變化情形

線圈自開始被電刷短接(short circuited)到換向完成爲止的這段時間稱爲換向期間(the period of commutation)；如圖 5-52 所示，電刷l邊，稱爲前刷邊(leading brush edge)，又電刷t邊，則稱爲後刷邊(trailing brush edge)。當l邊與換向片 1 號接觸時，線圈B就開始被電刷短接，至電刷t邊離開換向片 2 號時，線圈B即解除短接。設電刷的寬度爲W_b，換向器片間絕緣的厚度爲δ，換向器移動速率爲v_c，則換向期間T_c爲

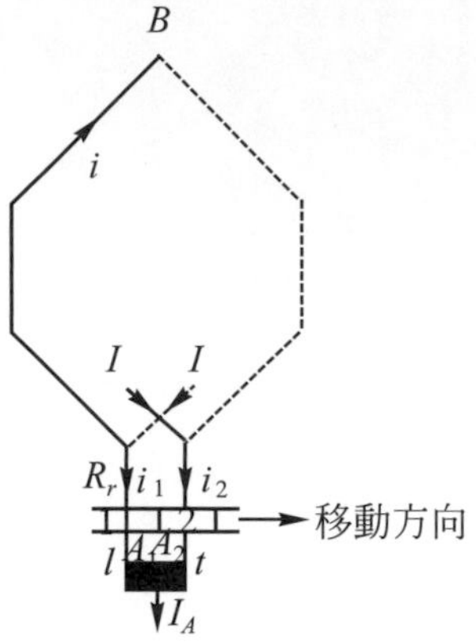

圖 5-52　換向線圈

$$T_c = \frac{W_b - \delta}{v_c} \fallingdotseq \frac{W_b}{v_c} \text{ [秒]} \tag{5-16}$$

式(5-16)中，其換向器片間絕緣的厚度(δ)甚小，通常可忽略不計。

若電刷的寬度恰好等於一個換向片寬度時，則線圈B於換向前之瞬間，電刷完全與換向片 2 號接續，此時流經電刷的電流爲$I_A = 2I$；又在換向後，電刷完全與換向片 1 號接續時，其流經電刷的電流亦爲$I_A = 2I$，因此在換向前和換向後的瞬間，電刷之電流密度係爲均勻而且相等的。但在換向期間，如圖 5-52 所示，換向線圈B內有一環流i產生，此環流i的大小決定於線圈內之各種感應電動勢及各種電阻。茲分別列出如下：

⑴ 由於自感及互感所產生的電勢。

⑵ 由於電樞反應所產生的電勢。

⑶ 割切中間極的磁場繞組或補償繞組所產生之電勢。

⑷ 電刷接觸電阻。

⑸ 換向器和線圈引線間的接觸電阻。

⑹ 換向線圈本身的電阻。

因此在換向期間，電刷流經之電流除$2I$外，尚有環流i，所以電刷與換向片間的接觸面之電流密度無法保持爲定值。倘若電流密度過大時，將使電刷及換向器片表面燒毀之虞，尤其是後刷邊(t)，若電流密度太大時，當線圈成開路的瞬間，其接觸面趨近於零時，形成過大的電弧，使電刷和換向器的表面均遭受嚴重損害。所以電刷之後刷邊(t)其電流密度愈小愈好，即換向情形良好與否，只要視後刷邊之電流密度。

2. 電阻換向與直線換向

電樞繞組中線圈在換向期間，設線圈本身的自感應電勢以及割切電樞正交磁場與主磁極磁場之電勢均爲零，並且亦假設電刷與每一換向片同一寬度，電刷和換向器片間的接觸電阻爲一定，接觸電阻與接觸面積成反比。如圖5-53所示換向中之線圈，在圖中各符號的意義爲：

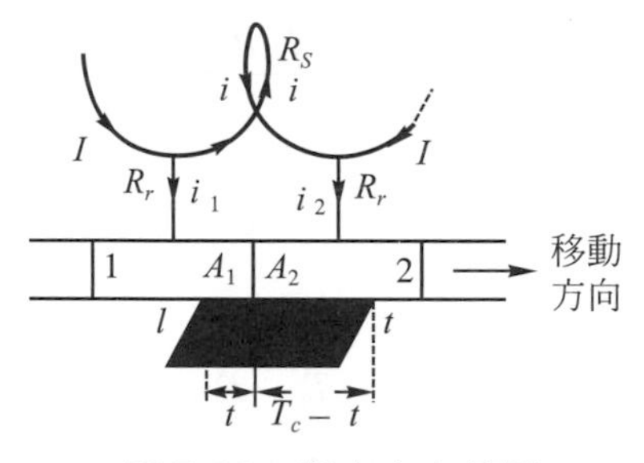

圖 5-53 換向中之線圈

R_s：換向線圈本身的電阻，[歐]

R_b：電刷與換向器片間的接觸電阻，[歐]

R_r：換向器與電樞線圈連接處之電阻，[歐]

i_1，i_2：流至換向片1號和換向片2號之電流，亦即前刷邊與後刷邊之電流，[安]

i ：換向線圈內之環流，[安]

A_1：電刷與換向片1號間的接觸面積，[平方公尺]

A_2：電刷與換向片2號間的接觸面積，[平方公尺]

A_b：電刷與換向片間的接觸面積，[平方公尺]

當換向經過t秒時間後，如圖5-53所示，則

$$i_1 = I - i \text{，} i_2 = I + i \tag{5-17}$$

$$A_1 = A_b \cdot \frac{t}{T_c} \text{，} A_2 = A_b \cdot \frac{T_c - t}{T_c} \tag{5-18}$$

$$\text{換向器片1號與電刷間的接觸電阻}(R_1) = R_b \cdot \frac{A_b}{A_1} \tag{5-19}$$

$$\text{換向器片2號與電刷間的接觸電阻}(R_2) = R_b \cdot \frac{A_b}{A_2} \tag{5-20}$$

因假設電樞線圈內無電勢產生，則根據克希荷夫定律(Kirchhoff's law)，在一閉合電路中其電壓降(voltage drop)之總和應爲零。故

$$iR_s + i_2 R_r + i_2 R_b \cdot \frac{A_b}{A_2} - i_1 R_b \cdot \frac{A_b}{A_1} - i_1 R_r = 0 \tag{5-21}$$

將式(5-17)與式(5-18)中之i_1，i_2，A_1及A_2分別代入式(5-21)中，得

$$i=\frac{T_c^2R_b-2R_bT_ct}{R_bT_c^2+R_sT_ct-R_st^2+2R_rtT_c-2R_rt^2}\cdot I \tag{5-22}$$

令$K_1=\dfrac{R_s+2R_r}{R_b}$代入式(5-22)中，並化簡，求得在換向線圈內的環流i爲

$$i=\frac{T_c(T_c-2t)}{T_c^2+K_1t(T_c-t)}\cdot I \tag{5-23}$$

式(5-23)中，如令$K_1=1/5$，則換向曲線如圖 5-54 所示中的曲線 II 所示。

又當$K_1=0$，則換向線圈的電阻R_s與換向器和線圈連接處之電阻可忽略不計，即$R_s+2R_r=0$，則式(5-23)可變爲

$$i=\frac{T_c^2-2T_ct}{T_c^2}\cdot I=I\cdot\frac{T_c-2t}{T_c}\ [安] \tag{5-24}$$

故式(5-24)中，若電樞的轉速不變，T_c爲一常數，則i-t曲線爲一下降之直線，如圖 5-54 中之曲線I所示。故在全部換向期間電刷的電流密度始終保持均勻而不變，便稱爲直線換向。當電刷接觸電阻R_b大於R_s+2R_r時，亦即採用電阻較大的電刷，則換向曲線$i=f(t)$，如圖 5-54 中之曲線 II 所示，像這種以改變電阻使曲線趨近於直線之換向方法，便稱爲電阻換向。

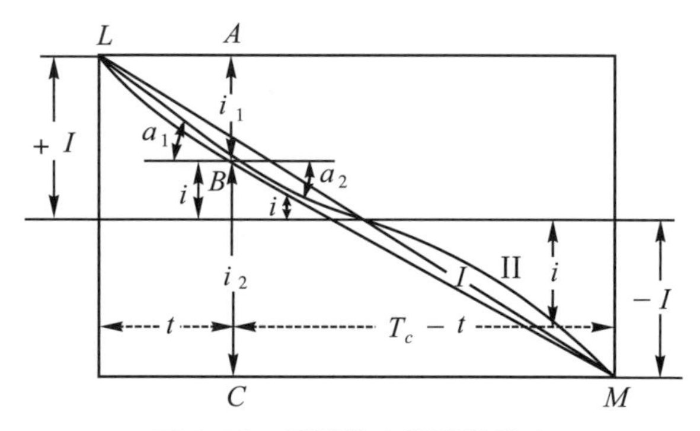

圖 5-54　電阻換向與直線換向

3. 換向曲線

換向線圈，在換向期間T_c內，必需將$+I$電流變換成$-I$之電流，而在這短短期間內，表示電流變化情形的曲線，稱爲換向曲線。如圖 5-55 所示爲數種換向曲線。茲分別說明如下：

(1) 直線換向(straight line commutation)：如圖 5-55 中之曲線a所示，因電流i爲直線變化，即在整個換向期間內電刷與換向片間的接觸面，其電流密度始終保持均勻的狀態。

(2) 正弦波換向(sinusoidal commutation)：如圖 5-55 中之曲線b所示，在換向開始及接近終止時的短接電流i變化較緩和，能防止電刷之前刷邊及後刷邊產生火花。

⑶ 低速換向(under commutation)：如圖 5-55 中之曲線d及f所示，因換向線圈電抗電壓較大，其產生之環流與換向開始時的線圈電流I同方向，使電流開始時的變化過份延遲，而當接近T_c終止時，電流變化率大，線圈產生之自感電勢變大，而會使後刷邊發生火花。

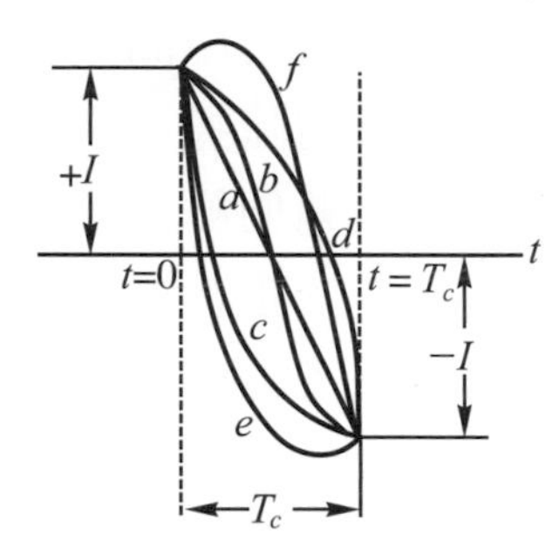

圖 5-55 換向曲線

⑷ 過速換向(over commutation)：如圖 5-55 中之曲線c及e所示，在換向初期，電流變化速度太快，即其電流變化率大，線圈產生自感電勢亦大，會使前刷邊發生火花。

⑸ 無電弧換向(sparkless commutation)：自圖 5-55 中各曲線綜合研討的結果，以曲線a或曲線b爲最理想，在換向開始或終止時，不會導致電弧造成不良之後果，所以稱爲無電弧換向，或稱理想換向(ideal commutation)。

4. 換向問題的減輕與其解決方法

直流機爲獲得良好的換向作用，需具備下列三種條件：

⑴ 延長換向期間T_c：換向期間T_c以時間較長者爲佳。根據一般的經驗，容量相同而不同轉速的電機，則轉速較快者火花較大，因換向期間T_c較短，則引起的電抗電壓也較大。

⑵ 減少電感量：直流機因電樞線圈的電感，而產生火花，故應設法減少線圈中的電感量。因此電樞鐵心之直徑較大而長度較短者爲理想。

電感除線圈自感外，同一槽內又因有其他線圈邊；則在同時換向期間內又產生互感的作用，故普通採用短節距繞組來減少互感作用。

線圈的電感量與線圈匝數成正比，爲了減少電感量，則可減少線圈匝數。

⑶ 增加電刷的接觸電阻：增加電刷的接觸電阻R_b，即令式(5-23)中之K_1趨近於零，則換向曲線便近似於直線，爲良好的換向，所以電刷材料的選擇非常重要。

一般用來改善直流電機之換向問題的方法，有下列三種：

① 移電刷法：當電刷隨負載的大小而自磁中性面移動一角度時，如上節所述，則會產生去磁效應，致使主磁通減弱，因而伴隨出一些嚴重的問題來。另又每當負載改變時都必須再調整電刷的位置，故目前很少採用此法。

② 加裝中間極：若能使電樞線圈在換向進行中，其所發生的電抗電壓消除掉，則換向線圈內就沒有電壓，因此環流亦沒有，於是換向問題便解決了。中間極就針對這種觀念而設置的。由於中間極恰好位於正在換向的線圈的正上方，由其所提供的磁通，使正在進行換向的線圈產生一感應電勢，以抵消其電抗電壓。此法非常簡便，普遍受採用。

③ 設置補償繞組：直流電機之電樞反應會引起嚴重的換向不良，若設置補償繞組以用來消除電樞反應，能使換向獲得改善的，有關補償繞組將於下一節詳述。

5-5 補償繞組

大型直流電機在重載或是負載變動得異常快速的情況下運轉時，將因電樞反應及電抗電壓的產生，使該電機引起換向不良，嚴重時則在換向片與電刷間產生閃絡(flashover)，甚至發生電弧(arcing)，因而損毀換向器及電刷，令使電機不能再繼續運轉。為了避免上述問題的發生，則設計補償繞組(compensating winding)來補救之。

補償繞組之主要目的是用來抵消電樞反應之磁勢，其補償作用可由極面的繞組來達成。如圖 5-56 所示為具有補償繞組之兩極直流電機，從圖中得知，在主磁極的極掌表面，開鑿與電樞槽平行的凹槽，用以置放補償繞組。

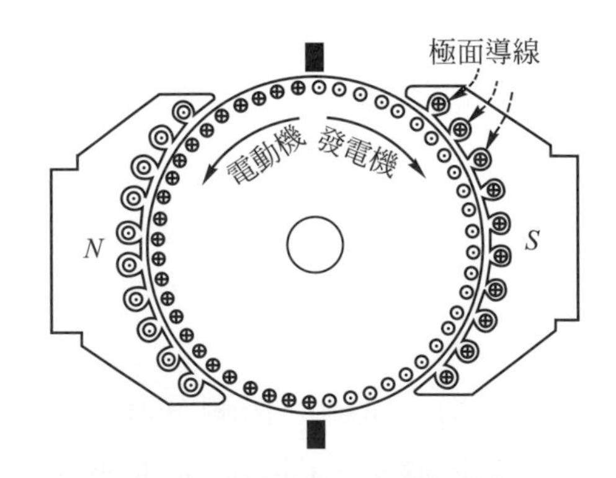

圖 5-56 具有補償繞組之兩極直流電機

由於補償繞組是用來消除電樞反應，故其極性必須與相鄰的磁極下之電樞繞組者相反；也就是說，流過補償繞組的電流，必須與相鄰之電樞繞組的電流大小相等而方向相反，因此補償繞組是與電樞電路接成串聯。如圖 5-57 所示為設有補償繞組的複激電機接線圖。

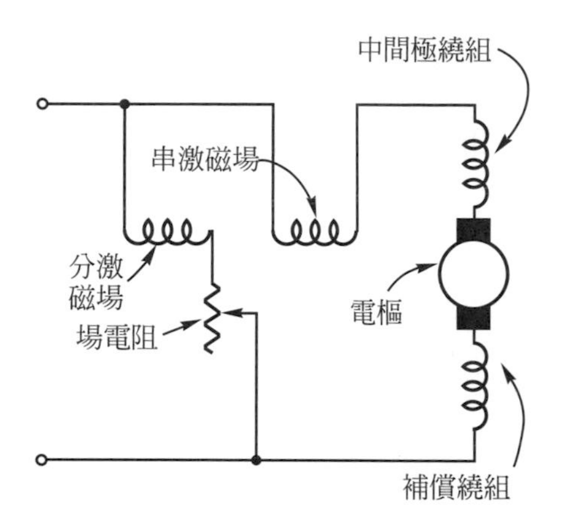

圖 5-57　設有補償繞組之複激式電機接線圖

如圖 5-58 所示爲具有補償繞組之兩極直流機平面展開圖。圖(a)表示僅電樞繞組有電流時所產生的磁通密度情形，圖(b)表示僅由補償繞組所產生的磁通密度情形，其磁通的分佈正好與圖(a)相反。圖(c)表示兩者同時存在，經磁化而合成之磁通密度情形。從這些圖中，我們瞭解裝有補償繞組時，能夠消除電樞反應所產生之諸問題。但它的唯一缺點是價格昂貴，另外對於換向時，因自感應及互感應所引起電抗電壓並不能消除。因此，還要加裝中間極。

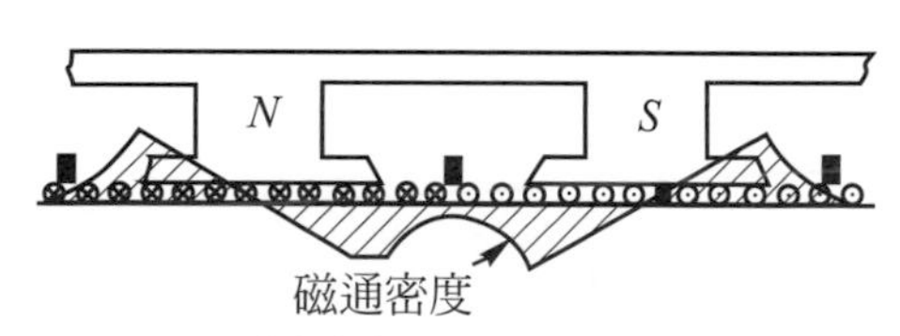

(a) 電樞電流所產生之磁通密度

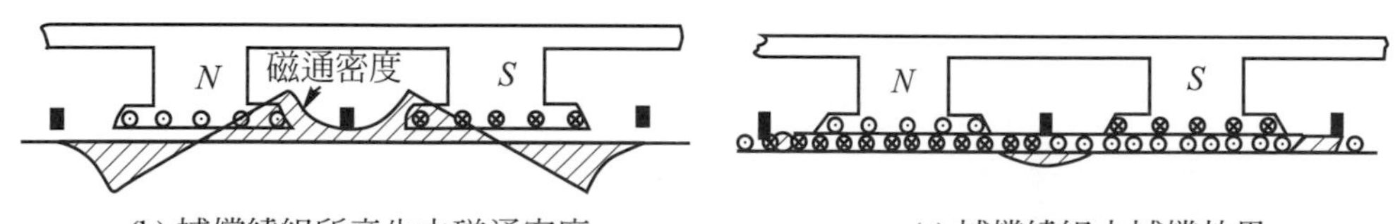

(b) 補償繞組所產生之磁通密度　　(c) 補償繞組之補償效果

圖 5-58　具有補償繞組之兩極直流機平面展開圖

從上面的討論，欲完全消除電樞反應，則補償繞組的導體數與電樞電流之相乘積必需等於電樞導體數與電樞電流的相乘積。設每極補償繞組之導體數為Z_c，電樞電流為I_A，每磁極下之電樞導體數為$\left(\psi\cdot\frac{Z}{P}\right)$，極數為$P$，電樞總導體數為$Z$，極面弧長與極距之比值為$\psi$，並聯路徑為$a$。則

$$\text{每極補償繞組之磁動勢峰值}=\frac{Z_c I_A}{2}\ [\text{安匝}]$$

$$\text{電樞反應在磁極尖部之磁動勢}=\frac{1}{2}\cdot\psi\cdot\frac{Z}{P}\cdot\frac{I_A}{a}\ [\text{安匝}]$$

若要完全補償，它們的磁動勢值必需相等，即

$$\frac{Z_c I_A}{2}=\frac{1}{2}\cdot\psi\cdot\frac{Z}{P}\cdot\frac{I_A}{a}$$

故

$$Z_c=\psi\cdot\frac{Z}{P}\cdot\frac{1}{a} \tag{5-25}$$

例 5-5

一部六極，單式疊繞組之直流電機，其電樞導體為 286 根，極面弧長與極距之比值為 0.7，試求每磁極應設置多少補償繞組？

解

由式(5-25)，得

$$Z_c=\psi\cdot\frac{Z}{P}\cdot\frac{1}{a}=0.7\times\frac{286}{6\times6}=5.56$$

故每極補償繞組為 6 根。

5-6 間 極

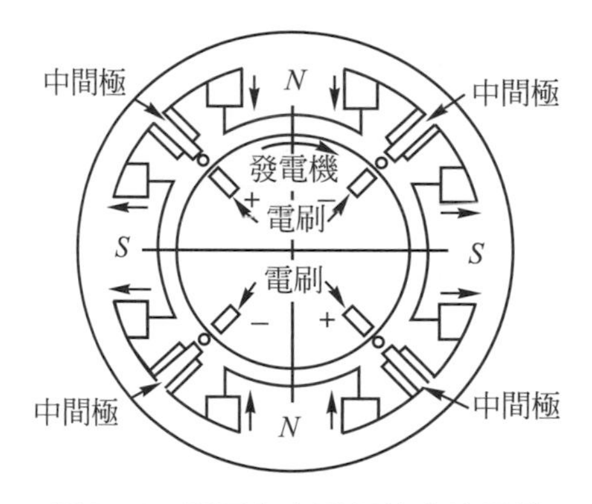

圖 5-59　設置有中間極的直流電機

間極(inter pole；亦叫中間極)又稱爲換向極(commutating pole)，是指設置在兩相鄰主磁極之中間的狹長小磁極。如圖 5-59 所示爲設置有間極的直流電機。中間極的功用是用以限制電樞反應及獲得良好的換向。

由於中間極的鐵心不大，僅能影響正在換向的電樞導體，而對於主磁極下的樞反應無法消除。如圖 5-60 所示爲設置有中間極與未裝中間極之電樞磁場的情形，圖(a)是未裝中間極之電樞磁場的情形，圖(b)是裝有中間極之電樞磁場的情形。由圖(b)中能夠瞭解，僅在中間極位置下的電樞磁場被抵消。

如圖 5-61 所示爲直流發電機加裝中間極之磁通分佈情形，圖(a)爲由電樞磁勢所產生之磁通分佈情形。在中性面處，因有中間極鐵心，所以磁通密度較大。圖(b)是中間極所產生的磁通之情形。圖(c)爲兩磁場之合成磁通情形，從圖中可看出，中間極所建立的磁通是用來產生換向電勢，以抵消電抗電壓。圖(d)爲加上主磁極之磁通的情形，從圖中知曉，中間極所產生的磁勢，無法消除主磁極下的電樞磁勢，即對於電樞反應所引起的磁場畸變是沒法改變的。

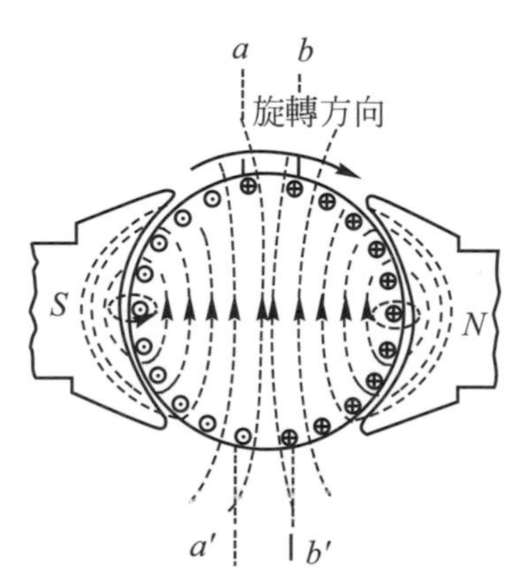

(a) 未裝中間極之電樞磁場

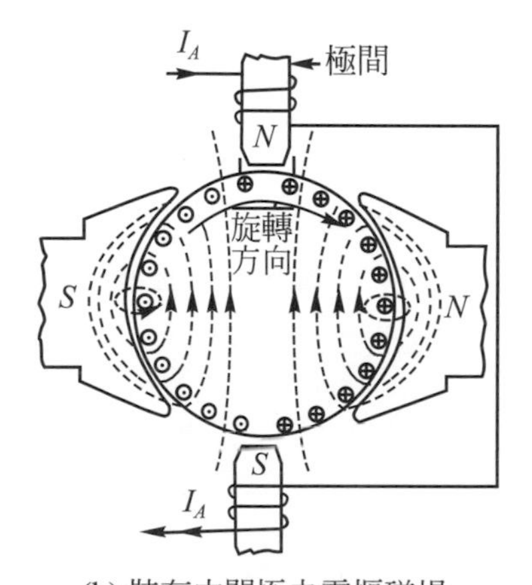

(b) 裝有中間極之電樞磁場

圖 5-60　裝有中間極與未裝者之電樞磁場

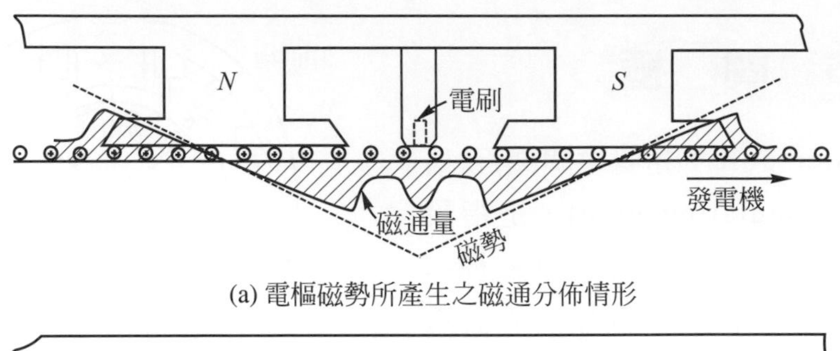

(a) 電樞磁勢所產生之磁通分佈情形

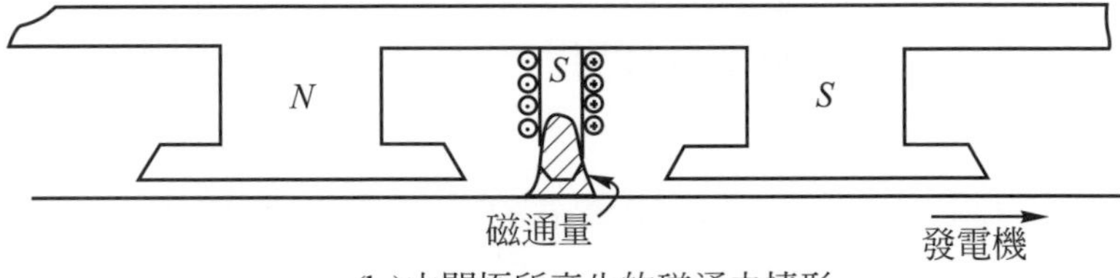

(b)中間極所產生的磁通之情形

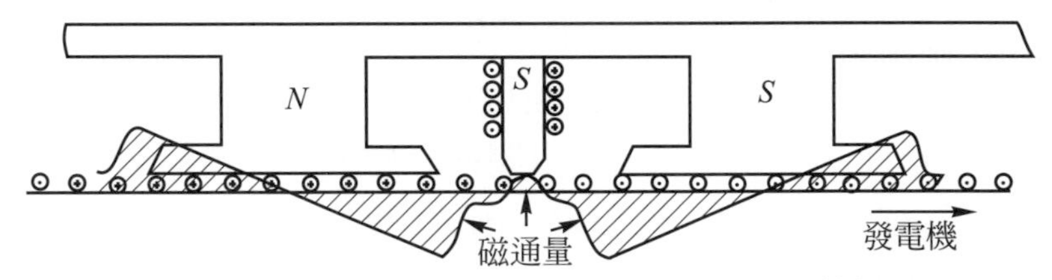

(c) 兩磁場同時作用而生之磁通分佈情形(中間極及電樞磁場)

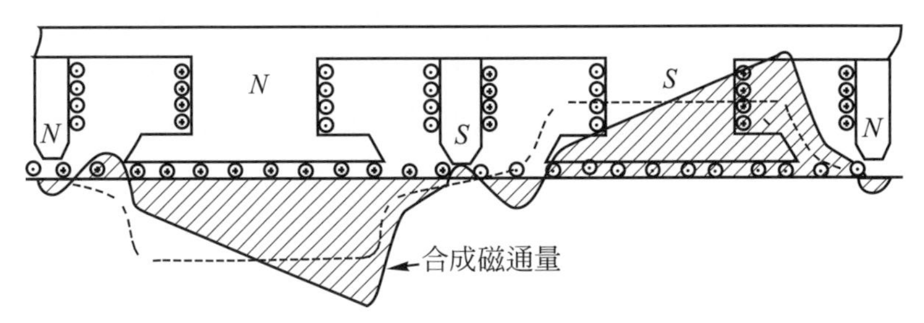

(d) 主磁極、電樞及中間極三者之磁場作用而生磁通之分佈情形

圖 5-61　直流發電機加裝中間極之磁通分佈情形

中間極的繞組是與電樞電路接成串聯，如此能產生與負載電流比例變化的磁場。至於中間極的極性呢？由於它之主要目的是要抵消電抗電壓。就發電機而言，如圖 5-62(a)所示，正在進行換向的上方導體，其電抗電壓之極性為“⊗”，因此中間極對此同一導體必須產生“⊙”的電勢，故中間極的極性上方者為S極，而位於下方者為N極。同理，電動機之中間極的極性如圖 5-62(b)所示。因此

(1) 在發電機中，中間極必須和轉向前之主磁極的極性相同。

(2) 在電動中，中間極必須和轉向後之主磁極的極性相同。

為了獲得理想的換向，中間極的安匝數必須能達成下列要求：①須有足以抵消在換向面上的正交磁化電樞反應之安匝數。②對電樞要產生足以克服氣隙磁阻之安匝數。③同時亦需要有足以克服電樞鐵心磁路中磁阻之安匝數。故中間極之每極安匝數必須是大於正交磁化電樞反應之安匝數(即大於$\frac{Z}{2P}\cdot\frac{I_A}{a}$)。於直流機設計常用的經驗式為

$$\text{中間極每極安匝數}=(1.2\sim1.4)\cdot\frac{Z}{2P}\cdot\frac{I_A}{a}\ [\text{安-匝／極}] \tag{5-26}$$

中間極的數目，通常與主磁極數目相同，偶而也會只有主磁極數之一半者。

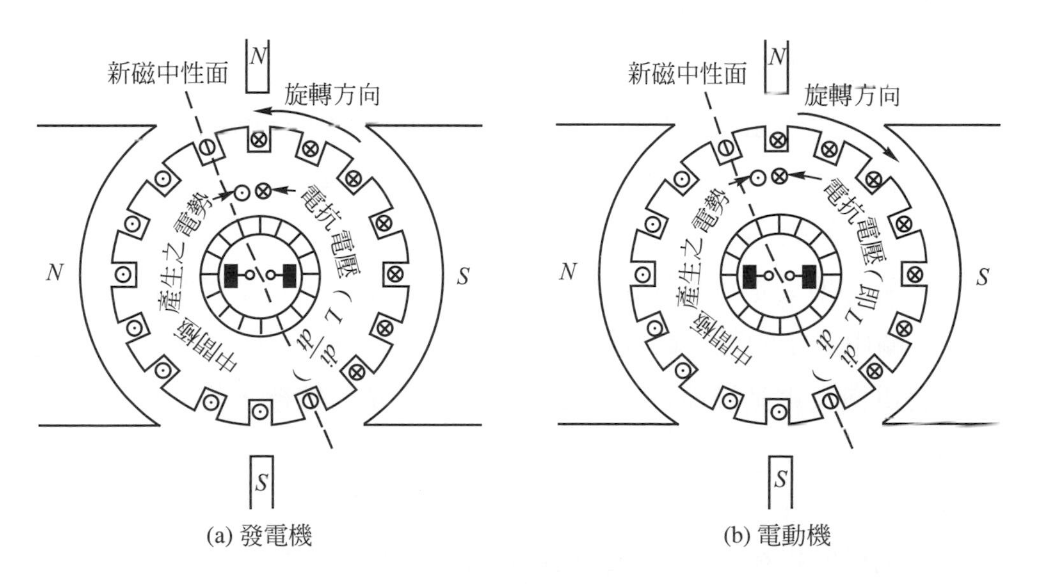

圖 5-62　中間極之極性

5-7 基本分析、電路方面

由第 5-2 節式(5-8)，直流電機的轉矩爲

$$T = K_a \cdot \phi \cdot I_A \tag{5-27}$$

由第二章第 2-2 節式(2-91)，直流電機之電勢爲

$$E = K_a \cdot \phi \cdot \omega_m \text{ [伏]} \tag{5-28}$$

故
$$\phi = \frac{E}{K_a \cdot \omega_m} \tag{5-29}$$

式中$K_a = \dfrac{PZ}{2\pi a}$，將式(5-29)代入式(5-27)中，得

$$T = \frac{E \cdot I_A}{\omega_m} \tag{5-30}$$

又由式(5-30)可以改寫爲

$$T \cdot \omega_m = E \cdot I_A \tag{5-31}$$

式(5-31)中，"$E \cdot I_A$"常稱爲電磁功率(electromagnetic power)，"T"稱爲電磁轉矩(electromagnetic torque)。又式(5-31)是表示直流電機在穩態運轉下之能量轉換關係式。故複激式直流機之功率平衡的情形如圖 5-63 及圖 5-64 所示。當電機中沒有分激繞組或串激繞組時，則其相關部份可從圖中刪去。在圖中：V_t爲電機的端電壓，E爲電機的電勢，V_a爲電樞端電壓，I_L爲線電流，I_s爲串激磁場電流，I_f爲分激磁場電流，R_a爲電樞電阻，R_f爲分激磁場電阻，而R_s爲串激磁場電阻。所有損失是爲電機在滿載操作下所產生的，且是以電機輸入之百分比來表示。圖中所示的百分比是對額定容量在 1 到 100 仟瓦或 1 到 100 馬力範圍內之一般發電機及電動機而言，對於更大額定容量的電機，其百分比較圖所示之值爲小。

圖 5-63 爲複激式直流發電機的功率轉換流程圖，由左側的原動機輸入功率，此即發電機的機械輸入，減去旋轉損失(rotational losses)，剩下的是爲電磁功率EI_A，再扣掉電機中各種銅損，所剩便是發電機的淨輸出功率。

圖 5-64 為複激式直流電動機的功率轉換流程圖，它恰與發電機之能量轉換情形相反。即自電源輸入電功率，當電功率減去各種銅損，則得電磁功率EI_A，此功率又稱為內電功率(internal power)。再從電磁功率減去旋轉損失所消耗之功率，即為輸出之軸功率(shaft power)。

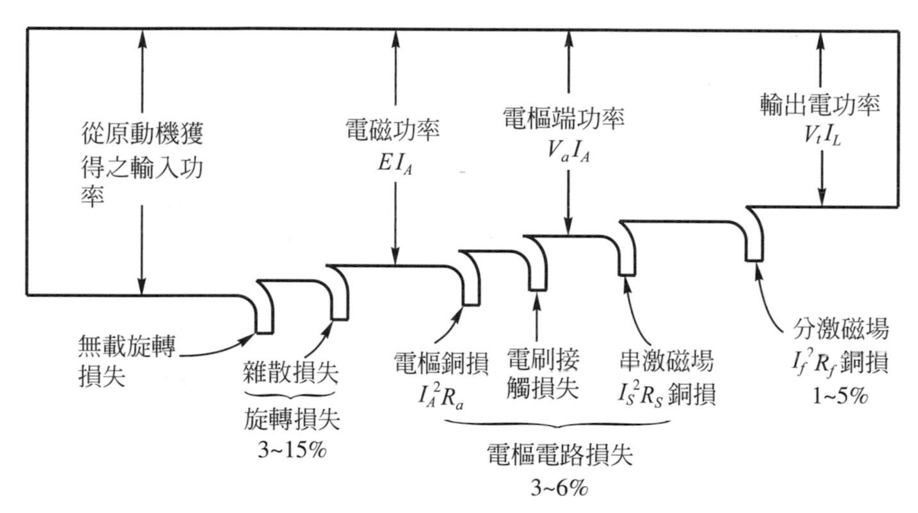

圖 5-63 複激式直流發電機的功率轉換流程圖

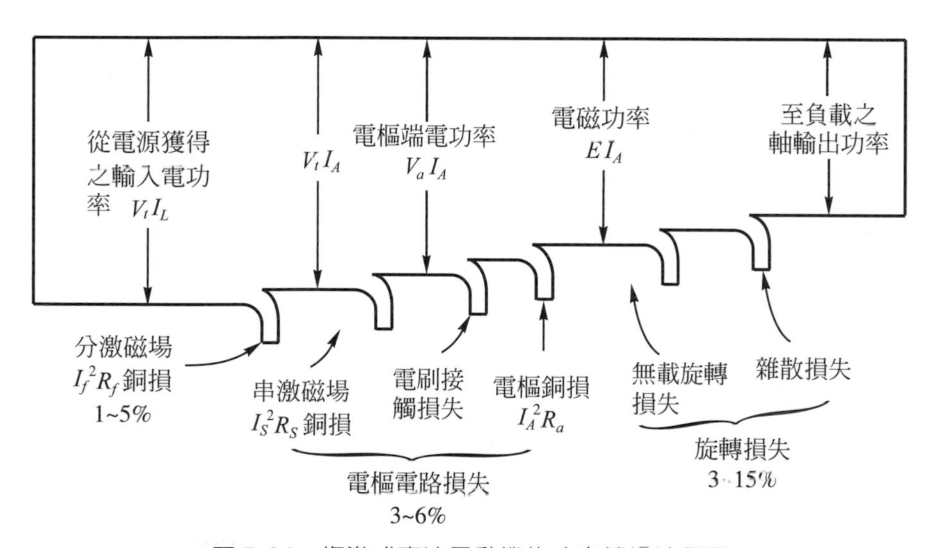

圖 5-64 複激式直流電動機的功率轉換流程圖

5-8 基本分析、磁路方面

直流電機的每極磁通量，是由主磁場之磁勢和電樞磁勢所組合的合成磁勢產生的，因此，電樞之感應電勢E是爲此合成磁勢的函數。爲求得電勢値，我們首先考慮僅由主磁極的磁勢所產生的磁通量，然後再推展至包含有電樞磁勢之效應。

1. 不考慮電樞反應

   假若電機不考慮電樞反應，則合成磁勢是爲主軸或直軸磁極上所有磁勢的代數和。設一般複激式發電機或電動機之每極分激磁場繞組爲N_f匝，串激磁場繞組爲N_s匝，則主磁場之磁勢爲

$$主磁場磁勢 = N_f I_f \pm N_s I_s \tag{5-32}$$

若在主磁極上另有其他繞組用以做特殊控制，則式(5-32)中，會出現另外之項來表示。在式(5-32)中，正號是用以表示兩磁場之磁勢是相加的，即兩磁勢具有互助的效應；反之，減號則表示兩磁勢的磁力線方向相反，則是相消減的效應。當僅有一種繞組時，式(5-32)中所對應的項目留著，另一項則刪去。

當磁勢以“安-匝”表示，則式(5-32)之總安匝數，是爲兩磁場的安匝數相加之和。然直流電機的磁化曲線通常是以主磁場繞組的電流來表示，若其只有分激繞組時，則以其場電流I_f來表示。此磁化曲線與式(5-32)的磁勢單位，可用兩方法使變成相同。第一種方法是將磁化曲線中激磁電流乘以每極的匝數，而得到以“安-匝”來表示。第二種方法是將式(5-32)兩邊同除以N_f，將單位轉換成具有N_f匝之線圈內產生相同磁勢之等效電流，故

$$\frac{總磁勢}{N_f} = I_f + \frac{N_s}{N_f} I_s = 等效分激場電流\ [安培] \tag{5-33}$$

第二種方法較爲簡便，並且最常採用。

如圖 5-65 所示爲一部 100 仟瓦，250 伏，1200rpm 直流發電機之磁化曲線。在圖中，磁勢分別以分激磁場電流及每極安匝數來表示。又磁勢亦可使用標么值來表示。

在圖中，1.0pu的激磁電流或磁勢是指電機在無載狀態下，且轉速為額定時，產生額定電壓所需的磁場電流或磁勢。而 1.0pu 電壓則是指額定電壓。

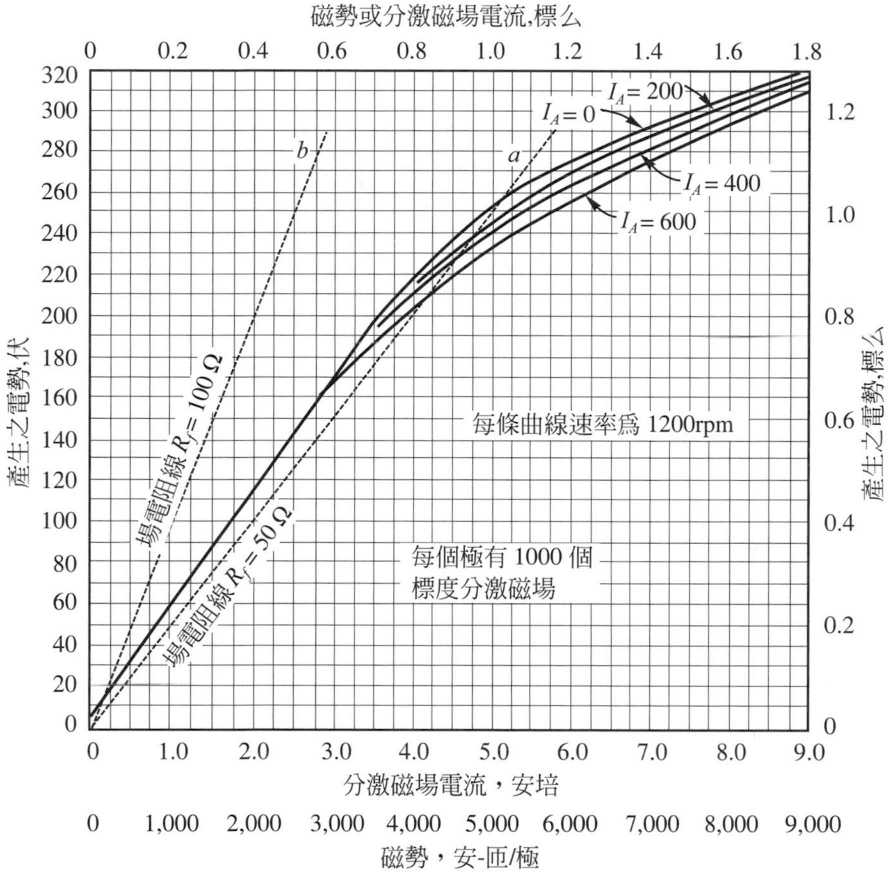

圖 5-65　250 伏，1200rpm 之直流發電機的磁化曲線

在圖 5-65 中，縱座標是用電壓來表示而不是以磁通表示，且其磁化曲線是以 1200rpm 之額定轉速所求得。由於直流電機的轉速無法維持一定，因此，利用磁化曲線所查得的電壓值，必須修正才是實際的電壓值。可由式(5-28)乘以電機的速率變動比值，即得該電機的實際電壓值，故

$$E = E_0 \cdot \frac{\omega_m}{\omega_{m0}} \tag{5-34}$$

式中　ω_{m0} ：磁化曲線之角速率

ω_m ：電機實際角速率

E_0 ：以磁化曲線所查得之電壓值

2. 考慮電樞反應的效應

在 5-3 節中已述及正交磁化電樞反應中的去磁效應是因磁飽和作用所引起的，故此效應除與電樞電流之大小有關外，尚與鐵心之飽和程度有關，而其係非直線性變化的，因此，所需資料只能從實驗中求得。其實驗方法，係令電機在某一不變的轉速下旋轉，然後改變分激磁場電流，分別求得各種不同電樞電流值之飽和曲線，如圖 5-65 所示。請注意，不論有載或無載，圖中之各曲線都是以電勢E為縱座標，而不是端電壓。並且當鐵心的飽和程度降低時，所有的曲線均趨近氣隙線(air-gap line)。

負載飽和曲線位於無載曲線之右側，二者之差距是為電樞電流I_A的函數。換言之，電機在相同的速率和激磁情況下，有載所產生的電勢較無載者為低，這是由於去磁效應所引起的。於是，在同一電勢值下有載必較無載時，需要較多的安匝數來對付去磁效應。設以"F_{AR}"代表去磁安匝數，故主軸之淨磁勢為

$$\text{淨磁勢} = \text{總磁勢} - F_{AR} = N_f I_f \pm N_s I_s - F_{AR} \tag{5-35}$$

因此，由實驗求得的無載磁化曲線，可用來求取電機在任何負載時之電勢與淨磁勢。

例 5-6

一 100 仟瓦，250 伏特，400 安培的長分路複激發電機，其電樞電阻為 0.025 歐姆，串激磁場電阻 0.005 歐姆，且其磁化曲線如圖 5-65 所示。若每極之分激磁場為 1000 匝，串激磁場為 3 匝。

當分激磁場電流為 4.7 安培，轉速為 1150rpm 時，且在額定電流輸出下，試求端電壓為多少？(不考慮電樞反應)

解

$$I_s = I_A = I_L + I_f = 400 + 4.7 = 404.7 \ [\text{安}]$$

由式(5-33)，主磁場總磁勢為

$$4.7 + \frac{3}{1000} \times 404.7 = 5.9 \ \text{等效分激磁場安培}$$

將此電流值，利用圖 5-65 中$I_A = 0$的曲線，查得$E = 274$伏的電勢為

$$E = 274 \times \frac{1150}{1200} = 262 \ [\text{伏}]$$

該電機之端電壓為

$$V_t = E - I_A \cdot (R_a + R_s) = 262 - 404.7(0.025 + 0.005) = 250 \text{ [伏]}$$

5-9 直流發電機的特性與運用

直流發電機的特性中，以無載特性(no-load characteristic)和外部特性(external characteristic)兩種最重要。以下所述之各類型直流發電機的特性，就以這兩特性來研討。而直流發電機的運用是討論兩部發電機並聯運用的條件及其方法等。

電機之無載特性及外部特性的定義及如何求取呢？茲說明如下：

1. 無載特性

無載特性(no-load characterisic)是指發電機在無載額定速率下運轉，它的磁場電流與電樞電勢間的關係特性。若改變磁場電流I_f而測量其感應電勢E，由測得的數據而繪成之曲線，便稱爲無載特性曲線(no-load characteristic curve)。

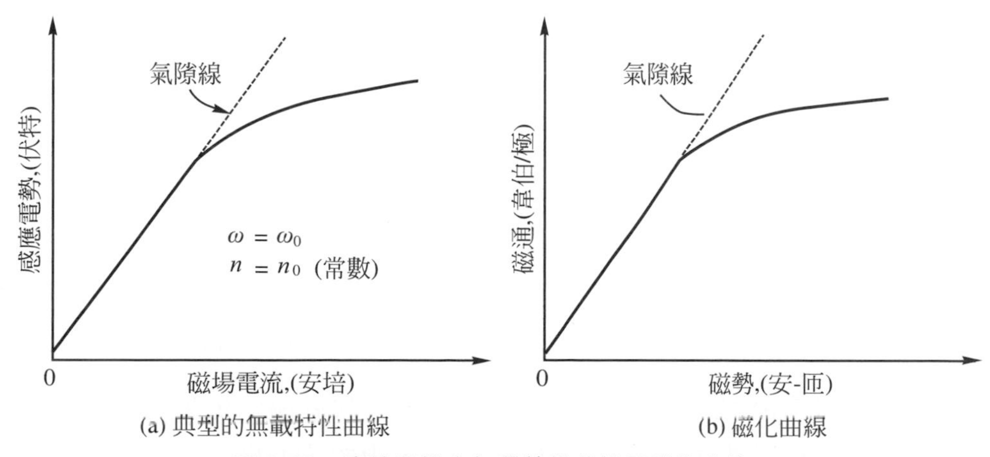

圖 5-66 直流電機之無載特性曲線及磁化曲線

電機之磁路是由小部份的氣隙和大部份的鐵磁路所組成。故磁阻係爲氣隙與鐵磁路的磁阻之和。然氣隙的磁阻是固定不變的，但鐵磁路的磁阻是隨磁場電流I_f所產生的磁通密度而變化的。因此電勢E將隨磁場電流I_f及磁阻$\mathcal{R}$而變動。所以，電勢E與磁場電流I_f的關係並不是直線變化，如圖 5-66(a)所示爲典型的無載特性曲線。因磁路內有剩磁，其電勢E並不由零值開始，則最初值比零略大。圖中之前一段是直線變化，此係鐵心在未飽和時，其磁阻甚小，因此將磁路內的磁阻視爲氣隙的磁阻之故。當鐵心開始飽和，則呈彎曲狀，故此曲線又稱爲飽和曲線(saturation curve)。又磁場電流與電勢之關係可改用磁勢(安-匝)與磁通(每極磁通量)之關係來表示，如圖 5-66(b)所示，因此又叫磁化曲線(magnetization curve)。在圖中之正切於曲線較低部份的直線是爲氣隙線(air-gap line)，用來指示克服氣隙磁阻所需最接近的磁勢。

如圖 5-67 所示爲求取無載飽和曲線的接線圖，不論那一類型之發電機都必須改爲他激式，也就是說，磁場的激磁必須由另外的直流電源來供應。其求做的步驟爲：

(1) 藉原動機將發電機驅動於額定速率下旋轉。

(2) 磁場電流I_f自零逐次增加，一直至感應電勢爲額定值以上，然後再逐次遞減磁場電流至零。並且記錄每次的讀值。

(3) 根據所得的數據，以場電流I_f爲橫座標，而電勢E爲縱座標，繪出如圖 5-68 所示的曲線圖。

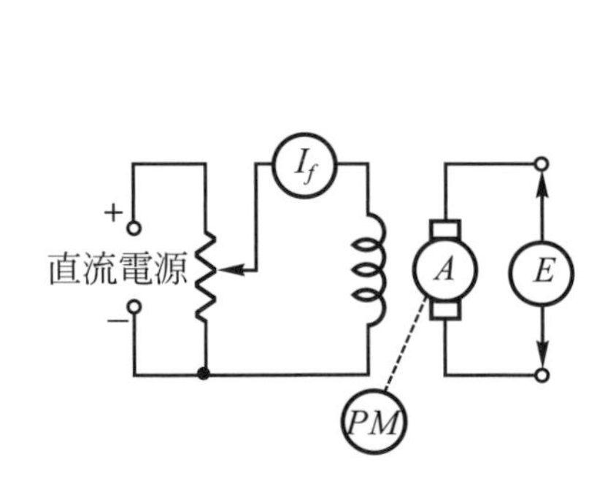

圖 5-67　無載飽和曲線的接線圖

圖 5-68　無載飽和曲線

由圖 5-68 所示的無載飽和曲線知曉，當激磁電流增加時，感應電勢亦增加。當電勢增加的速度到達c點後，由於鐵心開始飽和，便開始遲緩而最後不再增加，即曲線自c點開始彎曲，而達d點時差不多是一水平直線。又減少磁場電流所求得的曲線與原來上升之曲線路徑不相同，此係由於鐵心中的磁滯現象所引起的。因此，改變場電流應循一定方向調節，如增加則一直增加，如減少則一直減少，不可忽增忽減，以免磁滯現象而引起誤差。

2. 外部特性

當直流發電機在額定速率下，先調整負載及磁場電流，使輸出端電壓與負載電流均爲額定值，然後將磁場電流和速率維持不變，僅改變負載，便可求得端電壓V_t與負載電流I_L間的關係，即爲外部特性(external characteristic)。由於此曲線是變化負載而求得的，故又稱爲負載特性(load characteristic)。而依據其端電壓V_t與負載電流I_L的相對應值所描繪出的曲線，便稱之爲外部特性曲線(external characteristic curve)。

5-9.1 他激式發電機

他激式直流發電機的等效電路，如圖5-69所示。由圖中可以看出，它的電樞電流I_A等於負載電流I_L，即

$$I_A = I_L \tag{5-36}$$

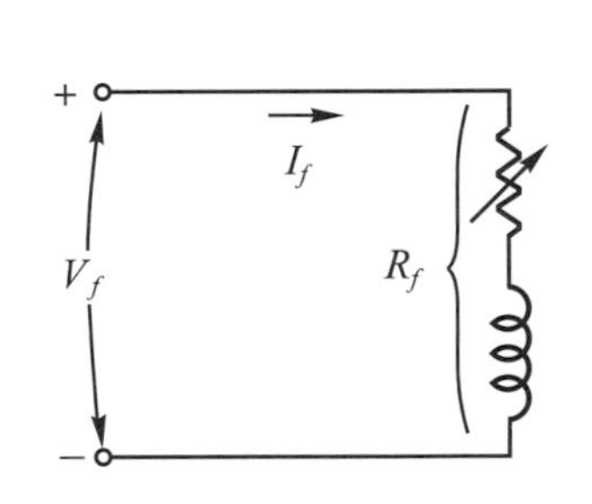

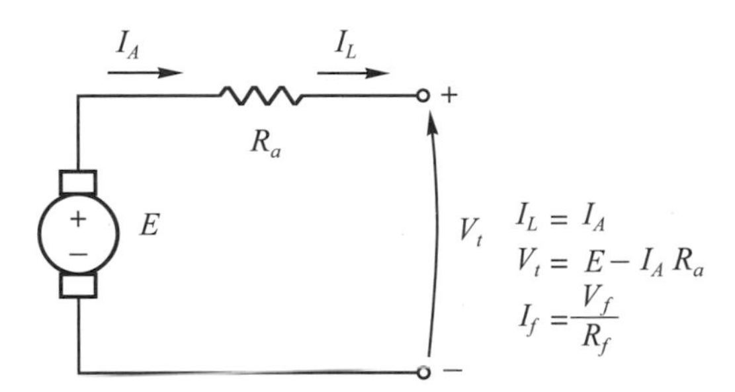

圖5-69 他激式直流發電機的等效電路

1. “電壓-電流”特性

他激式發電機所接之負載增大時，其電樞電阻壓降將令使其端電壓呈直線下降。若電樞電流很大時，則又由於電樞反應的去磁效應而使得電勢E減少，因此端電壓V_t必亦減小，其“電壓-電流”特性如圖5-70所示。圖5-70(a)爲不考慮電樞反應，而圖5-70(b)爲考慮電樞反應之作用。

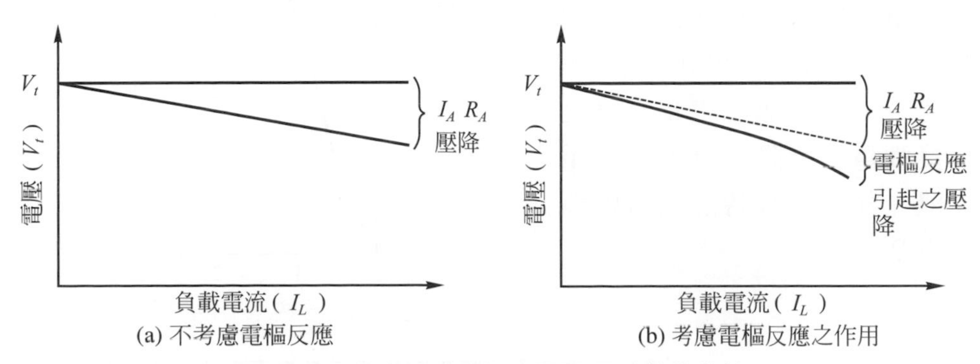

圖5-70 他激式發電機之電壓-電流特性曲線

2. 端電壓的控制

由式(5-9)，$V_t = E - I_A R_a$，則改變電勢E便能達成改變端電壓的大小。又由式(2-90)，$E = K_e \phi n$，知電勢與磁通ϕ及轉速n有關，故他激式發電機之端電壓的控制方法有二：

(1) 改變發電機之驅動速率，也就是改變原動機的速率，當速率增加時，則$E = K\phi n \uparrow$增加，因此$V_t = E\uparrow - I_A R_a$增加。反之，原動機的速率減少時，則端電壓$V_t$必亦減少的。

(2) 改變磁通ϕ，由於$\phi = N_f I_f / \mathcal{R}$，且$I_f = V_t / R_f$，通常是調整場電阻$R_f$來改變磁場電流，以達成磁通的變化。若$R_f$減少，磁場電流$I_f$增加，磁通$\phi$亦增加，使$E = K\phi\uparrow n$增加，同時也使$V_t = E\uparrow - I_A R_a$增加；反之，$R_f$增加，則端電壓$V_t$必是減少。

實際的他激式發電機組之原動機，通常其速率之變化範圍不大，因此，端電壓的控制大多數以改變場電阻來達成的。

3. 用途

他激式發電機具有：①電壓調整範圍寬廣。②電壓變動小。③容易改變發電機之感應勢極性等特點。常用爲理想電壓源或發電廠中交流發電機的激磁機等。

例 5-7

一部 4500 瓦，125 伏，1150rpm 之他激式直流發電機，其電樞電阻爲0.37歐姆。當此發電機在額定轉速旋轉時，其無載飽和曲線如圖 5-71 所示。調整磁場變阻器使磁場電流爲 2 安培，同時使此電機之轉速維持在1000rpm，若不考慮電樞反應及電刷之接觸電阻壓降，試求該發電機在額定負載時之端電壓多少？

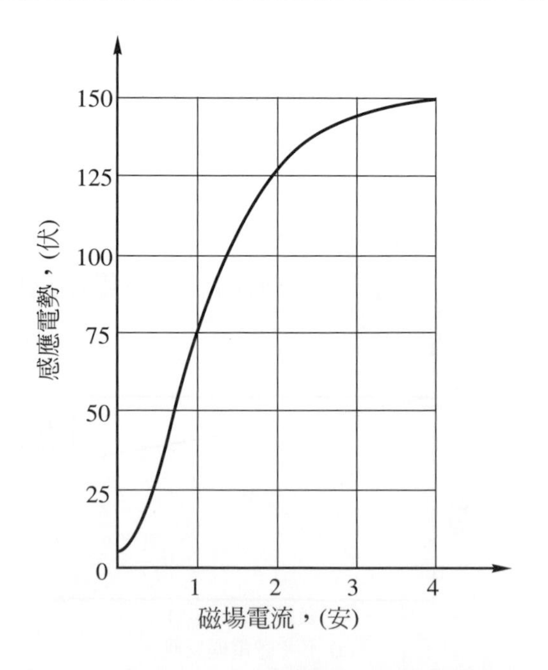

圖 5-71 例 5-7之直流發電機的無載飽和曲線

解

由圖 5-71 之無載飽和曲線查得，當I_f＝ 2 安且轉速為額定轉速時之電勢E＝ 126 伏。當場電流I_f維持不變，由式(5-34)，得

$$E = 126 \times \frac{1000}{1150} = 109 \ [\text{伏}]$$

額定電流I_L為

$$I_L = \frac{4500}{125} = 36 \ [\text{安}]$$

由式(5-9)，得

$$V_t = E - I_A R_a$$
$$= 109 - 36 \times 0.37 = 95.7 \ [\text{伏}]$$

5-9.2 分激式發電機

分激式發電機不需另外的磁場電源，是由其本身之感應電勢來供應與維持，如下以磁場電阻線、電壓之建立及其特性曲線來說明。

1. 磁場電阻線

直流分激式發電機之激磁電路(激磁繞組與場變阻器)是與電樞電路接成並聯，如圖 5-72 所示，因此激磁電路內之電流I_f是受電樞端電壓V_a之影響，設激磁電路之電阻爲R_f(包括場變阻器)，由歐姆定律可得

$$R_f = \frac{V_f}{I_f} = \frac{V_a}{I_f} \tag{5-37}$$

由式(5-37)知，如場電阻R_f值爲一定時，那麼端電壓與場電流成一直線之關係，以電壓爲縱座標，磁場電流爲橫座標，則得一經過原點之直線，如圖 5-73 所示。若電樞端電壓不變，當電阻愈大，則電流I_f愈小，即場電阻愈大，直線的斜率(slope)愈大；反之，場電阻愈小，則斜率愈小。這“$V_f - I_f$”曲線，便稱爲磁場電阻線(fild resistance line)。

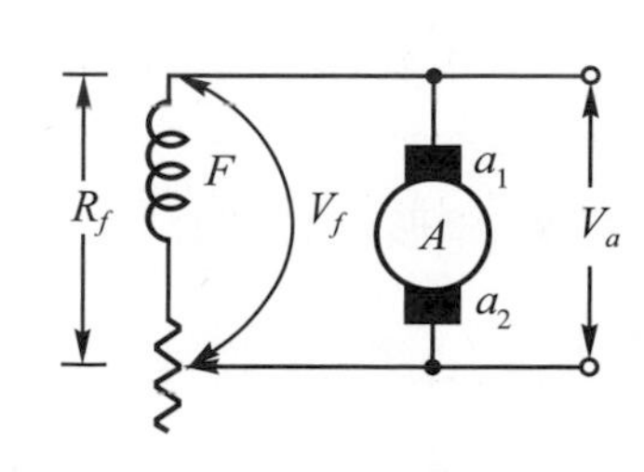

圖 5-72　分激式發電機之接法

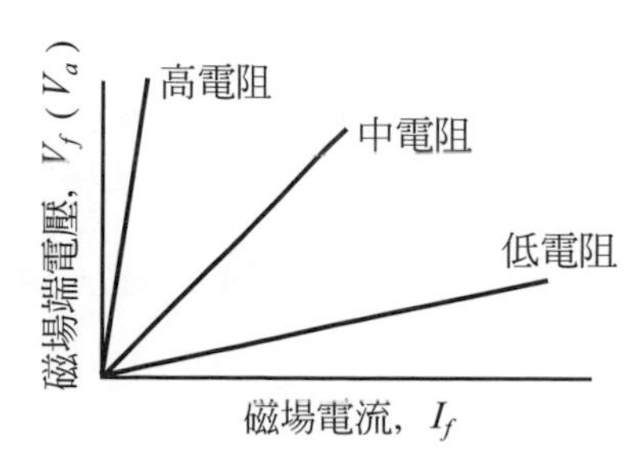

圖 5-73　磁場電阻線

2. 飽和曲線和電壓建立

分激式發電機的飽和曲線必須以他激式來求得，其原因有二：

⑴ 若磁場爲分激時，則場電流通過電樞電阻而會產生降壓，於是伏特表所指示者係爲端電壓，而非感應電勢，雖誤差不大，但亦不能忽視。

⑵ 磁場電流與感應電勢互爲影響：若調整磁場電流，以變動電勢，則電勢改變又使場電流隨之變動，而將無法調整場電流至某一定值。

雖然用他激式求得之飽和曲線與分激之飽和曲線略有差異，但因激磁電流甚小，電樞電阻亦小，電樞電阻之壓降可忽略而不考慮，故可視作與他激式之飽和曲線相同。

分激式發電機係藉其所產生的電勢來激磁，關於它的電壓建立之過程，如圖 5-74 所示，茲分述如下：

⑴ 設發電機自靜止起動。於靜止時，雖有剩磁，但電樞繞組不旋轉，而導體不切割磁通，故無電勢產生。

⑵ 當原動機驅動電樞旋轉至額定轉速時，且維持不變，由於主磁極有剩磁作用，因此電樞繞組切割磁通，感應一小量的電勢E_1。

⑶ 電勢E_1跨接於激磁電路上，由圖 5-74 得知場電流$I_f = I_1$將通行於場電路。

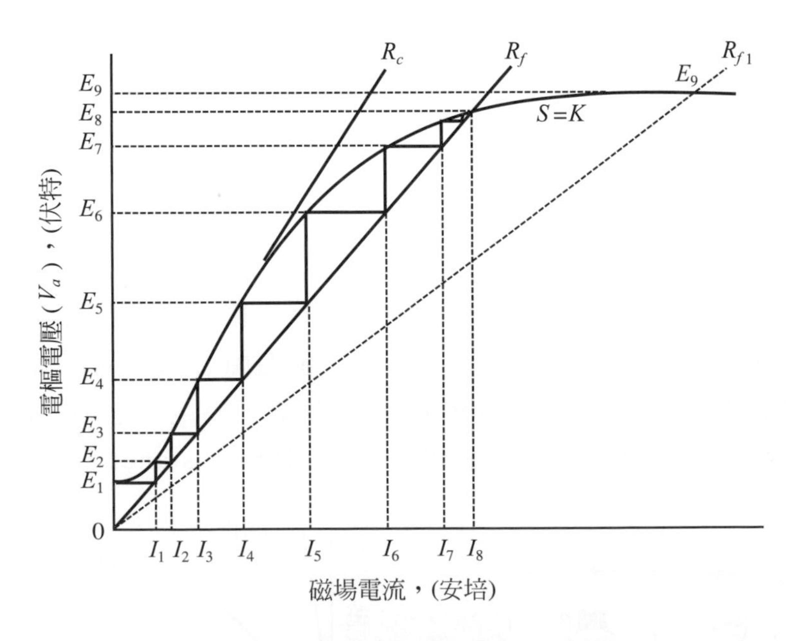

圖 5-74　分激式發電機之電壓建立情形

⑷ 若發電機之場電路中通過電流I_1時，則每極之磁勢($I_1 N_f$)即增加，設磁勢的方向與剩磁的方向相同，則感應電勢增大至E_2。

⑸ 激磁電路兩端的電壓，自E_1增大至E_2，所以場電路中的激磁電流亦增大至I_2。

⑹ 由於激磁電流I_2，則有一較大之磁勢$I_2 N_f$，使產生感應電勢E_3。

⑺ 電勢E_3在場電路中又產生激磁電流I_3，由I_3產生電勢E_4；再由E_4又在場電路中產生激磁電流I_4，I_4產生電勢E_5……；如此繼續循環作用，直到電勢最大值而停止，如圖 5-74 中之E_8。

⑻ 上述激磁電流與感應電勢之相應彼此作用，一直至磁化曲線和場電阻線相交之點而停止；即在此點時激磁電流I_8與場電阻R_f所形成的電阻壓降正好與電樞感應電勢E_8相等，而達平衡狀態。

若改變場變阻器使場電阻值減少，如圖 5-74 中之R_{f1}，則其電勢將上升至E_9而停止。相反的，若場電阻增加，那麼場阻線之斜率較R_f者為高，其與磁化曲線相交點較低，故穩定後之電壓較低。

設場電阻不斷增加時，其斜率漸增，至與磁化曲線直線部份相切時之場電阻，如圖 5-74 中之R_c，由於此場電阻R_c值仍然還能夠產生感應電勢。若再增時，因場電阻太高，在磁場電路中的激磁電流差不多等於零，因此不產生感應電勢，而這場電阻R_c便稱為臨界場電阻(critical field resistance)。故場電阻值比臨界場電阻大時，電壓便無法建立，反之，場電阻值較臨界場電阻小時，電壓必能建立。

茲由上所述，直流分激式發電機欲建立電壓，則需滿足下列條件：

⑴ 發電機的磁極中，要有足夠的剩磁。

⑵ 發電機轉動時，由剩磁產生的電勢加於場繞組兩端，所產生的磁通，其方向應與剩磁方向相同。

⑶ 在一定速率下，場電阻必須小於臨界場電阻。

⑷ 在一定場電阻下，速率不可太低。

⑸ 發電機的旋轉方向或磁場電流方向與剩磁方向，必須正確。如圖 5-75 所示為轉向或磁場電流與剩磁之關係，圖(a)為正確情形，能夠建立電壓，而圖(b)及圖(c)為錯誤情形，因產生之磁通與剩磁方向相反，則彼此抵消，故無法建立電壓。

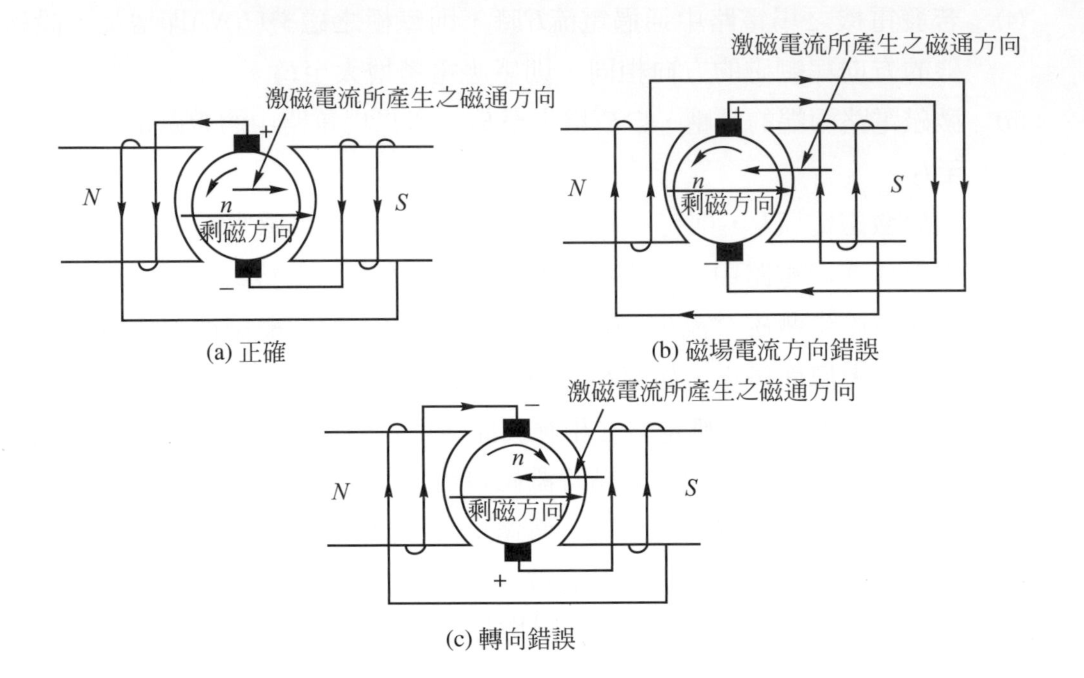

圖 5-75　旋轉方向、磁場電流與剩磁之關係

直流分激式發電機電壓建立失敗的原因有：

(1) 場電阻大於臨界場電阻。
(2) 電刷與換向片之間接觸不良。
(3) 電機久置不用，或受振動等失去剩磁或剩磁太弱。
(4) 電樞旋轉方向不對，使氣隙中之磁通量減小。
(5) 場可變電阻器斷路或接續不良。
(6) 電樞繞組斷路。
(7) 轉速太低。
(8) 電刷位置離中性面太遠。
(9) 場電路與電樞電路接錯，而將剩磁抵消了。
(10) 電樞或磁場繞組短路。

3. 外部特性曲線

分激式發電機如圖 5-76 所示連接，在額定轉速下，調整負載與磁場電流，使輸出端電壓與負載電流均為額定值，然後磁場電流I_f與轉速n維持不變，僅改變負載，能夠求得其外部特性曲線，如圖 5-77 所示。

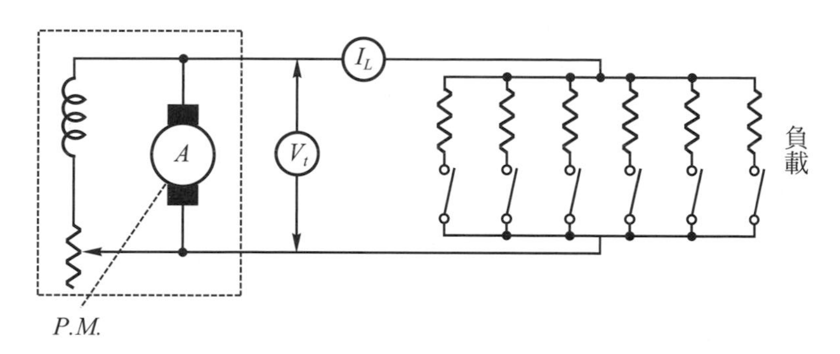

圖 5-76　分激式發電機與負載之連接

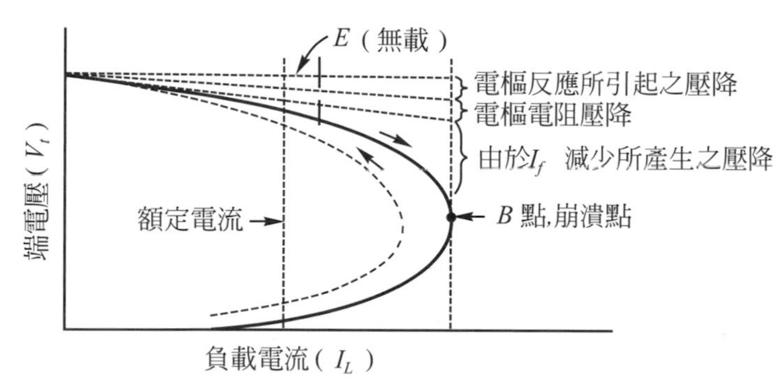

圖 5-77　分激式發電機之外部特性曲線

從圖 5-77 中之外部特性曲線能夠瞭解發電機在額定轉速下，當負載增加，其端電壓必下降，此端電壓降低的原因爲：

(1) 由於電樞過阻之壓降，而使端電壓降低。

(2) 每極磁通量因電樞反應之去磁效應而減少。

(3) 激磁電流$I_f=\dfrac{V_f}{R_f}$，而R_f是分激磁場電路的定電阻。

當負載增加，則$I_A R_a$壓降增大，電樞反應之去磁效應使電勢減少，因此端電壓下降，致使激磁電流減少，磁通ϕ減少，使$E=K_e\phi\downarrow n$減少，同時也使$V_t=E\downarrow-I_a R_a$減少。

激磁電流I_f、電勢E及端電壓V_t三者彼此相互影響，而互爲因果循環。倘若負載太大，將使端電壓V_t下降至B點位置，如負載繼續增加，則曲線超過B點便開始急速下降，B點爲分激式發電機之崩潰點(break-down point)。從此點開始，端電壓便開始崩潰，並且負載電流也反而減少，不堪勝任。若負載再加重，則其電壓頃刻降低至零，此時磁場當然不會受到激勵；惟一能在捷路中流通的電流是由剩磁電壓所產生的。又當負載慢慢移去時，因鐵心中之磁滯作用，其電壓循另一曲線上升，且略低於原來下降之曲線，如圖 5-77 中虛線所示。

4. 用途

分激式發電機，從零載到滿載間，比他激式發電機具有較大的電壓變動，並具有下垂的外部特性，而在一定的電壓調整範圍內能獲得穩定的電壓，一般廣泛被採用於：

(1) 一般直流電源用。
(2) 蓄電池充電。
(3) 交流發電機之激磁機。
(4) 短距離的直流供電。

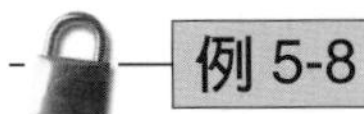

例 5-8

一部 20 仟瓦，200 伏分激式發電機之電樞電阻爲 0.07 歐姆，其分激場電阻爲 200 歐姆，若不考慮電樞反應、電刷接觸壓降及場電流之效應時，試求在額定時：

(1)感應電勢多少？

(2)電樞所產生之電功率爲多少？

解

額定電流I_L為

$$I_L = \frac{20\times10^3}{200} = 100\ [安]$$

磁場電流I_f為

$$I_f = \frac{V_t}{R_f} = \frac{200}{200} = 1\ [安]$$

電樞電流I_A為

$$I_A = I_L + I_f = 100 + 1 = 101\ [安]$$

(1)該發電機於額定時之感應電勢E為

$$E = V_t + I_A R_a = 200 + 101\times0.07 = 207.07\ [伏]$$

(2)電樞所產生之電功率為

$$P = EI_A = 207.07\times101 = 20914\ [瓦]$$

5-9.3 串激式發電機

串激式發電機因其串激繞組與電樞繞組接成串聯，是以負載電流來激磁，當無載時，其激磁電流爲零，則無感應電壓產生。因此欲求它的無載飽和特性曲線，必須把串激繞組從電樞電路中拆開，而改用他激式方式求取之，故其特性曲線與他激式發電機者相同。

如圖 5-78(a)所示，當串激式發電機接上負載後，磁場迅速增強使感應電勢增大，故輸出端電壓爲

$$V_t = E - I_A R_a - I_A R_s = E - I_A(R_a + R_s) \tag{5-38}$$

如圖 5-78(b)所示爲典型串激式發電機的外部特性曲線，起初感應電勢E增加的速率較$I_A(R_a + R_s)$快，因此V_t隨負載的增加而上升。當磁路趨近飽和時，感應電勢E近似於常數，而$I_A(R_a + R_s)$的壓降仍繼續增加。並且此時電樞反應的去磁效應相當大，故令使端電壓下降。

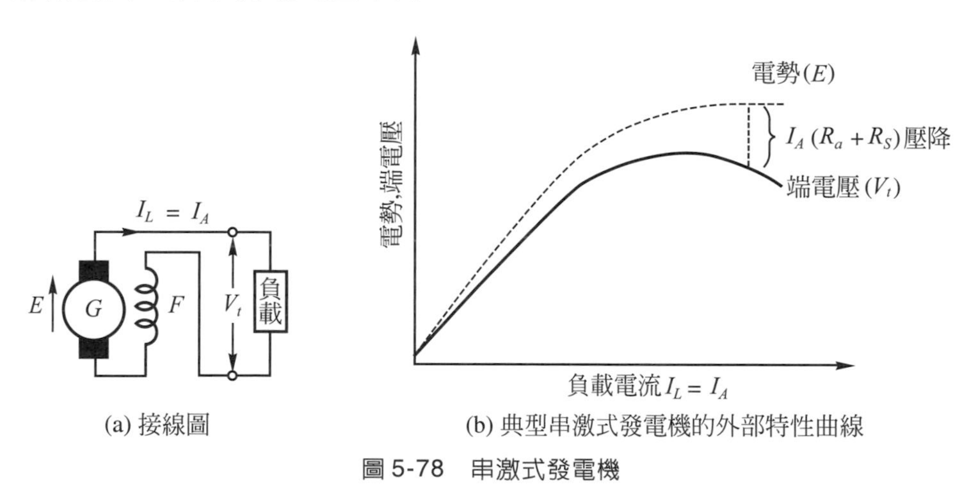

(a) 接線圖　(b) 典型串激式發電機的外部特性曲線

圖 5-78　串激式發電機

串激式發電機因負載所引起之電壓變動非常大，僅用於能適用這種陡峭特性曲線的設備，因而使用於：

1. 當作升壓機(booster)，插入於長距離配電線以保持電壓於一定。如電化鐵路配電系統之補償線路壓降。
2. 電焊機：當電焊機使用的串激式發電機都設計成有很大的電樞反應，使得其特性曲線如圖 5-79 所示。當電焊機的兩電極在焊接前先接觸時，這時有很大的電流通過，而兩極分開時發電機的電壓很快上升，使兩極間產生電弧，以便供焊接使用，故仍保持著很大的電流。

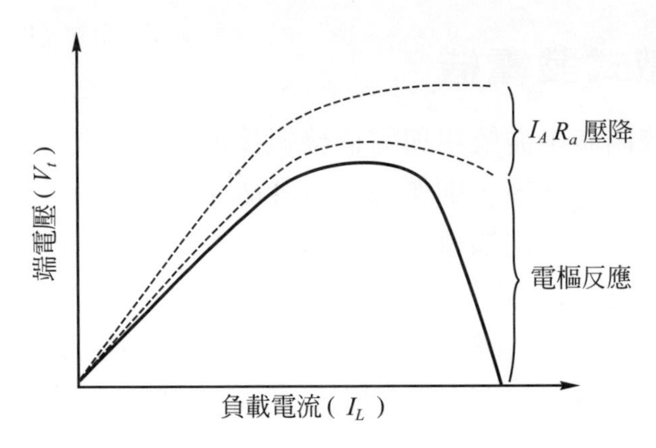

圖 5-79 電焊機用串激式發電機之特性曲線

例 5-9

有一直流串激式發電機，其電樞繞組及串激繞組之電阻均爲 0.1 歐，磁路未飽和，電樞反應不計，當負載電流 50 安時，端電壓 100 伏，試問負載電流 70 安時，但轉速維持不變，試求端電壓爲多少？

解

當負載電流 50 安時，該串激式發電機之電勢E為

$$E = V_t + I_A(R_a + R_s) = 100 + 50\times(0.1 + 0.1)$$
$$= 110\ [\text{伏}]$$

負載電流 70 安時，設其磁通量為ϕ_s'，而在 50 安負載電流之磁通量為ϕ_s，由$E = K\phi n$，則電勢為

$$E' = E\cdot\frac{\phi_s'}{\phi_s} = E\cdot\frac{I_A'}{I_A}$$

$$E' = 110\cdot\frac{70}{50} = 154\ [\text{V}]$$

故負載電流 70 安時，端電壓為：

$$V_t = E' - I_A(R_a + R_s)$$
$$= 154 - 70\times(0.1 + 0.1) = 140\ [\text{伏}]$$

5-9.4 複激式發電機

複激式發電機如前所述，由於特性的不同，分爲積複激式與差複激式兩種。

1. 積複激式直流發電機

此型電機系具有分激繞組與串激繞組的直流發電機，並且兩繞組所產生的磁勢均爲同方向，因此，其淨磁勢F_{net}爲

$$F_{\text{net}} = F_h + F_s - F_{AR} \tag{5-39}$$

式中 F_h：分激繞組所產生的磁勢

F_s：串激繞組所產生的磁勢

F_{AR}：電樞反應之去磁效應的磁勢

積複激式直流發電機在設計製造時，其串激繞組之匝數多寡不同，將產生下面三種特性之發電機。

(1) 串激繞組的匝數很少時，則串激磁場的效應，無法彌補電樞電阻及電樞反應之去磁效應所引起的壓降，故端電壓便如同分激式發電機一樣隨負載增加而減少，但下降率較小。此型電機，其滿載端電壓比無載端電壓低，是爲欠複激式發電機(under-compound generator)。

(2) 串激繞組的匝數設計正好使得滿載端電壓與無載端電壓相等。也就是說，由串激繞組之安匝數建立的磁通，其所產生之電勢，恰好完全與$I_A R_a$及去磁效應所引起的壓降相抵消。此型電機是爲平複激式發電機(flatcompound generator)。

(3) 串激繞組的匝數設計很多時，則串激磁場之感應電勢較所有壓降要大，結果使滿載端電壓比無載端電壓高。此型就是過複激式發電機(overcompound generator)。

上述三種不同積複式發電機中，選取過複激式者如圖 5-80 所示接線圖，以一變阻器跨接在串激繞組之兩端，使成爲分流器。如果變阻器R_d之電阻調得很小，則大部份的電流將流經R_d，發電機就成爲欠複激；若變阻器R_d之電阻調得很大，則大部份的電流將流經串激繞組，發電機就成爲過複激。只要適當的調整變阻器R_d電阻，使滿載與無載之端電壓相等，就是平複激。故此型發電機具有如圖 5-81 所示不同的三種特性曲線。

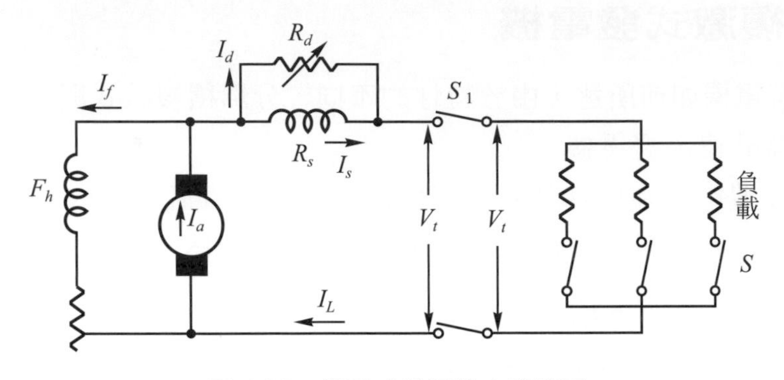

圖 5-80　複激式發電機之接線圖

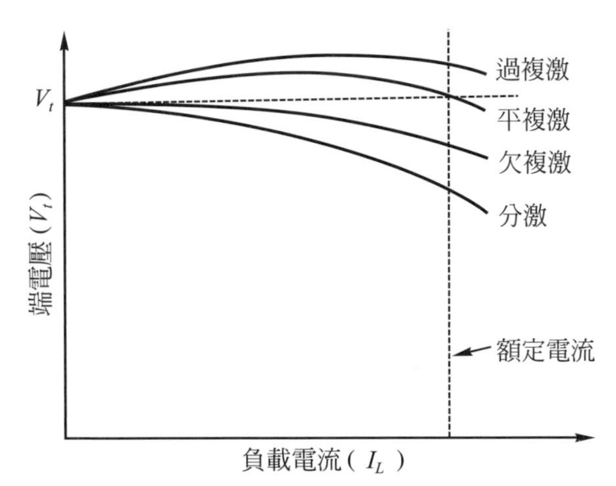

圖 5-81　積複激式發電機的外部特性曲線

2. 差複激式直流發電機

此型發電機與積複激式之差別，是兩繞組所產生之磁勢的方向正好相反，故其淨磁勢F_{net}爲

$$F_{\text{net}} = F_h - F_s - F_{AR} \tag{5-40}$$

當差複激式發電機接上負載後，若負載電流I_L增加，則由於串激磁場的效應，使得總磁通隨著負載的增加而大量減少，因此，其感應電勢和端電壓亦隨著負載增加而快速的下降。其端電壓的下降率較分激式發電機更大，如圖 5-82 所示。

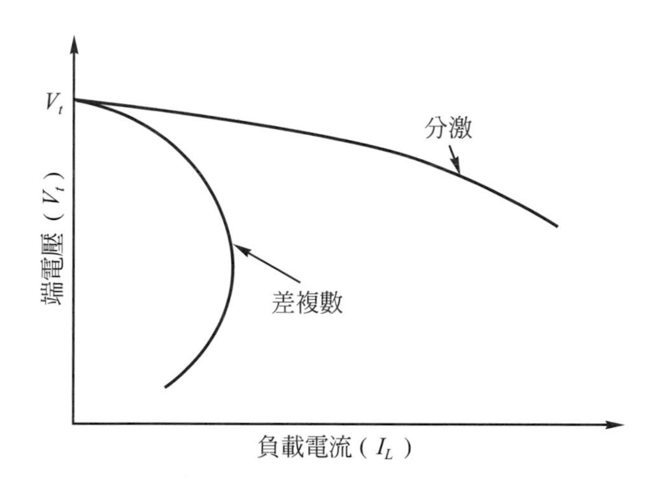

圖 5-82　差複激式發電機的外部特性曲線

3. 用途

平複激式及欠複激式發電機一般直流電源用，或當激磁機用。過複激式發電機適用於礦坑或電車等之電源。差複激式發電機適用於電焊機或充電機之電源。

例 5-10

一積複激式發電機，其負載電流爲 150 安，端電壓爲 200 伏，分激磁場電流爲 2.5 安，電樞繞組的電阻爲 0.032 歐，串激繞組的電阻爲 0.015 歐，變阻器爲 0.03 歐，不考慮電樞反應之去磁效應及電刷接觸壓降，試求

⑴電樞之感應電勢爲多少？

⑵產生之總功率爲若干？

解

⑴串激繞組與變阻器之並聯等值電阻R為

$$R=\frac{R_s\cdot R_d}{R_s+R_d}=\frac{0.015\times0.03}{0.015+0.03}=0.01\ [歐]$$

串激繞組兩端之壓降$=RI_L=0.01\times150=1.5$ [伏]

$$I_A=I_L+I_f=150+2.5=152.5\ [安]$$

$$E=V_t+I_AR_a+RI_L=200+152.5\times0.032+1.5$$

$$=206.38\ [伏]$$

⑵設總功率為P，則

$$P = EI_A = 206.38 \times 152.5 = 31472.95 \text{ [瓦]}$$

例 5-11

有一 440 伏，115 安之長分路複激式發電機，在其額定下運轉，設該電機之電路參數爲：電樞電阻$R_a = 0.016$ 歐，分激電路之電阻$R_f = 80$ 歐，串激繞組之電阻$R_s = 0.018$ 歐，中間極繞組之電阻$R_i = 0.01$ 歐，電刷壓降$V_B = 1.7$ 伏。試求此發電機之電勢爲多少？

解

$$I_f = \frac{V_t}{R_f} = \frac{440}{80} = 5.5 \text{ [安]}$$

$$I_A = I_L + I_f = 115 + 5.5 = 120.5 \text{ [安]}$$

由於長分路複激式發電機之電樞係先與中間極之繞組、串激繞組串聯後，再與分激繞組並聯，故電勢為

$$E = V_t + V_B + I_A(R_a + R_i + R_s)$$
$$= 400 + 1.7 + 120.5 \times (0.016 + 0.01 + 0.018)$$
$$= 447 \text{ [伏]}$$

例 5-12

有一短分路複激式發電機，分激繞組之電阻爲 84 歐，串激繞組之電阻爲 0.004 歐，電樞電阻爲 0.025 歐，端電壓爲 100 伏，若負載電流爲 200 安培，試求：

⑴分激磁場電流爲若干？

⑵電樞電流爲多少？

⑶分激磁場及串激磁場之消耗功率爲多少？

⑷感應電勢爲若干？

解

$$V_a = V_t + I_s R_s$$

$= 100 + 200 \times 0.004 = 100.8$ [伏]

(1)分激磁場電流 $I_f = \dfrac{100.8}{84} = 1.2$ [安]

(2)電樞電流 $I_A = I_L + I_f = 200 + 1.2 = 201.2$ [安]

(3)分激磁場消耗功率 $P_f = I_f^2 R_f = (1.2)^2 \times 84 = 120.96$ [瓦]

串激磁場消耗功率 $P_s = I_s^2 R_s = (200)^2 \times 0.004 = 160$ [瓦]

(4)感應電勢 $E = V_t + I_L R_s + I_A R_a$

$= 100 + 200 \times 0.004 + 201.2 \times 0.025$

$= 105.83$ [伏]

5-9.5 直流發電機的並聯運用

當某一部直流激發電機在正常運轉中，由於①運轉之時間過長，②負載不斷的增加，而有不勝負擔之感時，則必須加入其他發電機，實施並聯運用，以共同供應負載。

多機並聯運用較單機運轉之優點：

1. 運轉效率高

   因發電機在運轉之效率，通常設計於接近滿載時爲最高，而輕載時效率甚低。故採用並聯運用時，當負載較大時以二部以上之電機並聯同時運轉，輕載時只以一部電機運轉，如此可提高運轉之效率。

2. 單機容量之限制

   直流發電機因換向問題，無法獲得很高之電壓與大電流；當對付大容量負載時，勢必採用並聯運用。

3. 備用發電機容量減小

   爲避免發電機因故障而停電，須預置備用發電機。當採用並聯運用時，則每一部發電機的容量可相對的減少，並且不可能所有發電機同時發生故障，所以預置備用的發電機容量可減小。

兩部以上分激式發電機並聯供電時，其並聯運用應具備之條件爲：

(1) 額定電壓相等。

(2) 電壓的極性要相同。

(3) 負載分配要適當。

(4) 外部特性曲線相同，並具有相同下垂特性。

分激式發電機的並聯運用敘述如下：

如圖 5-83 所示，為兩發電機及一負載之連接，假定發電機G_1正處於運轉中，且供電給負載，發電機端電壓的極性如圖中所示。裝設之開關是作為切換及發生事故之保護用，所接之電表是用來指示發電機輸出的電壓及電流。

當發電機G_2要加入運轉以分擔負載時，其操作方法為：

1. 起動發電機G_2，並調整端電壓使與負載端之電壓相同。
2. 測定電壓之極性，同極性者相連接。
3. 將開關S_2關上，使發電機G_2加入並聯行列，此時G_2發電機尚無電流流出。

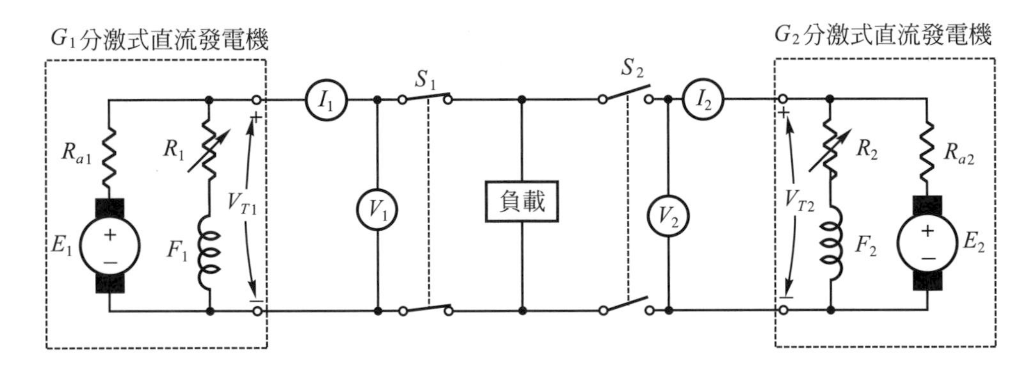

圖 5-83 兩分激式直流發電機之並聯運用

4. 調節G_2發電機電壓，使升高數伏，而負擔一部份負載。
5. 調節G_1發電機磁場變阻器，使R_1增大，則G_1發電機之場電流略微減少，使其端電壓略降以恢復原來負載時之端電壓。
6. 如 4.及 5.之方法反覆調整，使G_1及G_2發電機分擔適當之負載。

設並聯運用的兩發電機具有相同的端電壓及特性曲線，如圖 5-84(a)所示，將它們的特性曲線背靠背的繪在同一縱軸上。當負載電壓維持不變時，G_1發電機的輸出電流為I_1，而G_2發電機的輸出電流為I_2，則負載的輸入電流I_L為

$$I_L = I_1 + I_2 \tag{5-41}$$

如將G_1發電機的轉速或磁場電流增加則G_1的特性曲線將往上移，且系統的端電壓升高，如圖 5-84(b)所示，使得G_1發電機供應較多的功率給負載。如此，調整G_1或G_2發電機的端電壓，可以改變系統的端電壓，同時也能夠改變兩部發電機的輸出功率分配。

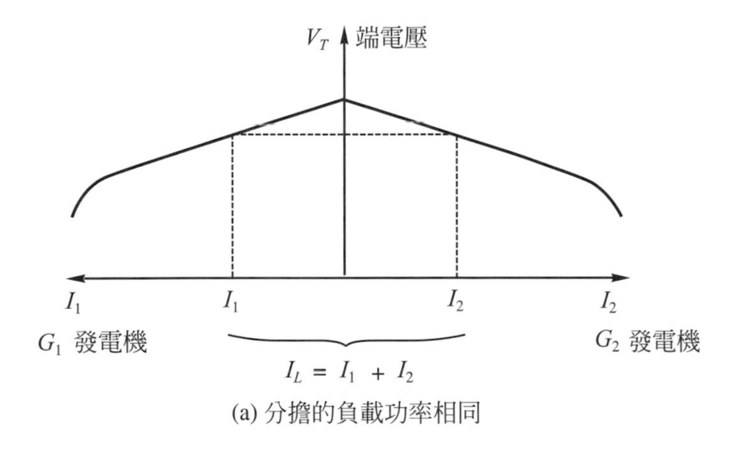

(a) 分擔的負載功率相同

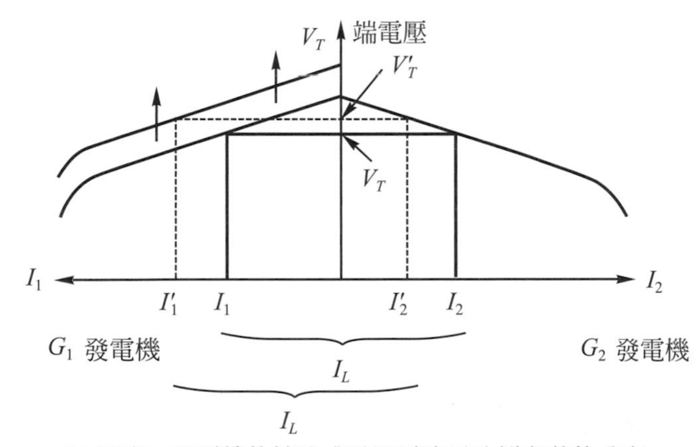

(b) 提高G_1發電機的轉速或磁場電流以改變負載的分配

圖 5-84　兩部發電機並聯運用之負載功率分配情形

例 5-13

以二部 50 仟瓦，250 伏分激式發電機並聯使用，在無載時兩發電機的電壓均爲250伏，若G_1發電機單獨使用，其滿載端電壓降至242伏，若G_2發電機單獨使用，則降至238伏，而總負載電流爲360安，試求在並聯運用時，每一發電機供應之功率多少？

解

G_1發電機單獨使用時 $V_t = E - I_1 R_{a1}$

$$\text{額定電流 } I_1 = \frac{50\times10^3}{250} = 200 \text{ [安]}$$

$$242 = 250 - R_{a1}\times200$$

$\therefore\ R_{a1}=\dfrac{250-242}{200}=0.04$ [歐姆]

G_2發電機單獨使用時　　額定電流 $I_2=\dfrac{50\times10^3}{250}=200$ [安]

$238=250-R_{a2}\times200$

$\therefore\ R_{a2}=\dfrac{250-238}{200}=0.06$ [歐姆]

二機並聯運用時，則

$I_1R_{a1}=I_2R_{a2}$；$2I_1=3I_2$……………①

又　$I_1+I_2=360$…………………………②

解得：$I_1=216$[安]，$I_2=144$[安]

並聯運用時端電壓$V_t=E-I_1R_{a1}=250-216\times0.04$

$=241.36$ [伏]

G_1發電機供應之功率$P_1=241.36\times216=52.13$ [仟瓦]

G_2發電機供應之功率$P_2=241.36\times144=34.76$ [仟瓦]

由上面計算結果知，G_1發電機所分擔之負載功率超過其額定，故知其負載分配甚不理想。

5-10　電壓調整率

電壓調整率(voltage regulation)或稱爲電壓變動率，係指發電機供應負載時，其端電壓變化程度。其係發電機在額定轉速下，無載時與額定負載時之輸出端電壓之差，以額定負載時的輸出端電壓除得之百分數表示。

設V_{NL}爲無載時端電壓，V_{FL}爲滿載時端電壓，則電壓調整率(VR)爲

$$\text{VR}[\%]=\frac{V_{NL}-V_{FL}}{V_{FL}}\times100\,\% \tag{5-42}$$

式(5-42)係發電機轉速維持不變者，又稱爲固定電壓調整率。若轉速也變動時，即包含轉速變化的調整率稱爲綜合電壓調整率。但不管是那一種電壓調整率，其值均爲愈小愈佳。

至於判斷一部發電機電壓調整率的良劣，必須依據該發電機的用途而定。如定電壓配電用的發電機，其用電的地方距離發電機很近，則發電機的電壓調整率以接近零者為最理想；若用電的地方距離發電機很遠，則為彌補輸電線路的壓降，須選用有適當的負值電壓調整率的過複激式發電機。而作為電弧焊接電源的發電機，則應採用有適當的正值電壓調整率的差複激式發電機。當串聯於輸電線中間以作為補償線路的電壓降時，則應採用有 100 %負值適當規格的串激式發電機。

例 5-14

有一分激發電機之滿載電壓為 200 伏，負載移去後，其電壓升至 205 伏，試問該發電機之電壓調整率為多少？

解

由(5-42)式

$$VR=\frac{V_{NL}-V_{FL}}{V_{FL}}\times 100\ \%$$

$$=\frac{205-200}{200}\times 100\ \%=2.5\ \%$$

例 5-15

有一部250伏、40仟瓦的直流他激式發電機，其電樞電阻為0.08歐姆。若電樞反應之去磁效應及電刷間壓降均省略不計，試求此發電機的電壓調整率為若干？

解

發電機的額定電流 $I_A-\frac{40\times 1000}{250}=160$ [安]

發電機的感應電勢

$$E=V_t+I_AR_a=250+160\times 0.08=262.8\ [伏]$$

$$VR=\frac{V_{NL}-V_{FL}}{V_{FL}}\times 100\ \%=\frac{262.8-250}{250}\times 100\ \%=5.12\ \%$$

5-11 直流電動機之特性

討論電動機特性之意義，乃在明瞭電動機之轉速、轉矩及輸入電流三者間之關係。而直流電動機之特性中較爲重要者有轉速特性(speed characteristic)和轉矩特性(torque characteristic)兩種。

1. 轉速特性

   轉速特性係端電壓保持爲一定值，負載電流I_L與轉速n的關係。即將電動機接於額定電壓的直流電源，調節電動機的機械負載與激磁，使電動機達到額定轉速及滿載電流後，維持端電壓及激磁電流不變，而逐次變動負載，則由所得之負載電流各值與所對應之轉速各值，繪成曲線，此曲線便稱爲「轉速特性曲線」。

2. 轉矩特性

   轉矩特性係指端電壓維持不變，負載電流I_L與轉矩T的關係。又由各負載電流與相對應的轉矩各值，繪成的曲線，稱爲「轉矩特性曲線」。

5-11.1 他激式電動機之特性

1. 速率特性

   由直流電動機之速率公式(5-13)可寫爲

$$n=\frac{V_t}{K\phi}-\frac{I_A R_a}{K\phi} \tag{5-43}$$

在他激式電動機內，其磁場係由另一獨立電源供給的，故若設此磁場及外加電壓V_t維持不變，且常數(K)與電樞電阻(R_a)亦不變，則式(5-43)中唯一的變量是電樞電流I_A。當負載增加則電樞電流增大，使式(5-43)分子變小，因分母不變，故速率降低，如圖 5-85 所示。因電樞電阻壓降($I_A R_a$)值通常爲電源電壓V_t之 2～6 %，故其速率所減低之百分比亦同，因此他激式電動機之速率，雖隨負載之增加而微降，如圖中實線所示，但仍可認爲係一種恆定速率之機器。

上面所討論的不考慮電樞反應之去磁效應，若有大量的電樞電流，則電樞反應之去磁作用必非常大，速率將隨負載增加而增加，此時因重載時略呈下降之速率可略爲補償，而使速率更趨恆定。

注意，當電動機之激磁電流等於零時，電樞之速率必甚高，其離心力作用會使電機摧毀，故電動機之激磁電路內，絕不能設有保險絲等類之保護設備。

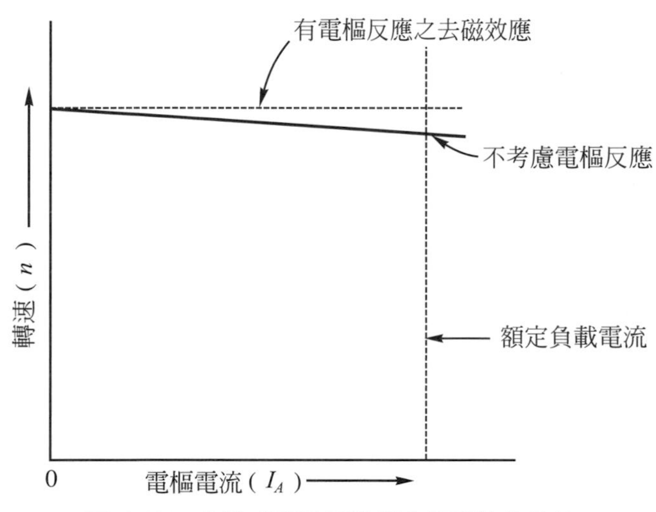

圖 5-85　他激式直流電動機的速率特性曲線

2. 轉矩特性

直流電動機之轉矩，係依式 (5-8) 之關係式而變化，即$T = K_a \cdot \phi \cdot I_A$，在他激式電動機其$K_a$及$\phi$皆不變，其唯一變量爲電樞電流$I_A$，因此在無電樞反應及負載電流較小的情形下，他激式電動機之轉矩係和負載電流成比例增加，即$T \propto I_L$，如圖 5-86 所示。若電樞反應過大，ϕ必微減，轉矩亦隨負載之增加而微減，如圖中虛線所示而非爲一直線。

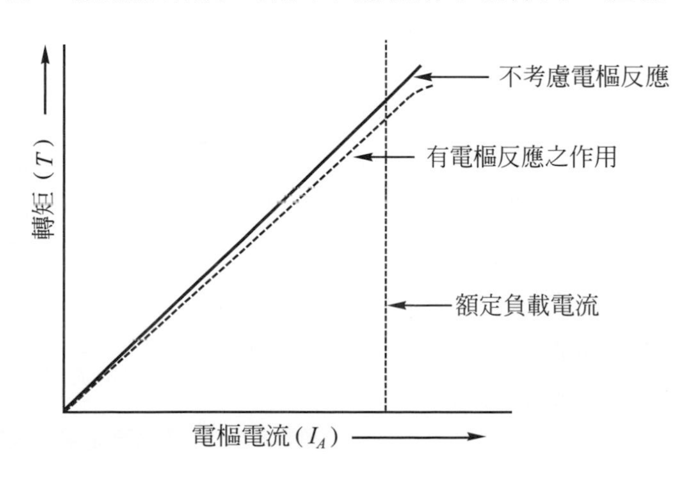

圖 5-86　他激式直流電動機的轉矩特性曲線

3. 用途

他激式電動機之速率可藉調整激磁電流或外加電壓或兩者同時改變，而作廣範圍及精細的調整，故在大型壓縮機和高級之升降機及華德黎翁納德制(ward-leonard system)等控制裝置上的主要電動機，均為運用此類電動機。

5-11.2 分激式電動機之特性

分激式電動機之磁場電路與電樞電路相並聯後，接於同一電源，而且磁場電路內往往串聯一場變阻器，以作為調整磁場電流之用。

無負載時，分激式電動機取用一甚小的電樞電流，來產生一甚小的轉矩，使以一定之速率旋轉。

當負載增加，而使電動機的外施轉矩必須增加時，則電動機內部應有一較大的內生電磁轉矩以應付之。其方法係負載增加時，電動機之轉速立刻減緩。在分激電動機中，因磁通為定值，速率慢，則反電勢E_c降低，使電樞電流遽增，內生電磁轉矩遽增，轉速升高。轉速升高後，反電勢E_c升高，使電樞電流遽減，內生電磁轉矩遽減，轉速減緩，如此繼續循環，直到所得之電樞電流，適足以產生應付負載所需之轉矩時，穩定平衡下來。故負載變動的反應，常促使其輸入的功率隨之變動，以適應之。

1. 速率特性

從電動機的轉速$\left(n=\dfrac{V_t-I_A R_a}{K\phi}\right)$一式知，若分激式電動機外加電源之端電壓均不變時，其轉速的變化，僅電樞電流I_A是唯一變量。當負載增加，則電樞電流I_A增大，使該式分子變小，故轉速下降，如圖5-87實線所示者。因$I_A R_a$通常為外加電壓的2～6％，故其速率所減低的百分比亦同。因此，分激式電動機的速率，雖隨負載之增加而微降，但仍可認為係一種恆定速率的機械。

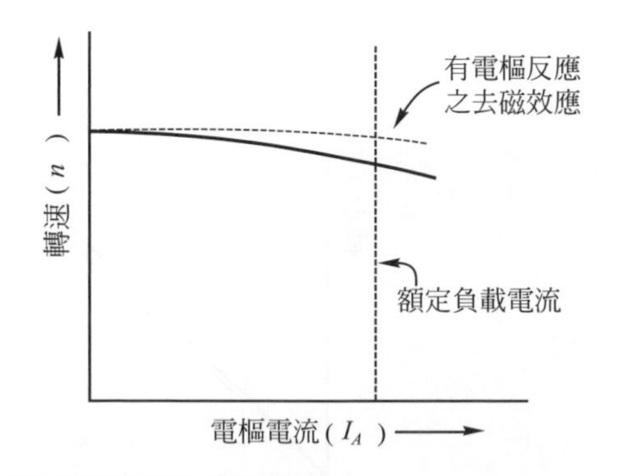

圖5-87　分激式直流電動機的轉速特性曲線

況且電樞反應的去磁效應，將使磁通因負載之增加而微減，由於速率公式內的分子、分母均為減小，使得速率維持不變。如圖5-87中，虛線所示者。有時電樞反應過大，速率反而會隨負載增大而增加。

2. 轉矩特性

倘若線路電壓固定不變，並且亦不考慮電樞反應，則分激式電動機中之磁通ϕ亦是固定不變，所以，電動機所產生的轉矩與電樞電流成正比，故分激式電動機之轉矩特性為一通過原點的直線。如圖5-88之實線所示。但實際上電樞反應的去磁效應仍不可忽略，故磁極的磁通數將減少，而其轉矩特性曲線，如圖5-88中虛線所示。

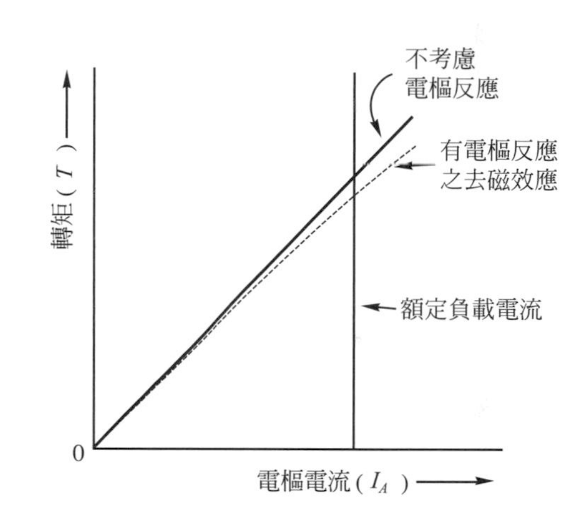

圖5-88　分激式直流電動機的轉矩特性曲線

分激式電動機，有一定的無載速率，若磁場不斷路，雖移去負載，電樞亦不致飛脫。但分激繞組斷線時，則該機變成無激磁狀態，與他激式電動機一樣，其轉速將升到極端的高速。因此，操作時應特別注意。

3. 用途

分激式電動機因有恆速的特性及速率可調節自如，故主要用途可分為定速率用與調節速率用等二種。

定速率用，即用於注重需要速率不變之處所，如車床、鑽床、鼓風機、印刷機等。

調節速率用，即用於需要調變速率之處，如多速鼓風機，可得數種不同風量，以適應環境通風調節之需要。

例 5-16

一部 50 馬力，250 伏，1200rpm，設置有補償繞組的分激式直流電動機，其電樞電阻爲 0.06 歐姆，磁場電路的電阻 50 歐姆。此電動機在無載時轉速爲 1200rpm，而每一磁極的分激繞組爲 1200 匝。試求該電動機：

(1)輸入電流爲 100 安培時的轉速爲多少？

(2)輸入電流爲 200 安培時的轉速爲多少？

解

(1)當$I_L = 100$安培時，電樞電流為

$$I_A = I_L - I_f = I_L - \frac{V_t}{R_f} = 100 - \frac{250}{50} = 95 \text{ [安]}$$

由式(5-9)，得電勢E_2

$$E_2 = V_t - I_A R_a = 250 - 95\times0.06 = 244.3 \text{ [伏]}$$

設$E_1 = 250$伏時，$n_1 = 1200$rpm，則$E_2 = 244.3$伏時，該電動機之轉速n_2為

$$n_2 = \frac{E_2}{E_1}\cdot n_1 = \frac{244.3}{250}\times1200 = 1173 \text{ [rpm]}$$

(2)當$I_L = 200$安培時，電樞電流為

$$I_A = I_L - I_f = 200 - \frac{250}{50} = 195 \text{ [安]}$$

此時的電勢E_3為

$$E_3 = V_t - I_A R_a = 250 - 195\times0.06 = 238.3 \text{ [伏]}$$

故電動機的轉速n_3為

$$n_3 = \frac{E_3}{E_1}\cdot n_1 = \frac{238.3}{250}\times1200 = 1144 \text{ [rpm]}$$

5-11.3 串激式電動機之特性

1. 速率特性

因串激式電動機之磁場繞組係與電樞串聯，故其速率公式，應將式(5-13)修正爲

$$n = \frac{V_t - I_A(R_a + R_s)}{K\phi} \tag{5-44}$$

式中V_t為串激式電動機之端電壓，R_a為電樞電路之電阻，R_s為串激磁場繞組之電阻。由於氣隙內磁通量是僅由串激磁場產生，故磁通大小依據電樞電流或負載電流而決定。若磁極鐵心尚未飽和，則磁通與電樞電流I_A成正比。且在輕載時電樞電路電壓降$I_A(R_a+R_s)$很小，可省略不計，於此狀態下式(5-44)可寫成

$$n=\frac{V_t-I_A(R_a+R_s)}{K(K_1 I_A)}=K'\frac{V_t}{I_A}=\frac{K''}{I_A} \tag{5-45}$$

上式之特性曲線是為雙曲線之方程式。

當磁路飽和後，電流雖繼續增大而磁通增加有限，故在重載下時，磁通ϕ可視為定值。且此時$I_A(R_a+R_s)$的壓降不可忽略。故(5-44)式可寫成

$$n=\frac{V_t-I_A(R_a+R_s)}{K(K_1 I_A)}=K'''[V_t-I_A(R_a+R_s)] \tag{5-46}$$

式(5-46)之特性曲線為一直線方程式。

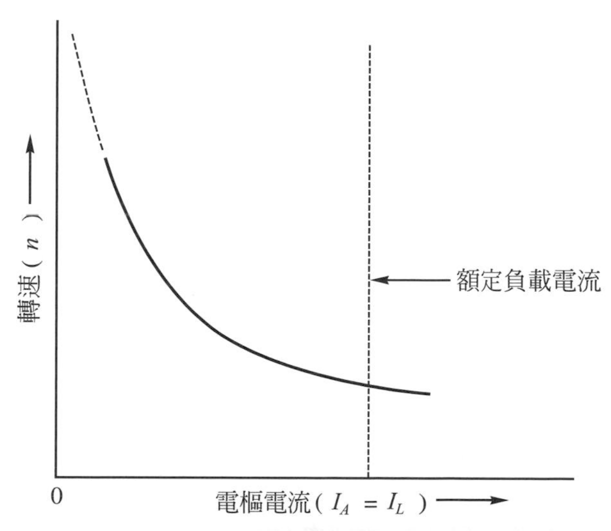

圖 5-89　串激式直流電動機的轉速特性曲線

故由上述所討論：串激式電動機之“速率-負載”特性，自輕載且高速率開始，以雙曲線變化，負載漸增，至重載時，其變化為一直線，如圖 5-89 所示，為速率特性曲線。若電樞電流$I_A=0$，即$\phi=0$，因此，其速率必為無窮大。實際上因剩磁存在之關係，磁通不致為零，但其值甚小，對於一定值外加電壓；速率將相當的高，達至危險程度。因此串激式電動機與負載間必須直接耦合連接，切記不可用皮帶耦合連接，以免皮帶鬆脫，導致超速，有飛脫電樞之危險。串激式電動機之最小負載應足以使該機之速率保持於安全範圍之內。

2. 轉矩特性

當磁極之磁路未達飽和前，即在磁化曲線之飽和部份以下，每極所產生之磁通量ϕ是與電樞電流I_A成比例變化，即$\phi \propto I_A$的關係變化。以此關係代入式(5-8)，可得$T = K'I_A^2$，爲一拋物線方程式。但是當電樞電流I_A增至各部份鐵芯飽和以後，就是再增加電樞電流I_A，其磁通ϕ之增加也極有限而近似於一定，故磁路飽和以後，僅$T \propto I_A$關係，如圖 5-90 所示。

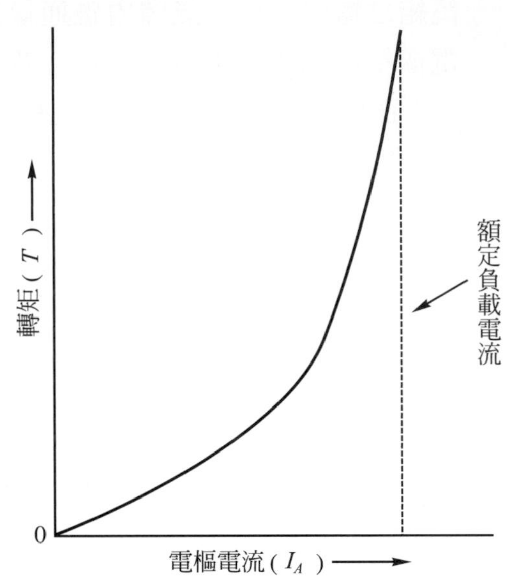

圖 5-90 串激式直流電動機的轉矩特性曲線

由以上所討論，在廣範圍之電流變化中，轉矩對電流之關係有$T \propto I_A^2$與$T \propto I_A$之關係。在非常輕載，即I_A值甚低時，轉矩是較分激式電動機爲小，因爲串激場所產生之磁通量較少，然而若此兩種電動機之滿載電流值相同，則串激電動機產生較高之轉矩。

3. 用途

串激電動機屬於變速之一種電動機，且起動轉矩和I_A之平方成比例，故在低速時需要高轉矩，且可調節而變速的負載，即可用它來驅動。如起重機、升降機、電車等。

5-11.4 複激式電動機之特性

當分激與串激兩繞組同時繞裝在同一磁極上，其串激繞組可以成爲積複激或差複激。設分激繞組內之電流爲I_f及其所產生磁通量爲ϕ_f，當起動或運轉時，均可視爲定值，而串激繞組內之電流則隨負載電流而變化。複激式電動機之特性，係介於分激式與串激式之間。

1. 速率特性

對積複激電動機，在空載時因有分激組之存在，故有一定之速率，而不像串激電動機，因空載而產生超速危險，當任載時因有串激磁場和分激磁場相助，使其隨負載電流而增大之磁通量成比率，要較分激電動機略大，而較串激電動機為小，故其隨負載電流增大而速率下降之特性曲線，必處於分激及串激之間。如圖 5-91 所示。

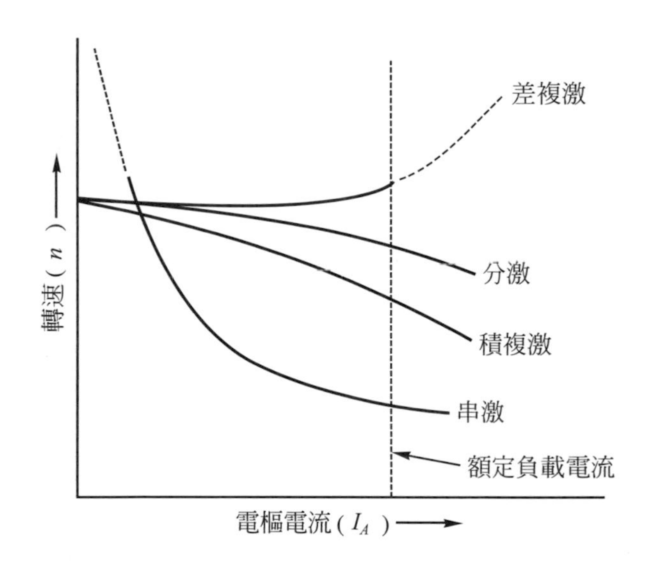

圖 5-91 複激式直流電動機的轉速特性曲線

差複激電動機，因串激磁場與分激磁場相反，和有強大電樞反應之分激電動機相同，故負載增加時，其合成磁通量減少。由下式速率公式：

$$n=\frac{V_t-I_A(R_a+R_s)}{K(\phi_f-\phi_s)} \tag{5-47}$$

式中 V_t：外加電壓

I_A：電樞電流

R_a：電樞電阻

R_s：串激場電阻

ϕ_f：分激場磁通量

ϕ_s：串激場磁通量

$K=\dfrac{PZ}{60a}$，為常數

可見若串激安匝配合得當，此種電動機可獲得幾乎與負載無關而大致不變之速率。但這種電動機，常因起動時的甚大電流通過串激繞組，其磁通量足以消去全部之分激磁通量，或超過之情形，使淨磁通量反向，導致電動機反向旋轉之弊，故此種電機甚少採用。

2. 轉矩特性

當積複激電動機，其轉矩T公式為

$$T = K_a(\phi_f + \phi_s)I_A \tag{5-48}$$

式中 $K_a = \dfrac{PZ}{2\pi a}$，為常數

ϕ_f：分激場磁通量

ϕ_s：串激場磁通量

I_A：電樞電流

當負載增加時，由於串激磁通量之相助，使在某電流值之轉矩，大於分激電動機，但卻較串激電動機為小，因為串激式電動機之轉矩係與電流之平方成正比。積複激式之轉矩特性如圖 5-92 所示。對差複激電動，其轉矩公式為

$$T = K_a(\phi_f - \phi_s)I_A \tag{5-49}$$

磁通由無載時的分激磁通數值開始，隨負載之增加而慢慢減少，最後使磁通降為零，這是因為兩磁場之磁通量大小相等，方向相反的結果。此型電動機之轉矩在輕載時，電樞電流I_A之增加比磁通量ϕ之減少為快，故轉矩隨負載增加而增大，當負載大至某一值後，則串激繞組所產生之磁通量很大，致使磁通減少要比電流增加的速率為大，故使轉矩逐漸減小，若設電樞或串激電流之增加超過一定之值後，則串激繞組磁通將使淨磁通之方向改變，導致電樞旋轉方向也因而改變。

3. 用途

積複激電動機介於定速和變速之間，有一定值之零載速率特性，故常使用於可能變成輕載之負載上，如起重機、升降機、工作機械及空氣壓縮機等。

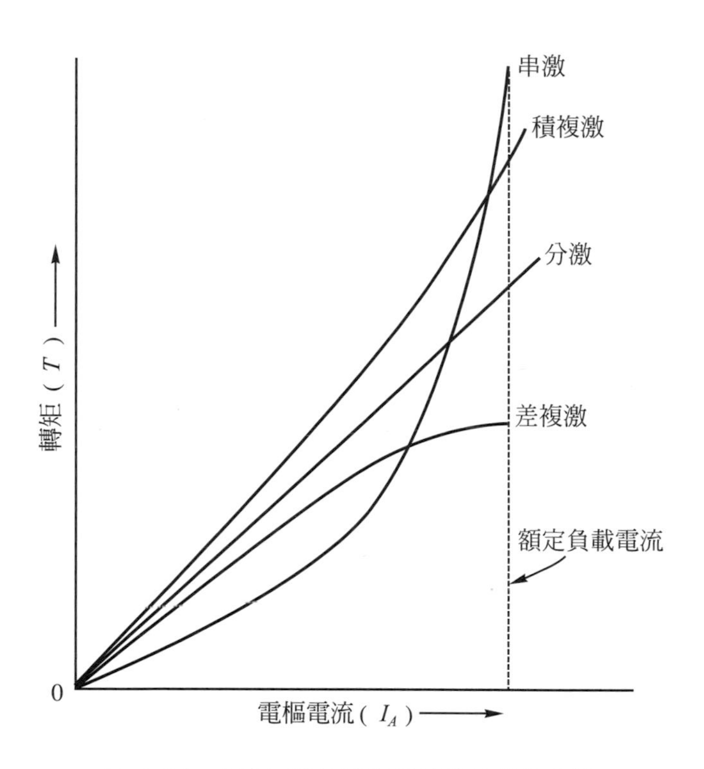

圖 5-92　複激式直流電動機的轉矩特性曲線

5-11.5　速率調整率

直流電動機之速率，是指電動機在額定負載或負載變動時，其速率發生變化之程度。速率變化是由於電動機之固有性質或特性曲線而來。即電動機速率調整率定義爲：當電動機在額定端電壓下旋轉時，其速率調整率爲無載和滿載時速率之差，與滿載速率之比。

速率調整率常以百分率表示，故由定義能夠知道其公式爲

$$速率調整率=\frac{無載時速率-滿載時速率}{滿載時速率}\times 100\ \%$$

即

$$SR(\%)=\frac{n_0-n_f}{n_f}\times 100\ \% \tag{5-50}$$

在直流電動機中，分激式電動機、串激式電動機、助複激式電動機及他激式電動機之速率調整率爲正值，而差複激式電動機之速率調整率爲負值。

例 5-17

有一電動機在無載時之轉速為1800rpm，而滿載時之轉速為1720rpm，試求其速率調整率為若干？

解

由式(5-50)，得

$$速率調整率(SR)=\frac{n_0-n_f}{n_f}\times 100\ \%$$
$$=\frac{1800-1720}{1720}\times 100\ \%$$
$$=4.65\ \%$$

例 5-18

有一200伏分激式電動機，其電樞電阻為0.12歐姆，滿載時電樞電流為50安培，而此時之速率為1000rpm。若不計場電流及電樞反應，試求該電動機之速率調整率為多少？

解

無載時之反電勢 $E_0=V_t=200$ [伏]

滿載時之反電勢 $E=V_t-I_A R_a=200-50\times 0.12=194$ [伏]

無載時之速率$(n_0)=1000\times\frac{200}{194}=1030.9$ [rpm]

速率調整率(SR)$=\frac{1030.9-1000}{1000}\times 100\ \%=3.09\ \%$

5-12 損失及效率

直流機之輸入功率始終大於其輸出功率：也就是說，發電機或電動機都無法把所輸入的功率全部轉變為有用的輸出功率。因此有一部份能量損失於電機內部，用來克服電與機械兩方面的阻力。此損失很明顯，在電動機不能用來驅動機械負載，於發電機更不能用來供給電能至外部負載。

為什麼要研討電機的損失呢？其理由有三：①從損失的大小，能夠獲知該電機的效率及其運轉情形。②損失將導致電機溫度上升，影響其壽命。③由於知道損失的大小，進而可推求電機之其他特性。

直流電機中的全部損失，不論是機械的，或是電方面的，均變成熱能，致使溫度上升。故一部電機效率的好壞，對其溫度上升的影響頗鉅。因為一部電機溫度上升，若超過某一極限值，其絕緣就有被破壞的可能。顯然的，從發熱觀點來看，我們希望電機的效率越高越好，因此，能夠免去冷卻設備所消耗的額外功率。

效率另一問題是有關經濟效益而言，對一定值輸出的電機，當其效率下降時，則它的運轉費用便會增加；反之，效率提高時，可節省能源及運轉費用。

5-12.1 損　失

直流電機的損失，可以歸納如下：

1. 依損失產生的對象分為：

⑴ 旋轉損失(rotational losses)

① 機械損失(mechanical losses)

❶ 軸承摩擦損失(bearing friction loss)。

❷ 電刷摩擦損失(brush friction loss)。

❸ 風阻損失(windage loss)。

② 鐵心損失(iron losses)

❶ 磁滯損失(hysteresis loss)。

❷ 渦流損失(eddy current loss)。

⑵ 電氣損失(electrical losses)

① 電樞繞組銅損。

② 分激繞組銅損。

③ 串激繞組銅損。

④ 中間極繞組銅損。

⑤ 補償繞組銅損。

⑥ 電刷與換向器間的接觸損失。

⑶ 雜散負載損失(stray load loss)

① 電樞反應所引起磁場歪斜，致使鐵損增加。

② 因磁通橫越導體所致的渦流損失。

③ 主磁極表面所產生的極面損失。

④ 槽齒頻率損失。

⑤ 電樞線圈換向時，環流所引起的銅損。

⑥ 電樞繞組之每一並聯路徑，因電勢略微差異而引起的損失。

2. 依損失的性質分為

(1) 固定損失(constant loss)。

(2) 可變損失(variable loss)。

茲將各項損失說明如下：

1. 依損失產生的對象

(1) 旋轉損失：係由於電樞轉動所引起的損失。

① 機械損失：係由於摩擦之機械效應所引起的損失。

❶ 軸承摩擦損失：軸承旋轉時所受到的摩擦阻力，其會消耗功率。倘若轉速在每分鐘2000呎以下時，其損失與$n^{3/2}$成比例；速率超過此限制時，則損失與速率成正比。

改善軸承，選用良好的潤滑劑，並保持良好的潤滑作用，以減少功率的消耗。

❷ 電刷摩擦損失：電刷與換向器間的接觸摩擦，亦會消耗功率，此項摩擦損耗是相當的大。電刷摩擦損失與電刷之摩擦係數，電刷的壓力、電刷面積及換向器的周緣速率等有關。若電刷摩擦損失以P_b表示，則

$$P_b = 9.81\mu_b P A_b v_b \text{ [瓦特]} \tag{5-51}$$

式中

μ_b：電刷的摩擦係數，因電刷材質而異，約為0.1～0.3。

P：電刷的壓力，即電刷的彈簧壓力，一般直流電機為0.1～0.2 [公斤／平方公分]。

A_b：電刷的總面積 [平方公分]。

v_b：換向器的周緣速率 [公尺／秒]。

式(5-51)中之換向器的周緣速率又可用下式表示，即

$$v_b = \pi \cdot D_k \cdot \frac{n}{60} \text{ [公尺／秒]} \tag{5-52}$$

式中

D_k：換向器的直徑[公尺]

n ：電樞的轉速[rpm]

❸ 風阻損失：旋轉部份與電機之機殼內空氣間摩擦所引起的未裝通風扇的電機，其風阻損失約與電樞周緣速率之平方成正比；而裝有通風扇者，其風阻損失與電樞周緣速率之立方成正比。

② 鐵心損失：磁通在鐵心中所引起的損失。

❶ 磁滯損失。

❷ 渦流損失。

磁滯損失和渦流損失曾經在第一章中敘述過，請參考第 1-2 節。通常在旋轉電機中的鐵損是爲磁通及轉速的函數。

(2) 電氣損失：係爲電流在電機各部份流通所造成的損失。

① 電樞繞組銅損：其大小爲$I_A^2 R_a$，其中I_A爲電樞電流，R_a爲電樞電阻。

② 分激繞組銅損：此損失差不多爲定值，其大小等於分激繞組端電壓與分激場電流的乘積，即$V_f I_f$；或磁場電流的平方與磁場電阻的乘積，即$I_f^2 R_f$。

③ 串激繞組銅損：串激繞組是串聯於電樞電路中，在長分路複激接法時，因通過串激繞組是爲電樞電流，其損失與電樞電流I_A的平方成正比；而在短分路複激接法時，則其損失與負載電流I_L的平方成正比。

④ 中間極繞組銅損：因係與電樞電路串聯，故其損失與電樞電流I_A的平方成比例。

⑤ 補償繞組銅損：因亦是與電樞電路串聯，故其損失亦是與電樞電流I_A的平方成比例。

⑥ 電刷與換向器間的接觸損失：此項損失係由電刷電阻及電刷與換向片間的接觸片所造成的。但電刷與換向器間的接觸壓降，不論電樞電流的大小，在實用上可將其視爲定值。不過在計算電刷接觸損失時，一般公認其總接觸壓降爲 2 伏特，故其損失爲

$$\text{電刷接觸之損失} = 2[\text{伏}] \times I_A[\text{安}] = 2I_A[\text{瓦特}] \tag{5-53}$$

(3) 雜散負損失：係由負載電流所引起。此項損失無法利用公式計算求得。美國電機工程師學會，建議其損失值以輸出總功率的 1 %來計算。

2. 依損失的性質

⑴ 固定損失：若電機的磁通量及轉速為一定時，其鐵損、機械損及分激繞組銅損等與負載電流的大小無關，故稱為固定損。

⑵ 可變損失：其定義是損失與負載電流有關，即損失隨負載電流的變化而變動。電機中之電刷與換向器間的接觸損失係與負載電流成比例，而電樞繞組銅損、串激繞組銅損、中間極繞組銅損及補償繞組銅損等是與電樞電流之平方成比例。

但對直流串激電機而言，因串激繞組是由電樞電流所激勵，故負載增加，其磁通亦增加，而轉速降低，故其旋轉損失將隨負載電流之變化而變動。即串激電機僅有可變損失而無固定損失。

5-12.2 效　率

1. 效率的定義

直流機的效率(efficiency)為輸出功率P_{out}與輸入功率P_{in}之比值，以百分比來表示。即

$$效率(\eta)=\frac{輸出}{輸入}\times 100\ \%$$
$$=\frac{P_{out}}{P_{in}}\times 100\ \% \tag{5-54}$$

倘若以實測去量得電機之輸出及輸入功率，然後利用式(5-54)計算求得其效率，如此便稱為“實測效率”(measured efficiency)。但實際上無論發電機或電動機均難精確地測得機械功率，因此，往往先求得各項損失，再求其效率，此種方法所求得的效率，則稱為“公定效率”(conventional efficiency)，於是效率表示為

$$效率(\eta)=\frac{P_{out}}{P_{out}+P_{loss}}=\left(1-\frac{P_{loss}}{P_{out}+P_{loss}}\right)\times 100\ \% \tag{5-55}$$

或

$$效率(\eta)=\frac{P_{in}-P_{loss}}{P_{in}}=\left(1-\frac{P_{loss}}{P_{in}}\right)\times 100\ \% \tag{5-56}$$

式(5-55)用於發電機，因發電機輸出P_{out}之電功率可用電儀表測得，而輸入的機功率不易利用實測求得。而式(5-56)用於電動機，因電動機的機械輸出功率，不能使用電儀表直接測得。

例 5-19

有一部 2 仟瓦的直流發電機，於滿載運轉時，總損失爲 0.45 仟瓦，試求該發電機在滿載時，效率爲多少？

解

由式(5-55)，得

$$\eta=\left(1-\frac{P_{\text{loss}}}{P_{\text{out}}+P_{\text{loss}}}\right)\times 100\ \%=\left(1-\frac{0.45}{2+0.45}\right)\times 100\ \%=81.6\ \%$$

例 5-20

有一分激式直流電動機，在滿載時自 100 伏電源取用 50 安培電流，其總損失爲 700 瓦，試求滿載時效率爲多少？

解

$$P_{\text{in}}=V_t I_L=100\times 50=5000\ [\text{瓦}]$$

由式(5-56)，得

$$\eta=\left(1-\frac{P_{\text{loss}}}{P_{\text{in}}}\right)\times 100\ \%=\left(1-\frac{700}{5000}\right)\times 100\ \%=86\ \%$$

例 5-21

有一分激式發電機於滿載時，端電壓爲 120 伏，且供給 80 安培電流至負載。此發電機的分激繞組電阻R_f爲 80 歐姆，電樞繞組總電阻R_a爲 0.05 歐姆，在額定速率及額定電壓時，其鐵損與機械損總計爲 500 瓦特，若電刷與換向器間接觸壓降爲 2 伏，而雜散負載損失不計。試求滿載時之效率爲多少？

解

$$P_{\text{out}}=V_t I_L=120\times 80=9600\ [\text{瓦}]$$

激磁電流$(I_f)=\dfrac{120}{80}=1.5\ [\text{A}]$

磁場繞組損失$=I_f^2 R_f=(1.5)^2\times 80=180\ [\text{瓦}]$

電樞繞組銅損$=(I_L+I_f)^2 R_a=(80+1.5)^2\times 0.05=332\ [\text{瓦}]$

電刷與換向器間的接觸損失 = 81.5x2 = 163 [瓦]

總損失 = 180 + 332 + 163 + 500 = 1175 [W]

由式(5-55)，得

$$\eta=\left(1-\frac{P_{\text{loss}}}{P_{\text{out}}+P_{\text{loss}}}\right)\times 100\,\%$$

$$=\left(1-\frac{1175}{9600+1175}\right)\times 100\,\%$$

$$=89\,\%$$

2. 全日效率

對於整日運轉，而且負載有變動的直流機，其一天中的輸出總能量被輸入總能量除得的商，便是“全日效率”(all day efficiency)。故

$$\text{全日效率}(\eta_d)=\frac{\text{全日輸出總能量}}{\text{全日輸入總能量}}\times 100\,\%$$

$$=\frac{\text{全日輸出總能量}}{\text{全日輸出總能量}+\text{全日固定損失的總能量}+\text{全日可變損失的總能量}}\times 100\,\% \quad (5\text{-}57)$$

當選用一效率甚高的電機，運轉於低效率的輕載時間較長，而高效率的運轉時間很短，則其全日效率勢必較差。

例 5-22

有一部 100 仟瓦的直流發電機，其固定損失和滿載時的可變損失均爲 6 仟瓦，在半載時可變損失爲 1.5 仟瓦，設此發電機在一天中的運轉情形爲滿載 4 小時，半載 12 小時，其餘 8 小時爲空轉，試求該發電機：

(1)全日效率爲多少？

(2)滿載效率爲多少？

(3)半載效率爲多少？

解

(1)由式(5-57)，得

$$\eta_d=\frac{(4\times 100)+(12\times 50)}{(4\times 100)+(12\times 50)+(24\times 6)+[(4\times 6)+(12\times 1.5)]}\times 100\,\%$$

$$=84.32\,\%$$

⑵滿載效率，由式(5-55)，得

$$\eta = \frac{100(\text{kW})}{100(\text{kw}) + 6(\text{kW}) + 6(\text{kW})} \times 100\,\% = 89.3\,\%$$

⑶半載效率，由式(5-55)，得

$$\eta_{HL} = \frac{\frac{1}{2}\times 100\times 10^3}{\frac{1}{2}\times 100\times 10^3 + 6\times 10^3 + 1.5\times 10^3} \times 100\,\% = 86.96\,\%$$

5-13 均壓連接

在直流電機之疊繞法中，爲了防止環流所引起之換向不良，則須使用均壓連接。茲說明如下：

1. 疊繞組之均壓連接

直流電機之電樞若採用疊繞法，其所有路徑所產生之電勢值並不能完全相等的，其原因爲：

⑴ 軸承磨損。

⑵ 電樞軸輕微跳動。

⑶ 裝配不良。

⑷ 鐵心內含雜質及氣泡等。

由於上述等諸原因，使磁路中磁阻不相等，各磁極產生不同的磁通量，導致各路徑感應之電壓不相等，結果在電樞繞組內部產生環流，致使電樞繞組溫度增加，破壞絕緣而燒毀繞組，同時環流流經換向器片和電刷的接觸面，產生電火花(spark)，將換向片及電刷燒壞。倘若電火花非常大時，則正負電刷間將發生閃絡(flashover)之現象，造成嚴重的不良後果。

欲克服疊繞組中所產生之環流，一般均使用均壓連接(equalizer connections)以避免之。其方法是在電樞繞組中每隔360°電機度的各點，用一低電阻導線予以連接在一起。其所連接之各點，理論上其電位是相等的，但實際上有差異。均壓線連接之兩大重要功用如下：

⑴ 使電樞繞組中之環流僅極少部份流經電刷，而大部份經由均壓連接線自成迴路。

(2) 因環流所產生的電磁效應，使磁極之磁通量有均衡之作用；即使較弱磁極的磁通量增多，較強磁極的磁通量減少。

雖然在各並聯回路感應電勢之差別不大，由於各回路之阻抗甚小，因此，有相當可觀的循環電流產生。如圖 5-93(a)所示，當環流流經過電刷時，將使得火花增大，而導致換向之情況惡化。爲了改善這種不良情形，一般係採用均壓線將相隔二極距的導線予以短接，使大部份的環流通過這些連接線而僅少量經由電刷，如此換向情況可獲得改善，即如圖 5-93(b)所示，能消除環流對於換向的不良影響。

如圖 5-94 所示爲六極電機單式疊繞組圖。因爲線圈 1、13 及 25 均在 N極下的位置，並且間隔爲 360°電機度。又線圈 7、19 及 31 亦相同。將這些相同電位之線圈用如圖所示之均壓線 I 及 II 予以連接在一起。若a點與b點有電位差存在，設a點電位高於b點電位時，環流從a經均壓線 I 流至b，再經由電樞繞組從b回至a。此環流不僅避免經過電刷，且其產生之磁效應亦有均衡各極磁通量之趨勢。

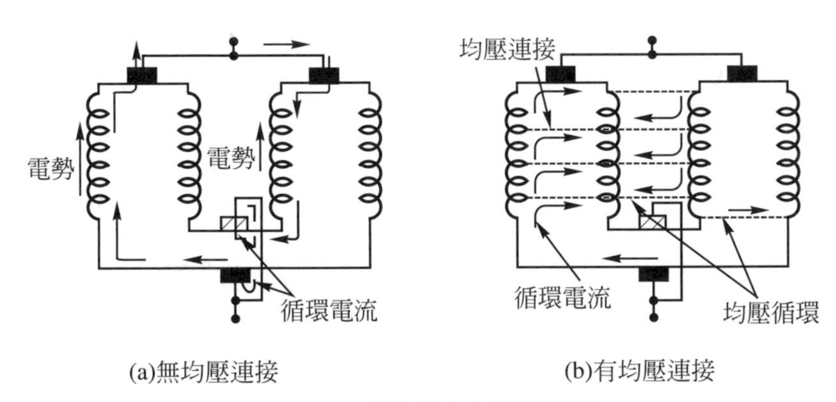

(a)無均壓連接　　(b)有均壓連接

圖 5-93　疊繞組中之環流情形

又圖 5-94 中，僅示兩個均壓線之連結，若要達到 100 %的均壓連接，則所有的線圈均須用均壓線連接之。例如圖中有 36 個線圈便需 12 個均壓線，係因每一均壓線要連接三個相同電位之線圈。則其均壓連接爲：

1 − 13 − 25	5 − 17 − 29	9 − 21 − 33
2 − 14 − 26	6 − 18 − 30	10 − 22 − 24
3 − 15 − 27	7 − 19 − 31	11 − 23 − 35
4 − 16 − 28	8 − 20 − 32	12 − 24 − 36

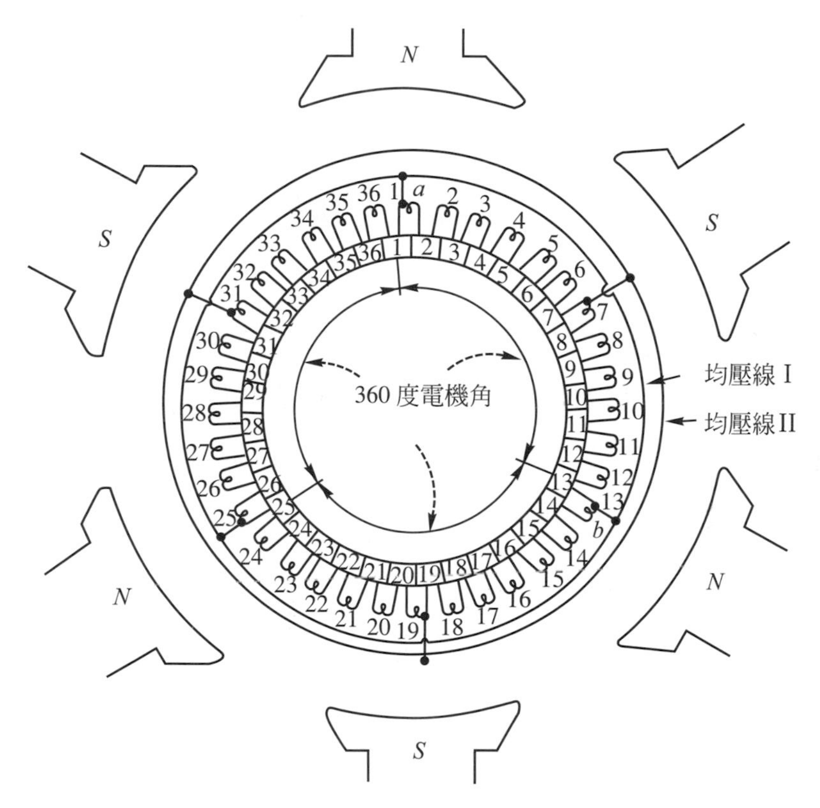

圖 5-94 六極電機單式疊繞組之均壓連接圖例

均壓連接線若為全部所需均壓線的一半或$\frac{1}{3}$，則稱為 50 %或 $33\frac{1}{3}$ %的均壓連接。由於每一均壓線連接之各點，必須相隔 360 電機度，所以電樞全部線圈數必須是“對極數”(pair of poles)，即$P/2$的整數倍。設直流電機之線圈數為N，使用 100 %均壓連接時，則需用均壓連接線之數目為：

$$需用均壓連接線之數目=\frac{N}{\frac{P}{2}} \tag{5-58}$$

疊繞組之均壓連接一般有均壓環(equalizer ring)及均壓繞組(equalizing winding)兩種方式。

均壓連接之裝設處所分為：

(1) 用內施均壓裝置(involute equilizer)方式，將均壓環裝設於電樞繞組之線圈前端與換向器後端間。

(2) 換向器前端之外側。

(3) 不與換向片連接的線圈端部。

5-14 電動機的起動、制動與速率控制

5-14.1 電動機的起動

何謂起動？就是電動機外加電源，使它自靜止狀態中加速旋轉至正常轉速的這段過程。當供給的電源電壓爲V_t，電動機的反電勢爲E_c，電樞電路的電阻爲R_a時，由式(5-12)得知，其電樞電流I_A爲

$$I_A = \frac{V_t - E_c}{R_a} \tag{5-59}$$

由於電動機在起動時，其轉速等於零，即$n = 0$，又因$E_c = K\phi n$，故它的反電勢等於零。則起動時電樞電流I_s值爲

$$I_s = \frac{V_t}{R_a} \tag{5-60}$$

式(5-60)中，若電樞電路的電阻R_a很小，因此起動電流I_s必非常的大。

例 5-23

設有一 5 馬力，額定電壓爲 120 伏的分激式電動機，其電樞電阻爲 0.3 歐，滿載電流爲 32 安，當電動機於額定電壓下起動時，試求該電動機之起動電流爲多少？

解

由式(5-60)求得該電動機之起動電流I_s為

$$I_s = \frac{V_t}{R_a} = \frac{120}{0.3} = 400\ [安]$$

從上面例題的計算結果，電動機之起動電流等於滿載電流的 12.5 倍(即 400/32 = 12.5)。如此之大電流，倘若在電樞繞組中持續幾分鐘的話，勢必會燒毀其電樞繞組。又由式(5-8)知電動機的轉矩爲$T = K_a\phi I_A$，若電樞電流減小時，則其轉矩亦必減小。故電動機起動時，應具備下列兩個條件：

⑴　必須有足夠之起動轉矩。

⑵　起動電流必須在安全值範圍內，以防燒毀電樞繞組。

基於上述的原因，電動機起動時加於電樞繞組兩端的電壓不可太高，並且其端電壓可隨轉速的增加而提高，俟轉速達額定值時，才可將全部電壓加於電樞上，如此以避免過大的起動電流。但因電源電壓是爲一定值，故惟有將電樞與一可變電阻器串聯，以限制起動電流，即調整可變電阻器來變動加於電動機之電樞上的端電壓，使之隨速度上昇而逐次增加至額定值，這種用來起動的變阻器，便稱爲起動電阻器(starting resistor)，通常稱爲起動器(starter)。

倘若直流電動機的容量是1/3馬力以下時，則其起動時不必串接電阻來限制起動電流，因爲：

⑴　小型電動機之電樞繞組所用銅線較細，電阻較大，有自我防護之功效。

⑵　轉動慣量小，速度上昇較快。

⑶　該電動機之滿載及起動電流均小，對同一線路上的其他負載影響不大，故容許直接外加額定電壓而起動。

若起動電阻器連接於電樞電路上，當電動機起動時，其起動電流最大值，一般規定爲額定電流之1.5倍至3倍；又當電動機起動後，即產生反電勢，此反電勢係反對外加電壓，使電樞電流減少，因而能使轉矩降低，但爲了獲得足夠的起動轉矩，其起動電流之最小值亦有限制，一般爲額定電流之 0.8 倍至 1.5倍，所以起動電阻器必需有數個接頭。如圖5-95所示，圖(a)所示爲電樞與起動器r_s(即$r_s = r_1 + r_2 + r_3$)串聯之接線圖，圖(b)爲起動時速率與電樞電流之變化情形，若起動電流之最大值I_{max}與最小值I_{min}爲已知，則每段之電阻r_1，r_2及r_3……便能夠求得。

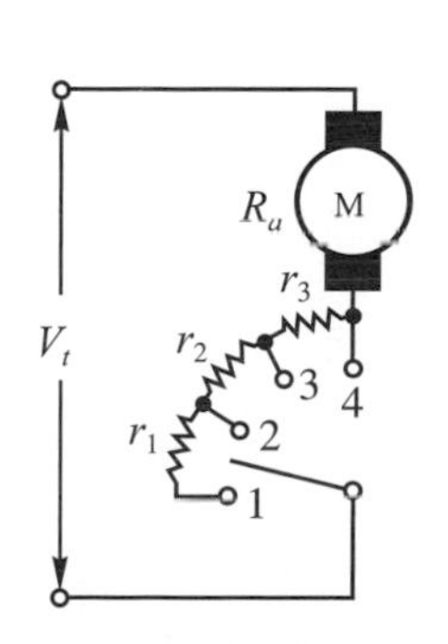

(a) 電樞與起動電阻器之接線圖

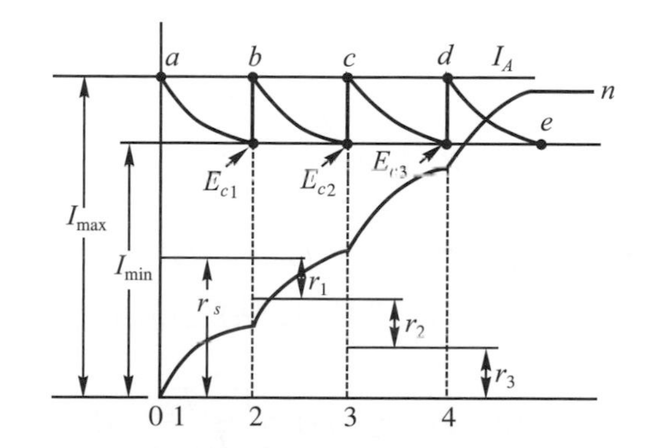

(b) 起動中速度與電樞電流之變化情形

圖 5-95　直流電動機的起動情形

在第 1 點，$I_{max}=\dfrac{V_t}{R_a+r_s}$

起動器第一抽頭(即“1”接點)之串接電阻r_s爲

$$r_s=\frac{V_t}{I_{max}}-R_a \tag{5-61}$$

在第 2 點

$$I_{min}=\frac{V_t-E_{c1}}{R_a+r_s}$$

$$I_{max}=\frac{V_t-E_{c1}}{R_a+(r_s-r_1)}$$

起動器第二抽頭(即“2”接點)之電阻(r_s-r_1)爲

$$(r_s-r_1)=\frac{V_t-E_{c1}}{I_{max}}-R_a=\frac{I_{min}(R_a+r_s)}{I_{max}}-R_a \tag{5-62}$$

則 $$r_1=r_s-(r_s-r_1) \tag{5-63}$$

在第 3 點

$$I_{min}=\frac{V_t-E_{c2}}{R_a+(r_s-r_1)}$$

$$I_{max}=\frac{V_t-E_{c2}}{R_a+(r_s-r_1-r_2)}$$

起動器第三抽頭(即“3”接點)之電阻$(r_s-r_1-r_2)$爲

$$\begin{aligned}(r_s-r_1-r_2)&=\frac{V_t-E_{c2}}{I_{max}}-R_a\\&=\frac{I_{min}[R_a+(r_s-r_1)]}{I_{max}}-R_a\end{aligned} \tag{5-64}$$

則 $$r_2=(r_s-r_1)-(r_s-r_1-r_2) \tag{5-65}$$

在第 4 點

$$I_{min}=\frac{V_t-E_{c3}}{R_a+(r_s-r_1-r_2)}$$

$$I_{max}=\frac{V_t-E_{c3}}{R_a+(r_s-r_1-r_2-r_3)}$$

起動器第四抽頭(即“4”接點)之電阻$(r_s-r_1-r_2-r_3)$爲

$$\begin{aligned}(r_s-r_1-r_2-r_3)&=\frac{V_t-E_{c3}}{I_{max}}-R_a\\&=\frac{I_{min}[R_a+(r_s-r_1-r_2)]}{I_{max}}-R_a\end{aligned} \tag{5-66}$$

按上述方法逐次計算到抽頭之電阻爲負值，就是表示電樞電阻能夠承擔而不必再串聯電阻。如當式(5-66)之結果爲負值，即可把所串聯的電阻去掉。

例 5-24

有一分激式電動機，額定電壓爲 125 伏，電樞電阻爲 0.25 歐，額定電流爲 40 安培，設起動電流的範圍爲 200 %(最大起動電流)到 100 %(最小起動電流)，試求起動電阻應分多少接頭，且每接頭之電阻爲多少？

解

$V_t = 120$ 伏，$R_a = 0.25$ 歐，$I_{FL} = 40$[安]

$I_{\max} = 200\,\% \cdot I_{FL} = 200\,\% \times 40 = 80$[安]

$I_{\min} = 100\,\% \cdot I_{FL} = 100\,\% \times 40 = 40$[安]

起動器第一抽頭之電阻為

$$r_s = \frac{V_t}{I_{\max}} - R_a = \frac{120}{80} - 0.25 = 1.25[\text{歐姆}]$$

起動器第二抽頭之電阻為

$$(r_s - r_1) = \frac{I_{\min}(R_a + r_s)}{I_{\max}} - R_a$$

$$= \frac{40 \times (0.25 + 1.25)}{80} - R_a = 0.5[\text{歐姆}]$$

則　$r_1 = r_s - (r_s - r_1) = 1.25 - 0.5 = 0.75$[歐姆]

起動器第三抽頭之電阻為

$$(r_s - r_1 - r_2) = \frac{I_{\min}[R_a + (r_s - r_1)]}{I_{\max}} - R_a$$

$$= \frac{40 \times (0.25 + 0.5)}{80} - 0.25 = 0.125[\text{歐姆}]$$

則　$r_2 = (r_s - r_1) - (r_s - r_1 - r_2)$

$= 0.5 - 0.125 = 0.375$[歐姆]

起動器第四抽頭之電阻為

$$(r_s - r_1 - r_2 - r_3) = \frac{I_{\min}[R_a + (r_s - r_1 - r_2)]}{I_{\max}} - R_a$$

$$= \frac{40 \times (0.25 + 0.125)}{80} - 0.25 = -\,0.0625(\text{已為負值})$$

則　$r_3 = (r_s - r_1 - r_2) = 0.125$[歐姆]

由計算之結果，起動器第四抽頭之電阻為負值，故僅以電樞繞組之電阻R_a即可，不必再串聯其他之電阻。

較大型分激電動機的起動，通常其磁通量係由分激繞組所產生，在起動時，爲獲得最大的磁通，所以分激繞組應直接與電源線路相連接。而電樞電流則受一外加“起動電阻器”來限制，一旦電動機起動後，反電勢便立刻產生，這反電勢可以平衡大部份的外加電壓，而使電樞電流減低。

積複激式電動機的起動與分激式電動機相同，一般均爲無載起動。而差複激式電動機若在輕載起動時，因串激繞組有負載電流通過，其所產生的磁動勢會與分激繞組之磁勢相抵消，使得起動較困難，故通常將串激繞組短路而起動，待起動完畢後，再把串激繞組之短路線去掉。

串激電動機在無載或輕負載的情形下起動時，因負載電流非常小或等於零，其轉速非常高，甚至電樞有飛脫之危險，故起動時，必需加適量的負載。

直流電動機的起動器，依操作方式分爲人工起動器與自動起動器兩種，茲分述如下：

1. 人工起動器

   人工起動器(manual starter)是以手來操作使電動機逐步起動的，所以此種起動器又叫手動起動器。人工起動器包括有與電樞電路所需之起動電阻和低壓保護設備。其主要作用是在起動及加速期間，限制電樞電流，並當供應之電源中斷或電壓太低時，利用彈簧之力量使接點打開，以使電路切斷，電動機即停止運轉，待電源恢復正常時，必須重新起動。人工起動器之缺點爲：①限於電動機附近操作，無法遙控。②操作者必須相當的熟練度；否則不當的操作，容易致使電動機或起動器本身損壞。目前常用的人工起動器有三點式起動器(three-point starter)與四點式起動器(four-point starter)兩種。

(1) 三點式起動器(three point starter)：是因其面板上有三個接線端而得名。它包括有：起動電動機所需之起動電阻、接線端、起動柄、彈簧、吸持線圈(holding coil)及外殼等。在面板上的L、A及F三個接線端是分別用來與電源、電樞及磁場連接之用。

如圖 5-96 所示爲三點式起動器與分激電動機之連接圖。

當起動臂在"OFF"位置時，電動機停止不轉。其操作方法是這樣的：將起動臂移動到第一個接觸點上時，電流就從正的供電線L_1流入L端，經起動臂上之導電部份流到第一接觸點上。從這一點，電流分爲兩路。一路是流經過吸持線圈至F點，再經場變阻器與分激磁場繞組，而回至電源L_2端上，如圖中箭頭"⇨"所示。另一回路是流經過起動電阻R到A點，再經電樞繞組而回到電源L_2端上，如圖中箭頭"➡"所示。因此電動機開始起動而運轉，轉速上升時，起動臂逐次按接觸之號碼順序使與接通，直到接觸點6時，便以額定電壓施加於電樞上，起動臂由於吸持線圈之磁力，便被吸住且保持在接觸點 6 的位置上，如此電動機起動完畢，電動機即按正常轉速而運轉。若當電路發生斷路、停電或電壓太低時，吸持線圈即失去磁力或磁力太弱，則藉彈簧的力量把起動臂彈回原處，電動機因而停止。如果電路再度恢復正常時，欲使電動機再度運轉，必須重覆前述的操作。又因吸持線圈與分激場及場變阻器串聯，當場變阻器之電阻增加時，將使得吸持線圈之磁力不夠強，而受彈簧力量將起動臂彈回原處之動作，此爲其最大缺點，故今很少採用此型起動器。

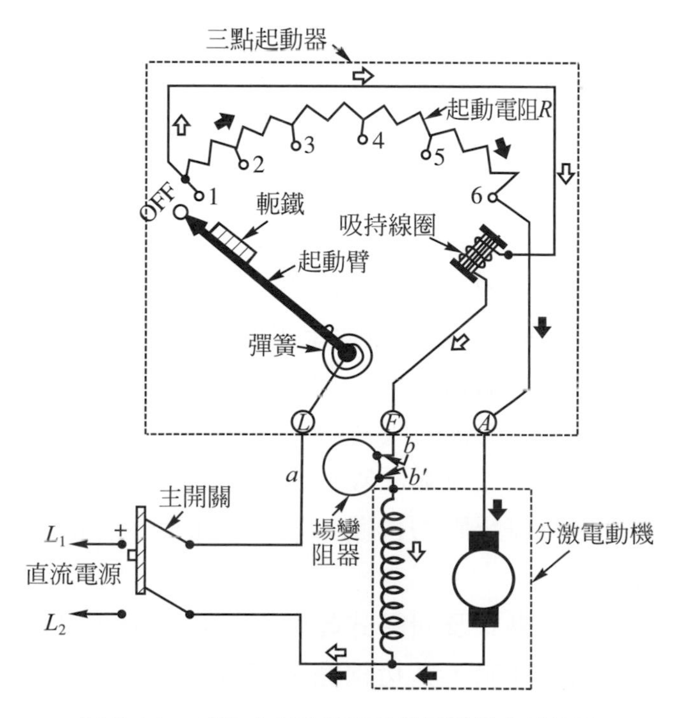

圖 5-96　三點式起動器與分激電動機之連接圖

⑵ 四點式起動器(four point starter)：如圖 5-97 所示，它是將三點式起動器之吸持線圈與磁場的串聯連接，改為並聯連接，其他則相同，因此，面板上有四個接線端而得名。其接線端為P、N、C及A，是分別與電源L_1、L_2、吸持線圈、磁場繞組及電樞連接之用。

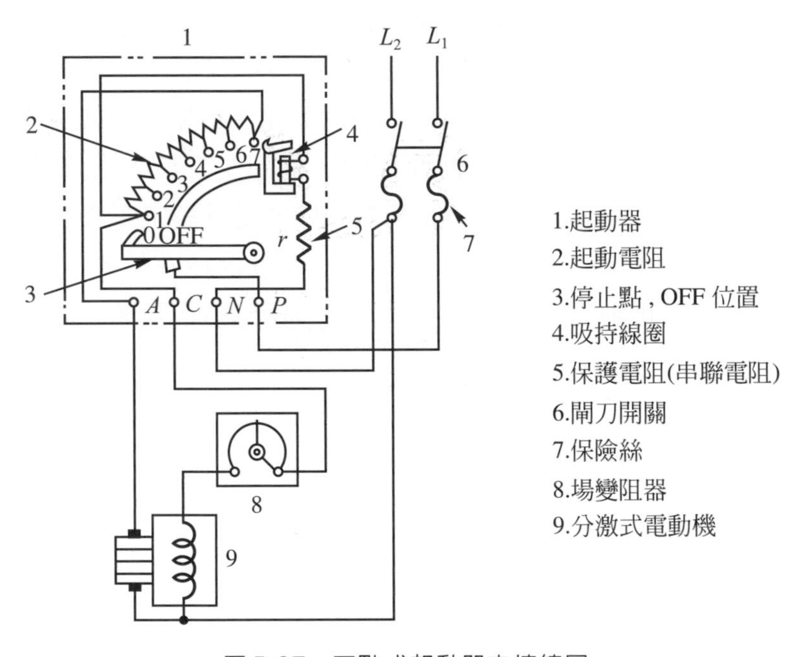

圖 5-97　四點式起動器之接線圖

如圖 5-97 所示為四點式起動器與分激式電動機之連接圖。其操作方法和三點式起動器大致相同，當起動臂移到接觸點 1 位置上時電流分為三回路，第一條回路是流經吸持線圈及保護電阻r(此電阻器係保護吸持線圈之用)至N點而回到電源另一端L_2點。第二條回路是流經C點、場變阻器及分激繞組，而回到電源另一端L_2點。第三條回路是流經起動電阻器到A點，再經電樞繞組而回到電源另一端L_2點。其餘操作情形與三點式起動器相同。

由於四點式起動器的吸持線圈是跨接在電源線上，所以若電源電壓太低或斷路時，它就無法吸住起動臂，此時彈簧的力量較大，將起動臂拉回到原來停止點的位置，以保護電動機。故此型起動器又叫無壓釋放器。

以上所述之三點式及四點式起動器都是以分激式電動機來說明。關於複激式電動機的起動，其接線完全與分激式電動機一樣，只是先將串激繞組與電樞繞組串聯後，然後接於電樞回路上。

2. 自動起動器(automatic starter)：能夠適時將與電樞串聯之起動電阻器自動去掉，令使電動機加速而起動。此自動起動器是以電磁接觸器(magnetic contactor，簡稱MC)作爲電機之主要控制元件，並配合起動電阻器、按鈕開關(pushbutton switch)及電驛(relay)或延時電驛(time delayrelay)等所組成的。

依據電磁接觸器動作的方法不同，自動起動器可分爲：

(1) 反電勢型自動起動器(counter-emf type automatic starter)。

(2) 限流型自動起動器(current limit type automatic starter)。

(3) 限時型自動起動器(time limit type automatic starter)。

① 反電勢型自動起動器：係利用電樞中所產生的反電勢使加速用電驛發生作用，以去掉與電樞串聯的起動電阻器。

② 限流型自動起動器：係利用起動時之大電流，使限流電驛動作，待起動電流下降至適當值而令使限流電驛釋放而達成控制之任務。

③ 限時型自動起動器：係利用延時電驛將起動電阻器在適當的時間切離。

5-14.2 電動機旋轉方向變換控制

當直流電動機的磁場電流與電樞電流之方向，二者中任意改變其中之一，便能夠使其旋轉方向改變。若兩者同時改變，則旋轉方向並不改變。

分激式或串激式電動機調換電樞電路的接法，或調換磁場電路的接法，皆能達到目的。在積複激式電動機，祇可將電樞端之接線互調，否則會變成差複激電動機。如電動機設有中間極或補償繞組時，其結線必須與電樞繞組維持相同的關係，故改接電樞繞組的結線時，中間極及補償繞組的接線也要隨著改變。又在運轉的電動機，如不切斷電源而進行轉向之改變，往往以改變電樞之接線爲宜，以避免分激繞組感應高壓，或引起轉速高昇之危險。

控制轉向最簡單的方法是使用雙投閘刀開關，如圖 5-98 所示爲分激式電動機之轉向變換控制。圖(a)與圖(b)轉向正好相反。圖 5-98(a)爲順時針旋轉，而圖 5-98(b)則爲逆時針旋轉。

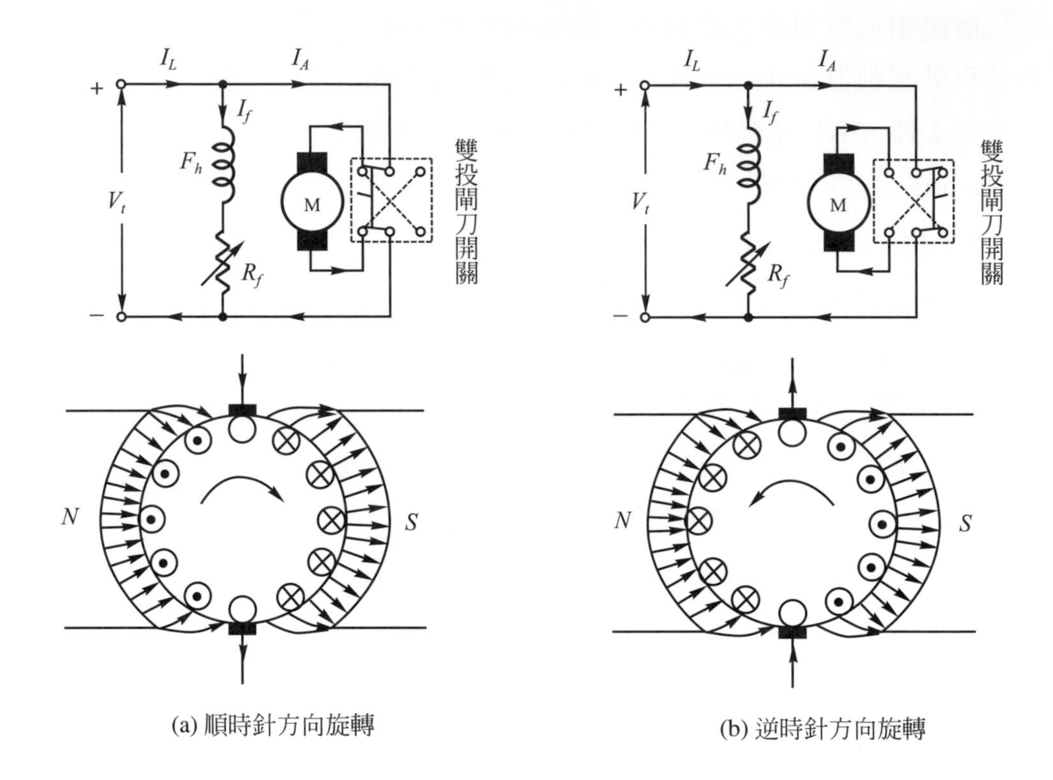

(a) 順時針方向旋轉

(b) 逆時針方向旋轉

圖 5-98　分激式電動機之轉向變換控制

5-14.3　直流電動機之制動

當直流電動機的電源切斷後，由於慣性作用，則轉子無法立刻停止，爲使電動機急速停止，則必須加以制動。

電動機的制動方法有機械制動與電氣制動兩種方法。

機械制動方法，其制動的效果是否良好，完全視煞車面的情況及操作者的技術而定，故較難得到圓滑的制動。但電氣制動方法卻可使電動機圓滑而及時地停轉，且又無摩擦面的磨損，故電動機之制動，通常仍以電氣制動爲主，而以機械制動爲輔。

廣泛應用在電動機上的電氣制動方法有：①動力制動(dynamic braking)，②逆轉制動(reverse braking)，③再生制動(regenerative braking)。茲將其制動原理，分述如下：

1. 動力制動

動力制動是當電動機被切離電源時，立即將電動機加以改接，使其磁場繼續維持激勵狀態，並將其電樞兩端並接一只低值電阻器，藉發電機作用，讓電動機中所貯藏的轉動能量變成電能，然後消耗在低值電阻器中，變成熱能，以達到迅速停止電動機的目的，因此，又稱為發電制動。對串激式電動機，在切離電源後，如其主磁極的磁通方向仍與切離電源前相同者，其反電勢與切離電源後的應電勢才能具有相同極性。故切離電源後，應將串激場反接後再跨接適當電阻，否則串激場電流反向，主磁極磁通反向，抵消原來磁通方向，因此不能感應電勢，也不發生制動作用。

分激式電動機之制動，其分激繞組電路仍然接於電源上，僅自電源切離電樞電路，並在電樞兩端連接電阻器如圖 5-99(b)所示。由於轉子的慣性關係，其電樞產生感應電勢，由圖中知其電樞電流與電動機時相反，由於感應電勢反方向，故產生與圖 5-99(a)所示之相反的轉矩而達成制動的作用。

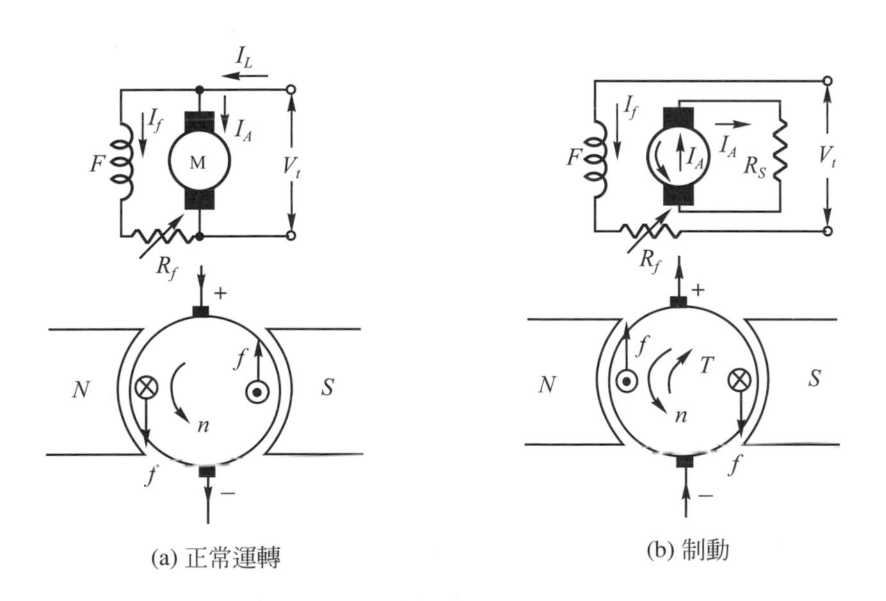

圖 5-99 分激式電動機之動力制動

2. 逆轉制動

要停止一部電動機時，若將電動機與電源間的結線立即改接，使電樞中的電源反向，電動機便產生反向轉矩，以制動其原來的旋轉能量，使該電動機很快地停止轉動，是謂逆轉制動。

採用逆轉制動，當電樞與電源間之結線反接的一瞬間，將使電動機外加電壓與本身之反電勢相加，結果全部約有 180 %線路電壓施加於電樞電路，使電樞電流變很大，甚至損壞電動機；爲了限制此甚大之電樞電流於一安全數值，除了應該使用原有的起動電阻器外，尚須於電樞電路中加添一電阻器才可。

3. 再生制動

昇降機、起動機或鐵路電氣用電動機等，常採用此方法來制動。當昇降機下降或電動火車於下坡路時，由於速度的增加，電樞之反電勢超過其端電壓而變成發電機，於是一方面能將位能或機械能變換爲電能，一方面制動，這種方法即所謂的“再生制動”。此方法主要作用是使其速度減慢，若要完全停止轉動，則需要配合他種的制動方法。

施行此種制動，可照電動機的結線法提高磁場強度，使感應電勢比電源電壓高即可，但是串激或複激電動機則與發電制動相同，則須將串激繞組反接，否則無法產生反向轉矩來制動。

5-14.4 直流電動機的速度控制

直流電動機最大優點之一是其速度控制十分簡單而且有效。由轉速公式 $n=\frac{V_t-I_A R_a}{K\phi}$ 可知，影響直流電動機轉速的因素有：

(1) 電動機的輸入電壓 V_t。

(2) 電樞電路壓降 $I_A R_a$。

(3) 主磁極的有效磁通 ϕ。

因此只要將上述因素中的任何一項改變，就可以改變直流電動機的速度。

以人爲的方法使電動機之速度改變者，便稱爲速度控制。而速度控制依上述影響的因素，可分爲下列三種方法：

1. 磁場控速法

在分激式電動機之磁場電路中串接一可變電阻，如圖 5-100(a)所示，或在串激式電動機之磁場繞組兩端並聯一可變電阻，如圖 5-100(b)所示，以調變磁通ϕ，使得電動機之速度改變。

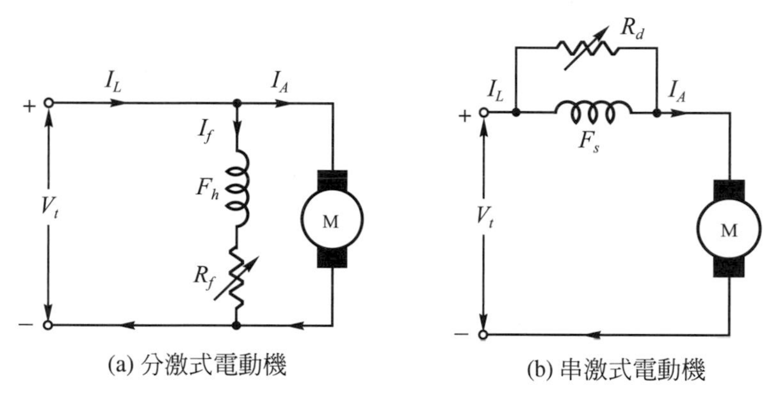

(a) 分激式電動機　(b) 串激式電動機

圖 5-100　磁場控速法

當電動機的磁場電阻改變時，其轉矩與轉速之變化如何呢？當磁通ϕ減少，速度必增加，然速度之增加較爲緩慢，反電勢得立即響應磁通量之減少而降低，遂引起甚大的電樞電流，由於電樞電流增加之效果遠大於磁通減少的效應，故所產生的電磁轉矩，在此瞬間大於負載所需，使得電機加速，一旦加速後，反電勢便又上昇，電樞電流下降直到電機穩定下來。

綜合上述，若磁場電阻增加時，在分激電動機之變化情形，可歸納如下：

(1) 增加磁場電阻R_f，使$I_f=\dfrac{V_t}{R_f\uparrow}$減少。

(2) 磁場電流I_f減少，則磁通ϕ亦減少。

(3) 磁通ϕ減少，使$E=K_a\phi\downarrow n$減少。(在此瞬間，因電樞之轉動慣量之關係，其轉速n視爲不變)。

(4) 電勢E減少，使$I_A=\dfrac{V_t-E\downarrow}{R_a}$增加。

(5) 電樞電流I_A增加，使轉矩$T=K_t\phi\downarrow I_A\uparrow$增加。(因磁通量的少許減少，必導致電樞電流之大增，請參考例 5-25 計算的結果。)

(6) 由於轉矩T增加，造成電動機加速，即轉速增加。

⑺ 轉速增加，使$E=K\phi n\uparrow$反而增大。

⑻ 電勢E增大，使得電樞電流I_A減少。

⑼ 電樞電流減少，使轉矩T亦減少，直到電動機穩定後且較原先為高的速度下運轉。

又當減少磁場電流，使速度增高時，則電樞中的電抗電壓亦增高，將引起整流困難，並且會使電樞反應之去磁作用增大，引起速度的不穩定，此是本控制方法之缺點。故一般場控制範圍，在小型直流電動機為1：3；大型電機則為1：2之程度，如欲得較大的速度控制範圍，則應加裝補償繞組，但其控速範圍仍限制在1：5～1：6。

總之，此控制法是最簡單、有效而費用低，且效果好，速度調整率佳，所以一般普遍受使用。

例 5-25

有一10馬力，110伏直流分激式電動機，電樞電阻為0.08歐姆，在額定電壓與滿載時，其轉速為900rpm，電樞電流為75安培，設突然增加磁場電阻，使得磁通量減少10％，但負載維持不變之情況下，試求：

⑴在此瞬間之反電勢為多少？

⑵同此瞬間之電樞電流為多少？

⑶同此瞬間之電磁轉矩為多少？

⑷穩定後之電樞電流及轉速為多少？

解

⑴原來滿載時之反電勢$=V_t-I_AR_a=110-75\times0.08=104$[伏]

由於突然改變磁場電阻，假設在此瞬間，電樞之轉速因慣性關係，不克立即改變，但磁通量減少10％，故在此瞬間之反電勢為：

$$E=104\times\frac{90}{100}=93.6\text{[伏]}$$

⑵同此瞬間之電樞電流

$$I_A=\frac{V_t-E}{R_a}=\frac{110-93.6}{0.08}=205\text{[安]}$$

⑶原來滿載時之電磁轉矩$=\dfrac{104\times75\times60}{2\pi\times900}=82.8$[牛頓-公尺]

同此瞬間之電磁轉矩T為

$$T = 82.8 \times \frac{90}{100} \times \frac{205}{75} = 203.7[牛頓\text{-}公尺]$$

(4)穩定後，由於負載維持不變，也就是說其轉矩仍應為 82.8[牛頓-公尺]。故

電樞電流$I_A = \dfrac{75}{0.9} = 83.33$[安]

穩定後之反電勢 $= 110 - 83.33 \times 0.08 = 103.33$[伏]

穩定後之轉速 $= 900 \times \dfrac{103.33}{104} \times \dfrac{100}{90} = 994$[rpm]

2. 電樞電阻控速法

把一可變電阻插入在分激式或串激式電動機的電樞電路中，如圖 5-101 所示。若將所串接之電阻調大，使得其電壓降增加，故使得電動機的轉速下降。由於串接電阻會使功率大量的損耗，因此這種控速方法較少使用。

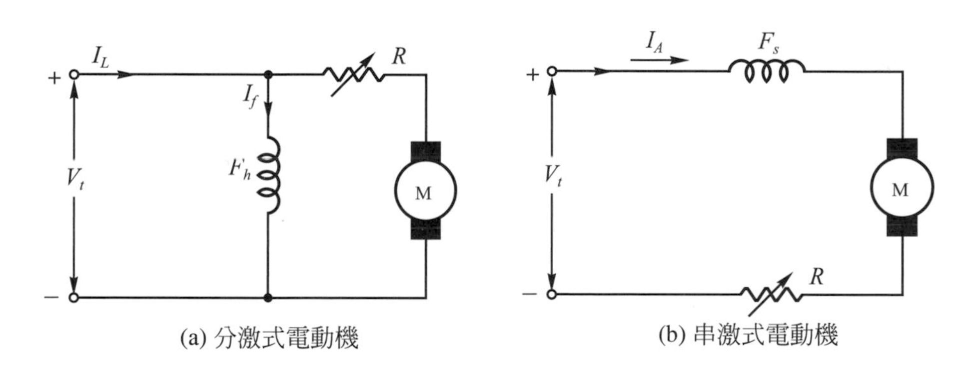

圖 5-101　電樞電阻控速法

3. 電樞電壓控速法

這種控速方法是維持電動機之磁通量不變，改變電樞兩端的外加電壓來達到改變轉速之目的。

在電樞電壓控速方法中，較低的電樞電壓時轉速較慢，較高的電樞電壓則可得較高的轉速，因此當電壓達到電樞所能允許的最高值時，電動機有一最高速度。電樞電壓控速方法僅能控制電動機基本轉速以下的速度，而不能控制基本轉速以上的速度，如果以電樞電壓來控制基本轉速以上的速度，則可能對電樞電路造成損害。

磁場控速法可以改變基本轉速以上的速度，而電樞電壓控制可以改變基本轉速以下的速度，將這兩種方法結合可以得到範圍很寬的調速範圍。然而在這兩種控制方法下，電機的轉矩和功率的極限有顯著的差異，電樞導體的溫度是主要的限制因數，它限制了電樞電流I_A的大小。

在電樞電壓控速中，電動機的磁通是固定值。若電樞電流之最大值為$I_{A,\max}$時，則電動機的最大轉矩$T_{\max}$為

$$T_{\max} = K\phi I_{A,\max} \tag{5-67}$$

式(5-67)中的最大轉矩和電動機的旋轉速度無關，而電動機的輸出功率為$P = T\omega$，因此電樞電壓控速法中，電動機在任何轉速的最大輸出功率為

$$P_{\max} = T_{\max}\omega \tag{5-68}$$

由式(5-68)得知，在電樞電壓控速法中，最大輸出功率與電動機的轉速成正比例。

當使用磁場控速時，速度隨磁通的減少而增加，為了不使電樞電流超過限制值，其電磁轉矩必須隨著電動機速度的增加而減少。由於$P = T\omega$，因此在磁場控速中，電動機的最大輸出功率是為一固定值，同時最大轉矩和電動機的轉速成反比。如圖 5-102 所示為分激式直流電動機的磁場控速法與電樞電壓的控速法的轉矩及功率限制曲線。

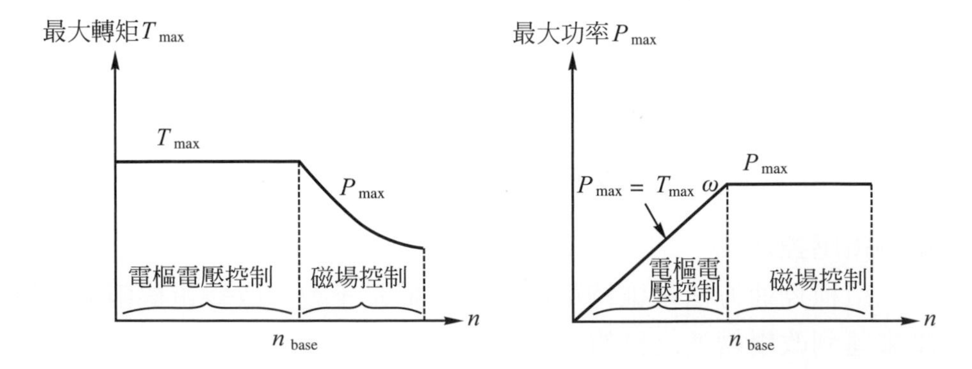

圖 5-102　分激式直流電動機之磁場控制和電樞電壓控制之功率及轉矩限制曲線

華德-黎翁納德(Ward-Leonard)控速方法便是上述之電壓控速及磁場控法的應用之一，如圖 5-103 所示為其電路。由圖中知，發電機G為他激發電機，改變其磁場電阻F_{R1}時，則所產生之感應電勢亦隨之變動，可由很小值至最大值，故電動機M能夠獲得高效率而廣範速率控制，又如改變電動機本身的磁場電阻F_{R2}，亦同樣能夠使得轉速改變。

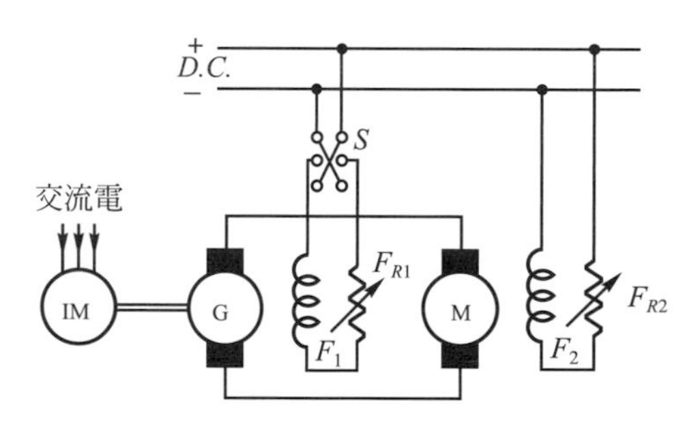

圖 5-103　華德-黎翁納德控速法之電路

4. 固態控制

近年來由於固態電子的發展，已很普遍的使用閘流體(thyristor)作為直流電動機之速度控制。其控制方法很多，而目前較常用者有：①相位控制(phase control)，②截波器控制(chopper control)兩種。

⑴ 相位控制：當電源是交流電時，可利用閘流體控制電路的相位，以得到大小可以改變的直流電壓，此直流電壓接到直流電動機之電樞兩端，便能夠控制其速度。

① 半波整流速度控制法：如圖 5-104 所示為半波整流速度控制電路和波形。圖 5-104(a)中閘流體是與電樞接成串聯，可由控制閘流體的點火角(ignition angle)，以改變輸入到電樞之電壓，而達到控速之目的。

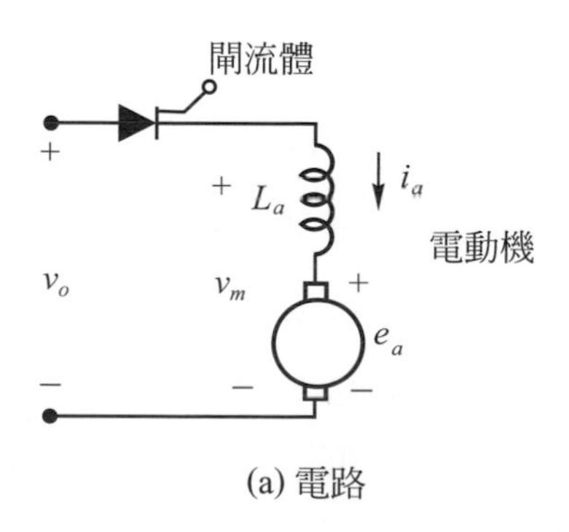

(a) 電路

圖 5-104　半波整流速度控制電路和波形

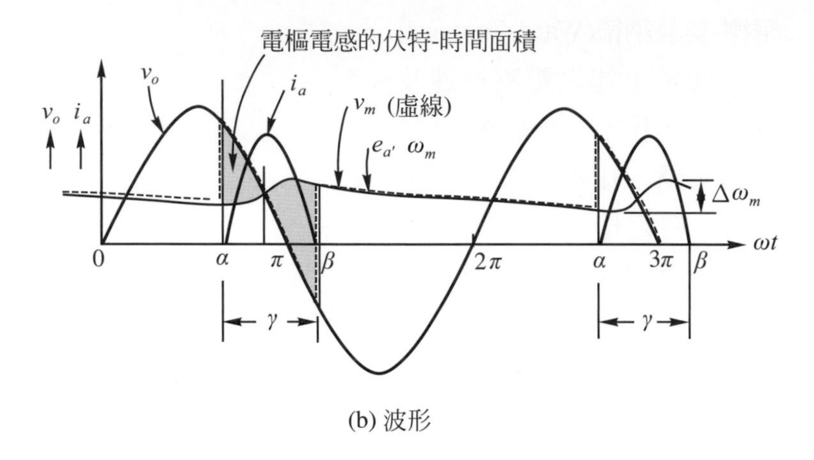

(b) 波形

圖 5-104 半波整流速度控制電路和波形(續)

在圖 5-104(b)中，當線電壓v_o大於電動機電壓v_m及閘極脈波加在閘流體時，電樞電流i_a的脈波在點火角α產生。電流脈波繼續到$\omega t=\beta$時才降回零，總共導電角γ；在β處閘流體斷路，一直到$\omega t=2\pi+\alpha$時才接受下一個閘極脈波。電樞電感電壓v_1的伏特-時間面積以陰影代表。在電流i_a到達零時，其正面積和負面積相等，代表磁通鏈歸回到原來值，並把儲存的磁場能量送回電路。如需要相同轉速時有更大的轉矩，則角度α要向前移；電流脈波的振幅及導電角增加，而速度之降落也更嚴重。在同一轉矩要取得較高速度時，α角必須向前移，使得導電時間發生於較接近線電壓波v_o之峰值處。

在導電期間，電樞電路的方程式為

$$v_o = i_a R_a + L_a \frac{di_a}{dt} + e_a \tag{5-69}$$

將此方程式對整個導電期間積分為

$$\int_{\alpha/\omega}^{\beta/\omega} v_o dt = R_a \int_{\alpha/\omega}^{\beta/\omega} i_a dt + L_a \int di_a + \int_{\alpha/\omega}^{\beta/\omega} e_a dt \tag{5-70}$$

對式(5-70)中各項之說明須小心，因積分範圍的期間末了，電流i_a恢復至原始之值，故電感一項為零。左側項只能在導電期間積分，此段期間閘流體導電而電壓v_o是線電壓的一部份。每項可用導電週期r/ω來除，故

$$V_m' = I_A' R_a + E_a' \tag{5-71}$$

式中

V_m'：在整個導電期間加在電動機的平均電壓，是線電壓的一部份

I_A'：在整個導電期間的平均電流

E_a'：在整個導電期間的平均電樞電勢

假使以線電壓來表示一循環內整個週期的平均值，可將上式撇號去掉，即

$$V_m = I_A R_a + E_a \tag{5-72}$$

式中

V_m：電動機端的平均電壓

I_A：平均電樞電流

E_a：平均電樞所產生的電勢$=K_m\Omega_m$

Ω_m：平均電動機的轉速

有撇號與沒有撇號的關係爲

$$I_A = \frac{\omega}{2\pi}\int_0^{2\pi} i_a\,dt = \frac{\omega}{2\pi}\int_{\alpha/\omega}^{\beta/\omega} i_a\,dt = \frac{\gamma}{2\pi}I_A' \tag{5-73}$$

又線電壓每週期平均輸入功率爲導電期間平均輸入功率的$\gamma/2\pi$倍，故

$$E_a I_A = \frac{\gamma}{2\pi}E_a' I_A' \tag{5-74}$$

比較式(5-74)與式(5-73)兩式，得

$$E_a = E_a' \tag{5-75}$$

在5-7節中所得之電磁轉矩T與產生的電勢E之關係，於磁場磁通不變時，若令$K_m = \dfrac{PZ}{2\pi a}\phi$，則$T = K_m I_A$，而$E = K_m\omega_m$。

在機械系統中，轉矩的方程式爲

$$T = K_m i_a = T_L + J\frac{d\omega_m}{dt} \tag{5-76}$$

將方程式對整個線電壓週期積分

$$K_m\int_0^{2\pi/\omega} i_a\,dt = \int_0^{2\pi/\omega} T_L\,dt + J\int d\omega_m \tag{5-77}$$

可求得

$$K_m I_A = T_L \tag{5-78}$$

式(5-72)與式(5-78)說明平均轉速Ω_m和平均負載轉矩T_L的關係可用平均電動機之電壓V_m和平均電流I_A來表示，就像是一直流電動機運轉在一固定直流電源一般，利用此式來求出工作情況應小心，由於電動機的平均電壓V_m'並不是獨立變數；點火角α通常是一獨立變數，而電動機的平均電壓則是角度α和導電角γ的函數。

上述控速法的缺點有：①利用效率不高，由於電樞電流以很短的脈波出現，電流的均方根值遠大於其平均值，因而在電樞上產生很大熱量。若欲獲得額定馬力則需要加裝冷卻裝置，或是將額定容量降低。②在導電週期之間電動機轉速下降，並且在高轉矩與低轉速時，其轉速的變動量很大。③半波電路會把直流分量引入電源線路，如此會使電源變壓器的鐵心飽和，而引起其他問題。其解決的方法是改用單相全波電路或是三相電路。

② 全波整流速度控制法：全波整流控速電路如圖 5-105 所示，在圖中，交流電壓經變壓器，在二次側感應兩組電壓經二極體D_1和D_2全波整流後，供給電動機的分激繞組N_f，以產生一定的磁通量。並且由SCR_1和 SCR_2控制相位角，使得供給電樞之平均電壓能夠加以控制，故可控制其轉速。

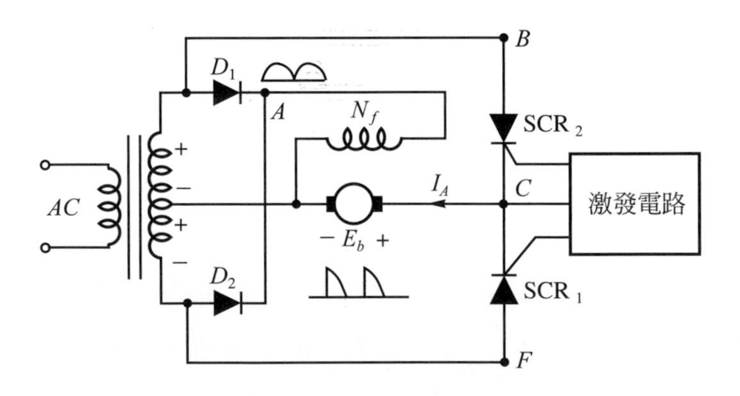

圖 5-105 全波整流控速電路

③ 三相半波閘流體速率控制：三相電源常用在 5 馬力或更大的直流電動機驅動系統。而三相整流電路能夠供給更多的電壓脈波，使電樞電流在一週中有較大部份通過，增加了電流平均值對其均方根值之比率，因而減少電樞發熱。又由於功率係取自三相系統，故比單相系統能供應更大的功率。

如圖 5-106 所示是三相半波驅動系統之電路。圖中有三相相連的閘流體，當閘流體 I 點火時，電壓v_{an}施加於電動機上；當 II 閘流體點火時，電壓v_{ba}施加於電動機；同樣的 III 閘流體點火時，換v_{ca}施加於電動機。且沒有二只閘流體同時導電，因當其中之一在最高電壓時，會使其他兩只閘流體產生反向偏壓而熄火。又在正常運轉中，當其中之一閘流體之閘極被點火的那一瞬間，於此一極短之瞬間其餘兩只閘流體會同時導電，以使其支路電感的電流降到零。

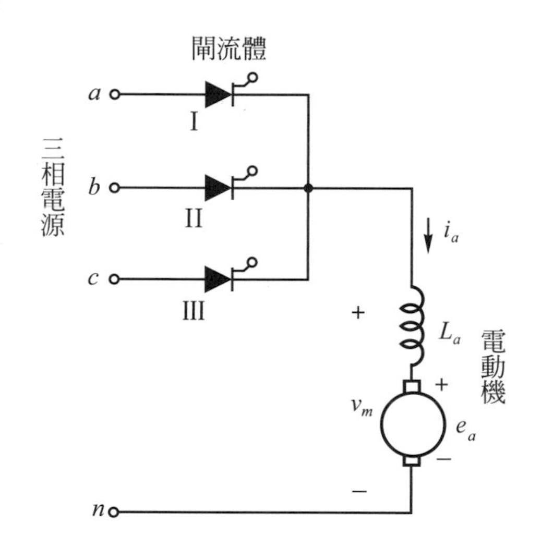

圖 5-106　三相半波驅動系統的電路

一對三相半波電路常用在反向驅動，一組閘流體供給電動機正電壓；另一組供給負電壓。利用閘流體的閘極信號，可以對電動機作任一方向的轉速控制。

(2) 截波器控制：當電源是直流電源時，則使用截波器來改變輸入到電動機電樞之電壓，以達到改變速度之目的。一般而言，截波器控制較複雜，成本也較高。但它具有效率高、連續控制等優點。

如圖 5-107 所示是接有串激電動機的截波器的簡圖。截波器由固定直流電壓V_o供應電源，可以控制平均電動機電壓V_m從零到V_o。閘流體作用像一個開關，以頻率數百赫的速度作開關的動作。在閘流體中，開-閉的相對時間決定平均電動機電壓。在閘流體通電時，無法把自己打開以斷電，需要一換向電路把負電壓加在閘流體，大約經 40 微秒才把自己打開。此換向電路圖中用一個開關取代。

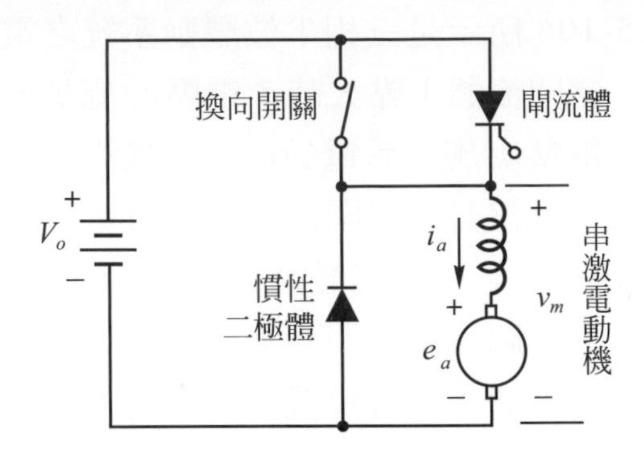

圖 5-107　截波器控制系統的簡圖

如圖 5-108 所示是電動機之電壓和電流的波形。在圖 5-108(a)中，截波器輸出電動機電壓大約 $0.2V_o$。在$t=0$，閘流體由閘信號起動，蓄電池送出電樞電流i_a，在電路電感吸收V_o及電樞電動勢e_a間差的伏特-時間面積時i_a上升。到了時間t_1後，閘流體斷路，電樞電流經慣性二極體而減弱，這時儲存在電路電感的能量送到電樞。二極體在此作電樞電流的通路，使電流不必流經外路電路。而調整開-關時間t_1/t_2的比率，可以增加平均電動機電壓如圖 5-108(b)所示。

截波電路需要電感來儲存能量。在串激電動機，可把磁場繞組作電感用。但分激電動機則用外部電感器。截波器可用脈波寬或脈波頻率控制。電動機的運轉可視爲由電壓而非電阻來控制，因平均電動機電壓V_m和電樞電流無關。

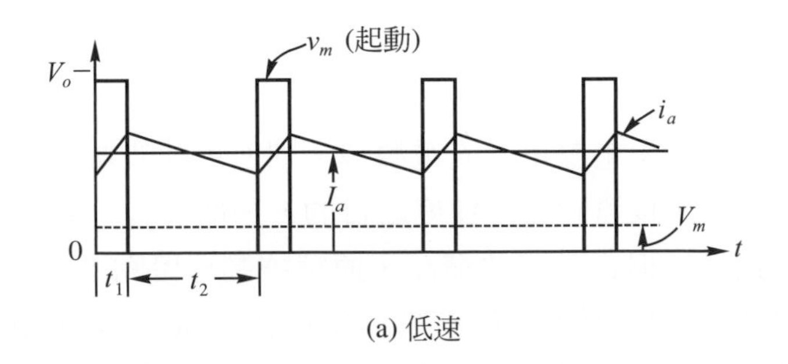

(a) 低速

圖 5-108　電動機在低速時和高速時之電壓和電流的波形

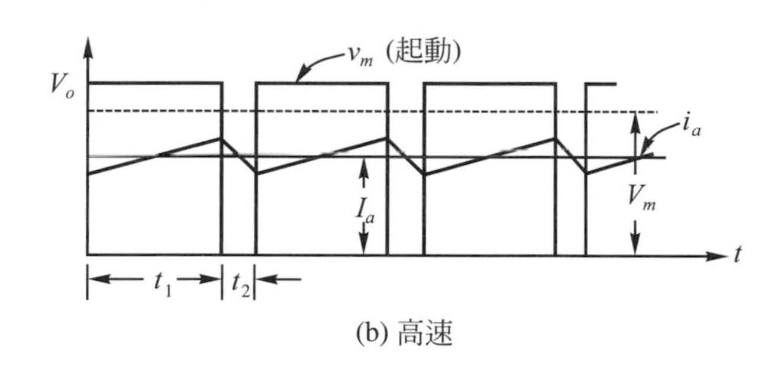

(b) 高速

圖 5-108 電動機在低速時和高速時之電壓和電流的波形(續)

習題

一、選擇題

( ) 1. 就直流電機而言下列何者錯誤？
(A)波繞繞組適用於高電壓低電流電機
(B)疊繞繞組的電機有時須虛設線圈
(C)使用均壓線時須相隔兩個極距 360°電機角度
(D)均壓線所載的電流是交流。

( ) 2. 欲建立自激式發電機電壓，其必要條件
(A)場電阻大於臨界電阻，速率低於臨界值
(B)場電阻小於臨界電阻，速率高於臨界值
(C)場電阻及速率均大於臨界值
(D)場電阻與速率皆小於臨界值。

( ) 3. 將直流發電機的轉速增大為原來的 2.5 倍，磁通密度減少為原來的 0.8 倍，則所生的電勢為原來的
(A)0.32 倍 (B)2 倍 (C)2.5 倍 (D)0.8 倍。

( ) 4. 某 6 極直流發電機單式疊繞，設其電動勢 300V 電樞電流 120A，若導體數不變下改為雙分波繞時，則其電樞電流及電動勢分別為
(A)240A，600V (B)40A，900V (C)80A，450V (D)60A，500V。

( ) 5. 直流發電機的無載特性曲線，指下列何者關係曲線？
(A)端電壓與負載電流 (B)端電壓與激磁電流
(C)應電勢與負載電流 (D)應電勢與激磁電流。

( ) 6. 某分激發電機場電阻R_a= 100Ω，額定應電勢E_a= 120V，若額定輸出 10kV、100V，則其電樞電阻為
(A)0.165 (B)0.198 (C)0.218 (D)0.345 Ω。

( ) 7. 串激發電機的外部特性曲線可知，其適合用於
(A)恆壓 (B)恆速 (C)恆流 (D)恆轉矩之負載。

( ) 8. 直流複激發電機中，何者當負載增加時端電壓上升？
(A)平複激 (B)差複激 (C)欠複激 (D)過複激。

( ) 9. 下列何者不是分激發電機並聯條件
(A)電壓相同 (B)具有下垂特性之外部特性曲線
(C)容量相同 (D)負載分配與容量成正比。

( ) 10. 直流電機中有他激式與自激式兩種，其不同之處在
(A)激磁方式 (B)電壓特性 (C)用途 (D)軸心位置。

( ) 11. 有關直流電機電樞反應之影響，下列何者錯誤？
(A)造成換向困難 (B)減少有效磁通
(C)降低發電機之感應電勢 (D)增加電動機之轉矩。

( ) 12. 直流發電機之負載特性曲線係指
(A)端電壓與激磁電流 (B)電樞電勢與電樞電流
(C)端電壓與負載電流 (D)電樞電勢與激磁電流 之間的關係曲線。

( ) 13. 電樞反應分別使直流電動機，發電機磁中性面依旋轉方向
(A)順向、逆向 (B)順向、順向
(C)逆向、順向 (D)逆向、逆向偏轉一α角度。

( ) 14. 某四極直流電機、電刷在中性面上前移10°機工角，則其去磁安匝為交磁安匝的 (A)$\frac{2}{9}$倍 (B)$\frac{1}{7}$倍 (C)$\frac{7}{9}$倍 (D)$\frac{2}{7}$倍。

( ) 15. 電樞反應使電動機
(A)速率減低 (B)電流增加 (C)感應電勢增加 (D)轉矩減弱。

( ) 16. 若將直流電動機的電刷依旋轉方向移動α角度時，則電樞反應
(A)加磁、交磁 (B)去磁、交磁 (C)只有交磁 (D)只有去磁。

( ) 17. 電樞線圈的理想換向是
(A)直線換向 (B)過速換向 (C)欠速換向 (D)正弦換向。

( ) 18. 直流電機裝設補償繞組的目的在於
(A)增強電樞磁場 (B)增加轉速 (C)減少電樞反應 (D)增強主磁場。

( ) 19. 減低電樞反應在磁路上應
(A)增加極尖處磁阻 (B)增加極身的磁通
(C)減少極身的磁通 (D)減少極尖處的磁阻。

( ) 20. 換向磁極的線圈應和
(A)電樞電路串聯 (B)主磁場電路串聯
(C)電樞電路並聯 (D)主磁場電路並聯。

(　)21. 自旋轉方向看，直流發電機之主磁極 NS 與中間極 ns 之排列順序爲
(A)NsSn　(B)NnSs　(C)SnsN　(D)SsnN。

(　)22. 下列敘述何者正確
(A)直流發電機，電刷移位不足，產生低速換向
(B)直流發電機，電抗電壓E_r大於換向電壓E_c，產生過速換向
(C)直流電動機，過速換向時，前電刷邊發生火花
(D)直流電動機，欠速換向時，前電刷邊發生火花。

(　)23. 有一直流電動機，P表極數，ϕ表每極磁通，Z表電樞導體數，I_a表電樞電流，a表並聯路徑，則轉矩公式應爲
(A)$\frac{PZ}{2\pi a}$　(B)$\frac{PZ}{60}\times\phi\times n$　(C)$\frac{PZ}{60a}\times\phi\times I_a$　(D)$\frac{PZ}{2\pi a}\times\phi\times I_a$。

(　)24. 有一直流分激電動機，測其電樞端電壓 200V 電樞電流 25A，轉速 1800rpm，電樞電阻 0.16Ω，若不考慮電機反應及電刷壓降下，則此電機之電磁轉矩[kg-m]？　(A)2.83　(B)2.76　(C)2.65　(D)2.57。

(　)25. 下列有關直流電動機之敘述，那一項錯誤？
(A)欲改變轉向，只要改變激磁電流或電樞電流之任一項之方向即可
(B)欲將直流發電機當電動機用，其接線不必改變
(C)間極之極性與直流發電機相同，順轉向與下一主極之極性相同
(D)感應電勢爲反對電流之方向。

(　)26. 某部直流電動機之電樞電流爲 50 安培時，其產生的轉矩爲 100 牛頓-公尺，若磁場強度減爲原來的 80%，而電樞電流增爲 80 安培時，則其產生的轉矩變爲多少牛頓-公尺？
(A)125　(B)128　(C)131　(D)137。

(　)27. 直流他激式電動機的電磁轉矩爲 50Nt-m，電樞電流 25A，轉速 1800rpm，則其反電勢約爲多少　(A)80π　(B)100π　(C)120π(D)140π　伏特。

(　)28. 直流分激式電動機的啓動電阻是與
(A)電樞串聯　(B)電樞並聯　(C)場繞組串聯　(D)場繞組並聯。

(　)29. 有一四極直流電動機，端電壓 230V 電樞電阻 0.4Ω，每極磁通 0.018Wb 電樞導體數 600 根，滿載電樞電流 80A，採單式疊繞，則其滿載轉速
(A)900　(B)1000　(C)1100　(D)1200　rpm。

(　)30. 直流電動機的轉速與磁通
(A)成正比　(B)成反比　(C)平方成正比　(D)平方成反比。

(　)31. 當啓動直流分激式電動機，需將磁場電阻置於
(A)最大處　(B)最小處　(C)任意大小均可　(D)以上皆非。

(　)32.下列有關直流電動機磁場控制法(場磁通控制法)之敘述何者錯誤？
(A)速率調整率佳　(B)簡單有效　(C)費用低　(D)轉速n與場磁通ϕ成正比。

(　)33.下列有關直流串激式電動機特性實驗之敘述何者錯誤？
(A)在無載時，有飛脫之危險
(B)當磁路飽和後，轉矩與電樞電流的特性曲線是一個三次曲線
(C)在磁路未飽和時，轉矩與電樞電流的特性曲線爲一拋物線
(D)直流串激電動機爲一變速馬達。

(　)34.某 150 伏特之分激電動機，其分激場電阻爲 50 歐姆，電樞電阻爲 0.5 歐姆，滿載時線電流爲 50A，電刷壓降爲 2 伏特，轉速爲 1800rpm，若不考慮電樞反應，則滿載時之反電勢爲
(A)115.5 伏特　(B)120.5 伏特　(C)124.5 伏特　(D)130.5 伏特。

(　)35.某分激式直流電動機之無載轉速 1300rpm，已知其速率調整率爲 5%，則滿載轉速約爲多少 rpm？
(A)1220rpm　(B)1238rpm　(C)1254rpm　(D)1267rpm。

(　)36.下列有關直流電機效率的敘述何者正確？
(A)鐵損等於銅損時產生最大效率
(B)渦流損等於鐵損時產生最大效率
(C)渦流損等於銅損時產生最大效率
(D)鐵損加上渦流損等於銅損時產生最大效率。

(　)37.有關直流電機的效率何者敘述正確？
(A)$\eta=\frac{\text{輸入}}{\text{輸出}}\times 100\ \%$　(B)$\eta=\frac{\text{輸入}-\text{損失}}{\text{輸出}}\times 100\ \%$
(C)$\eta=\frac{\text{輸出}+\text{損失}}{\text{輸出}}\times 100\ \%$　(D)$\eta=\frac{\text{輸入}-\text{損失}}{\text{輸入}}\times 100\ \%$。

(　)38.直流他激式電動機，電樞電壓 220V，電樞電流 20A，轉速 1510rpm，若其負載轉矩變成 2 倍，則其轉速變成多少rpm？(設電樞電阻 0.2Ω)
(A)1374　(B)1426　(C)1455　(D)1482。

(　)39.運轉中之分激直流電動機，若將電源端互相對調，則
(A)馬達停轉　(B)馬達燒毀
(C)馬達仍常運轉，轉向不變　(D)馬達照常運轉，轉向改變。

(　)40.下列種損失與負載大小無關
(A)機械損　(B)銅損　(C)串激繞組損失　(D)電刷壓降損失。

(　)41.某分激電動機自 220V 電流取用 60A 電流，若其總損失 2640W，則其效率爲　(A)80%　(B)85%　(C)90%　(D)95%。

(　)42.10HP，110V 之分激電動機效率 88%電樞電阻 0.08Ω場電流 2A，則電樞電流　(A)77A　(B)75A　(C)79A　(D)80A。

(　)43.電機的電樞採用斜形槽是爲了
(A)增大轉矩　(B)減少噪音　(C)減少鐵損　(D)啓動容易。

(　)44.6 極單式疊繞組，36 換向片之均壓連接採用 50%均壓線數爲
(A)36　(B)24　(C)12　(D)6。

(　)45.某直流機 8 極，假設電樞導體數一定，則繞成波繞時，流經每根導體之電流爲疊繞時的　(A)8　(B)4　(C)$\frac{1}{4}$　(D)$\frac{1}{8}$。

二、計算題

1. 一部 40 仟瓦，300 伏之分激式發電機，電樞電阻 0.04 歐，磁場電阻爲 100 歐，試求滿載時之電勢及功率各多少？
2. 一部 400 仟瓦，600 伏之直流發電機，若其效率爲 93%，試求其送出之電流及運轉所需之馬力數爲多少？
3. 一分激式發電機，其無載電勢爲 140 伏，電壓調整率爲 12%，滿載時輸出電流爲 100 安，試求此發電機額定功率爲多少？
4. 一部 4 極之直流電動機，每極之磁通數爲 4×10^{-2}韋伯，電樞電路之分路數爲 4，電樞繞組之圈數爲 60，每線圈之匝數爲 2 匝，轉速爲 1000rpm，若電樞電流爲 45 安培，試求：
⑴電樞產生之機械功率爲多少？
⑵電樞產生之轉矩爲多少？
5. 一 32 馬力，220 伏特，每分鐘 1400rpm 分激式電動機，其效率 85%，電樞電阻爲 0.15 歐姆，分激磁場電阻爲 110 歐姆。試求：
⑴滿載時之線路電流及電樞電流爲多少？
⑵滿載時之轉矩爲多少？
⑶滿載時所發生之反電勢爲多少？
⑷電樞電流增加 60%時，則轉矩及速率各爲若干？(設磁通爲定值，不受電樞反應影響。)

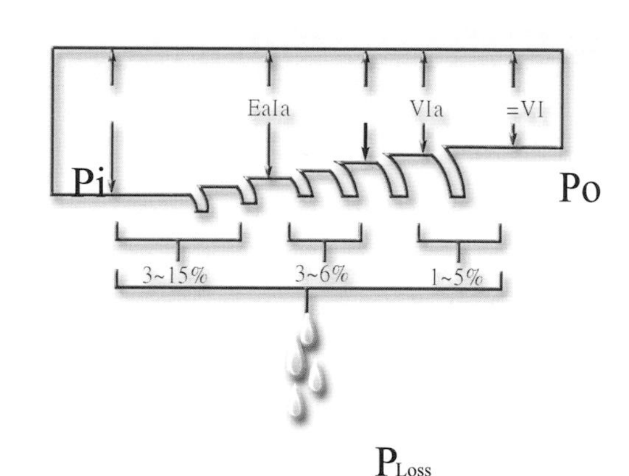

分數馬力交流電動機

學習綱要

6-1 單相感應電動機的構造
6-2 雙旋轉磁場
6-3 分相式電動機
6-4 電容式電動機
6-5 蔽極式電動機
6-6 單相感應電動機的等效電路
6-7 單相感應電動機的轉矩
6-8 萬用電動機
6-9 推斥式電動機
6-10 單相同步電動機
6-11 測力計
6-12 步進電動機

6-1 單相感應電動機的構造

單相電動機通常可以概括的分爲兩大類，其一爲感應電動機(inductor motor)，另一爲換向電動機(commutation motor)。感應電動機採用鼠籠型轉子和適當的起動設備。換向電動機和直流電動機相似，有換向器(commutator)與電刷(brush)等構成。每類電動機又有許多型式，列舉如下：

1. 單相感應電動機
   (1) 分相式電動機(split-phase motor)。
   (2) 電容器式電動機(capacitor motor)。
   (3) 蔽極式電動機(shaded-pole motor)。
2. 單相換向電動機
   (1) 推斥式電動機(repulsion motor)。
   (2) 串激式電動機(series motor)。

單相感應電動機仍由定子與轉子兩主要部分組成，如圖 6-1 所示爲它的結構圖。轉子與三相鼠籠型感應電動機相同，但是定子只有單一主繞組，即定子繞組僅有一相而已，因此在空隙中所產生之磁動勢爲一脈動駐波，而不似三相感應電動機之旋轉磁場，故無法自行起動，因此必須加裝一輔助繞組，以達成起動之目的。如圖 6-2(a)所示爲分相式電動機的剖視圖。圖 6-2(b)爲電容式電動機的分解圖。

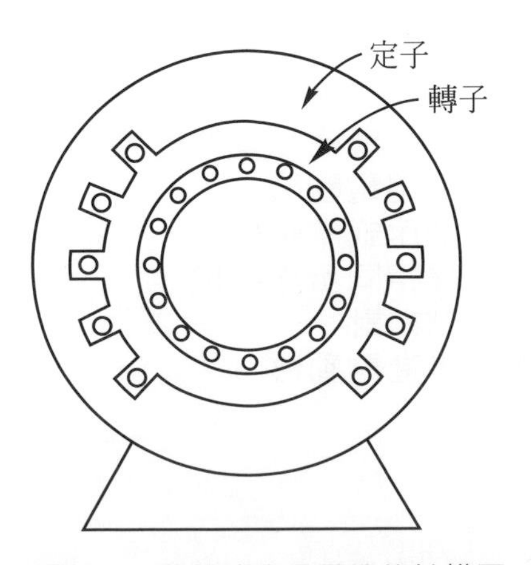

圖 6-1　單相感應電動機的結構圖

(a) 分相式電動機的剖視圖

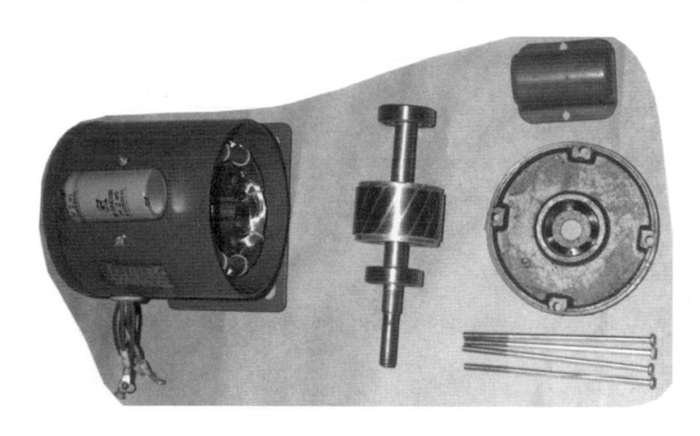

(b) 電容式電動機的分解圖

圖 6-2　單相電動機

6-2　雙旋轉磁場

所謂"雙旋轉磁場理論(double revolving-field theory)"，它是將脈動的磁場分解爲二個大小相等而方向相反的旋轉磁場。感應電動機的轉子分別對每一個磁場起反應，因此其淨轉矩爲二個磁場所產生轉矩的和。

當單相感應電動機的定子繞組輸入一單相交流電源時，則所產生之磁勢是爲一脈動的駐波。設在某一瞬間流入定子繞組之電流方向爲正時，它所產生的磁場就如箭頭所示，其磁軸係在AC線上，如圖 6-3 所示。又於另一瞬間電流反向時，則所建立的磁場亦反向，但其磁軸的位置不變，仍然是在AC線上。

故在氣隙中所產生的磁勢波如圖 6-4 所示。設此磁勢之最大值為$F_{1(peak)}$，則在空間某θ處之磁勢為：

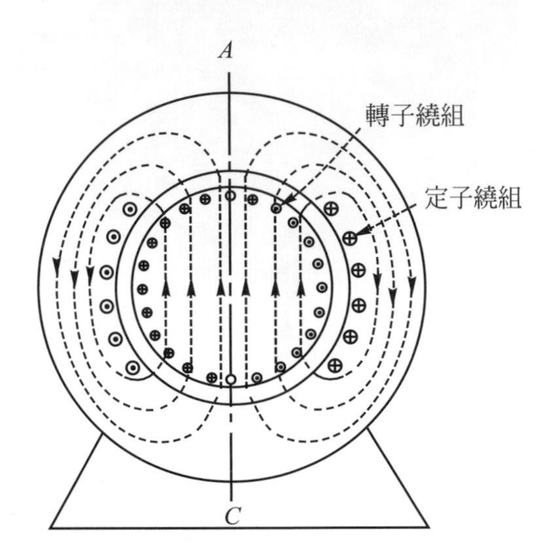

圖 6-3 單相感應電動機的定子繞組通一單相交流電時之情形

$$F_1 = F_{1(peak)} \cos\theta \tag{6-1}$$

式中θ為以定子繞組之磁軸作為參考基準的空間角(即電機角)。而產生此磁勢之電流$i = I_m \cos\omega t$，亦是為正弦函數，因此如第 2-3 節中所述，此磁勢F_1的空間分佈曲線上最大值$F_{1(peak)}$可表示為

$$F_{1(peak)} = F_{1(max)} \cos\omega t \tag{6-2}$$

式中$F_{1(max)}$係為當電流值最大時在定子繞組軸所產生的磁勢值。並將式(6-2)代入式(6-1)中，得

$$\begin{aligned} F_1 &= F_{1(max)} \cos\theta \cos\omega t \\ &= \frac{1}{2} F_{1(max)} \cos(\theta - \omega t) + \frac{1}{2} F_{1(max)} \cos(\theta + \omega t) \end{aligned} \tag{6-3}$$

式(6-3)之右邊兩項即為進行波分量方程式。第一項是最大值為 $1/2F_{1(max)}$之正弦函數，係以同步轉速向正方向旋轉之磁動勢，稱為順向旋轉磁動勢波(forward rotating mmf wave)。第二項的最大值也是 $1/2F_{1(max)}$，則以同步轉速向反方向旋轉之磁動勢，稱為反向(backward)旋轉磁動勢波。此二項分量在空間內以同樣之速度，但不同之方向而旋轉前進，故稱為定幅進行波(constant-amplitude traveling wave)如圖 6-4 所示。

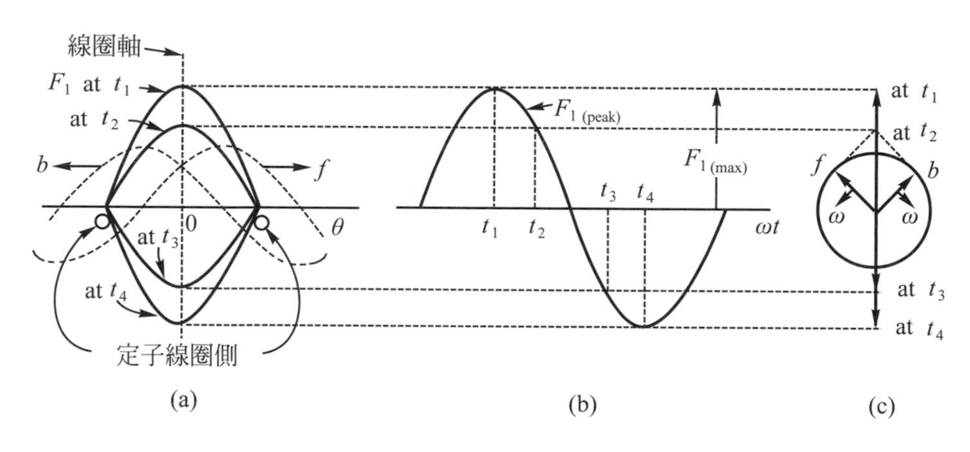

圖 6-4 單相電動機在氣隙中之磁勢波的變化情形

當只考慮順向旋轉磁場與轉部繞組之關係時，由於旋轉磁場係在空間轉動，因而可構成如三相感應電動機之動作原理一般，會在轉部繞組上感應電壓及短路電流而產生轉矩，故可得到一組由順向旋轉磁場所產生之轉矩-轉速特性曲線，如圖 6-5 之 f 所示。同理反向旋轉磁場也會和轉部繞組構成感應而得到另一組轉矩-轉速特性曲線，如圖 6-5 之 b 所示。在任一速度下，轉部所受到之力或轉矩恰等於此二轉矩(順向轉矩與反向轉矩)之和，如圖 6-5 中之實線所示。顯然只要轉速大於零(順向旋轉)，則合成轉矩也大於零而驅動轉軸以順向旋轉；若轉速小於零，則合成轉矩小於零而驅動轉軸以反向旋轉。然而靜止時的合成轉矩卻爲零而無法起動感應電動機，顯然必須先靠其它的方法予以起動之後，才能正常之運轉。一旦起動後，轉部即朝著起動之方向作連續而穩定的運轉。

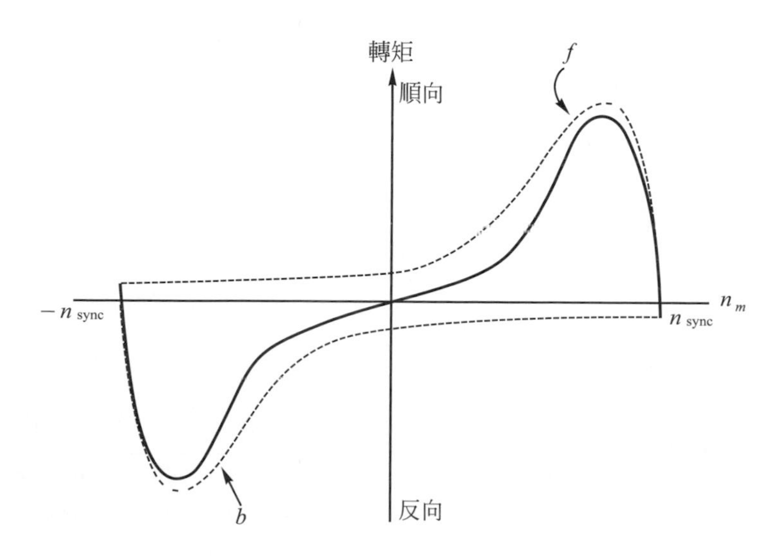

圖 6-5 單相感應電動機之雙旋轉磁場的轉矩

6-3 分相式電動機

分相式電動機的定子有兩繞組，一爲主繞組(main winding或稱運行繞組)，一爲輔助繞組(auxiliary winding 或稱起動繞組)。主繞組用較粗的導線繞在槽的內層，電阻小而電感大；輔助繞組用較細的導線繞在槽的外層，電阻大而電感小。兩繞組在空間上相差90°電機度而並聯於單相電路，用電阻或電容與輔助繞組串聯，可使其電流對主繞組中的電流有一適當的時間相位差，故分相電動機可依此分爲電阻分相式與電容分相式兩種。

分相式電動機的接線圖如圖 6-6(a)所示，當單相交流電源加在電動機時，因輔助繞組的X/R比值較主繞組小，故流經輔助繞組的電流I_a的時相，越前主繞組的電流I_m，如圖 6-6(b)所示。因此定部磁場先在輔助繞組軸處達到最大值，然後才在主繞組軸處達到最大值。如此，單相電流經兩繞組後即分成不平衡的二相電流，結果產生一旋轉磁場。

當分相式電動機起動後，轉速升高約爲同步轉速的 75%時，離心開關(centrifugal switch 或稱起動開關)控制裝置動作，使起動繞組切離電源，減少運轉中電動機的功率損失。

分相式電動機之典型的"轉矩-轉速特性"曲線，如圖 6-6(c)所示，這種電動機通常用於小型車床、抽水機、繞線機及送風機等較易起動的負載。

若要改變分相式電動機的旋轉方向，僅需將起動繞組或運行繞組的兩接線端對調即可。

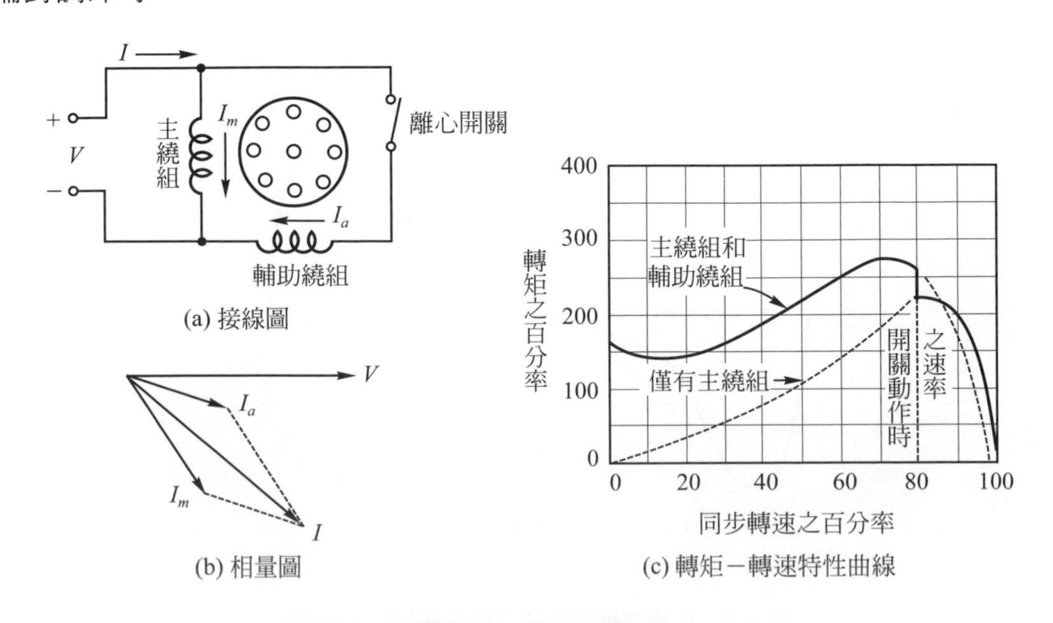

圖 6-6 分相式電動機

6-4 電容式電動機

電容式電動機乃將分相式電動機加以改良而得，無論在起動轉矩或運轉效率上均較分相式電動機優良，所以運用極爲普遍。此式電動機在基本構造上與分相式電動機完全相同，僅在起動繞組電路中串聯一個或兩個電容器以增大轉矩及改善功因，並可提高運轉之效率。

1. 電容起動感應電動機

   電容起動感應電動機(capacitor-start induction motor)係由一電容器與離心開關相串聯接於輔助繞組電路中，然後與主繞組並聯，如圖 6-7 (a)所示。當電動機起動後，轉速約達同步轉速的 75%時，離心開關動作切斷輔助繞組與電路的連接，而僅讓主繞組擔任運轉工作。此型電動機的電容器常用乾式交流電解電容器。這種電容器體積小且價廉，對於過電壓(over-voltage)非常敏感，可用於間歇動作(intermittent service)。如果起動電容器的容量運用得當，在起動時可使輔助繞組電流(I_a)比主繞組電流(I_m)超前 90 度電機角。如圖 6-7(b)所示；這種情況下此式電動機就如同一平衡的兩相電動機。如圖 6-7(c)所示爲其轉矩-轉速特性曲線具有高起動轉矩特性。

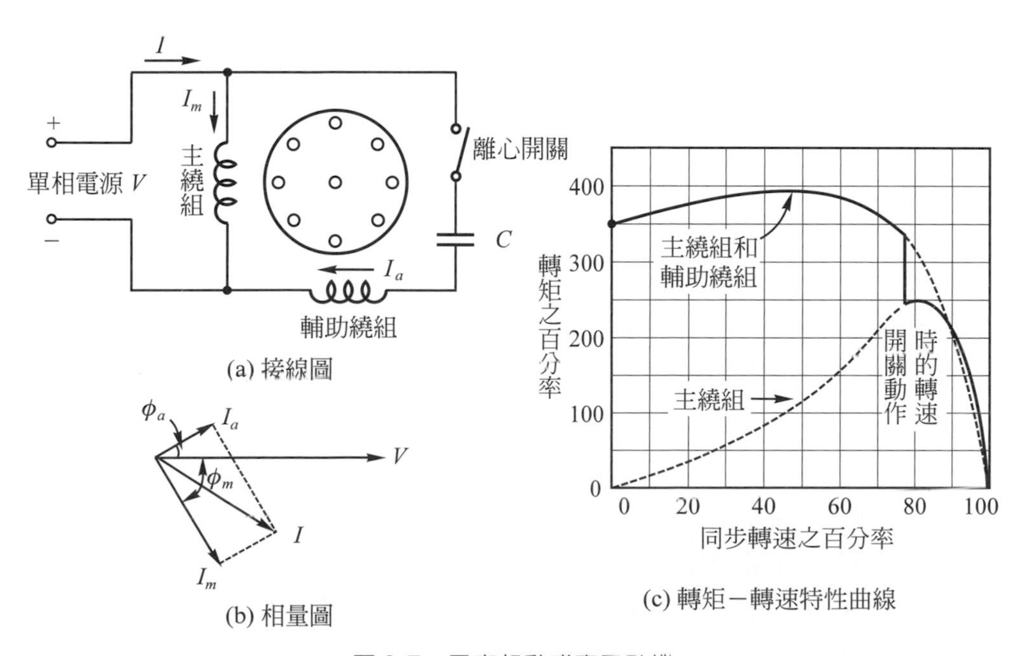

圖 6-7　電容起動感應電動機

2. 永久分相電容式電動機

永久分相電容式電動機(permanent-split capacitor motor)之線路中沒有使用離心開關，所使用的電容器不僅作爲起動電動機之用，且在運轉時仍與輔助繞組串聯接於線路上。此電容器及輔助繞組可以設計在任何負載下完成平衡二相運轉，如此功率因數、效率將獲得改善。因電解電容器不適合連續使用，故永久分相電容式電動機須使用較昂貴且具有連續作用(continuous service)的浸油紙式電容器(oil-impreghated-paper type capacitor)。如圖 6-8 所示爲永久分相電容式電動機的接線圖及轉矩-轉速特性曲線。

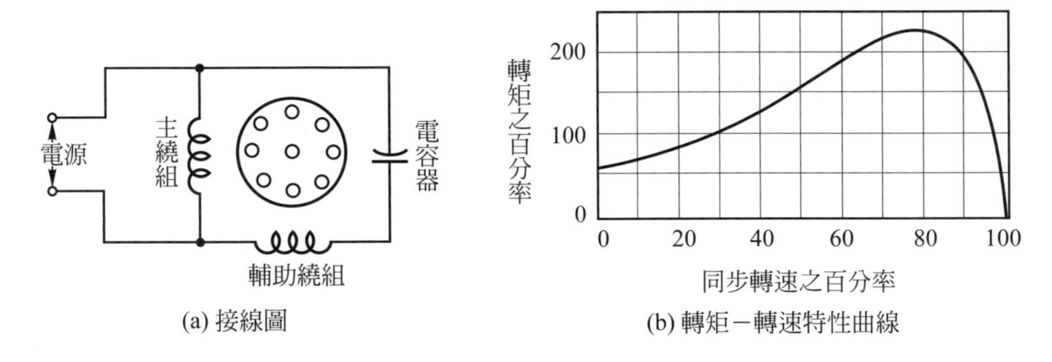

圖 6-8 永久分相電容式電動機

3. 雙值電容式電動機

雙值電容式電動機(two-value-capacitor motor)具有兩個電容器，一個專供起動之用，另一個爲運轉之用，因此又稱爲電容起動電容運轉電動機。其具有最好的起動與運轉特性。如圖 6-9 所示爲此電動機的接線圖及轉矩-轉速特性曲線。起動用的高容量交流電解電容器在起動時與運轉電容器並聯，可獲得最好的起動特性。等到電動機達某特定轉速時，離心開關動作，起動電容器切離電路，此時可藉低容量的浸油紙式電容器與輔助繞組串聯而得到最好的運轉特性。一般這種電動機之永久電容器大約是起動電容器值的 10%～20%大小。

對一 1/2 馬力的電動機而言，典型之起動電容器的容量爲 300μF。因爲起動電容器需要通過大量的起動電流，通常使用電解質電容器。運轉電容器的容量通常爲 40μF，因爲它是連續不斷的在運轉，故使用浸油紙式電容器。電動機的成本與其運轉特性有關，通常永久分相電容式電動機最廉價，電容起動電動機次之，雙值電容式電動機最昂貴。

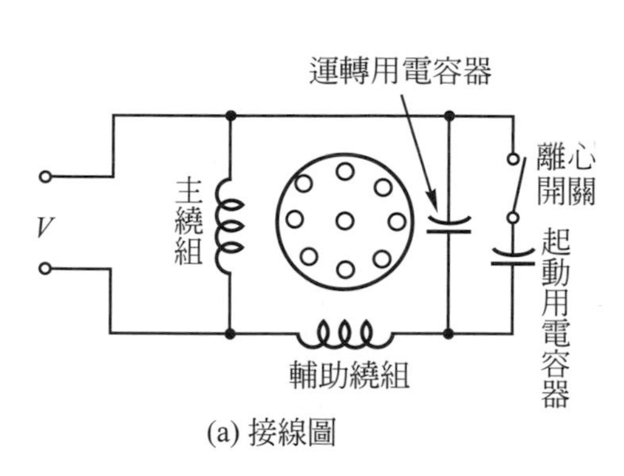

(a) 接線圖

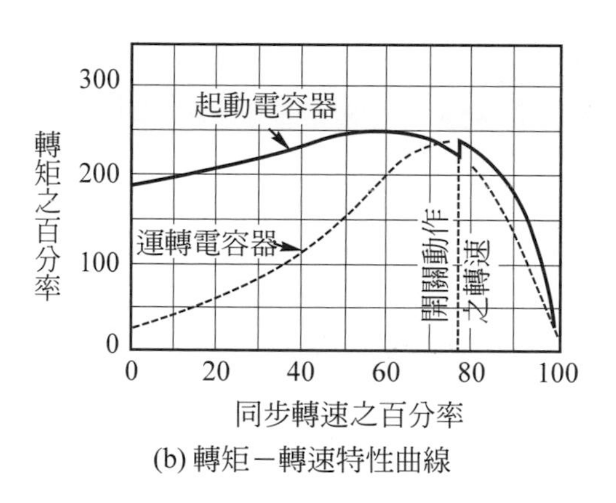

(b) 轉矩－轉速特性曲線

圖 6-9　雙值電容式電動機

例 6-1

一部 1/3 馬力，110 伏，60Hz 電容起動電動機，其阻抗爲：

主繞組　$Z_m = 1.5 + j2.10$歐姆

輔助繞組　$Z_a = 3.2 + j1.5$歐姆

試求使主繞組電流與輔助繞組電流相差 90 度的起動電容爲多少μF？而其容抗多少？

解

電流I_m及I_a之相量圖如圖 6-7(b)所示。主繞組的阻抗角為

$$\phi_m = \tan^{-1}\frac{3.7}{4.5} = 39.6°$$

輔助繞組的阻抗角為

$$\phi_a = 39.6° - 90° = -50.4°$$

則所需容抗X_c為

$$\tan^{-1}\frac{3.5-X_c}{9.5} = -50.4°$$

$$\therefore \frac{3.5-X_c}{9.5} = -1.21$$

$$X_c = 1.21 \times 9.5 + 3.5 = 15.0 \text{ [歐姆]}$$

故電容值為

$$C = \frac{1}{15.0 \times 377} = 177 \text{ [μF]}$$

6-5 蔽極式電動機

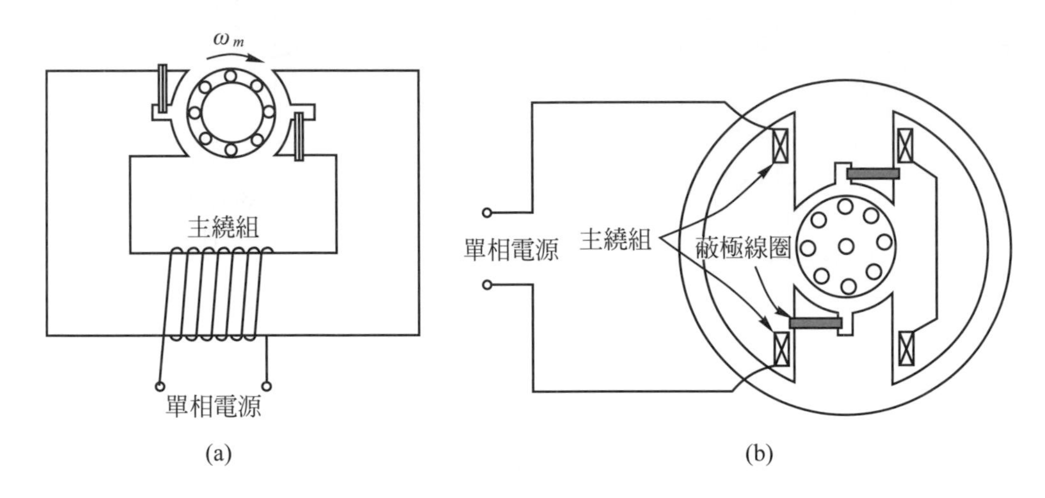

圖 6-10 蔽極式電動機

蔽極式電動機爲僅有一個主繞組的感應電動機，它以凸極替代輔助繞組，如圖 6-10 爲基本的蔽極式電動機。又凸極分開爲兩部份，其中一部份套以短路銅環如圖 6-11 所示爲整個磁極結構圖，其短路銅環稱爲蔽極線圈(shaded coil)。當交流電源加於主繞組時，鐵心通過交變磁通，此交變磁通使蔽極線圈中感應電流的方向爲反對鐵心中的磁通變化。在蔽極部份的磁通較主磁通滯後，同時這主磁通和蔽極磁通在空間上有小於 90°的位移。因爲兩磁場在時間上和空間上的位移雖不圓滿，但也能建立旋轉磁場，因而使鼠籠型轉子有轉矩發生。如圖 6-12 爲此式電動機的轉矩-轉速特性曲線。此式電動機的效率差，但因構造簡單且價廉，一般仍用之於小型吊扇等。

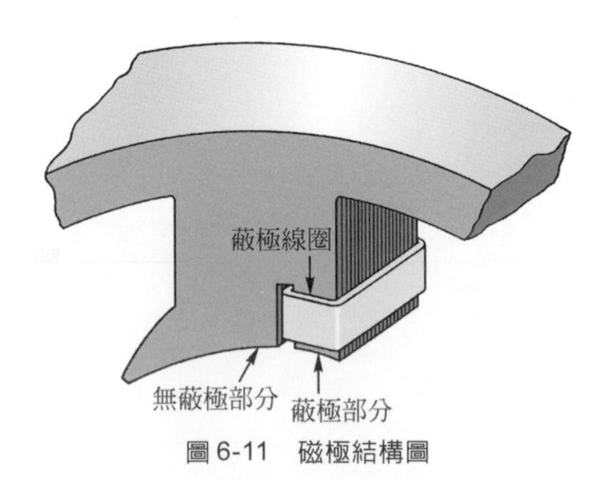

圖 6-11 磁極結構圖

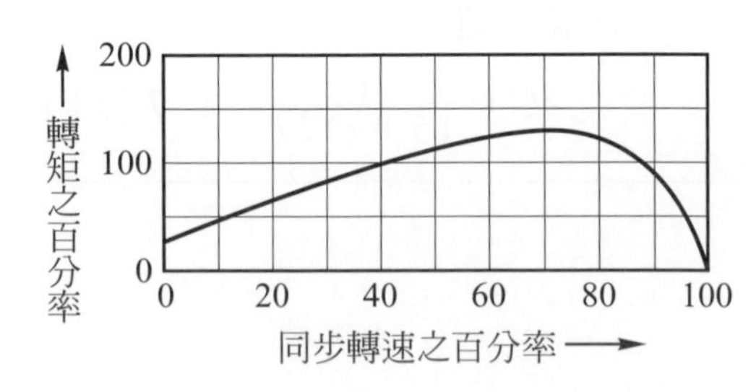

圖 6-12 蔽極式電動機之轉矩-轉速特性曲線

蔽極式電動機沿定子移動的磁通，可用圖 6-13 所示作更詳細的說明。

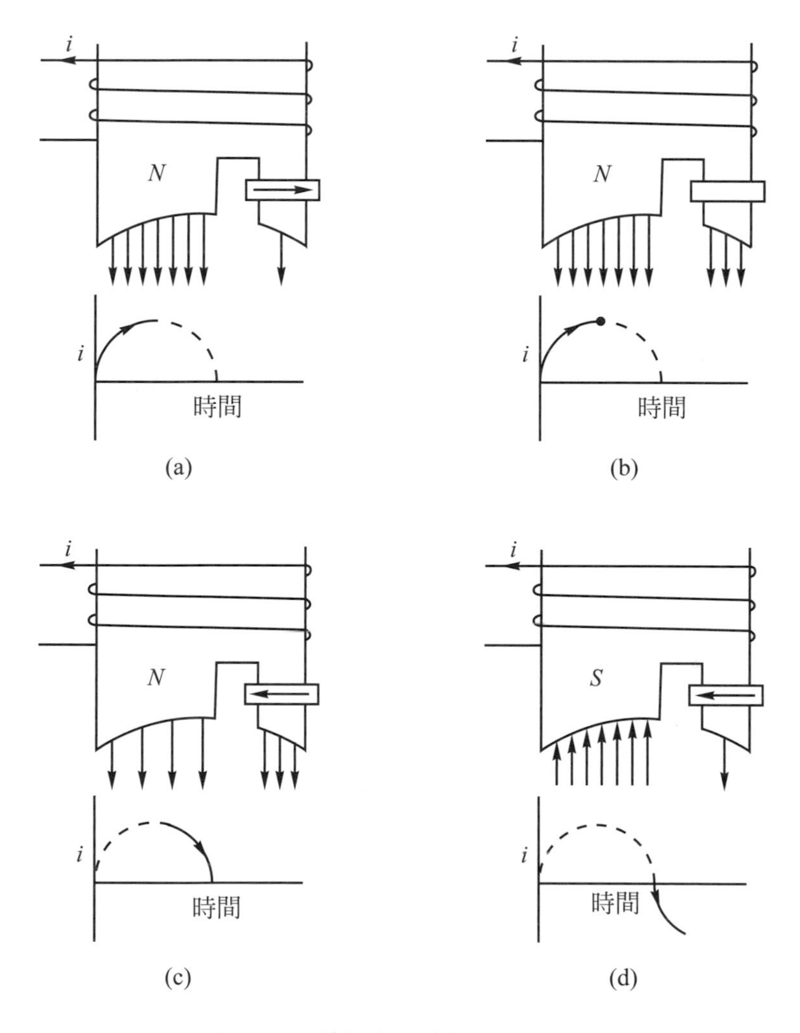

圖 6-13　蔽極式電動機之移動磁場

1. 如圖(a)所示在最初的四分之一週，假定線路電流正逐漸增大，在蔽極線圈中由應電勢所生的電流反對磁通的建立，此電流方向如圖(a)所示。蔽極線圈的反磁通勢使大部份磁通集中於未蔽的磁極部份。
2. 當線路電流達到最大值，如圖(b)所示，磁通在最大值沒有發生變化，所以蔽極線圈中沒有應電流，磁通均勻的分佈在整個磁極。實質上，磁場軸已移到蔽極部份。
3. 當線路電流下降時，蔽極線圈中的應電流方向必維持磁通，即反對磁通減少，如圖(c)所示。磁通集中到蔽極部份，而磁極的主要部份反而較弱，磁場因而更移向蔽極部份。

4. 最後，當主磁場電流反向時，磁極未蔽部份的極性已經改變，但蔽極線圈中的電流在蔽極部份仍維持某些磁通如圖(d)所示。在這一刻以後的某些時間，主磁場磁通勢和蔽極線圈作用於蔽極部份，除方向改變外，其他完全一樣，通過蔽極的磁通爲零。故下半週，磁通的變化除方向相反外，一切的變化均如上述。

如圖 6-13(a)至(d)可知蔽極式電動機的旋轉磁場係從無蔽極部份向蔽極部份的方向旋轉，故轉子的轉動方向是由無蔽極部份向蔽極方向旋轉。蔽極式電動機只用在很低起動轉矩需求的設備之動力，因此其容量甚小，約 1/20 馬力或更小，它具有：①構造簡單，②價廉兩大優點。

6-6 單相感應電動機的等效電路

在第 6-2 節已論及單相感應電動機之定子磁勢，可分解爲兩個大小相同而旋轉方向卻相反的磁勢波。這兩磁勢波將分別使轉子導體棒上感應電勢和電流以產生感應電動機之作用。本節依據此觀念來導出一單相感應電動機的等效電路。

當單相感應電動機的轉子靜止不動，自定子的主繞組外加電源激磁時，則此電動機與變壓器的二次繞組短路時的情形完全相同，其等效電路如圖 6-14(a)所示。於圖(a)中，R_{1m}及X_{1m}分別表示主繞組的電阻及漏電抗，X_ϕ爲磁化電抗，而R_2及X_2則分別表示在靜止時已換算爲定子主繞組之轉子的電阻及漏電抗。且當外加電壓爲V時，流過定子繞組的電流爲I_m，而在主繞組兩端感應E_m之電勢。

依據雙旋轉磁場理論，定子磁勢可分解爲兩個大小相同，都是等於 $1/2F_{1(\max)}$ 的順向旋轉磁勢波與反向旋轉磁勢波。於靜止時，氣隙合成磁通之順向與反向兩分量波的振幅相等，各爲原振幅的 1/2。因此，它的等效電路可分爲f與b兩電路，如圖 6-14(b)所示，以f及b分別代表順向與反向磁場之效應。

當電動機藉輔助繞組起動後而且僅有主繞組情況下運轉時，設其對順向磁場之轉差率爲s，則順向磁場所產生之轉子電流頻率爲sf，f是爲定子電源頻率。就如同三相感應電動機一般，這轉子電流所產生之正向旋轉磁勢波，對轉子本身而言，以轉差速率(sn_s)而旋轉，並且它對定子是以同步速率旋轉的。則由定子與轉子之順向磁勢在氣隙中產生一合成磁場，此合成磁場以同步速率旋轉並割切定子繞組，使感應E_{mf}之電勢。故與三相感應電動機相同，轉子的等效電路可以用一阻抗($0.5R_2/s+j0.5X_2$)與電抗($j0.5X_\phi$)並聯得之，如圖 6-14(c)中標有f的部份。至於常數爲 0.5，係由於將定子磁勢波分爲順向與反向兩分量的緣故。

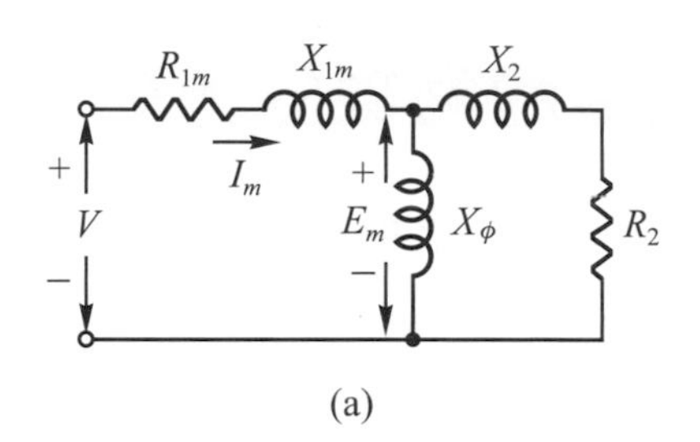

(a)

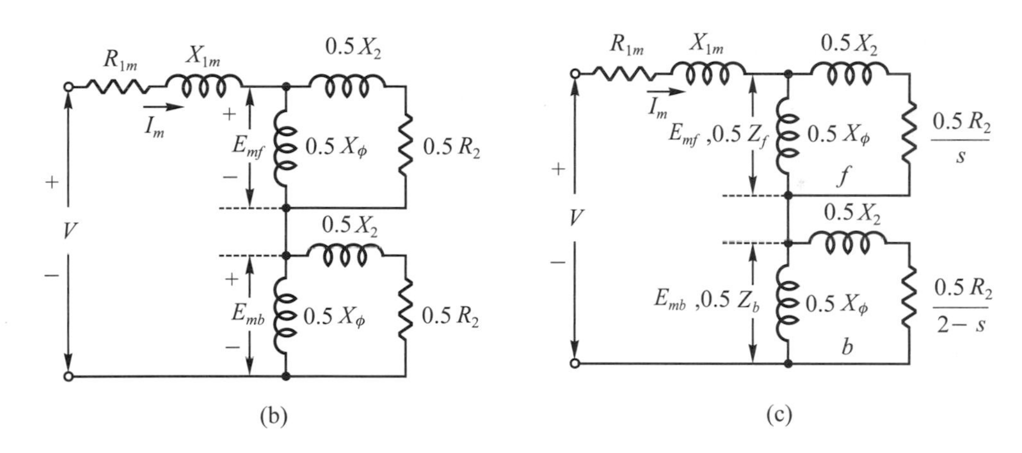

(b) (c)

圖 6-14　單相感應電動機之等效電路

至於反向磁場，因轉子對順向磁場之轉差率仍為s，則轉子對於反向磁勢波之速度為$(n+n_s)$，故其轉差率s_b為

$$s_b=\frac{n+n_s}{n_s}=1+\frac{n}{n_s}=1+\frac{(1-s)n_s}{n_s}=2-s \tag{6-4}$$

由式(6-4)知，反向旋轉磁場在轉子上感應一頻率為$(2-s)f$之電流。若轉差率s甚小，則轉子頻率約為定子的兩倍。從定子上來看，轉子反向電流所產生的轉子反向磁勢波，仍以同步速率旋轉，惟方向正好相反。所以代表反向旋轉磁場部份的等效電路，如圖 6-14(c)中標有b的部份，其轉差率為$(2-s)$。E_{mb}表示由反向磁場割切定子繞組所感應的電勢。所以，單相感應電動機在運轉中之等效電路，如圖 6-14(c)所示。

6-7 單相感應電動機的轉矩

依據雙旋轉磁場的觀念得知，單相感應電動機在起動之際，即轉差率$s=1$時，由正向與反向兩磁場所產生的順向轉矩(forward torque)與反向轉矩(backward torque)大小是相等，但方向相反，即淨轉矩等於零，故單相電動機不能自行起動。

設轉子依順向旋轉磁場的方向開始轉動後，該電動機的順向轉矩將逐漸增大，即電動機逐漸加速，當其轉矩恰好等於負載、摩擦及風阻等轉矩之和，於是電動機便停止加速，而以穩定狀態繼續運轉。

單相電動機之機械輸出，亦可如多相電動機之轉矩與功率之方法同樣計算，惟應將順向與反向兩磁場者分別處理，且因此兩旋轉磁場所產生的轉矩恰好亦相反，故總轉矩應爲兩者之差。

圖 6-14(c)單相感應電動機的等效電路，能夠求得順向磁場和反向磁場所反應的阻抗，即

$$Z_f = R_f + jX_f = \left(\frac{R_2}{s} + jX_2\right)\text{與}jX_\phi\text{並聯之總阻抗} \tag{6-5}$$

$$Z_b = R_b + jX_b = \left(\frac{R_2}{2-s} + jX_2\right)\text{與}jX_\phi\text{並聯之總阻抗} \tag{6-6}$$

因此，順向磁場反應之阻抗爲$0.5Z_f$，而反向磁場反應之阻抗爲$0.5Z_b$。

設P_{gf}及P_{gb}分別代表定子繞組對順、反兩磁場所發出之功率，則由等效電路可知

$$P_{gf} = I_m^2(0.5R_f) \tag{6-7}$$

$$P_{gb} = I_m^2(0.5R_b) \tag{6-8}$$

同時由等效電路及一般三相電動機之原理可得

$$\text{由順向磁場所生之轉子銅損失} = sP_{gf} \tag{6-9}$$

$$\text{由反向磁場所生之轉子銅損失} = (2-s)P_{gb} \tag{6-10}$$

$$\text{轉子總銅損失} = sP_{gf} + (2-s)P_{gb} \tag{6-11}$$

則兩磁場所產生之功率(即內機械功率)分別爲

$$P_f = P_{gf} - sP_{gf} = (1-s)P_{gf} \tag{6-12}$$

$$P_b = P_{gb} - (2-s)P_{gb} = -(1-s)P_{gb} \tag{6-13}$$

電機之總內機械功率為

$$P_f + P_b = (1-s)(P_{gf} - P_{gb}) \tag{6-14}$$

電動機之總內轉矩(電磁轉矩)為

$$T = \frac{P}{\omega} = \frac{(1-s)(P_{gf} - P_{gb})}{(1-s)\omega_s} = \frac{1}{\omega_s}(P_{gf} - P_{gb}) \tag{6-15}$$

由順、反兩磁場所生之內轉矩分別由式(6-12)及式(6-13)得

$$T_f = \frac{P_f}{\omega} = \frac{P_{gf}}{\omega_s} \tag{6-16}$$

$$T_b = \frac{P_b}{\omega} = \frac{-P_{gb}}{\omega_s} \tag{6-17}$$

式中ω表轉子的機械角速率，ω_s則為同步角速率以弧度／秒表示之。

由以上之數學分析，可知在單相感應電機中，由於反向磁場所產生之電磁功率及電磁轉矩均為負值，即與順向磁場所產生者相反。正功率為電動機發出之功率，而負功率則為電機反饋於電源之功率。因此，在單相感應電動機中，由於有反向磁場分量之存在，將使其功率與轉矩均趨降低。反之，在一平衡且對稱之三相感應電動機中，因僅有順向磁場而無反向磁場存在，則無此種缺失。

例 6-2

有一 1/4 馬力，110 伏，60Hz，4 極電容起動電動機，其數據如下：

$R_{1m} = 2.02\Omega$，$X_{1m} = 2.79\Omega$，$X_\phi = 66.8\Omega$

$R_2 = 4.12\Omega$，$X_2 = 2.12\Omega$

鐵心損失為 24 瓦，摩擦及風阻損為 13 瓦，在轉差率為 0.05 時，試求定子電流、功率因數、輸出功率與轉矩、轉速及效率各若干？(設供應之電壓與頻率均為額定值)。

解

$$Z_f = R_f + jX_f = \frac{\left(\frac{R_2}{s} + jX_2\right)(jX_\phi)}{\frac{R_2}{s} + j(X_\phi + X_2)}$$

$$= \frac{\left(\frac{4.12}{0.05} + j2.12\right)(j66.8)}{\frac{4.12}{0.05} + j(66.8 + 2.12)} = 31.9 + j40.3 \text{ [歐姆]}$$

$$Z_b = R_b + jX_b = \frac{\left(\frac{R_2}{2-s} + jX_2\right)(jX_\phi)}{\frac{R_2}{2-s} + j(X_\phi + X_2)}$$

$$= \frac{\left(\frac{4.12}{2-0.05} + j2.12\right)(j66.8)}{\frac{4.12}{2-0.05} + j(66.8 + 2.12)} = 1.98 + j2.12 \text{ [歐姆]}$$

如圖 6-15 所示，各電阻及電抗之數值為

$R_{1m} + jX_{1m} = 2.02 + j2.79$

$0.5(R_f + jX_f) = 15.95 + j20.15$

$0.5(R_b + jX_b) = 0.99 + j1.06$

等效電路之總阻抗Z為以上三式之和，得

$Z = 18.96 + j24.00 = 30.6 \angle 51.7°$ [歐姆]

定子電流$I_m = \frac{110}{30.6} = 3.59$ [安]

功率因數 $= \cos 51.7° = 0.620$ 落後

輸入功率：$P_{in} = (110)(3.59)(0.62) = 244$ [瓦]

$P_{gf} = I_m^2(0.5R_f) = (3.59)^2(15.95) = 206$ [瓦]

$P_{gb} = I_m^2(0.5R_b) = (3.59)^2(0.99) = 12.8$ [瓦]

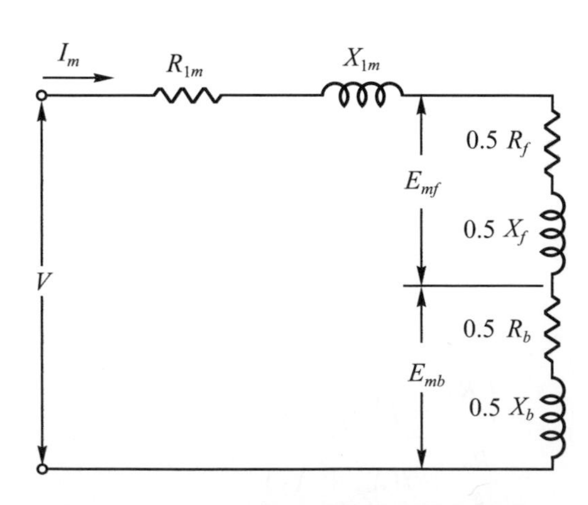

圖 6-15 簡化後單相電動機之等效電路

內機械功率為

$P = (1-s)(P_{gf} - P_{gb}) = (0.95)(206 - 12.8) = 184$ [瓦]

無載旋轉損 $= 24 + 13 = 37$ [瓦]

輸出功率：$P_{\text{out}} = 184 - 37 = 147$ [瓦]

同步速率：$n_s = \dfrac{(120)(60)}{4} = 1800$ [rpm]

$$\omega_s = \frac{n_s}{60} \cdot 2\pi = 188.5 \text{ [rad/sec]}$$

轉子速率：$n = (1-s)n_s = (0.95)(1800) = 1710$ [rpm]

$$\omega = \frac{n}{60} \cdot 2\pi = 179 \text{ [rad/sec]}$$

輸出轉矩：$T = \dfrac{P_{\text{out}}}{\omega} = \dfrac{147}{179} = 0.821$ [牛頓-公尺]

效　　率：$\eta = \dfrac{P_{\text{out}}}{P_{\text{in}}} = \dfrac{147}{244} = 0.602$ 或 60.2%

6-8 萬用電動機

萬用電動機的構造與直流串激式電動機很類似，其磁場繞組和電樞繞組相串聯，僅將定子鐵心改用疊片製成。由於此型電動機可用於直流或交流電源，故又稱爲通用電動機(universal motor)，或叫單相串激電動機。

萬用電動機的旋轉方向和線路電壓的極性無關。當交流電源加於它的輸入端時，因磁場繞組和電樞電路接成串聯，磁極磁場與電樞磁場之時間剛好相同，即磁極之極性必與電樞電流之極性在同一瞬間變換，因此所產生轉矩之方向恆不變，即其轉子循一定方向而轉動，如圖 6-16 所示是說明當線路電流方向改變時，則其轉矩及轉動方向不變之情形。

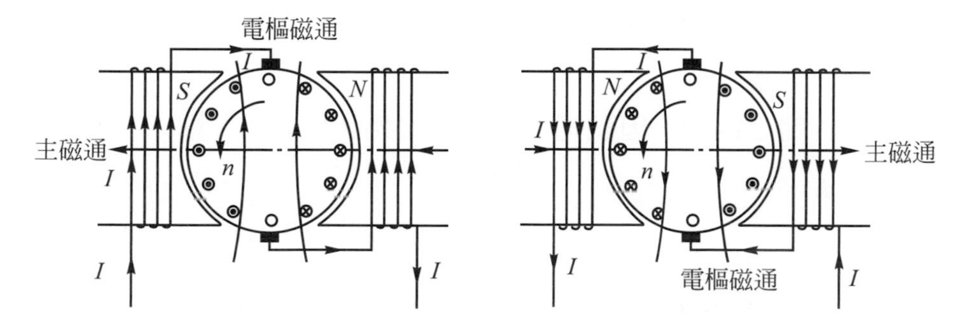

圖 6-16　當線路電源改變則轉矩及轉動方向不變

萬用電動機雖適用於交流，然若干部份若不加以修改，而逕用於交流，必無優良的運轉特性。茲就應修改部份，敘述如下：

1. 主極及軛鐵，必須採用疊片鐵心，否則鐵損太大，因所通過皆交變磁通。
2. 主磁場繞組之匝數須減少，因其漏抗亦影響全機功率因數。
3. 須抵消電樞反應，否則其電抗電壓亦會影響功率因數。通常設置補償繞組或中間極來抵消之。
4. 電樞繞組每一線圈的匝數亦需儘量減少，否則換向困難。
5. 電樞電壓亦不宜太高，蓋換向片數及每片電壓皆有限制，故最好加一串聯變壓器，降低其電壓，如圖 6-17 所示。

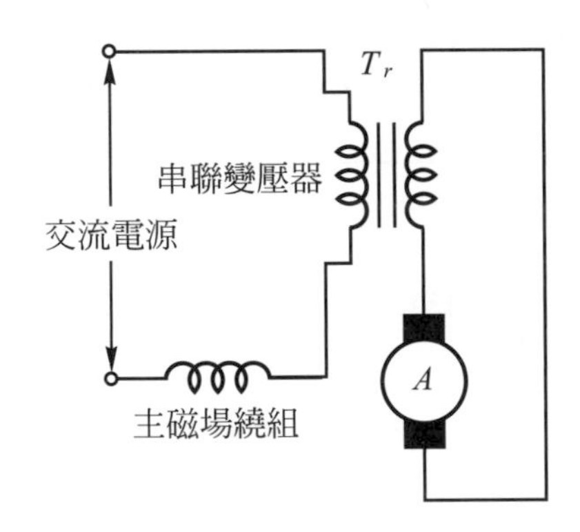

圖 6-17 附有串聯變壓器之萬用電動機

萬用電動機若就定子與轉子磁場間相互作用之觀點而言，由於電刷位置固定在中性面上，因此兩磁場間的空間相位差必是 90°電機角，則其轉矩角亦是 90 度，故得瞬間轉矩為

$$T = K\phi i \tag{6-34}$$

式中 ϕ：磁場磁通之瞬間值

i：電流之瞬間值

若不考慮磁路之飽和，因磁通與電流成比例，即$\phi \propto i$，則

$$T = Ki^2 \tag{6-35}$$

轉矩的平均值為

$$T_{av} = K(i^2)_{av} = KI^2 \tag{6-36}$$

式(6-36)中，I為交流電流之有效值。因平均轉矩與電流有效值的平方成比例，所以萬用電動機之力矩甚大，一般如電動機車、吸塵器、果汁機、電鑽、廚房用具及電動手工具等大多數採用此型電動機來驅動。

萬用電動機使用於直流電源與交流電源時，其轉矩-轉速特性略有不同，如圖 6-18 所示，其原因有二：①當使用於交流電源時，在磁場繞組與電樞繞組中，會產生電抗壓降，因此對相同之外加電壓、電流及轉矩而言，電樞的反電勢必較低，故使得轉速亦隨之降低。②同樣使用於交流電源時，當電流是爲峰值時，使得磁路飽和，則磁通量之均方根値降低，故轉矩減少，而轉速增快。

此型電動機之換向、功率因數和效率都可用減低外加電壓之頻率來加以改善。美國交流電動機車所用的頻率爲 25Hz，而歐洲所用者爲 15 及 $16\frac{3}{8}$Hz。鐵路用之電動機常裝置有中間極，同樣是爲了獲得良好的換向。

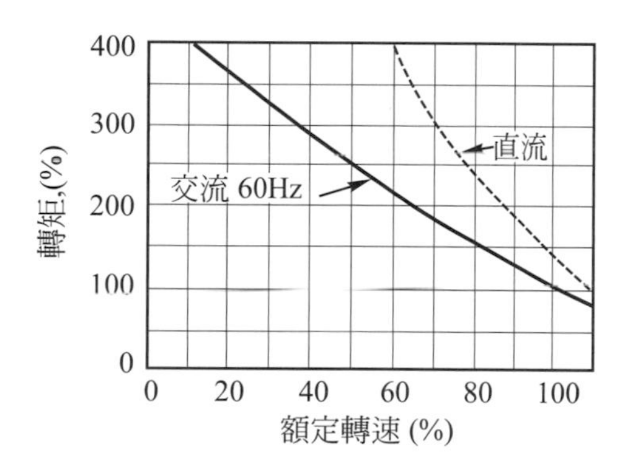

圖 6-18　萬用電動機之典型轉矩-轉速特性曲線

6-9　推斥式電動機

推斥電動機(repulsion motor)是一種整流式的單相電動機，它是所有單相感應電動機中構造最複雜，但起動轉矩最大的電動機。在結構上，其定子的槽中放置單相激磁繞組，此繞組與分相式單相電動機的主繞組相似。而轉子的構造與直流電動機的轉子相同，設置有一電樞和換向器，而且電樞繞組的一端接到換向器片上，但此型電動機的電刷自行捷路，而不是作爲引入或引出電流之用，如圖 6-19 所示爲典型之推斥式電動機。圖中顯示其電刷軸必須與極軸相差若干角度。

茲先就轉子靜止狀態來研討之。如圖 6-20 所示爲推斥式電動機的電刷軸與極軸成正交之情形，當定子激磁繞組接上交流電源時，便產生了交變磁通ϕ_f，轉子上之電樞繞組經由變壓器作用而產生感應電勢，感應電勢的方向，如圖中所示。在兩電刷間的感應電勢，一半爲正，一半爲負，各電勢的和皆等於零，因此在兩電刷的短接線上及電樞中，都沒有電流通過。由此可以得到一個結論：若電刷軸與極軸成正交，則在電樞繞組中沒有電流通行，故無法產生轉矩，也就是無法自行起動。

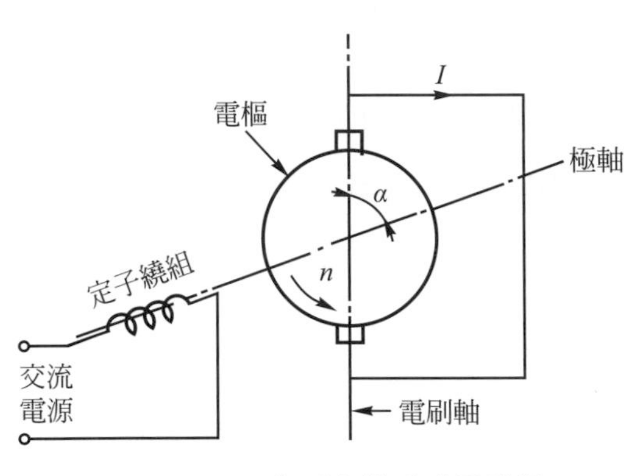

圖 6-19 典型之推斥式電動機

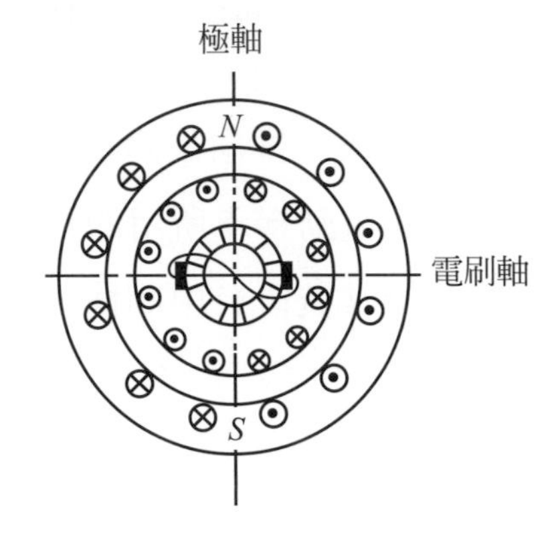

圖 6-20 推斥式電動機之電刷軸與極軸成交之情形

如圖 6-21 所示係為電刷軸與極軸一致之情形，轉子仍靜止狀態，其電樞繞組之感應電勢的方向與圖 6-20 所示者相同。不過，此時電刷與磁極的相對位置不同，前面係兩軸成正交，而現在則兩軸平行。那麼在兩電刷的左邊或右邊，各感應電勢的方向都相同，兩電刷間的電勢最大，因此，在兩電刷的短接線上及電樞中的電流是為最大。但是，仍然不能產生轉矩，因為在每磁極下，一半電樞導體所產生的轉矩，與另一半電樞導體所產生者，大小相等而方向相反，是以兩者互相抵消。由此可知，當電刷軸與極軸平行時，即使有電流通過電樞，仍然不能產生轉矩，也就是無法自行起動。

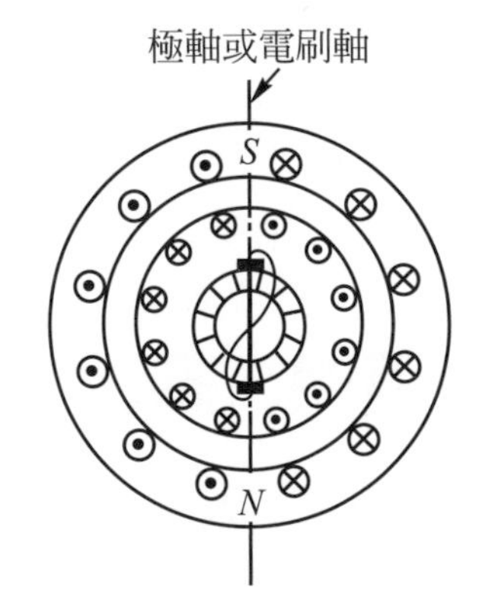

圖 6-21 推斥式電動機之電刷軸與極軸一致之情形

若將電刷移位，使刷軸與極軸成α角度，如圖 6-22 所示，此時刷軸和極軸既非正交也非平行，由圖中可見在每極下載有同向電流的導體數，在刷軸之一邊者較在他邊者多，故有轉矩發生。

此型電動機中，旋轉方向視電刷的位置而異。例如在圖 6-22 所示，若將電刷移到極軸的另一面與極軸成一角度，則其旋轉方向亦改變。

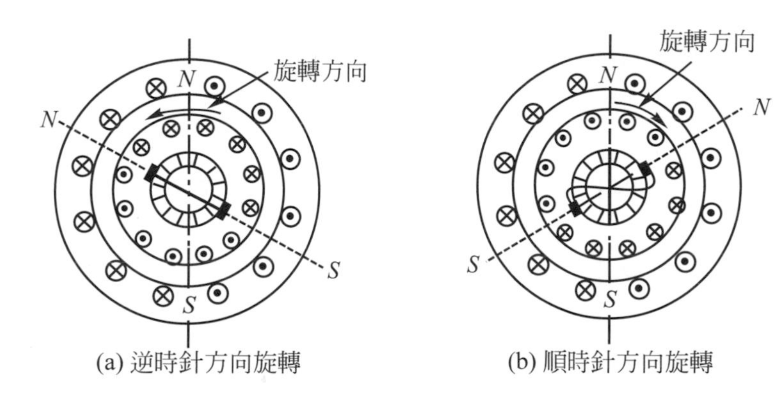

圖 6-22　電刷移動之方向與轉子方向之關係

6-10　單相同步電動機

單相同步電動機中較常用者有：磁阻電動機(reluctance motor)與磁滯電動機(hysteresis motor)，如下所述：

6-10.1　磁阻電動機

磁阻電動機(reluctance motor)是利用氣隙之不均勻以產生磁阻轉矩(reluctance torque)，使得轉子起動而旋轉。換而言之，磁阻轉矩是當定子之旋轉磁勢在氣隙中旋轉時，轉子有追隨此磁勢使達到最小磁阻的作用。

一般感應電動機皆可改裝成磁阻電動機，凡是能使氣隙磁阻成爲轉子角位移的函數者，其轉子在同步轉速時均能產生磁阻轉矩。

此電動機以一般感應電動機起動的方法來起動，在輕負載時將轉子加速至一很小之轉差率。由於轉子有趨向最小磁阻位置的傾向，故產生磁阻轉矩使轉子與氣隙磁通波同向。在很小的轉差率時，此轉矩的方向將緩慢的來回改變，轉子在正半週內加速，而在負半週內減速。假如轉子及負載的轉動慣量甚小，則轉子在正半週內加速至同步轉速，於是電機進入同步，然後以同步轉速繼續運轉。至於反向旋轉磁場所產生的轉矩之效應就如同在轉軸上有額外的機械負載一樣。

如圖 6-23 所示爲一典型之自起動磁阻電動機的轉矩-轉速特性曲線。從圖中知此電機具有大的感應電動機轉矩，係爲額定值的 2 至 3 倍。而凸極之轉子只在靜止時對感應電動機之特性有影響，即起動轉矩與轉子的位置有密切的關係。

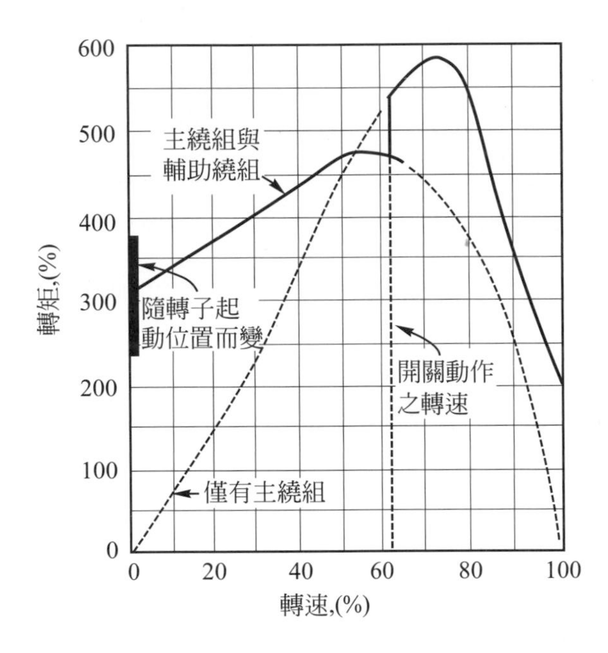

圖 6-23 典型之自起動磁阻電動機的轉矩-轉速特性曲線

6-10.2 磁滯電動機

磁滯電動機(hysteresis motors)是應用磁滯現象產生轉矩之電動機。此型電動機之轉子爲圓滑的圓筒狀鐵心，其轉子是由硬鋼(magnetically hardsteel)鑄造而成，且轉子上無槽齒及繞組。定子表面則有槽和繞組，在設計上儘可能使定子磁場在空間成正弦分佈，因爲磁通波之脈動使損耗增加。在單相電機中，定子繞組通常採用永久分相電容起動式。電容器必需選擇使電動機繞組內產生接近於二相平衡之電流，以使定子可產生接近定幅同步旋轉磁場。

如圖 6-24(a)所示爲一部具有二定子磁極之電機，氣隙與轉子內所產生之磁場瞬間情形。定子磁勢軸SS'以同步速度旋轉，因爲磁滯現象轉子磁勢之軸RR'落後SS'一磁滯角δ，如圖 6-24(a)中所示。當轉子靜止時，起動轉矩正比於定子磁勢波與轉子磁勢波基量之積乘上 $\sin\delta$。假如負載之反抗轉矩小於電機所生轉矩，轉子開始加速。只要轉子速度小於同步速度，轉子內部就會受到頻率爲轉差頻率之重複磁滯波作用。當轉子加速時，如磁通固定，則δ保持定値，此乃因δ與磁滯環有關，但不受磁滯頻率之影響。因此電機所生的轉矩保持定値，直至同步轉速爲止。如圖 6-24(b)所示爲一理想之轉矩特性。在磁阻電動機中電機以感應機之行爲將負載固定同步轉速，但是磁滯電動機則是不論負載之轉動慣量有多大，只要是它可帶動的，即可達同步速度而不變，當達同步轉速後電機自動調整δ角，供給負載轉矩。

磁滯電動機在先天的本質上即爲一安靜且可使負載平滑轉動的電機。同時轉子的極數與定子相同。這種電機適用於多種同步轉速之運轉，只要定子繞組有許多組，便可利用極數變換法來調整。又由於磁滯轉矩爲常數，故磁滯電動機可用來加速轉動慣量較大之負載使其同步。

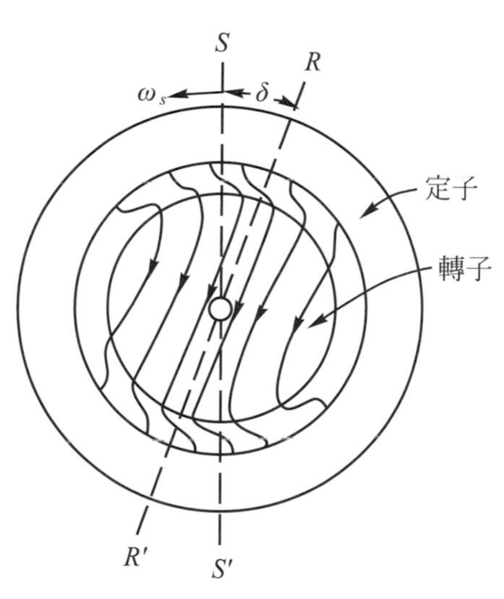

(a) 在氣隙與轉子內所產生磁場之情形

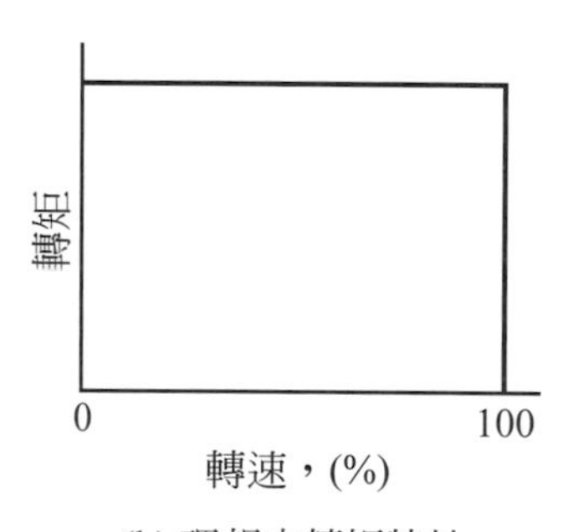

(b) 理想之轉矩特性

圖 6-24　磁滯電動機

6-11　測力計

測力計(dynamometer)爲量度各種電動機或原動機等輸出的機械功率用之一種直流機。

測力計與一般的直流發電機構造大致上相同，僅在構造上其軸承裝置成雙層，如圖 6-25 所示；如此使機殼亦能夠在電樞外圍自由轉動，而帶動一彈簧秤，用來測量所作用力之大小。如圖 6-26 所示爲測力計之外觀。

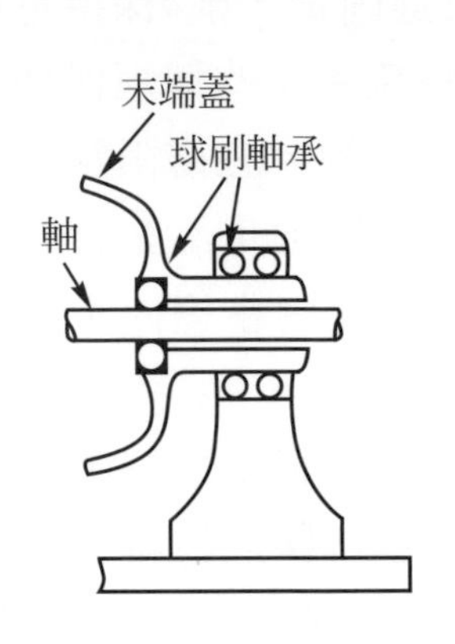

圖 6-25　軸承之構造

圖 6-26　測力計之外觀

將待測之電動機或原動機與測力計直結，當電動機或原動機轉動後，測力計之電樞必隨著同方向旋轉，如圖 6-27(a)所示爲順時針方向旋轉。如測力計主磁極繞組激磁後，有了磁場，那麼電樞中導體便與磁通相割切而感應電勢。如電樞連接適當的電阻負載，則電樞導體中有電流流通，必又產生一新磁場，此磁場與主磁場互相作用，能夠產生一電磁力，即有一轉矩發生，而是一種電動機之作用，此作用致使機殼轉動，且與電樞之旋轉方向剛好相反，如圖 6-27(b)所示爲逆時針方向旋轉，並且帶動彈簧秤，以測知力之大小。

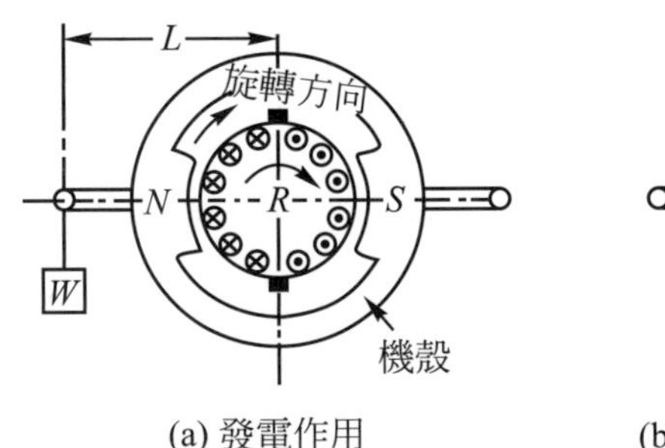

(a) 發電作用

(b) 電動機與發電機之二種作用

圖 6-27　測力計之動作情形

如圖 6-28 所示，設T爲轉矩，W爲彈簧秤所測出之力量，L爲測力計軸中心至著力點的距離，則

$$T = 9.8WL \text{ [牛頓-公尺；N-m]} \tag{6-37}$$

若轉速爲n(rpm)，則原動機的輸出P爲

$$P = \omega T = \frac{2\pi n}{60} \times 9.8WL = 1.026nWL \text{[瓦特]}$$

$$= 1.026 \times 10^{-3} nWL \text{ [仟瓦]} \tag{6-38}$$

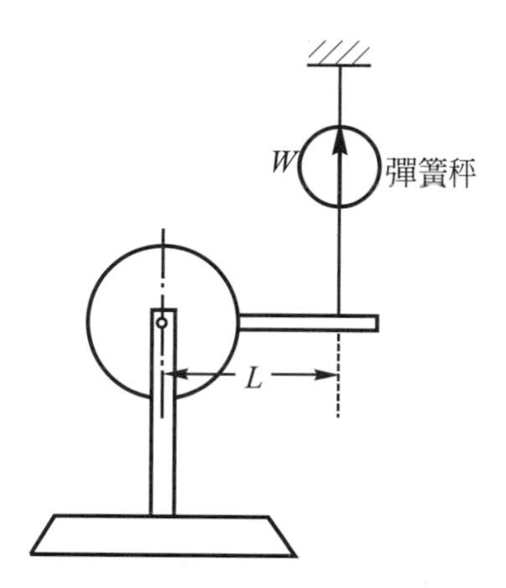

圖 6-28 測力計之測定

測力計如當電動機使用時，同樣能夠量得連結於測力計的機械所吸收的輸入機械功率以及損失等。

6-12 步進電動機

步進電動機(stepper motor)又稱為“stepping motor”或“step motor”，它是為同步機之一種。步進電動機的特徵是每當接受一電流脈波訊號後，便旋轉一定之角度，通常一個脈波係轉動 15°、7.5°或更小的角數。此型電動機是使用於數位控制系統中，若一系列的脈波輸入時，便可令轉軸或平面轉動到某一特定距離。例如，在機械工具應用中，此電動機可經由傳動裝置準確地定出切割工具及成品的位置，並保持此位置一直到下一個切割運轉。此外，因為步進電動機是由電流脈波所控制運轉，所以能夠由數位儲藏的指令信號來控制其運轉。故步進電動機非常適合由電子計算機或微處理機來控制。

步進電動機往往設計成多極、多相之定子繞組，而不同於一般之電機。然依轉子的構造不同，最常用者有可變磁阻式(variable-reluctance type)與永久磁鐵式(permanent-magnet type)兩種。

1. 可變磁阻式步進電動機

   可變磁阻式步進電動機的原理如圖 6-29 所示；圖 6-29(a)所示為此式電動機的定子，在每一凸極上繞有線圈。圖 6-29(b)、(c)及(d)為其轉子轉動情形。定子或轉子皆採用薄矽鋼片疊積製成。

當直流電源加到定子三相繞組時，如圖6-29(a)所示，開關S_1接通令使第I相繞組激磁，設轉子如圖 6-29(b)所示的位置停止於磁通最容易通過的地方。其次S_1打開，同時S_2接通，第II相繞組激磁，使得轉子順時針方向轉動30°而停止於(c)的位置。再改變開關的狀態，即S_2打開，同時S_3接通，此時第III相繞組激磁，則轉子又轉動30°，並且停於如圖(d)所示的位置，如此重複再將S_3打開，同時S_1接通……，那麼轉子就可連續的依順時針方向轉動。

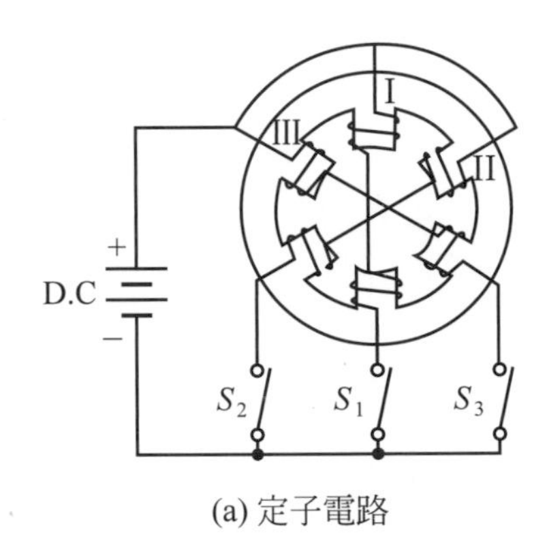

(a) 定子電路

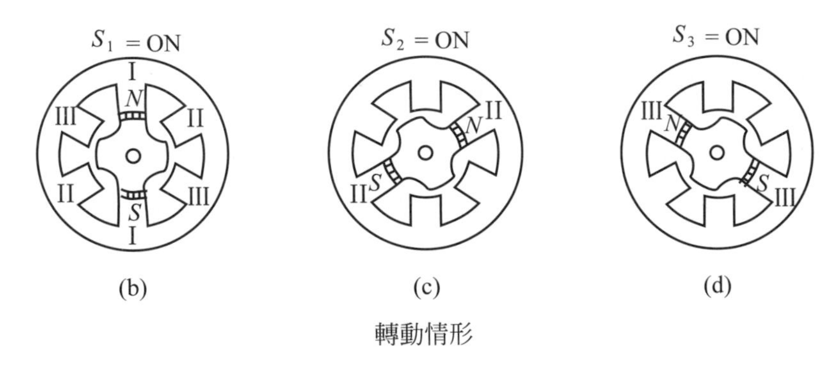

(b) (c) (d)

轉動情形

圖6-29 可變磁阻式步進電動機

上述開關變換與各相繞組激磁的關係如圖6-30所示。由於輸入是爲脈波訊號，故能使用IC邏輯電路來控制。

若開關變換順序改爲$S_1 \to S_2 \to S_3 \to S_1$……時，則步進電動機的旋轉方向爲逆時針方向，故欲改變步進電動機的旋轉方向是非常地簡單。

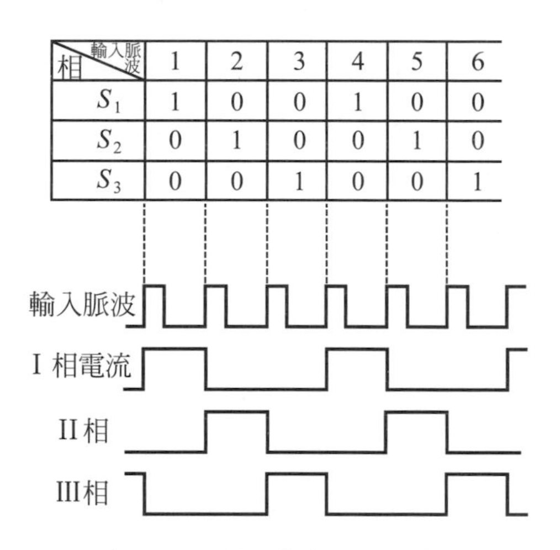

相 \ 輸入脈波	1	2	3	4	5	6
S_1	1	0	0	1	0	0
S_2	0	1	0	0	1	0
S_3	0	0	1	0	0	1

圖 6-30　各開關之變換與各相繞組激磁的關係

2. 永久磁鐵式步進電動機

如圖 6-31 所示爲二極、四相永久磁鐵式步進電動機，其定子有四凸極，轉子爲圓筒形之二極永久磁鐵。此式電動機之運轉原理，如圖 6-32 所示，當定子繞組以N_a，N_a+N_b，N_b，N_b+N_c，N_c，……等順序被激磁時，轉子分別爲 0°，45°，90°，135°，180°，……等角度轉動。也可以單獨激磁每個線圈，則轉子每一次轉動 90°。

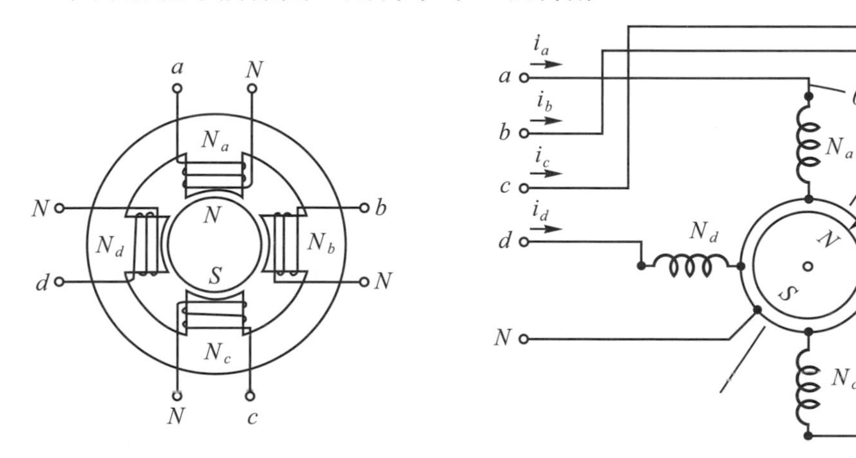

圖 6-31　永久磁鐵式步電動機　　　圖 6-32　步進電動機之運轉原理

步進電動機之轉矩特性與輸入脈波頻率或步進比率(stepping rate)有關，其特性曲線如圖6-33所示。當步進比率增加，則轉子用來驅動負載到次一位置之時間較少，即所提供之轉矩減少。圖6-33中之起動區，在這區域內負載位置係依從脈波，不會失步而旋轉區域(slew range)內，負載速度依隨脈波率，但無法依指令起動、停止或自行反轉。最大轉矩點是表示該電機所能提供的最大穩定負載轉矩。在輕載時，最大旋轉率可能是位置響應的10倍大。

步進電動機之優點，若與其他相應之位置或速度伺服系統相比較，其體型較小，費用亦較低。典型的可變磁阻式步進電動機之最高脈波頻率可達1200pps，每步移動15°或更小度數。永久磁鐵式者，每步移動可高達90°，其最大響應率為300pps。它可應用於工具機工作台定位，帶子之驅動，記錄筆驅動，及*X*-*Y*繪圖器等。

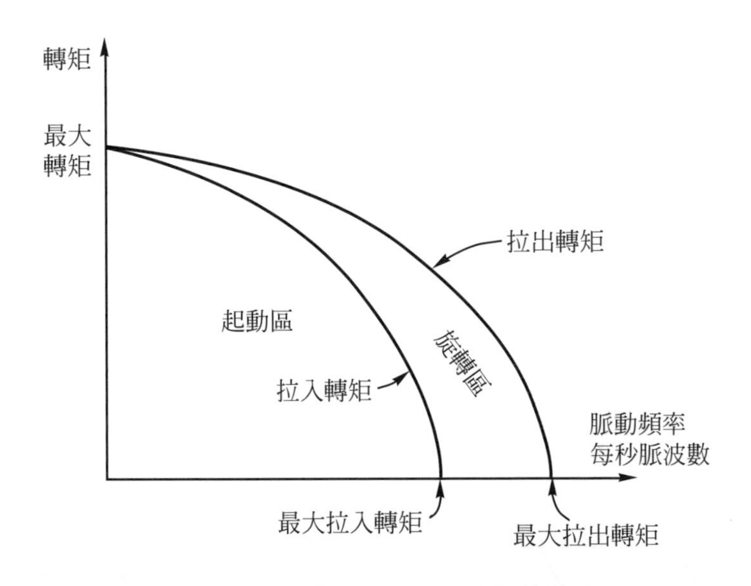

圖6-33 步進電動機之轉矩-脈動頻率特性

習題

一、選擇題

( ) *1.* 單相分相式感應電動機，行駛與起動線圈應互相間隔 (A)30° (B)60° (C)90° (D)120° 電機角。

(　)2. 下列何者電機，必須藉由輔助繞組幫忙，方能啓動運轉
(A)直流電動機　(B)三相感應電動機
(C)單相感應電動機　(D)同步電動機。

(　)3. 分相式單相感應電動機，兩繞組之電阻R及電感L之關係？
(A)啓動電阻R大，行駛電阻R小
(B)啓動電感L大，行駛電感L小
(C)啓動電阻R小，行駛電阻R大
(D)啓動電阻R大，行駛電阻R大。

(　)4. 以110V供電之單相感應電動機，其最大馬力以不超過幾HP爲原則？
(A)1　(B)3　(C)5　(D)10。

(　)5. 一6極110V，60Hz單相感應電動機當輸入電壓110V時，輸入電流4A，輸入功率308W，則其功率因數　(A)0.8　(B)0.7　(C)0.5　(D)0.4。

(　)6. 下列何種單相感應電動機之敘述正確？
(A)轉矩最低者爲分相式　(B)推斥式啓動與運轉特性最佳
(C)效率最低者爲蔽極式　(D)雙値電容式起動電容値較小。

(　)7. 單相感應電動機之離心開關，大約於同步轉速的多少百分比時運作而啓斷起動線圈？　(A)85%　(B)75%　(C)70%　(D)60%。

(　)8. 有關蔽極式感應電動機，下列敘述何者錯誤？
(A)蔽極目的在於產生移動磁場　(B)旋轉方向由未蔽極至蔽極
(C)改變轉向，以改變電源方向　(D)蔽極處的磁通較主磁通落後。

(　)9. 交流換向電動機的優點爲
(A)效率高　(B)構造簡單　(C)便宜　(D)可自由變更轉速。

(　)10. 單相感應電動機依啓動轉矩大小排列順序由大至小應爲
(A)推斥式、分相式、電容式、蔽極式
(B)推斥式、電容式、分相式、蔽極式
(C)蔽極式、分相式、電容式、推斥式
(D)蔽極式、電容式、分相式、推斥式。

(　)11. 單相感應電動機主繞組所產生的磁場爲
(A)位置固定，大小隨時間作正弦變化的脈動磁場
(B)位置改變，大小不變之旋轉磁場
(C)位置改變，大小不變之移動磁場
(D)位置固定，大小不變之單相磁場。

( ) 12. 單相感應電動機的蔽極線圈(shading coil)其作用為
(A)減少漏磁 (B)增加轉矩 (C)幫助啓動 (D)提高效率。

( ) 13. 下列何種方式可使單相分相式感應電動機反轉？
(A)同時改變主繞組及輔助繞組的接線方向 (B)電源線反接
(C)僅改變輔助繞組的接線方向 (D)串聯電感於電源側。

( ) 14. 單相感應電動機啓動時，何者之特性最接近兩相感應電動機？
(A)分相式 (B)電容起動式 (C)永久電容式 (D)蔽極式 電動機。

( ) 15. 一部 3/4 馬力、110 伏特、60 赫茲、4 極之單相分相式感應電動機，額定轉速 1720 rpm，在額定運轉時，量測輸入電流 8 安培，輸入功率因數 0.8 滯後，則此電動機之運轉效率約為
(A)0.6 (B)0.7 (C)0.8 (D)0.9。

( ) 16. 蔽極式電動機之轉向為
(A)由通電方向決定 (B)自蔽極至未蔽極
(C)自未蔽極至蔽極 (D)由磁場繞組方向決定。

( ) 17. 下列何者不是伺服馬達的特點
(A)轉子慣性大 (B)啓動轉矩大 (C)轉子輸出轉矩大 (D)低速且運轉平順。

( ) 18. 二相交流伺服馬達其兩繞組磁通互成
(A)60° (B)180° (C)90° (D)120° 電機角。

( ) 19. 下列有關步進電動機之敘述何者錯誤？
(A)常用於微電腦週邊設備
(B)步進角極小，一般採用閉迴路控制
(C)可由數位信號經驅動電路控制
(D)在可轉動範圍內，轉速與驅動信號頻率成正比。

( ) 20. 交流伺服電動機其激磁繞組
(A)經由電容接於電源側 (B)直接接於電源側
(C)直接接於放大器之輸出端 (D)經由電容接於放大器之輸出端。

( ) 21. 改變步進電動機轉向的方法是
(A)改變電樞電流方向 (B)改變磁場電流方向
(C)改變超前落後相位 (D)改變繞組激磁順序。

( ) 22. 步進電動機於額定電壓下速度增加，則轉矩應
(A)提高 (B)降低 (C)不變 (D)不一定。

二、計算題

1. 一部 115 伏，1/4 馬力，60Hz，4 極分相式感應電動機，其阻抗如下：

   $R_{1m} = 1.75\Omega$，$X_{1m} = 2.42\Omega$，$X_{\phi} = 56.8\Omega$

   $R_2 = 3.01\Omega$，$X_2 = 2.42\Omega$

   當轉差率為 5%時，其無載旋轉損為 50 瓦特，試求：①輸入功率，②輸出功率，③總轉子損失，④效率，⑤轉矩各多少？

維護及檢修

學習綱要

7-1　維護及檢修原則
7-2　軸承上之潤滑
7-3　電刷的火花發生
7-4　發電機的檢查重點
7-5　電動機的檢查重點
7-6　繞組檢修
7-7　換向器檢修
7-8　溫度上升和絕緣體損壞之檢定

7-1 維護及檢修原則

良好的維護，可防止機器的故障及劣化，避免因故障所引起之損害與影響生產。維護工作計劃，應充分瞭解那一部份容易損傷，並備有一維護及檢修工作卡或記錄簿，記錄維護及檢修之情形，這項記錄非常重要，因多項機件的損壞是日積月累而造成的。然根據維修記錄的資料，可提供故障原因之研判，並提早發現可能產生之異常而能及早處理，使不良的後果或可能引發的災害減至最低。

維護檢修之工作必須以經濟爲原則。若不定期加以分解檢查，可能發生軸承的磨損，氣隙的不均衡，或通風槽溝阻塞塵埃等現象，不但引起電機的效率降低及過熱事故，甚至發生燒損遭停機的莫大損失。

電機之維護與保養以清潔爲首要。電機在裝置及運轉期間，常積聚許多塵埃、雜物、棉絮或油污，應設法使其經常保持絕對清潔，否則絕緣電阻將大幅降低，因而機件的故障率增多，工作效率降低。若塵埃等堵塞電機內部通風槽、且因其不易傳熱，致使電機內部溫昇提高，嚴重影響散熱效果，甚至引起過熱現象而故障。

電機在運轉時，如何做好維護工作呢？首先視使用場所，負載性質，使用情況及有關附加設施等，在經濟原則下，釐訂一周詳的點檢保養計劃。一般點檢保養係爲日常檢查及定期檢查二大項目，其檢查之事項分述如下：

1. 日常檢查

   這是每日施行的點檢，其檢查之事項爲：

   (1) 溫昇：察視鐵心或繞組的溫度、通風情形，是否有異臭，過熱變色等情形。
   (2) 運轉情形：檢查振動、異音、噪音等情形。
   (3) 潤滑部位：點檢潤滑之油量或油壓，給油情形，是否有漏油現象，溫度上昇之情形。

2. 定期檢查

   定期檢查爲每週、每月或每年施行檢查，將機器停止、分解後作徹底的檢查，其檢查之事項爲：

   (1) 定子、轉子、導電部位之停機檢查。
   (2) 軸承與機軸之檢查。

⑶ 絕緣電阻之測定檢查。

⑷ 外部污損之清潔擦拭。

⑸ 電刷耗損情形，電刷接觸面以及有關部位之停機檢查。

⑹ 換向器面及其周圍之停機檢查。

⑺ 漏油、油污損、油面、油壓之停機檢查。

⑻ 裝置與皮帶、齒輪之傳動耦合的檢查。

⑼ 保護裝置的查驗，其動作是否正常。

⑽ 接地之情形。

7-2 軸承上之潤滑

軸承除承受機軸所負擔的重量外，使機軸能在一定的空間位置自由旋轉。其在應力之方面，亦即軸承與機軸接觸面，必須光滑以減少摩擦力，摩擦面間所產生的熱量很大，故必須設法消除以免軸承因過熱而燒毀。

機軸與軸承間的接觸面，除保持光滑外再夾入一層潤滑膜，即由於潤滑油容易能夠隨接觸面移動，因此可以減少摩擦力至最小。

故潤滑油的功用有三，即

1. 潤滑作用：機軸及軸承轉動部份的潤滑，以減少機軸及軸承的機械磨耗及摩擦損失，延長機械壽命，增加機械效率。
2. 冷卻作用：因油流的循環，不但增進潤滑效果，並且促使摩擦所生的熱消散。
3. **防銹作用：機器不論在運轉中或停止時，其機軸及軸承均被油膜密封，不與氧氣接觸，可防生銹。**

潤滑油對電機具有上述之功效，但如果使用不當或選用劣品質的潤滑油，則對電機會造成不良之效果。即過稀的油使摩擦面油膜過薄，使機件容易磨耗；過濃的油使摩擦損失增大，故必需注意選用合乎標準優良品質的潤滑油，最好使用製造廠商所規定的潤滑油。

潤滑油過少，固然影響潤滑效果，加注過多，則油容易白轉軸漏出，如此影響周圍的清潔，當油浸入換向器或繞組時，則使換向器與電刷接觸不良，又由於油之作用而黏附更多塵埃，妨礙散熱，並使絕緣降低，甚至引起漏電，產生嚴重的不良後果。

通常更換軸承潤滑油的標準為：

1. 套筒軸承
 (1) 自冷式者，約為每半年更換一次。
 (2) 強迫給油冷卻者，每年分析檢查一次，每五年更換一次。
2. 珠珠軸承(ball bearing)或滾珠軸承(roller bearing)

 油脂(grease)的補充及補充量，轉速在 1800rpm 以下的電機，油脂補充量的多寡對於機器沒有什麼影響，但3000rpm 以上高速電機，若補充太多油脂反而會使溫度異常上昇，因此每次補充量以適當為宜。

7-3 電刷的火花發生

電機轉子上的繞組均須藉電刷或換向器來引入或引出電流，尤以大型直流機之電樞所輸入或輸出的電流非常地大，故在運轉中，在其電刷與換向器間是無法避免火花之發生，若火花嚴重，必引起高溫，令使換向器及電刷加速耗損。一般火花發生的原因約有下列數種：

(1) 電刷耗損過多，導致接觸不良或有間隙。
(2) 刷握積垢阻礙電刷上下移動。
(3) 電刷上彈簧壓力不足。
(4) 電刷之形狀或尺寸不合。
(5) 換向器片不清潔，或甚至短路者。
(6) 換向器粗糙不平，有槽痕，或不圓滑。
(7) 雲母片突出。
(8) 鞭尾連接鬆弛。
(9) 電刷位置不當。
(10) 電樞反應而引起換向不良。
(11) 刷握架不良，或固定不牢。
(12) 電刷的品質不適當。

 7-4 發電機的檢查重點

發電機在正常運轉中，難免可能產生某些問題，對所引起的問題應加以探討及分析，並起詳加檢查。茲就一般容易發生的故障原因列述如下：

1. 發電機無法建立電壓，或電壓過低
   (1) 剩磁消失。
   (2) 電刷接觸不良。
   (3) 換向器不潔。
   (4) 磁場繞組斷路或短路。
   (5) 轉速太低。
   (6) 電壓調節器不良。
   (7) 磁場電路之電阻太大。
   (8) 電樞繞組短路。
   (9) 旋轉方向錯誤。
   (10) 磁場連接錯誤。
   (11) 電刷位置不適當。
   (12) 超載。
2. 發電機所建立之電壓過高
   (1) 轉速太快。
   (2) 電壓調節器損壞或短路。
   (3) 磁場電流太大。
3. 發電機過熱
   (1) 通風不良。
   (2) 嚴重超載。
   (3) 超速運轉。
   (4) 電樞或磁場繞組部份短路。
   (5) 冷卻裝置失效。
   (6) 電刷與換向器間產生嚴重的火花。
4. 發電機在運轉中，產生異常之噪音
   (1) 軸承潤滑不良。
   (2) 軸承偏心。

(3) 換向器表面不平滑。
(4) 定子與轉子間部份摩擦。
(5) 電刷弧面角度不正確，或接觸不良。
(6) 電刷彈簧壓力失調。
(7) 雲母高出換向器片。
(8) 螺栓或螺絲鬆動。
(9) 雜物侵入機內。
(10) 與原動機之耦合連接不當。

7-5 電動機的檢查重點

為使電動機能長時期保持良好的運轉，因此在每次起動前、起動時、起動後及運轉中應隨時檢查，以防患於未然。茲將其檢查項目列出如下：

1. 起動前之檢查項目為：
   (1) 接線有無錯誤，是否確實？
   (2) 使用電線是否適當？端子是否鎖緊？有無接觸不良現象？
   (3) 使用電源的種類，容量及電壓是否適當？
   (4) 開關、保險絲或電磁接觸器與積熱電驛的容量是否正確？
   (5) 用手旋轉電動機軸，軸有無異常？是否圓滑？
   (6) 軸承的油，油脂是否足夠？
   (7) 皮帶的鬆緊度是否正常？直結時是否有偏心現象呢？
   (8) 換向器、滑環及電刷的摺動面是否良好？
   (9) 電刷之壓力是否正常？
   (10) 各種繞組的絕緣電阻是否正常？
   (11) 電動機外殼是否接地？
   (12) 起動方法是否適當？
   (13) 開關或把手歸回起動位置？
   (14) 分解檢查時注意轉子與定子間的間隙是否正常？有無偏心情形？
   (15) 直流機、交流整流子電動機應注意電刷之位置是否正確？
   (16) 變速之電動機，應確認無加上危險程度的負載。
2. 起動時與起動後之檢查項目為：
   (1) 起動電流是否正常？

(2) 旋轉方向有無錯誤？
(3) 有無異常振動或噪音？
(4) 平面軸承的滑油環有無異常？
(5) 加速是否正常？到達額定的轉速是否需要很長的時間？
(6) 負載電流是否正常？有無超載現象？
(7) 電刷處是否有嚴重火花發生？
(8) 運轉時是否產生太大的振動現象？
(9) 起動裝置的動作是否正常？
(10) 散熱情形及冷卻裝置是否良好？
(11) 控制裝置有無異常？

3. 運轉中的檢查項目爲：
(1) 運轉的聲音是否正常？
(2) 有無異常臭味或煙發生？
(3) 配線及其他各部份有無異常發熱現象產生？
(4) 加負載時，有無造成轉速下降之現象發生？
(5) 應確認運轉中之電源電壓是否有下降？
(6) 運轉狀態有無急激的變動？
(7) 皮帶有無滑動之現象發生？
(8) 旋轉速率是否正常？
(9) 電刷有無火花發生？
(10) 有無嚴重超載？
(11) 各部的電壓，電流是否與銘牌相符？
(12) 保護裝置設定值是否與運轉狀態相符合？

7-6 繞組檢修

繞組常發生的故障有斷線、短路及接地等。在直流電機與同步電機中，繞組可分爲磁場繞組和電樞繞組兩種類型；而在感應電動機則分爲定子繞組和轉子繞組。通常磁場繞組或定子線圈斷路，能夠使用儀錶測其電阻值，以判定有否斷線。若電樞繞組發生斷線或短路，磁場繞線和定子線圈發生短路及接地，可用“逐條檢查法”或“音響器檢查法”找出故障所在。

7-7 換向器檢修

換向器爲電流進出電樞之大門，如換向器不良或損毀，將影響電機的運轉，因此換向器的維護與檢修是一很重要的課題。

當換向器的表面有條痕或火花燒損痕跡，其程度輕微者，可使用砂紙或合適的磨石來磨平，如圖 7-1 所示。若條痕已成深溝，無法用磨石來整修時，則採用刨刀或車床來整修。

由於換向器片與雲母的磨損度不同，當電機於長時期運轉，將使換向器片被磨損，而留下突出的雲母片，叫做高雲母(higher mica)。此高出之雲母片會引起電刷不能與換向器密接，因而產生嚴重的火花而燒毀電刷及換向器，所以需用銼刀或削溝機來切除高出的雲母片。

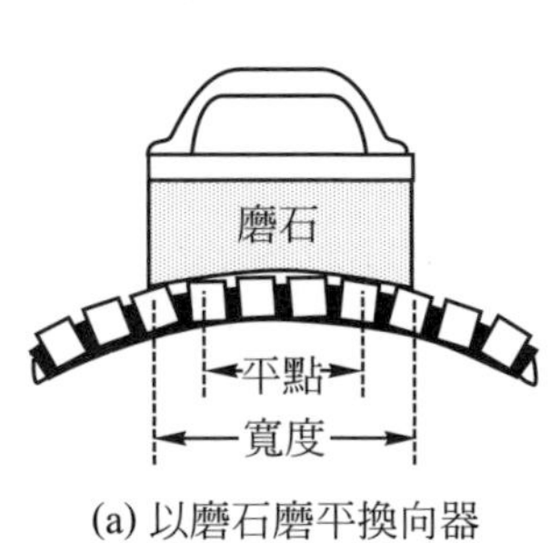

(a) 以磨石磨平換向器

(b) 用沙紙磨平換向器

圖 7-1 換向器整修

7-8 溫度上升和絕緣體損壞之檢定

電機在正常運轉下，因內部的銅損及鐵損等損失而發熱使溫度上升。其上升的情形如圖 7-2 所示。當運轉開始後加入一定的負載時，溫度逐漸上升待數小時後，則溫度便趨於穩定值。周圍溫度與機器溫度之差值，便稱爲溫升(temperature)。若溫升過高時，將加速絕緣物之劣化，燒損軸承或換向器等。因此各種電機對於溫度上升必須有所限制。

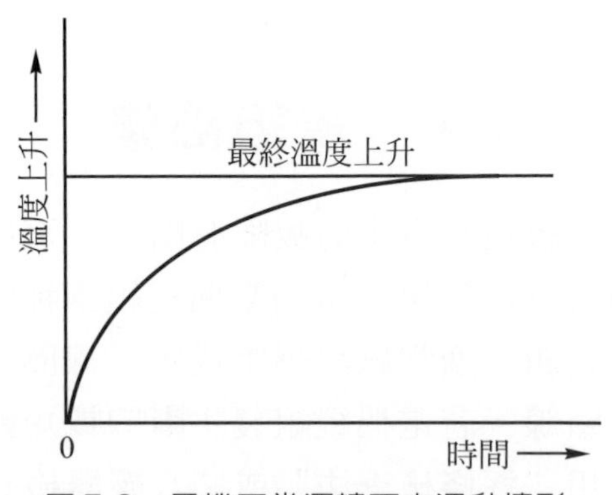

圖 7-2 電機正常運轉下之溫升情形

1. 溫度上升之限制

電機在額定負載下運轉所容許溫昇限制，因所用的絕緣材料及電機的部位而有所不同，美國工程師協會對於電樞及磁場繞組之容許溫昇為40℃，此可容許之溫升，僅在室溫25℃，正常的氣壓及空氣流通的情形下適用，在其他溫度下則要加以修正。

2. 絕緣體損壞之檢定

絕緣體是否良好的測定方法很多，就常用的絕緣電阻測定與絕緣耐壓試驗兩種方法來說明。

(1) 絕緣電阻測定

絕緣電阻值可用來判斷絕緣物體之絕緣劣化程度。通常新製成的電機常在耐壓試驗之前，先施以絕緣電阻測定，判斷其絕緣無問題後再作耐壓試驗。

絕緣電阻因溫度及濕度的不同而有極大的差異，因此甚難訂出一適當的標準值。一般認為其應有的最小絕緣電阻可由下列各式求出

$$R_i = \frac{\text{額定電壓(V)}}{\text{額定輸出(kW)}+1000} \ [\text{M}\Omega] \tag{7-1}$$

$$R_i = \frac{\text{額定電壓(V)}+(\text{rpm})/3}{\text{額定輸出(kW)}+2000} + 0.5 \ [\text{M}\Omega] \tag{7-2}$$

$$R_i = 0.0001 \times \frac{\text{額定電壓(V)}+1400(\text{rpm})^{1/2}}{[\text{額定輸出(kW)}]^{1/3}} \ [\text{M}\Omega] \tag{7-3}$$

式中R_i為絕緣電阻(MΩ)，rpm為每分鐘轉數，其額定輸出不足100kW者也按100kW計算。

絕緣不良者應加以清潔乾燥而提高絕緣。通常電機均使用500伏高阻計(megger)來測定絕緣電阻，如額定電壓較高的電機，則應使用1000伏以上的高阻計來測定。

(2) 絕緣耐壓試驗

普通於溫升試驗完畢後，然後以50赫或60赫之近似正弦波形之試驗電壓加於其部位，應耐1分鐘以上，以確認繞組之絕緣是否良好。此試驗是於絕緣電阻測定後，得知絕緣電阻值合乎規定時始予施行。絕緣耐壓試驗，通常於機械組立後施行一次即可，不宜常常施行。

絕緣耐壓試驗所加之電壓，須視試驗之電機的容量及額定電壓而定。若變壓器之容量為100仟伏安以下，試驗電壓為50仟伏在試驗開始時，首先施加四分之一以下之試驗電壓，然後在15秒鐘以內緩慢增

高至全試驗電壓值，保持全試驗電壓值一分鐘後，將電壓緩慢降低，在5秒鐘以內降至初加電壓值，然後切斷電源。

感應電動機於絕緣耐壓試驗時，其定子繞組與鐵心及接地間所加之試驗電壓為

$$\text{絕緣耐壓試驗所加之電壓} = 2E + 1000\,[\text{伏}] \tag{7-4}$$

式中，E為被試電動機之額定電壓，且依式(8-4)所求得之值，不得低於1500伏。

繞線型轉子感應電動機的繞組與鐵心及接地間所加之試驗電壓為

$$\text{繞線型轉子感應電動機之試驗電壓} = 2E_1 + 1000\,[\text{伏}] \tag{7-5}$$

式中，E_1為被試電壓電動機之額定電壓，但最低為1200伏。

習題

一、選擇題

( )1.請問什麼是電機之維護與保養首要的工作？
(A)清潔 (B)散熱 (C)通風 (D)潤滑。

( )2.自冷式之套筒軸承，其潤滑油約多久時間更換一次？
(A)三個月 (B)半年 (C)1年 (D)3年。

( )3.下列器具那一種是用來測量電機的絕緣電阻？
(A)功率因數計 (B)轉速計 (C)磁通計 (D)高阻計。

( )4.下列敘述中那一項有關絕緣耐壓試驗是錯誤的？
(A)不宜經常測試
(B)試驗電壓耐壓1分鐘以上
(C)應於溫昇試驗前試驗
(D)該電機的絕緣電阻值須合乎規定。

( )5.感應電動機的額定電壓為E[伏]，於絕緣耐壓試驗時，其定子繞組與鐵心及接地間所加之試驗電壓為：
(A)$E+1000$ (B)$2E+1000$ (C)$\frac{E}{2}+1000$ (D)$\frac{E}{3}+1000$ [伏]。

【附　錄】
Appendix

附錄一　電機的裝置

電機裝置之要點如下：

(1) 安裝位置——電機的安裝位置，應選擇通風良好、無塵埃、濕氣及其他有害氣體的場所安裝，且為了容易檢查及保養，最好選擇有適當空間的地方。

(2) 安裝基礎——電機的安裝通常是以混凝土做成的水泥基礎最理想；如因機械或場所的關係，亦可用基礎螺栓，將其緊栓於鐵架或緊固的木架上。

(3) 安裝方向——電機的安裝通常是以水平裝設為最理想；但在某些特殊場所，電機傾斜、倒立或垂直等的安裝。

(4) 軸心校正——電機在安裝時，應注意其軸心校正。如電動機的軸心應與負載的軸同在一條直線上，如此，才能使電動機與負載旋轉平衡與圓滑，不致發生振動，並且可以減少轉動部份的磨損。

(5) 控制設備——電機應裝設適當的保護及控制設備，而裝設時應以安全及便於操作為原則。

(6) 安全檢查——當電機裝置完成後，應檢查其基礎與接線是否牢固，配線是否正確，運轉時是否有異常的噪音或轉向是否正確等。

附錄二　電動機容量的計算公式

1. 起重機

(1) 吊起用

$$P = 9.8\times1000\cdot W_1\cdot\frac{V_1}{60}\cdot\frac{1}{\eta_1}\times10^{-3}$$
$$=\frac{W_1V_1}{6120\eta_1}\times10^3\,[\text{kW}]$$

(2) 橫行用

$$P=\frac{9.8W_2V_2\cdot\mu}{60\eta_2}=\frac{\mu W_2V_2}{6120\eta_2}\times10^3\ [\text{kW}]$$

註：P　：電動機之容量，[kW]

W_1：吊起之負載重量，[t]

W_2：W_1+(橫行車重)，[t]

μ ：橫行摩擦係數，$\mu = 0.01 \sim 0.03$

V_1 ：吊起速度，[m/min]

V_2 ：橫行速度，[m/min]

η_1 ：吊起裝置之效率，$\eta_1 = 0.6 \sim 0.8$

η_2 ：橫行裝置之效率，$\eta_2 = 0.7 \sim 0.9$

2. 泵浦

$$P = \frac{Q_s H K}{6120\eta} \times 10^3 [\text{kW}]$$

註： P ：電動機之容量，[kW]

Q_s ：揚水量，[m³/min]

H ：總揚程，[m]

K ：係數，$K = 1.1 \sim 1.3$

η ：泵效率

3. 送風機

$$P = \frac{Q_s H K}{6120\eta} \times 10^3 [\text{kW}]$$

註： P ：電動機之容量，[kW]

Q_s ：風量，[m^2/s]

H ：風壓，[mmAq]

K ：係數，$K = 1.1 \sim 1.3$

η ：送風機效率，$\eta = 0.3 \sim 0.75$

4. 電梯

$$P = \frac{F \cdot W \cdot V \cdot K}{6120\eta} [\text{kW}]$$

註： P ：電動機之容量，[kW]

F ：負載率，$F = 0.5 \sim 0.6$

W ：最大載重量，[kg]

V ：昇降速度，[m/min]

K ：電梯所需加速之係數，$K = 1.3 \sim 1.5$

η ：吊起裝置之效率，$\eta = 0.45 \sim 0.55$

例 1

有一起重機將 2(t)重的鋼鐵以 10(m/min)的速度吊起，若起重機的效率是 80%。試求需用多大容量之電動機？

解

$$P=\frac{W_1V_1}{6120\eta}\times10^3=\frac{2\times10}{6120\times0.8}\times10^3=4.085[\text{kW}]$$

■

例 2

一泵浦的總揚程為 10 公尺，水量為 $0.56\text{m}^3/\text{min}$，泵浦的效率為 60%，試求需用多少容量之電動機？($K=1.2$)

解

$$P=\frac{Q_sHK}{6120\eta}\times10^3=\frac{0.56\times10\times1.2}{6120\times0.6}\times10^3=1.83[\text{kW}]$$

■

例 3

在一棟七層建築物中設置一部昇降機，其載重量為 1000kg(乘客約 11 人)，昇降速度為 75m/min，若$K=1.4$，$F=0.5$，而昇降機之效率是 50%時，試求其所需的動力為多少？

解

$$P=\frac{F\cdot W\cdot V\cdot K}{6120\eta}=\frac{0.5\times1000\times75\times1.4}{6120\times0.5}=17.2[\text{kW}]$$

■

廣　告　回　信
板橋郵局登記證
板橋廣字第540號

行銷企劃部　收

23671 新北市土城區忠義路 21 號
全華圖書股份有限公司

（請由此線剪下）

讀者回函卡

掃 QRcode 線上填寫 ▶▶▶

姓名：＿＿＿＿＿＿ 生日：西元＿＿＿年＿＿＿月＿＿＿日 性別：□男 □女

電話：（　）＿＿＿＿＿ 手機：＿＿＿＿＿＿

e-mail：（必填）＿＿＿＿＿＿

註：數字零，請用 Φ 表示，數字 1 與英文 L 請另註明並書寫端正，謝謝。

通訊處：□□□□□＿＿＿＿＿＿

學歷：□高中・職 □專科 □大學 □碩士 □博士

職業：□工程師 □教師 □學生 □軍・公 □其他

學校／公司：＿＿＿＿＿＿ 科系／部門：＿＿＿＿＿＿

・需求書類：

□ A. 電子 □ B. 電機 □ C. 資訊 □ D. 機械 □ E. 汽車 □ F. 工管 □ G. 土木 □ H. 化工 □ I. 設計 □ J. 商管 □ K. 日文 □ L. 美容 □ M. 休閒 □ N. 餐飲 □ O. 其他

・本次購買圖書為：＿＿＿＿＿＿ 書號：＿＿＿＿＿＿

・您對本書的評價：

封面設計：□非常滿意 □滿意 □尚可 □需改善，請說明＿＿＿＿＿＿

內容表達：□非常滿意 □滿意 □尚可 □需改善，請說明＿＿＿＿＿＿

版面編排：□非常滿意 □滿意 □尚可 □需改善，請說明＿＿＿＿＿＿

印刷品質：□非常滿意 □滿意 □尚可 □需改善，請說明＿＿＿＿＿＿

書籍定價：□非常滿意 □滿意 □尚可 □需改善，請說明＿＿＿＿＿＿

整體評價：請說明＿＿＿＿＿＿

・您在何處購買本書？

□書局 □網路書店 □書展 □團購 □其他＿＿＿＿＿＿

・您購買本書的原因？（可複選）

□個人需要 □公司採購 □親友推薦 □老師指定用書 □其他＿＿＿＿＿＿

・您希望全華以何種方式提供出版訊息及特惠活動？

□電子報 □ DM □廣告（媒體名稱＿＿＿＿＿＿）

・您是否上過全華網路書店？（www.opentech.com.tw）

□是 □否 您的建議＿＿＿＿＿＿

・您希望全華出版哪方面書籍？＿＿＿＿＿＿

・您希望全華加強哪些服務？＿＿＿＿＿＿

感謝您提供寶貴意見，全華將秉持服務的熱忱，出版更多好書，以饗讀者。

填寫日期：　/　/

2020.09 修訂

親愛的讀者：

感謝您對全華圖書的支持與愛護，雖然我們很慎重的處理每一本書，但恐仍有疏漏之處，若您發現本書有任何錯誤，請填寫於勘誤表內寄回，我們將於再版時修正，您的批評與指教是我們進步的原動力，謝謝！

全華圖書　敬上

勘誤表

書號		書名		作者	
頁數	行數	錯誤或不當之詞句		建議修改之詞句	

我有話要說：（其它之批評與建議，如封面、編排、內容、印刷品質等・・・）